Ulrich Dilthey

Schweißtechnische Fertigungsverfahren 2

Ulrich Dilthey

Schweißtechnische Fertigungsverfahren 2

Verhalten der Werkstoffe beim Schweißen

3., bearbeitete Auflage

Mit 220 Abbildungen

Professor Dr.-Ing. Ulrich Dilthey
RWTH Aachen
FB 4
Institut Schweißtechnik und Fügetechnik
Pontstraße 49
52062 Aachen
di@isf.rwth-aachen.de

Band 3: ISBN 3-540-62661-1
Band 1: ISBN 3-540-21673-1 geplant für 2005

Bibliografische Information der Deutschen Bibliothek
Die deutsche Bibliothek verzeichnet diese Publikation in der deutschen Nationalbibliografie; detaillierte bibliografische Daten sind im Internet über <http://dnb.ddb.de> abrufbar.

ISBN 3-540-21674-X Springer Berlin Heidelberg New York

Springer ist ein Unternehmen von Springer Science+Business Media
springer.de

Printed in The Netherlands

Umschlaggestaltung: medionet AG, Berlin
Satz: Digitale Druckvorlage des Autors
Herstellung: medionet AG, Berlin

Gedruckt auf säurefreiem Papier 68/3020 5 4 3 2 1 0

Vorwort zum Band 2

Verhalten der Werkstoffe beim Schweißen

Der zweite Band der Reihe „Schweißtechnische Fertigungsverfahren" befasst sich mit dem Verhalten der Werkstoffe beim Schweißen. Neben der Wahl des geeigneten Schweißverfahrens (Schweißtechnische Fertigungsverfahren, Band 1) und der beanspruchungsgerechten Gestaltung des Bauteils (Schweißtechnische Fertigungsverfahren, Band 3) ist die Wahl des richtigen Werkstoffs von ausschlaggebender Bedeutung für das Betriebsverhalten des Bauteils.

Metallische Werkstoffe werden in großer Breite für technische Anwendungen eingesetzt. Die Hersteller metallischer Werkstoffe bieten eine breite Palette unterschiedlichster Werkstoffe mit spezifischen Gebrauchseigenschaften.

Durch die Wärmeeinbringung und das Aufschmelzen der Werkstoffe zum Zweck des Fügens werden die Gebrauchseigenschaften in der Schweißnaht und der nahtnahen wärmebeeinflussten Zone beeinflusst. Deshalb ist die Kenntnis des Verhaltens der Werkstoffe beim Schweißen in Abhängigkeit von der Wärmeeinbringung für die Abschätzung des Betriebsverhaltens der Bauteile von großer Bedeutung.

Der vorliegende Band will sowohl dem Studierenden der Fertigungs-, Werkstoff- und Konstruktionstechnik als auch dem Ingenieur in der Praxis einen Überblick über das Verhalten metallischer Werkstoffe beim Schweißen geben. Im Mittelpunkt stehen dabei die unlegierten und die niedriglegierten Stähle, aber auch die hochlegierten Stähle mit ihrer Korrosionsproblematik sowie das Schweißen von Gusswerkstoffen und Aluminiumwerkstoffen werden behandelt. Den Abschluss bilden Fehler an Schweißverbindungen und ihre Vermeidung sowie die Techniken der Prüfung von Schweißverbindungen.

Wegen des begrenzten Umfanges kann der vorliegende Band nur einen Überblick geben, für die detaillierte Beschäftigung mit der Problemstellung wird auf die einschlägige Fachliteratur verwiesen, die zu den jeweiligen Abschnitten angegeben ist.

Die Neuauflage bietet neben einigen inhaltlichen Erweiterungen insbesondere eine Anpassung an den aktuellen Stand der nationalen, europäischen und internationalen Normung.

Mein besonderer Dank gilt Herrn Dipl.-Ing. Klaus Woeste für die tatkräftige Unterstützung bei der Überarbeitung dieses Bandes, aber auch den Institutsmitarbeiterinnen und -mitarbeitern, die bei der Abfassung des Manuskriptes und der Erstellung der Bilder, Skizzen und Diagramme beteiligt waren.

Aachen, im August 2004 *Ulrich Dilthey*

Inhalt

1 Schweißbarkeit von metallischen Werkstoffen

1.1 Definition der Schweißbarkeit von Bauteilen

Die Einordnung des *Schweißens* in die Fertigungstechnik erfolgt nach DIN 8580 und DIN 8593 in die Hauptgruppe 4 „Fügen", Gruppe 4.6 „Fügen durch Schweißen". Nach Werkstoffart wird gemäß DIN ISO 857-1 zwischen dem „Metallschweißen" und dem „Kunststoffschweißen" unterschieden. Das in diesem Buch behandelte Metallschweißen grenzt sich durch spezifische Merkmale vom Kunststoffschweißen ab. Beim *Metallschweißen* geschieht das Herstellen einer Verbindung durch teilweises Aufschmelzen des Grundwerkstoffes, wobei nach Bedarf zusätzlich ein artähnlicher Zusatzwerkstoff in den Verbindungsbereich gegeben wird. Im Bereich der Verbindung erfolgt im Allgemeinen eine vollständige Vermischung des aufgeschmolzenen Grundwerkstoffes mit dem Zusatzwerkstoff.

Die *Schweißbarkeit* eines Bauteiles, und damit die Möglichkeit ein gegebenes Fügeproblem mit Hilfe der Schweißtechnik zu lösen, wird nach DIN 8528 Teil 1, durch drei äußere Faktoren bestimmt (Bild 1-1).

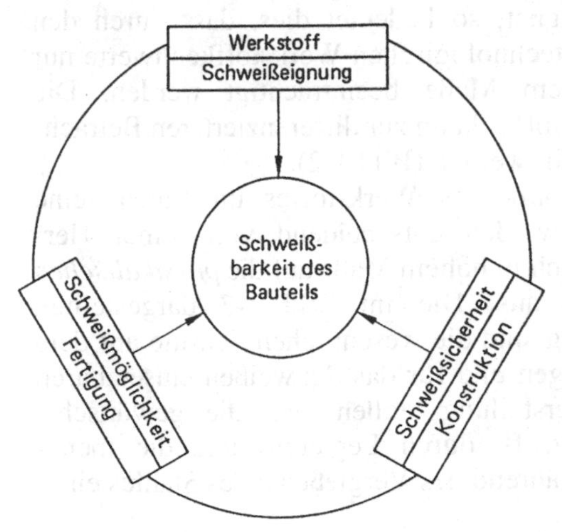

Bild 1-1. Definition der Schweißbarkeit durch die äußeren Faktoren Schweißeignung, Schweißsicherheit und Schweißmöglichkeit [1-1].

Häufig wird fälschlicherweise unter den Begriff der Schweißbarkeit lediglich die Schweißeignung des Grundwerkstoffes verstanden. Der Begriff Schweißbarkeit umfasst aber darüber hinaus auch noch die konstruktiven und fertigungsbezogenen Aspekte eines Bauteiles. Nach DIN 8528 Teil 1, ist die Schweißeignung überwiegend eine Werkstoffeigenschaft; die Schweißmöglichkeit ist im Wesentlichen von der Fertigung, und die Schweißsicherheit ist von der Konstruktion des Bauteils abhängig. Diese drei Einflussgrößen stehen miteinander in Wechselwirkung; z. B. hat die Auswahl eines Werkstoffes auch einen direkten Einfluss auf die Schweißmöglichkeit (Auswahl eines für den Werkstoff geeigneten Schweißverfahrens) und die Schweißsicherheit (Auslegung der Bauteildimensionen auf die mechanischen Eigenschaften des Werkstoffes). Nach DIN 8528 Teil 1 ist die Schweißeignung eines Werkstoffes jedoch überwiegend von der Fertigung und in geringerem Maße von der Konstruktion abhängig.

1.2 Schweißeignung

Unter dem Begriff *Schweißeignung* werden im Wesentlichen die Reaktionen des Grundwerkstoffes auf den Schweißprozess zusammengefasst. Da während eines Schweißprozesses der Werkstoff eine unerwünschte Wärmebehandlung erfährt, sind Änderungen der mechanisch-technologischen Eigenschaften des Grundwerkstoffes nicht zu vermeiden. Die Änderungen der Werkstoffeigenschaften werden vorwiegend durch Gefügeumwandlungen verursacht, die eine Versprödung, verminderte Korrosionsbeständigkeit oder erhöhte Spannung im Bauteil zur Folge haben können. Ist ein Werkstoff zum Schweißen geeignet, so bedeutet dies, dass durch den Schweißprozess die mechanisch-technologischen Werkstoffkennwerte nur geringfügig und in tolerierbarem Maße beeinträchtigt werden. Die Schweißeignung des Grundwerkstoffes kann zur differenzierteren Betrachtung in drei Unterbegriffe unterteilt werden (Bild 1-2).

Die *chemische Zusammensetzung* des Werkstoffes und auch seine *metallurgischen Eigenschaften* werden entscheidend von seiner Herstellung beeinflusst und wirken sich in hohem Maße auf die *physikalischen Eigenschaften* des Werkstoffes aus. Die im Bild 1-3 dargestellten Prozessstufen der Stahlherstellung sind die wesentlichen Schritte auf dem Weg zu einem verarbeitungsfähigen und für das Schweißen einsetzbaren Werkstoff. Im Verlauf der Herstellung stellen sich die gewünschte chemische Zusammensetzung (z. B. durch Legieren) und die metallurgischen Eigenschaften (z. B. während des Vergießens) des Stahles ein.

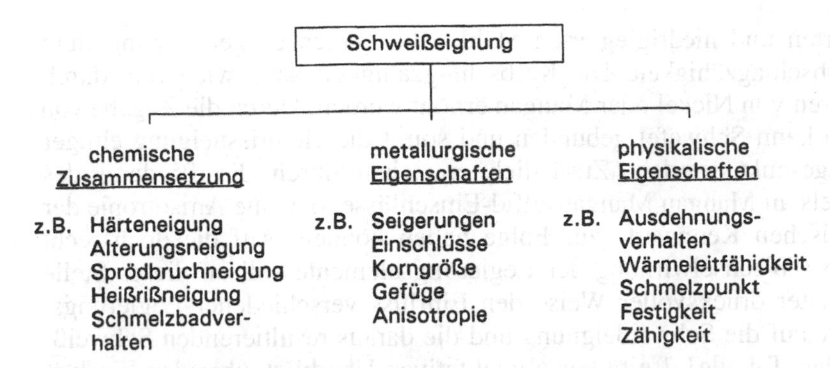

Bild 1-2. Chemische Zusammensetzung, metallurgische und physikalische Eigenschaften sind entscheidend für die Schweißeignung eines Werkstoffes.

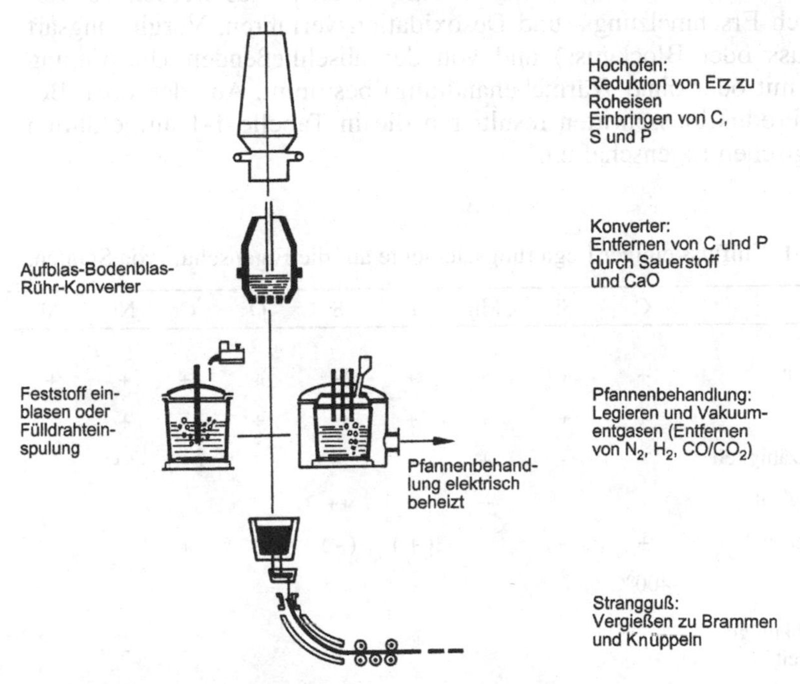

Bild 1-3. Wichtige Prozessstufen der Stahlherstellung und produktionstechnische Schritte zur Einstellung der chemischen Zusammensetzung und Festlegung der metallurgischen und physikalischen Eigenschaften von Stählen.

Die *chemische Zusammensetzung* eines Werkstoffes entscheidet über dessen Rissneigung, Alterungsneigung und das Verhalten des Schmelzbades. So erhöhen steigende Kohlenstoffgehalte die Kaltrissneigung von unlegierten und niedriglegierten Stählen bei gleichzeitiger Verringerung der Kerbschlagzähigkeit. Die Kerbschlagzähigkeit kann wiederum durch Zulegieren von Nickel oder Mangan erhöht werden. Durch die Zugabe von Mangan kann Schwefel gebunden und somit die Heißrissneigung einiger Stähle gesenkt werden. Zusätzlich entstehen durch die Bindung des Schwefels an Mangan Mangansulfid-Einschlüsse, die eine Anisotropie der mechanischen Kennwerte zur Folge haben können. Auf die doch recht komplexe Wechselwirkung der Legierungselemente soll an dieser Stelle nicht weiter drucksvoller Weise den Einfluss verschiedener Legierungselemente auf die Schweißeignung und die daraus resultierenden Schweißnahtfehler. Tabelle1-1 gibt einen qualitativen Überblick über den Einfluss der wichtigsten Legierungselemente auf einige mechanische und metallurgische Eigenschaften von Stählen.

Die *metallurgischen Eigenschaften* eines Werkstoffes werden vorwiegend durch Erschmelzungs- und Desoxidationsverfahren, Vergießungsart (Stranggussoder Blockguss) und von der abschließenden Umformung (Walzen mit oder ohne Wärmebehandlung) bestimmt. Aus den oben Benannten Produktionsschritten resultieren die in Tabelle 1-1 aufgeführten metallurgischen Eigenschaften.

Tabelle 1-1. Einfluss einiger Legierungselemente auf die Eigenschaft von Stählen.

	C	Si	Mn	P	S	O	Cr	Ni	Al
Zugfestigkeit	+	+	+	+	(-	)+	+	+	+
Härte	+	+	+	+		+	+	+	
Kerbschlagzähigkeit	-	-	+	-	-	-	(-)	++	
Heißbrüchigkeit			--		++				
Warmfestigkeit	+ -400°C	(+)		(+)	(-)		+	+	
kritische Abkühlgeschwindigkeit	-	-	-				-	-	
Bildung von Seigerungen	+	++	++	+					
Eildung von Einschlüssen		+ mit Mn	+ mit S		+	+ mit Al			+

Erklärungen: + Steigerung der Eigenschaft; ++ starke Steigerung der Eigenschaft; - Senkung der Eigenschaft; -- starke Senkung der Eigenschaft.

Unter den *physikalischen Eigenschaften* werden physikalische Kennwerte, wie Ausdehnung, Wärmeleitfähigkeit, Schmelzpunkt und mechanische Kennwerte des Werkstoffes verstanden. Zu berücksichtigen sind die unterschiedlichen Wärmeausdehnungskoeffizienten beim Verschweißen verschiedener Werkstoffe oder Volumensprünge bei Phasenumwandlungen. Häufig bereitet auch die hohe Wärmeleitfähigkeit, z. B. beim Schweißen von Aluminiumwerkstoffen, Probleme und muss bei der Auswahl des Schweißverfahrens werden.

1.3 Schweißsicherheit

Neben dem Werkstoffverhalten wird die Schweißbarkeit auch durch die konstruktive Gestaltung des Bauteiles wesentlich mitbestimmt. Diesen Einfluss der Konstruktion wird als *Schweißsicherheit* (konstruktionsbedingte Schweißsicherheit) bezeichnet. Die Schweißsicherheit einer Konstruktion ist gegeben, wenn die konstruktive Gestaltung der Schweißverbindungen unter den vorhandenen Betriebsbedingungen ein sicheres Betriebsverhalten der Konstruktion gewährleistet. Die wesentlichsten Einflussgrößen auf die konstruktive Gestaltung und den Beanspruchungszustand sind im Bild 1-4 aufgeführt. Die konstruktionsbedingte Schweißsicherheit wird nur in geringem Maße von der Schweißeignung des Werkstoffes beeinflusst und soll in diesem Buch nicht näher behandelt werden.

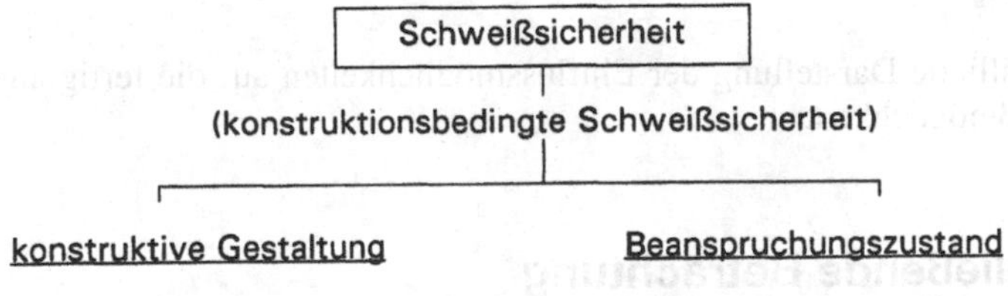

Bild 1-4. Einflussgrößen der konstruktiven Gestaltung und der Beanspruchungszustände auf die Schweißsicherheit.

1.4 Schweißmöglichkeit

Als *Schweißmöglichkeit* (fertigungsbedingte Schweißmöglichkeit) wird der Einfluss der Fertigung auf die Schweißbarkeit bezeichnet. Um die Schweißmöglichkeit zu gewährleisten, sind eine korrekte Vorbereitung der Schweißnaht, eine fachmännische Ausführung der Schweißarbeiten und unter Umständen eine Nachbehandlung der Schweißnaht erforderlich (Bild 1-5). Zu den Vorbereitungen des Schweißens gehört neben der Verfahrensauswahl auch die Überprüfung, ob eine Schweißnaht für den Schweißer zur Bearbeitung überhaupt zugänglich ist. Beispielsweise ist ein Ausschleifen der Naht vor dem Schweißen der nächsten Lage bei Einsatz eines Engspaltverfahrens unmöglich. Größere Probleme treten in der Praxis auf, wenn geschweißte Bauteile zwingend eine Wärmenachbehandlung erfordern, das fertiggestellte Bauteil aber für den Ofen zu groß ist.

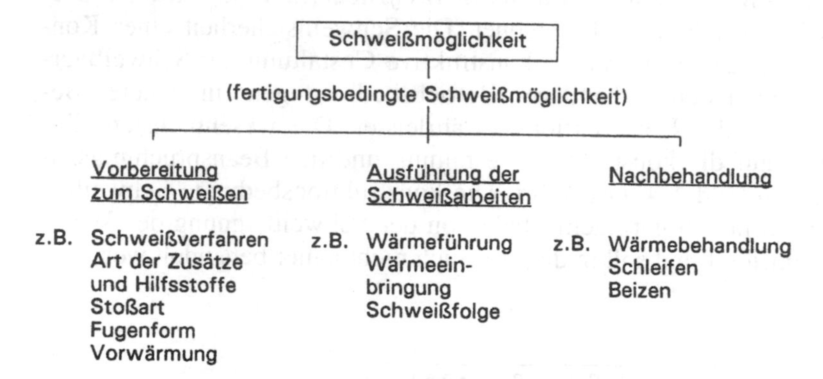

Bild 1-5. Detaillierte Darstellung der Einflussmöglichkeiten auf die fertigungsbedingte Schweißmöglichkeit.

1.5 Abschließende Betrachtung

Aus den Ausführungen zum Begriff der *Schweißbarkeit* eines Bauteiles geht klar hervor, dass es falsch ist, diese Eigenschaft allein auf die Schweißeignung des verwendeten Werkstoffes zu beschränken. Ferner ist es bei der Definition des Begriffes falsch, von der Schweißbarkeit eines Werkstoffes zu sprechen, da jeder Werkstoff im Prinzip schweißbar ist; es müssen nur die richtigen metallurgischen Randbedingungen erfüllt werden. Die Erfüllung der metallurgischen Randbedingungen kann jedoch in der Praxis so kompliziert und aufwendig sein, dass sie im Betrieb praktisch nicht durchführbar ist und eine fehlerfreie Schweißung unmöglich wird.

Die Schweißeignung vieler Werkstoffe kann durch metallurgische Maßnahmen sichergestellt werden, wobei der richtigen Auswahl eines geeigneten Schweißverfahrens große Bedeutung zukommt. Die Reaktionen des Werkstoffes auf die „Wärmebehandlung“ durch den Schweißprozess sind jedoch sehr komplex. Dieses Buch soll einen Überblick über das Verhalten der Werkstoffe beim Schweißen geben.

2 Umwandlung unlegierter und niedriglegierter Stähle

2.1 Einleitung

In der industriellen Anwendung ist Stahl einer der am häufigsten eingesetzten metallischen Werkstoffe zur Konstruktion von Gebäuden, Maschinen und Werkzeugen aller Art. Stahl ist einer der vielseitigsten Werkstoffe und verdankt dies vorwiegend seiner Umwandlungsfähigkeit. So können durch gezielte Wärmebehandlungen spezielle Anforderungen an den Einsatzzweck erfüllt werden, ohne die chemische Zusammensetzung des Stahles zu verändern. Des weiteren kann durch eine gezielte Zugabe von Legierungselementen eine Eigenschaft des Stahles hervorgehoben oder unterdrückt werden.

Dem Legierungselement Kohlenstoff kommt für Eisen die größte Bedeutung zu, da über dessen Gehalt die wichtigsten Eigenschaften von Stahl gesteuert werden können. Welche Auswirkungen eine Zugabe von Kohlenstoff auf die Erstarrung und Umwandlung von Eisen hat, soll in den folgenden Abschnitten erläutert werden. Zum besseren Verständnis von Umwandlungs- und Erstarrungsvorgängen werden die wichtigsten Grundlagen kurz erörtert.

2.2 Erstarrung und Umwandlungen von Metallen im Gleichgewicht

2.2.1 Zustandsschaubilder

In der Technik werden Metalle eingesetzt, die aus einer Komponente (reine Metalle) oder aus zwei und mehr Komponenten (Legierungen) bestehen.

Der Zustand eines reinen Metalls kann durch die Zustandsgrößen Temperatur T, Druck p und Konzentration c beschrieben werden, wobei T und p als unabhängige Variablen vorgegeben sind. In einem Zustandsschaubild lassen sich dann die auftretenden Phasen (fest, flüssig, dampfförmig) in Abhängigkeit von Druck und Temperatur darstellen (Bild 2-1). Gebiete in

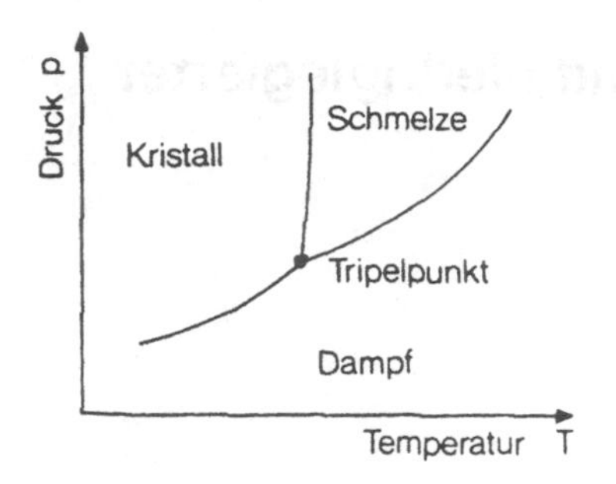

Bild 2-1. p-T-Zustandsdiagramm eines Einstoffsystems mit den drei existierenden Phasen fest, flüssig, dampfförmig und mit den Begrenzungslinien der Phasenräume [2-1].

denen nur eine Phase im Gleichgewicht vorliegt, erscheinen flächenhaft zwischen zwei Linien (Kristall, Schmelze oder Dampf). Entlang der Linien stehen zwei Phasen (z. B. fest-flüssig), im Tripelpunkt drei Phasen im Gleichgewicht.

In der Praxis sind solche Einstoffsysteme jedoch von geringerer Bedeutung. Vielmehr sind dort Zweistoff- und Dreistoffsysteme von größerem Interesse.

Zweistoffsysteme werden auch als binäre Systeme und entsprechend Dreistoffsysteme als ternäre Systeme bezeichnet. Im Gegensatz zum einkomponentigen System, in dem die Konzentration immer konstant ist ($c = 1$), sind in einem binären System die auftretenden Phasen in Abhängigkeit von den Mischungsverhältnissen von Komponente A zu Komponente B als Funktion der Temperatur aufgetragen. In solchen Systemen steht der Begriff Phase nicht nur für einen Aggregatzustand (fest, flüssig, dampfförmig), sondern auch für identische physikalische Eigenschaften und chemische Zusammensetzungen von Gefügebestandteilen (z. B. a-Phase (Ferrit) im Fe-C-Diagramm). Tritt in einer Legierung nur eine Phase (Gefüge) auf, so wird dieses System als homogen bezeichnet, bei mehreren nebeneinander vorliegenden Phasen als heterogen. Im Unterschied zu Einstoffsystemen wird bei Zustandsschaubildern mit zwei oder mehr Komponenten der Druck nicht berücksichtigt, da er bei technischen Vorgängen fast immer konstant ist ($p \approx 1$ bar) und auf die Umwandlungen in der festen und flüssigen Phase nur sehr geringen Einfluss hat.

Im Bild 2-2 ist die Abkühlung einer Legierung aus den Komponenten A und B dargestellt. Wird die Schmelze der Legierung L_1 abgekühlt, bilden sich bei Erreichen der Temperatur T_1 die ersten Kristalle der Zusammensetzung c_1. Diese Kristalle werden als Mischkristalle α bezeichnet, da sie aus einer Mischung der Komponenten A (80 %) und B (20 %) bestehen. Weiterhin liegt bei der Temperatur T_1 eine Schmelze mit der Zusammensetzung c_0 vor. Bei sinkenden Temperaturen reichert sich die Restschmelze entsprechend dem Verlauf von Linie Li (Liquiduslinie, bis Punkt 4) weiter mit der Komponente B an. Parallel hierzu bilden sich immer neue, B-reichere α-Mischkristalle längs der Verbindungslinie So (Soliduslinie, Punkte 1, 2, 5). Zusätzlich kann an einer waagerechten Verbindungslinie zwischen zwei Zustandspunkten (z. B. Punkt 2 und 3) die Menge an vorhandener Schmelze und die Menge an α-Mischkristall entsprechend dem Hebelgesetz abgelesen werden (Bild 2-3). Diese Linie wird auch als Konode (T = konst.) bezeichnet.

Entsprechend der geschilderten Erstarrungsvorgänge liegt die Annahme nahe, dass im erstarren Gefüge keine homogene Verteilung der Komponenten A und B vorliegen kann, da zu Beginn der Erstarrung ein Mischkristall der Zusammensetzung c_1 erstarrt und zum Schluss eine Restschmelze mit einer Zusammensetzung c_4 (Punkt 4, Bild 2-2). Diese Vermutung ist für ein solches Diagramm nicht richtig, da Zustandsdiagramme eine unendlich langsame Abkühlung aufgenommen werden. Aufgrund der extrem langsamen Abkühlzeiten besteht nun für die ausgeschiedenen Mischkristalle die Möglichkeit, ihre Konzentrationsunterschiede über Diffusionsvorgänge auszugleichen, so dass am Ende der Erstarrung ein homogener Mischkristall der Zusammensetzung c_o vorliegt (Bild 2-2). Bei einer beschleunigten Abkühlung (technische Abkühlung) werden Diffusionsvorgänge sehr stark behindert, so dass Konzentrationsverschiebungen im Kristall vorkommen können (Kristallseigerungen).

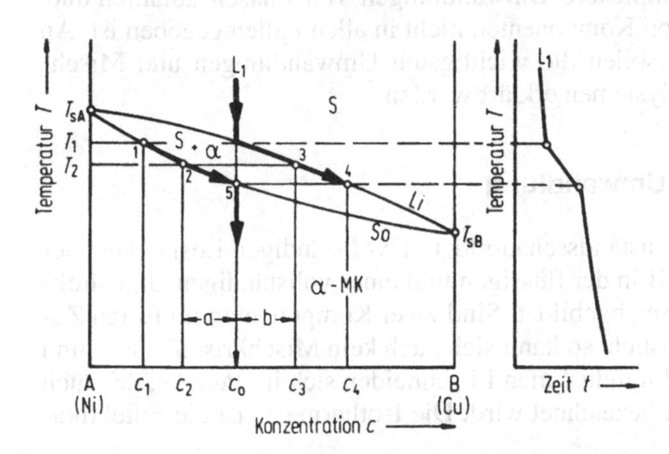

Bild 2-2. Binäres System mit vollständiger Löslichkeit im flüssigen und im festen Zustand und Temperaturverlauf während der Abkühlung [2-2].

Das im Bild 2-2 abgebildete binäre System besteht aus zwei Komponenten A und B, die sich sowohl in der flüssigen als auch in der festen Phase in jeder beliebigen Konzentration mischen lassen. Des weiteren ist nur eine

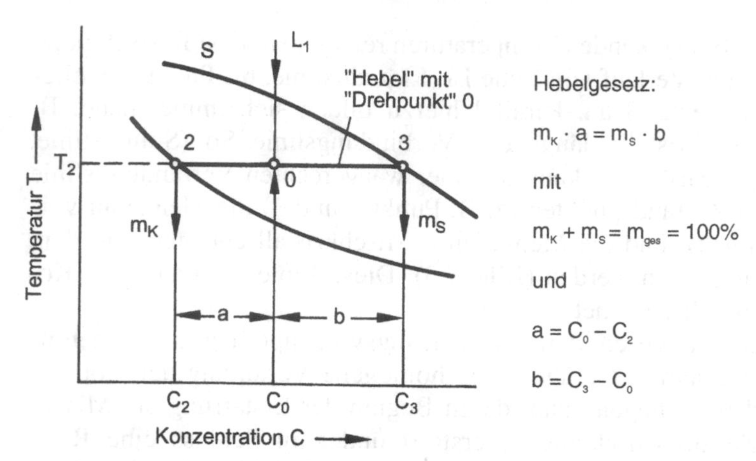

Bild 2-3. Schematische Darstellung des Hebelgesetzes zur Ermittlung der Anteile von Schmelze m_S, und α-Mischkristall m_K [2-2].

Phasenumwandlung zu beobachten, nämlich die Erstarrung der Schmelze in einen α-Mischkristall (S → α). Durch die Phasenumwandlung S → α wird Kristallisationswärme frei, die sich durch einen Knickpunkt (verzögerte Abkühlung) in der Abkühlkurve nachweisen lässt.

Darüber hinaus existiert noch eine Vielzahl von binären Systemen, in denen wesentlich komplexere Umwandlungen von Phasen ablaufen und deren Mischbarken von Komponenten nicht in allen Fällen gegeben ist. An einfachen Beispielen sollen die wichtigsten Umwandlungen und Mischbarkeiten in binären Systemen erklärt werden.

2.2.2 Eutektische Umwandlung

Im Bild 2-4 ist ein Zustandsschaubild mit vollständiger Löslichkeit der Komponenten A und B in der flüssigen und einer vollständigen Unlöslichkeit in der festen Phase abgebildet. Sind zwei Komponenten im festen Zustand vollständig unlöslich, so kann sich auch kein Mischkristall aus A und B bilden. Die beiden Liquiduslinien Li schneiden sich im Punkt e, der auch als eutektischer Punkt bezeichnet wird. Die Isotherme T_e ist die Eutektikale.

Erstarrt eine Legierung beliebiger Zusammensetzung gemäß Bild 2-4, so muss die Eutektikale geschnitten werden. Bei dieser Temperatur (T_e) erfolgt die eutektische Umwandlung:

$$S \rightarrow A + B \ (T = T_e = \text{konst.}).$$

Dies bedeutet, dass die Schmelze bei einer konstanten Temperatur T_e in A und B zerfällt. Erstarrt eine Legierung der Zusammensetzung L_2, so entsteht ein rein eutektisches Gefüge. Aufgrund der eutektischen Reaktion bleibt die Temperatur der Legierung bis zur vollständigen Umwandlung konstant (Haltepunkt) (Bild 2-4). Eutektische Gefüge sind in der Regel feinkörnig und weisen eine charakteristische Orientierung zwischen den Bestandteilen auf [2-3]. Die Legierung L_1 wird im festen Zustand aus einer Mischung von Gefüge A und eutektischem Gefüge E bestehen (Bild 2-4).

In einem System mit vollständiger Löslichkeit im flüssigen und eingeschränkter Löslichkeit im festen Zustand lautet die eutektische Reaktion (Bild 2-5):

$$Se \rightarrow \alpha + \beta \; (T = T_e = \text{konst.}).$$

In diesem Beispiel kann Komponente A maximal 3 % B und Komponente B maximal 20 % A bei Raumtemperatur (RT) lösen. Zwischen diesen Konzentrationen entsteht ein Raum mit verschiedenen mehrphasigen Gefügen, der als Mischungslücke bezeichnet wird. Die für die einzelnen Legierungen zu erwartenden Gefüge sind zusätzlich schematisch abgebildet. Die eutektische Gefügeausbildung E der Legierung L_2 ist hier von besonderem Interesse, da die zeilenförmige Anordnung in Form des Perlits wiederzufinden ist, s. hierzu auch Abschn. 2.4.2.2 und Bild 2-19.

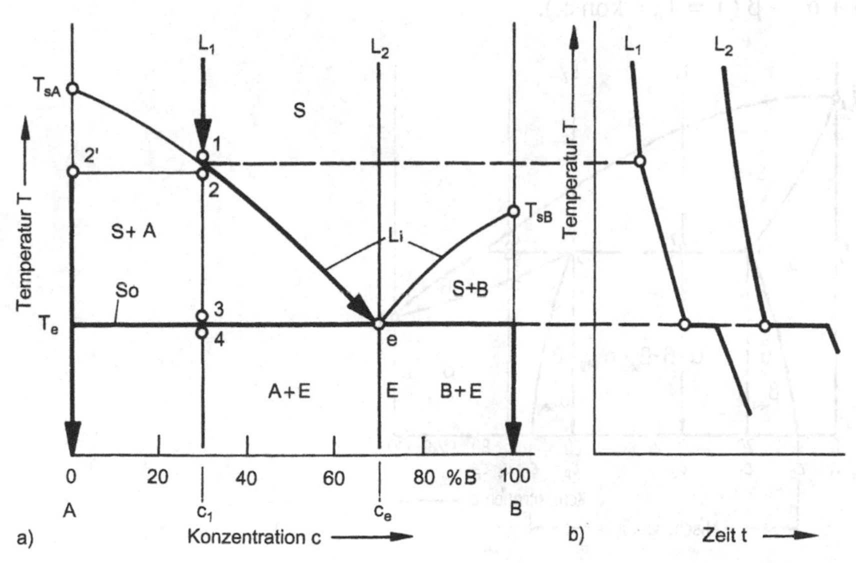

Bild 2-4. Zustandsschaubild mit vollständiger Löslichkeit in der flüssigen und vollständiger Unlöslichkeit in der festen Phase, eutektisches System [2-2].

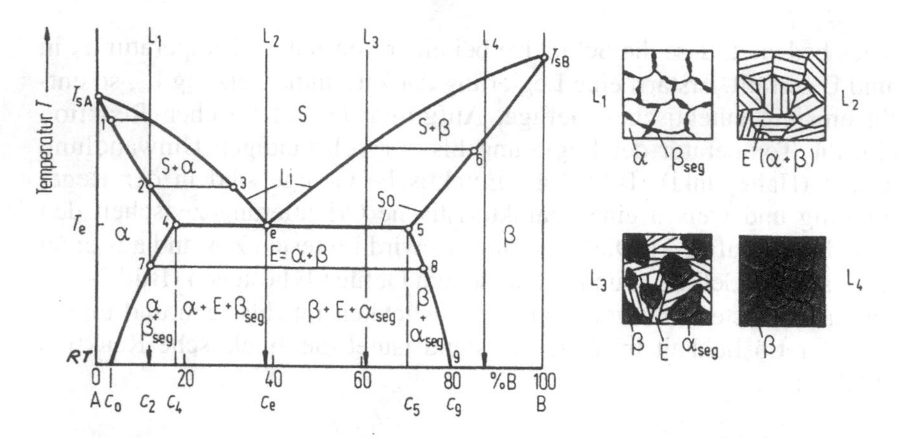

Bild 2-5. Eutektisches System mit vollständiger Löslichkeit im flüssigen sowie eingeschränkter Löslichkeit im festen Zustand und schematische Darstellung der wichtigsten Gefügebestandteile für bestimmte Legierungstypen [2-2].

2.2.3 Peritektische Umwandlung

Bei einer peritektischen Reaktion entsteht aus zwei Phasen eine Dritte. Das im Bild 2-6 abgebildete Zustandsschaubild zeigt ein System mit vollständiger Löslichkeit im flüssigen und eingeschränkter Löslichkeit im festen Zustand. Die entsprechende peritektische Reaktion lautet hier:

$$S + \alpha \rightarrow \beta \; (T = T_p = \text{konst.}).$$

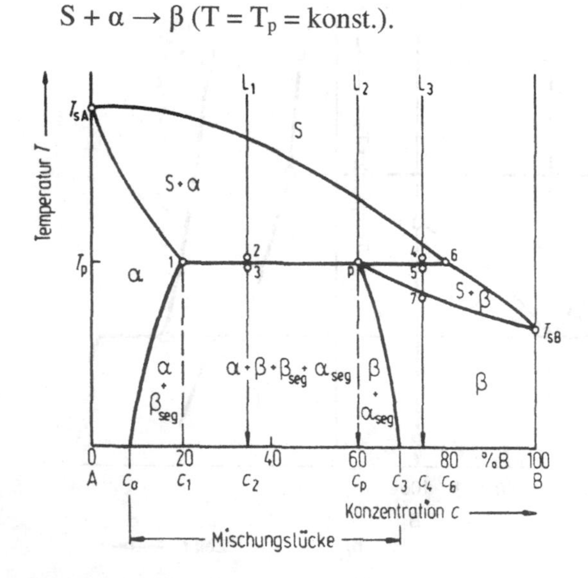

Bild 2-6. Vollständige Löslichkeit im flüssigen und eingeschränkte Löslichkeit im festen Zustand, peritektisches System [2-2].

Analog zum eutektischen System entspricht die peritektische Temperatur T_p der Peritektikalen und der Punkt p dem peritektischen Punkt.

2.2.4 Intermediäre Phasen

intermediäre Phasen sind Verbindungen des Typs A_mB_n oder Gitterstrukturen, die bestimmte Mengen der Komponenten A oder B lösen können (Bild 2-7). Wenn beide Komponenten Metalle sind, werden diese Bindungstypen häufig auch als *intermetallische Phasen* bezeichnet.

Intermediäre Phasen des Typs A_mB_n besitzen eine strenge Stöchiometrie und sind aufgrund ihrer genauen Mischungsverhältnisse von A : B in einem binären System oft durch einen senkrechten Strich dargestellt (Bild 2-7a). Können von der intermediären Phase größere Mengen der beiden Komponenten gelöst werden, so bilden sie wiederum Mischkristalle (γ) (Bild 2-7b). Aufgrund des recht komplexen Aufbaues der intermediären Kristalle sind diese sehr hart und spröde.

Entsprechend ihres Erstarrungs- und Umwandlungsverhaltens erfolgt eine Unterteilung der intermediären Phasen in die kongruent und die inkongruent schmelzenden intermediären Verbindungen (Bilder 2-7 und 2-8). Kongruent schmelzende Verbindungen entstehen direkt aus einer Umwandlung der Schmelze (S → V bzw. γ, im Bild 2-7), wohingegen inkongruent schmelzende Phasen nach einer peritektischen Reaktion (S + B → V bzw. S + β → γ, im Bild 2-8) gebildet werden. Kongruent schmelzende Phasen können den Schmelzpunkt ihrer Einzelkomponenten A und B deutlich überschreiten (Bild 2-7a). In diesem Zusammenhang sei beson-

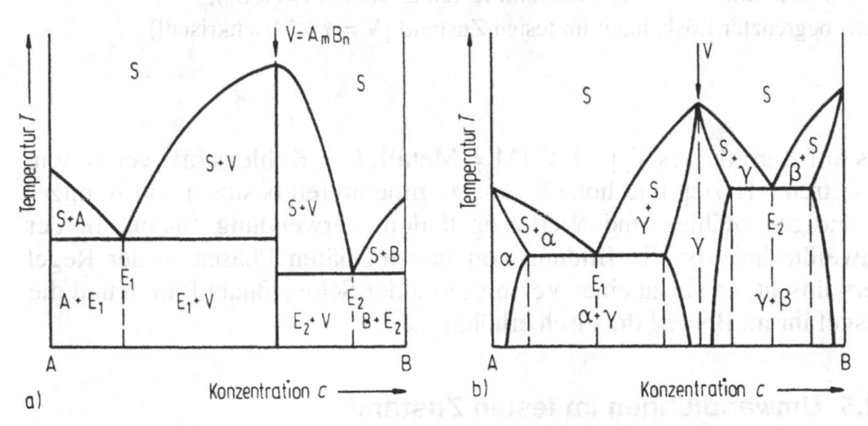

Bild 2-7. Binäre Systeme mit kongruent schmelzenden intermediären Phasen (V) [2-2].
a) schmaler Existenzbereich der intermediären Verbindung ($V=A_mB_n$);
b) intermediäre Phase γ mit großem Existenzbereich.

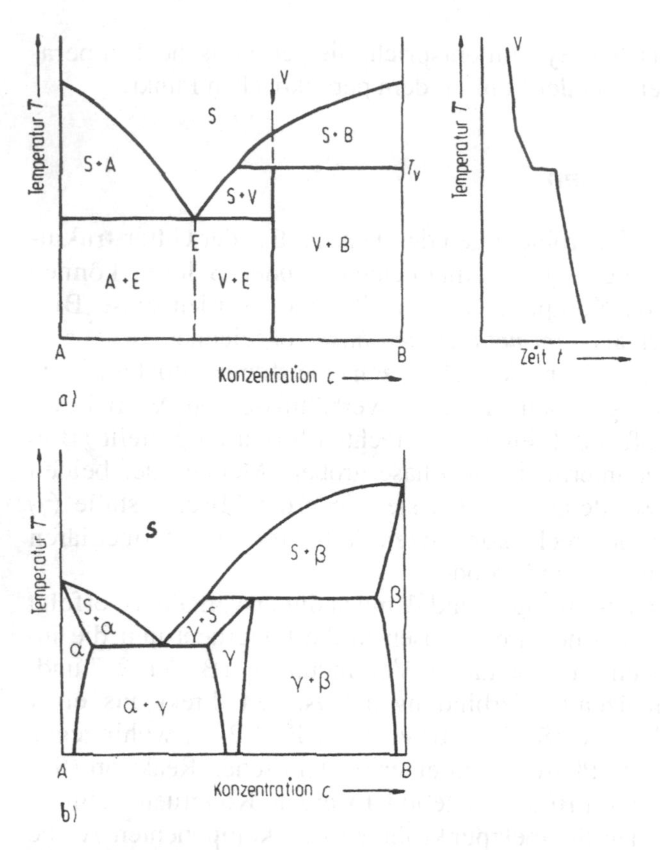

Bild 2-8. Zustandsschaubild mit inkongruent schmelzender Phase [2-2],
a) mit vollkommener Unlöslichkeit im festen Zustand ($V=A_mB_n$);
b) mit begrenzter Löslichkeit im festen Zustand (V = γ = Mischkristall).

ders auf Karbide des Typs MC (M = Metall, C = Kohlenstoff) verwiesen, die extreme Härten und hohe Schmelztemperaturen besitzen und in hitzebeständigen Stählen und Werkzeugstählen Verwendung finden. In der Schweißtechnik ist die Bildung von intermediären Phasen in der Regel unerwünscht, da sie zu einer Versprödung der Schweißnaht führen und die Rissgefahr im Bauteil drastisch erhöhen.

2.2.5 Umwandlungen im festen Zustand

Die drei wesentlichen Umwandlungstypen für den festen Zustand sind im Bild 2-9 abgebildet. Hierzu gehören:

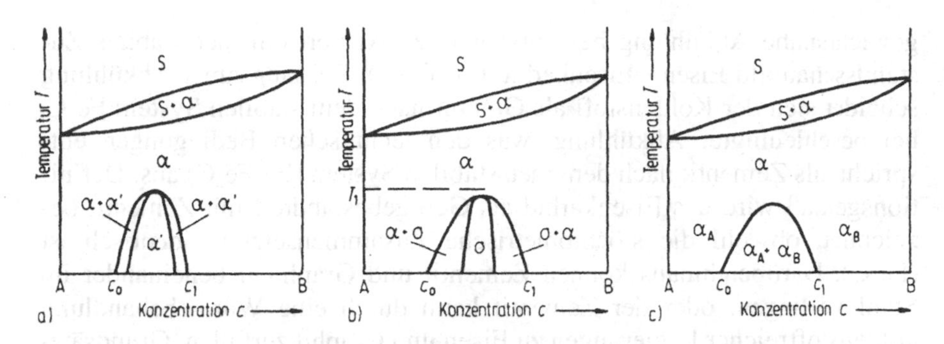

Bild 2-9. Zustandsschaubild mit Umwandlung im festen Zustand [2-2].
a) Entstehung einer Überstruktur α';
b) Entstehung einer intermediären Phase σ;
c) Entmischung in zwei Phasen α_A und α_B.

- Bildung einer Überstruktur entsprechend der Reaktion $\alpha \rightarrow \alpha'$. In einem Substitutionsmischkristall erfolgt der Übergang von einer statistischen Verteilung der Atome zu einem geordneten Substitutionsmischkristall (Bild 2-9a). Für eine Überstrukturbildung müssen die Bindungskräfte zwischen den Atomen A - B größer sein als zwischen den Bindungen A - A bzw. B - B. Überstrukturbildungen sind nur bei tiefen Temperaturen stabil.
- Bildung einer intermediären Phase σ nach der Reaktion $\alpha \rightarrow \sigma$ (Bild 2-9 b).
- Entmischung eines Mischkristalls in zwei Phasen: $\alpha \rightarrow \alpha_A + \alpha_B$ (Bild 2-9c). Beide entstehende Phasen werden hier mit α bezeichnet, da beide Mischkristalle die gleiche Gitterstruktur besitzen. Die Indizes sollen verdeutlichen, dass es sich trotzdem um zwei verschiedene Phasen handelt, weil die Komponentengehalte von A und B in beiden Phasen verschieden sind.

Der Zerfall des α-Mischkristalls in die zwei Phasen α_A und α_B entspricht einer eutektischen Umwandlung. Da in diesem Fall aber nicht die Schmelze an der Umwandlung beteiligt ist, wird diese Reaktion zur besseren Differenzierung auch als eutektoide Umwandlung bezeichnet.

2.3 Eisen-Kohlenstoff-Zustandsschaubild

Das Umwandlungsverhalten kohlenstoffhaltigen Eisens im Gleichgewichtszustand wird durch das stabile Zustandsschaubild Eisen - Graphit (Fe-C) beschrieben. Neben dem stabilen System Fe-C, das für eine gleichgewichtsnahe Abkühlung bestimmt wurde, existiert ein metastabiles Zustandsschaubild Eisen - Eisenkarbid (Fe-Fe_3C). Bei langsamer Abkühlung scheidet sich der Kohlenstoff als Graphit nach dem stabilen System Fe-C, bei beschleunigter Abkühlung, was den technischen Bedingungen entspricht, als Zementit nach dem metastabilen System (Fe-Fe_3C) aus. Definitionsgemäß wird das Eisenkarbid als Gefügebestandteil mit Zementit bezeichnet, obwohl die stöchiometrische Zusammensetzung identisch ist (Fe_3C). Darüber hinaus können Zementit und Graphit nebeneinander im Stahl vorliegen, oder der Zementit kann durch eine Wärmebehandlung kohlenstoffreicher Legierungen zu Eisen und Graphit zerfallen. Grundsätzlich gilt aber, dass mit zunehmender Abkühlgeschwindigkeit und abnehmendem Kohlenstoffgehalt die Bildung von Zementit begünstigt wird. In einem Doppelschaubild ist das stabile System durch eine gestrichelte, das metastabile durch eine ausgezogenen Linie gekennzeichnet (Bild 2-10).

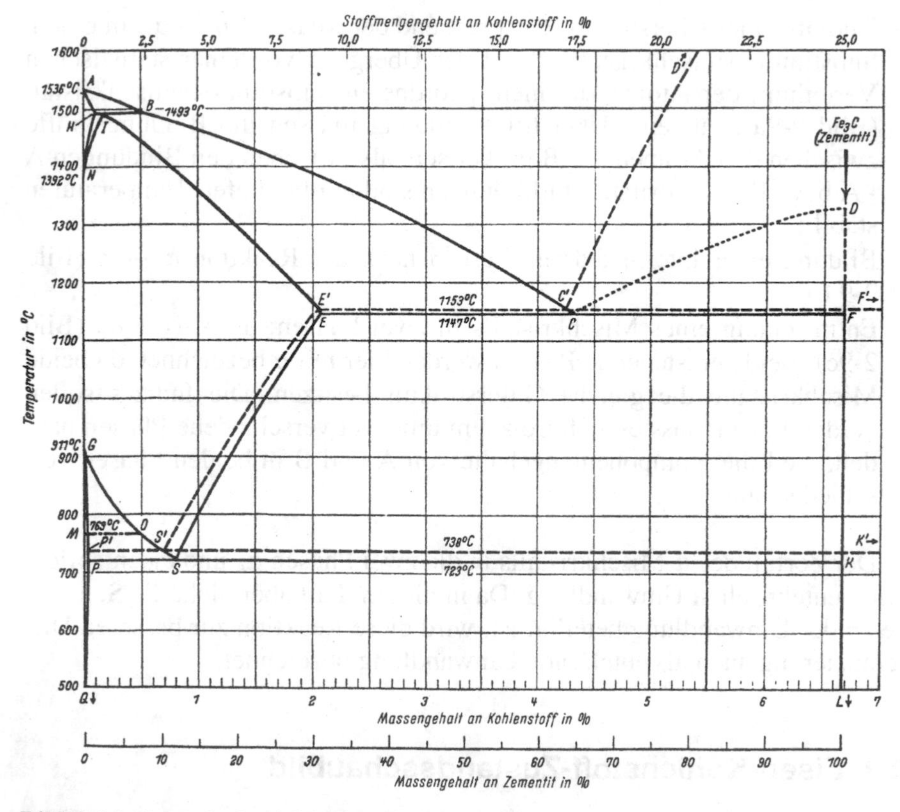

Bild 2-10. Doppelschaubild Eisen-Kohlenstoff [2-3].
Das metastabile System ist durch eine gestrichelte Linie, das stabile System durch eine ausgezogene Linie gekennzeichnet.

Das metastabile Zustandsschaubild ist durch die Bildung von Eisenkarbid mit einem Kohlenstoffgehalt von 6,67 Masse-% begrenzt. Die strenge Stöchiometrie der gebildeten Karbidphase lässt sich auch an der oberen Abszisse für die Stoffmengengehalte an Kohlenstoff ablesen. Entsprechend dem Kohlenstoffgehalt im Fe_3C bildet sich das Zementit bei Stoffmengengehalten von 25 %.

Die Mischkristalle in den Zustandsfeldern werden mit griechischen Buchstaben benannt. Nach Konvention werden die Umwandlungspunkte des reinen Eisens mit dem Buchstaben A = arrêt (Haltepunkt) bezeichnet und durch tiefgestellte Indizes unterschieden. Werden die Umwandlungspunkte aus Abkühlkurven ermittelt, wird zusätzlich der Buchstabe r = refroidissement verwendet und für Aufheizkurven der Zusatz c = chauffage. Für das technisch bedeutsamere metastabile Zustandsdiagramm sind die folgenden Umwandlungspunkte festzuhalten:

– - 1536°C: Erstarrungstemperatur (Schmelzpunkt) δ-Eisen,
– - 1392°C: A_4-Punkt γ-Eisen,
– - 911°C: A_3-Punkt unmagnetisches α-Eisen
– - 769°C: A_2-Punkt ferromagnetisches α-Eisen
bei kohlenstoffhaltigem Eisen:
– - 723°C: A_1-Punkt (Perlitpunkt).

Die Eckpunkte der Zustandsfelder sind mit fortlaufenden römischen Großbuchstaben bezeichnet. Die zugehörigen Temperaturen und Konzentrationen gehen aus Tabelle 2-1 hervor.

Wie bereits erwähnt, ist das System Eisen-Eisenkarbid das für die technische Anwendung und auch für die Schweißtechnik bedeutsamere Zustandsdiagramm. Das binäre System Eisen-Graphit kann durch eine Zugabe von Silicium stabilisiert werden, so dass eine Ausscheidung von Graphit auch bei erhöhter Erstarrungsgeschwindigkeit erfolgt. Besonders Eisengusswerkstoffe erstarren aufgrund ihrer erhöhten Siliciumgehalte nach dem stabilen System. Im Folgenden sollen die wichtigsten Begriffe und Umwandlungen anhand des metastabilen Systems näher erläutert werden (Bild 2-11).

Die in den vorherigen Abschnitten dargestellten Umwandlungsmechanismen sind im Zweistoffsystem Eisen-Eisenkarbid fast ausnahmslos wiederzufinden. So findet eine eutektische Umwandlung im Punkt C, eine peritektische im Punkt I und eine eutektoide Umwandlung im Punkt S statt. Bei einer Temperatur von 1147 °C und einer Kohlenstoffkonzentration von 4,3 Massen-% scheidet sich die als Ledeburit bezeichnete eutektische Phase aus Zementit mit 6,67 % C und gesättigten γ-Mischkristallen mit 2,06 % C aus. Legierungen mit weniger als 4,3 Massen-% Kohlenstoff

Tabelle 2-1. Eckpunkte der Zustandsfelder mit den zugehörigen Temperaturen und Kohlenstoffgehalten für das metastabile System [2-3], [2-4], vgl. hierzu Bild 2-10.

Punkt	Massegehalt an Kohlenstoff in %		Temperatur in °C	
	nach [2-3]	nach [2-4]	nach [2-3]	nach [2-4]
A	0	0	1536	1536
B	0,51	0,53	1493	1493
C	4,3	4,3	1147	1147
D	6,69	6,69	≈ 1330	1252
E	2,06	2,14	1147	1147
F	6,69	6,69	1147	1147
G	0	0	911	911
H	0,1	0,09	1493	1493
I	0,16	0,16	1493	1493
K	6,69	6,69	723	727
M	≈ 0		768	
N	0	0	1392	1392
O	0,47		768	
P	0,02	0,034	723	727
S	0,8	0,76	723	727

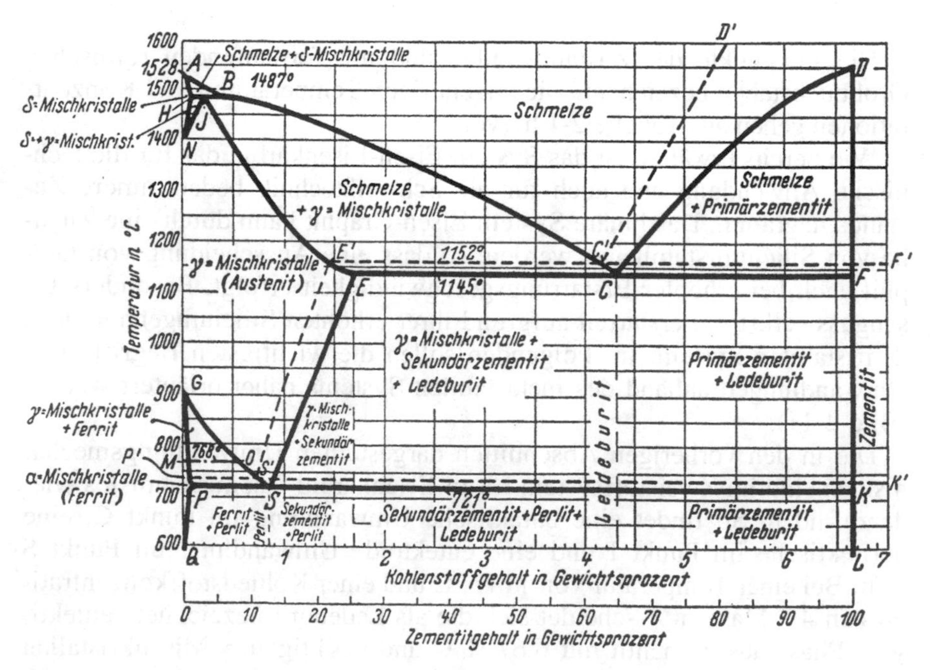

Bild 2-11. Das metastabile Eisen-Eisenkarbid mit Bezeichnungen der einzelnen Phasengebiete.

aus Primäraustenit und Ledeburit werden als untereutektisch, die mit mehr als 4,3 Massen-% aus Primärzementit und Ledeburit als übereutektisch bezeichnet.

Erstarrt eine Legierung mit weniger als 0,51 Massen-% Kohlenstoff, so bildet sich unterhalb der Soliduslinie A-B ein δ-Mischkristall (δ-Ferrit). Entsprechend der peritektischen Umwandlung bei 1493°C zerfallen Schmelze (0,51 % C) und δ-Ferrit (0,10 % C) zu einem γ-Mischkristall (Austenit).

Die Umwandlung des γ-Mischkristalls vollzieht sich bei tieferen Temperaturen. Aus dem γ-Eisen mit C-Gehalten unter 0,8 % (untereutektoide Legierungen) scheidet sich mit sinkender Temperatur ein kohlenstoffarmes α-Eisen (voreutektoider Ferrit) und feinlamellares Eutektoid (Perlit), bestehend aus α-Mischkristallen und Zementit, aus. Bei Kohlenstoffgehalten über 0,8 % (übereutektoide Legierungen) bilden sich aus dem Austenit Sekundärzementit und Perlit. Unterhalb von 723°C erfolgt wegen sinkender Kohlenstofflöslichkeit die Ausscheidung von Tertiärzementit aus dem α-Eisen.

Wichtigster Unterschied der drei genannten Phasen ist ihre Gitterstruktur (Bild 2-12). Während die α- und δ-Phase ein kubisch-raum-zentriertes (krz) Gitter aufweisen, liegt die γ-Phase als kubisch-flächenzentriertes (kfz) Gitter vor.

Aus den Gitterstrukturen resultieren auch die unterschiedlichen Löslichkeiten der Mischkristalle für Kohlenstoff. Kohlenstoff wird bei den drei oben genannten Phasen interstitiell gelöst, d. h. Kohlenstoff findet zwischen den Eisenatomen Platz. Diese Art von Mischkristallen wird daher auch Einlagerungsmischkristall genannt.

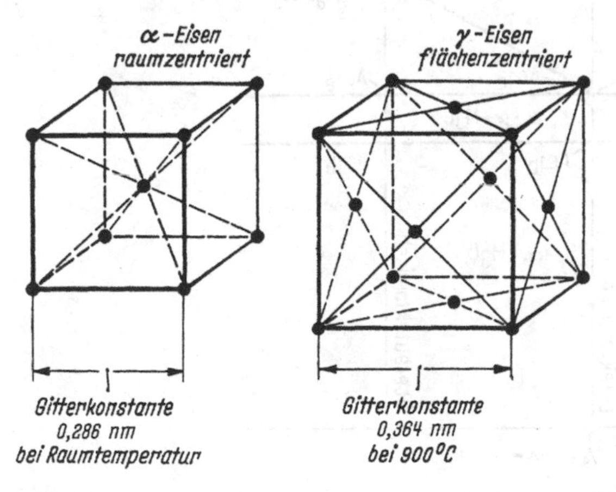

Bild 2-12. Gitterstrukturen der auftretenden Phasen im Eisen-Kohlenstoff-Diagramm.

Obwohl das kubisch-flächenzentrierte Gitter des Austenits eine höhere Packungsdichte als das kubisch-raumzentrierte Gitter besitzt, ist die Gitterlücke zur Einlagerung des Kohlenstoffatoms größer. Hieraus resultiert eine etwa 100-fach größere Löslichkeit des Austenits (max. 2,06 % C) für Kohlenstoff gegenüber der Ferrit-Phase (max. 0,02 % C für α-Eisen). Dagegen sind Diffusionsvorgänge im γ-Eisen aufgrund der dichten Packung des Gitters immer mindestens um den Faktor 100 kleiner als im weniger dicht gepackten α-Eisen.

Obwohl α- und δ-Eisen die gleiche Gitterstruktur und die gleichen Eigenschaften aufweisen, besteht auch zwischen diesen Phasen ein Unterschied. Während das δ-Eisen aus dem direkten Zerfall der Schmelze entsteht (S → δ), wird das α-Eisen in der festen Phase durch eine eutektoide Umwandlung von Austenit gebildet ($\gamma \rightarrow \alpha + Fe_3C$). Für die Umwandlung von unlegierten und niedriglegierten Stählen ist die Bildung von δ-Ferrit von untergeordneter Bedeutung, jedoch kommt der δ-Phase bei der Schweißeignung von hochlegierten Stählen eine besondere Bedeutung zu.

Bei den in der Praxis verwendeten unlegierten Stählen handelt es sich um Mehrstoffsysteme aus Eisen und Kohlenstoff mit Legierungselementen wie Mangan, Chrom, Nickel und Silicium. Prinzipiell besitzt das Gleichgewichtsschaubild Fe-C auch bei derartigen Mehrstoffsystemen Gültigkeit. Bild 2-13 zeigt einen schematischen Schnitt durch das Dreistoffsystem Fe-M-C.

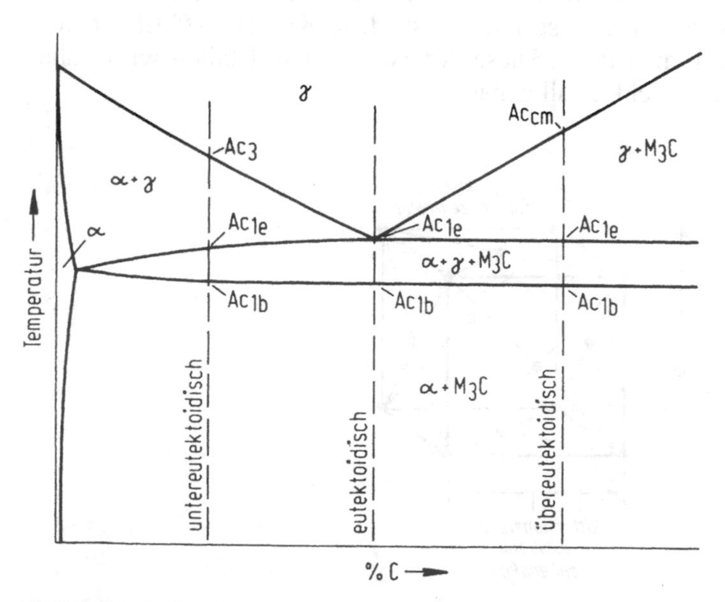

Bild 2-13. Aufspaltung der eutektoiden Linie zu einem dreiphasigen Gebiet durch Zugabe eines weiteren Legierungselementes.

Bei der Ausscheidung bilden sich Mischkarbide der allgemeinen Zusammensetzung M_3C. Im Gegensatz zum Zweistoffsystem Fe-C ist das Dreistoffsystem Fe-M-C durch ein Temperaturintervall im Dreiphasenfeld $\alpha + \gamma + M_3C$ charakterisiert. Der Beginn der Umwandlung von $\alpha + M_3C$ in γ ist durch A_{c1b}, das Ende durch A_{c1e} gekennzeichnet.

Die beschriebenen Gleichgewichtsschaubilder besitzen nur für geringe Aufheiz- und Abkühlgeschwindigkeiten Gültigkeit. Beim Schweißen liegen jedoch höhere Aufheiz- und Abkühlgeschwindigkeiten vor, so dass sich in der Wärmeeinflusszone (WEZ) und im Schweißgut andere Gefügetypen ausbilden. Die beim Aufheizen und Abkühlen ablaufenden Gefügeumwandlungen in Legierungen werden durch Umwandlungsschaubilder beschrieben, bei denen eine Temperaturänderung nicht gleichgewichtsnah, sondern mit verschiedenen Aufheiz- bzw. Abkühlgeschwindigkeiten erfolgt.

2.4 Umwandlungsschaubilder und Gefüge der unlegierten und niedriglegierten Stähle

2.4.1 Vorgang des Austenitisierens

Unter Austenitisieren eines unlegierten oder niedriglegierten Stahles wird die Erwärmung eines Ausgangsgefüges (meist aus Ferrit und Perlit) auf eine Temperatur oberhalb der Austenitisierungstemperatur (A_{c3}) verstanden, so dass ein austenitischer Mischkristall entsteht. Das Existenzgebiet eines γ-Mischkristalls kann anhand eines Eisen-Kohlenstoff-Diagramms für die jeweilige Kohlenstoffkonzentration des Ausgangsmaterials bestimmt werden, vgl. Bild 2-10. Liegt nach der Erwärmung ein austenitischer Mischkristall vor, so ist es anschließend möglich, durch eine gezielte Abkühlung des Stahles ein erwünschtes Gefüge mit den geforderten mechanischen Eigenschaften zu erzielen. Das aufgrund der Wärmebehandlung entstehende Gefüge ist aber in starkem Maße von der Aufheizgeschwindigkeit, der Haltedauer oberhalb A_{c3}, der Abkühlgeschwindigkeit und der Zusammensetzung des Stahles abhängig.

2.4.1.1 Isothermische Zeit-Temperatur-Austenitisierungs-schaubilder

Für die isothermische Austenitbildung ist eine sehr schnelle Erwärmung des Stahles auf die gewünschte Austenitisierungstemperatur und das anschließende Halten dieser Temperatur (isothermisch) erforderlich. Das entstehende isothermische Zeit-Temperatur-Austenitisierungs-(ZTA-) Schaubild ist im Bild 2-14 dargestellt.

Im isothermischen ZTA-Schaubild sind die Zustandsfelder der Gefügebestandteile in Abhängigkeit von der Glühtemperatur und -zeit dargestellt. Jedes isothermische ZTA-Schaubild gilt jedoch nur für die Erwärmungsbedingungen, unter denen es aufgestellt worden ist, denn während der Erwärmung auf Haltetemperatur laufen bereits Austenitisierungsvorgänge ab. Für das im Bild 2-14 abgebildete ZTA-Schaubild wurde ein untereutektoider Stahl C45 nach DIN EN 10083 (0,45 % Kohlenstoff) und eine Aufheizgeschwindigkeit von 130 K/s gewählt.

Wegen der logarithmischen Teilung der Zeitachse lässt sich eine Haltezeit von 0 s nicht darstellen. Statt dessen wird die Haltezeit 0,01 s oder 0,1 s gewählt. Der entstandene Fehler ist vernachlässigbar klein. Die logarithmische Aufteilung der Zeitachse ist allen Austenitisierungs- und Umwandlungsschaubildern gemein.

Isothermische ZTA-Schaubilder sind nur parallel zur Zeitachse, also bei konstanter Temperatur, zu lesen. Im ZTA-Schaubild sind der Beginn (A_{c1}, bzw. A_{c1b}) und das Ende (A_{c3}, bzw. A_{c1e}) der α-γ-Umwandlung eingetragen.

Im Temperaturintervall zwischen A_{c1b} und A_{c1e} löst sich das Karbid auf und ein Teil des Ferrits wandelt sich in Austenit um. Bis zum Erreichen von A_{c3} wandelt sich der restliche Ferrit in Austenit um. In vielen technischen Stählen ist die Karbidauflösung erst mit der vollständigen Umwandlung des Ferrits in Austenit (A_{c3}) abgeschlossen, so dass das Ende der Karbidumwandlung (A_{c1e}) im isothermischen ZTA-Schaubild bei diesen Stählen nicht dargestellt werden kann. In diesen Fällen ist der Karbidzerfall erst bei Überschreiten der A_{c3}-Linie beendet.

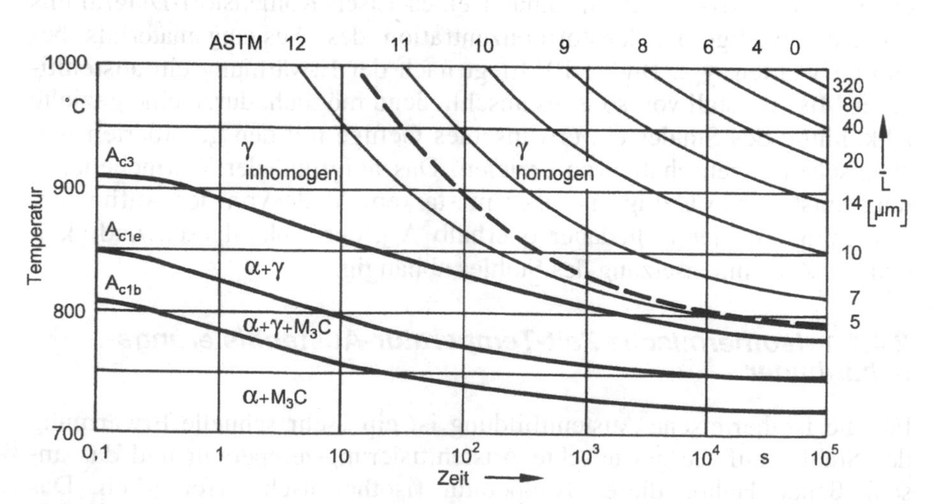

Bild 2-14. Zeit-Temperatur-Austenitisierungsschaubild für die isothermische Austenitisierung des Stahles C45 [2-5].

Die im Bild 2-14 gestrichelt eingetragene Linie trennt das Gebiet des homogenen von dem des inhomogenen Austenits. Ein inhomogener Austenit ist ein austenitischer Mischkristall, der sich direkt nach der vollständigen Umwandlung aus Ferrit und Zementit gebildet hat. Ferrit (α-Eisen) kann nur sehr geringe Kohlenstoffanteile lösen (max. 0,02 %), Zementit dagegen 6,67 % Kohlenstoff. Beide Phasen zerfallen jedoch zu Austenit, so dass aus der ferritischen Phase ein kohlenstoffarmer und aus der Zementitphase ein kohlenstoffreicher austenitischer Mischkristall entsteht. Dieser Mischkristall wird folglich als inhomogener Austenit bezeichnet. Bei hinreichend langen Glühzeiten, bzw. bei genügend hohen Temperaturen, werden durch Diffusion die Konzentrationsunterschiede des C-Gehaltes ausgeglichen, es entsteht der homogene Austenit.

Im Gebiet des homogenen Austenits sind Linien gleicher Korngröße eingezeichnet (nach ASTM, bzw. L in µm). Durch erhöhte Austenitisierungstemperaturen und verlängerte Haltezeiten entstehen grundsätzlich gröbere Austenitkörner als bei niedrigeren Temperaturen (Bild 2-14).

2.4.1.2 Kontinuierliche Zeit-Temperatur-Austenitisierungs-schaubilder

Im kontinuierlichen ZTA-Schaubild sind im Gegensatz zum isothermischen ZTA-Schaubild zusätzlich Aufheizkurven eingetragen. Das Diagramm darf nur entlang der Aufheizkurven gelesen werden. Durch den Schnitt der Aufheizkurve mit den Linien der Zustandsfelder können an den Umwandlungspunkten (A_{c1b}, A_{c1e} und A_{c3}) die zugehörigen Glühzeiten und -temperaturen ermittelt werden. Wie beim isothermischen ZTA-Schaubild ist die Temperatur über einem logarithmischen Zeitmaßstab aufgetragen.

Im Bild 2-15 ist das kontinuierliche ZTA-Schaubild des Stahles C45 abgebildet. Wie im Bild 2-14 sind die Bereiche des homogenen Austenits von denen des inhomogenen Austenits durch eine gestrichelte Linie getrennt. Des weiteren sind die Linien gleicher Austenitkorngröße nach ASTM eingetragen. Aus Gründen der besseren Übersicht sind nur die Aufheizgeschwindigkeiten von 0,05 K/s bis 2400 K/s eingezeichnet.

Der Zusammenhang zwischen Bild 2-13 (Dreistoffsystem Fe-M-C) und Bild 2-15 (kontinuierliches ZTA-Schaubild) ist im Bild 2-16 dargestellt. Für unendlich lange Aufheizgeschwindigkeiten nähern sich die Phasenumwandlungspunkte denen des Gleichgewichtszustandes an. Das Gleichgewichtsschaubild ist also der Grenzfall des ZTA-Schaubilds. Das ZTA-Schaubild besitzt jedoch nur Gültigkeit für eine Legierungszusammensetzung. In der Praxis werden kontinuierliche ZTA-Schaubilder vorzugsweise für Verfahren mit schneller Aufheizung und unmittelbar anschließender Abkühlung eingesetzt, z. B. beim Flamm- und Induktionshärten.

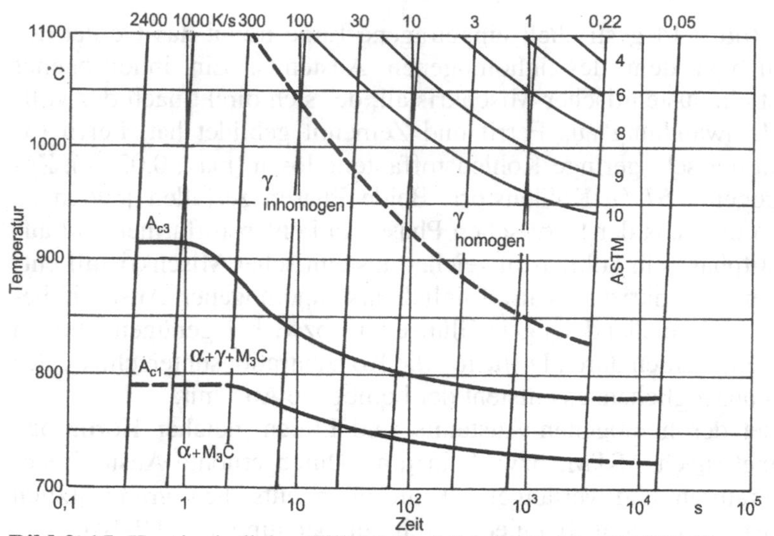

Bild 2-15. Kontinuierliches ZTA-Schaubild des Stahles C45 [2-5].

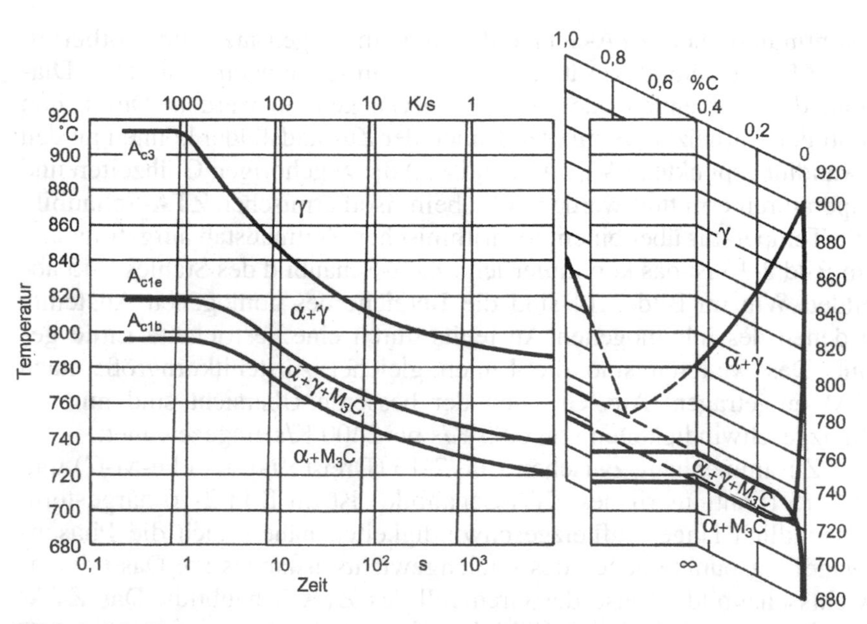

Bild 2-16. Zusammenhang zwischen dem ZTA-Schaubild (kontinuierlich) und dem System Fe-M-C für eine unendlich langsame Aufheizgeschwindigkeit. Der Berührpunkt mit dem Fe-M-C-Diagramm liegt für das ZTA-Schaubild bei t → ∞ [2-5].

2.4.2 Gefüge von Stählen

Die im Abschnitt 2.3 erklärten Umwandlungsvorgänge finden bei sehr langsamen bzw. gleichgewichtsnahen Abkühlgeschwindigkeiten statt und sind nicht vergleichbar mit beschleunigten Abkühlgeschwindigkeiten bei technischen Prozessen. Bei höheren Abkühlgeschwindigkeiten bilden sich metastabile Phasen, die nur bei niedrigen Temperaturen beständig sind. Sie entstehen, weil die zur Einstellung des Gleichgewichtes erforderlichen Diffusionsvorgänge entweder teilweise oder vollständig unterdrückt werden. Es wird zwischen gleichgewichtsnahen Umwandlungen in der Perlitstufe und gleichgewichtsfernen Umwandlungen in der Bainit- und in der Martensitstufe unterschieden.

2.4.2.1 Ferrit

Der Gefügebestandteil Ferrit (α-Eisen) entsteht durch eine diffusionskontrollierte Umwandlung des Austenits. Ferrit tritt sehr häufig in Kombination mit dem Gefügebestandteil Perlit auf und wird auch wegen der diffusionsgesteuerten Umwandlung beider Gefüge der Perlitstufe zugerechnet. Im Bild 2-17 ist das rein ferritische Gefüge einer kohlenstoffarmen Legierung abgebildet.
Aufgrund der sehr geringen Kohlenstofflöslichkeit ist das ferritische Gefüge sehr weich, zeichnet sich aber gleichzeitig durch seine hohe Zähigkeit (Duktilität) aus. Neben dem im Bild 2-17 aufgeführten ferritischen Gefüge erfolgt eine weitere metallographische Unterscheidung des Ferrits in den massiven Ferrit, Umklapp-Ferrit und den Widmannstättenschen Ferrit. Widmannstättenscher Ferrit entsteht sehr häufig entlang der Schmelzlinie

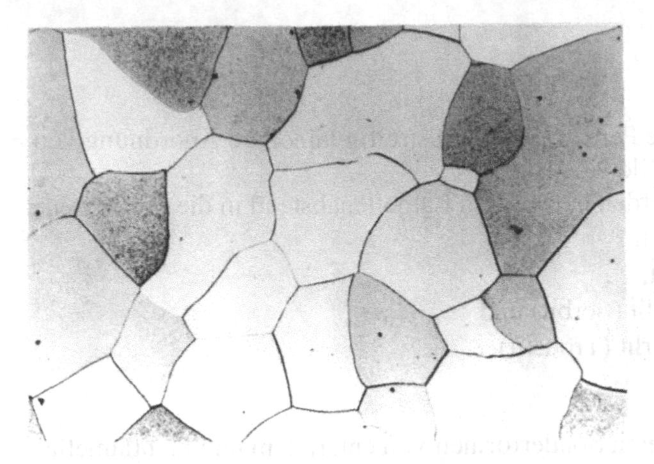

Bild 2-17. Lichtmikroskopische Aufnahme eines rein ferritischen Gefüges.

Grundwerkstoff-Schweißgut einer Schweißnaht oder direkt im Schweißgut. Oftmals wird dieses Gefüge in Stählen mit Kohlenstoffgehalten zwischen 0,2 % und 0,4 % und beschleunigter Abkühlung von hohen Austenitisierungstemperaturen gebildet. Kennzeichen des Widmannstättenschen Ferrits sind Ferritnadeln, die von ehemaligen Austenitkorngrenzen in das Korn hineinwachsen (Bild 2-18). Die Zähigkeitswerte eines solchen Gefüges liegen deutlich unter denen eines normalen ferritischen Gefüges nach Bild 2-17.

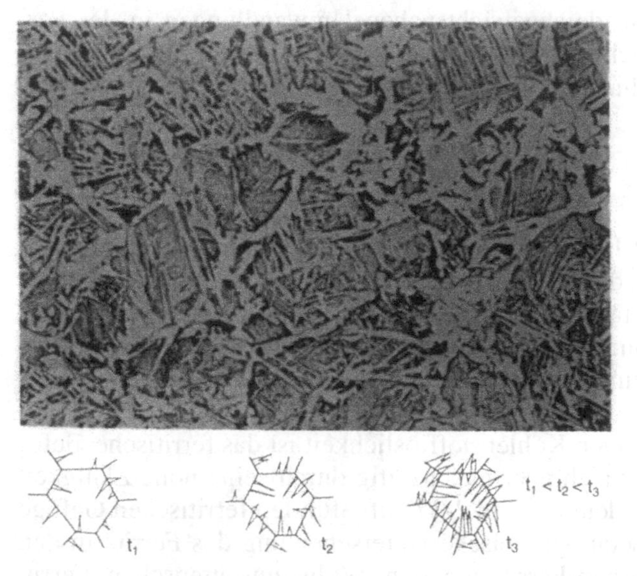

Bild 2-18. Widmannstättenscher Ferrit [-6] und Darstellung der Bildung aus einem Austenitkorn [2-7].

2.4.2.2 Perlit

Das eutektoide Gefüge Perlit ist eine feinstreifig lamellare Anordnung von Ferrit und Zementit (Bild 2-19).

Die Perlitgefüge werden nach ihrem Lamellenabstand in die Perlitarten
- groblamellarer Perlit,
- feinlamellarer Perlit,
- feinstlamellarer Perlit (Sorbit) und
- rosettenförmiger Perlit (Troostit)

unterteilt.

Des weiteren existieren Sonderformen von entartetem und nichtlamellarem Perlit.

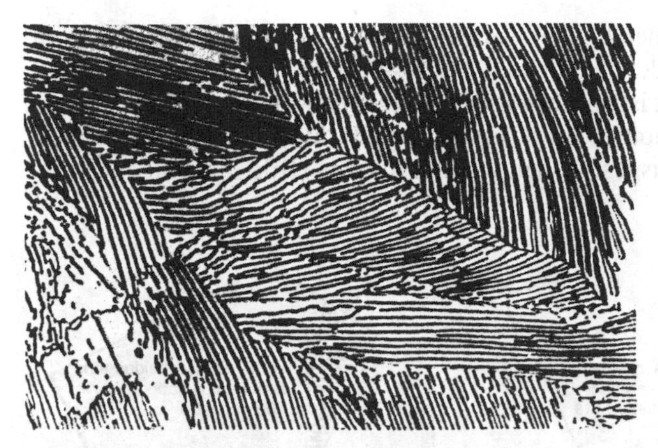

Bild 2-19. Anordnung des lamellaren Perlit aus Ferrit- (hell) und Zementitzeilen (dunkel).

Bei der Perlitumwandlung bildet sich zuerst ein Keim im austenitischen Gefüge, der anschließend durch Diffusionsvorgänge wächst (Keimwachstum). Der Lamellenabstand des Perlits ist von der Anzahl der gebildeten Keime und deren anschließender Wachstumsgeschwindigkeit abhängig. Der Lamellenabstand wiederum bestimmt sehr stark die mechanischen Eigenschaften des Perlits. Mit sinkendem Lamellenabstand erhöht sich die Streckgrenze des perlitischen Stahles, bei gleichzeitiger Verbesserung seiner Zähigkeitseigenschaften.

2.4.2.3 Bainit

Im Gegensatz zu den diffusionsgesteuerten Prozessen der Ferrit- und Perlitbildung entsteht das bainitische Gefüge aus einer massiven Umwandlung. Bedingt durch eine erhöhte Abkühlgeschwindigkeit ist die Diffusion von Eisen und anderen Legierungselementen unterbunden, lediglich Kohlenstoffatome können in eingeschränktem Maße noch Platzwechselvorgänge durchführen.

Bainit wird häufig auch als Zwischenstufengefüge bezeichnet, was jedoch eine vereinfachende Bezeichnung für dieses Gefüge ist, da Bainit nach dem Entstehungsmechanismus in die drei Arten oberer Bainit, unterer Bainit und kohlenstoffarmer Bainit unterteilt wird.

Durch diffusionsloses Umklappen von Austenit in ein verzerrtes Ferritgitter und anschließendes Ausscheiden von Kohlenstoff als Zementit zwischen (oberer Bainit) oder in den Ferritlanzetten (unterer Bainit) entstehen die beiden wichtigsten Bainitarten. Direkt nach dem Umklappen der Ferritplatten besitzen diese eine hohe Kohlenstoffkonzentration, die wesentlich oberhalb der Löslichkeit des Ferritgitters liegt. Aus dem oberen Bainit kann bei noch ausreichend hoher Temperatur der Kohlenstoff als Zementit durch Diffusion aus der Ferritnadel ausgeschieden werden (Bild 2-20a). Für den unteren Bainit ist aufgrund niedrigerer Umwandlungstemperaturen die Kohlenstoffdiffusion so stark eingeschränkt, dass die Karbide innerhalb der Ferritnadel ausgeschieden werden müssen (Bild 2-20b).

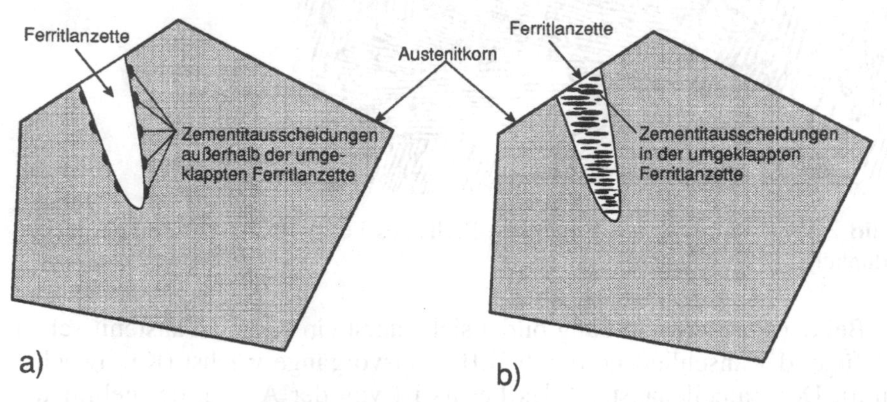

Bild 2-20. Entstehungsmechanismus von oberem (a) und unterem (b) Bainit (schematisch).

Oberer und unterer Bainit sind mit dem Lichtmikroskop nicht zu unterscheiden und liegen meist nebeneinander im Gefüge vor. Aus diesem Grund schlägt Kawalla in [2-6] eine Einteilung in feinnadeligen, grobnadeligen und körnigen Bainit vor (Bild 2-21). Bainitisches Gefüge besitzt zwar höhere Festigkeiten als ein ferritisch-perlitisches Gefüge, jedoch geht dies zu Lasten der Zähigkeit. Ähnlich dem Perlit gilt auch für das bainitische Gefüge, dass ein feinnadeliges Gefüge bessere mechanische Eigenschaften aufweist als ein grobnadeliges oder grobkörniges Gefüge.

2.4.2.4 Martensit

Bei sehr schneller Abkühlung auf niedrige Temperaturen bildet sich Martensit. Dieses Gefüge entsteht durch diffusionsloses Umklappen des Austenits. Der gesamte Kohlenstoff bleibt dabei zwangsgelöst. Charakteristisch für das Härtungsgefüge Martensit ist seine Nadelstruktur (Bild 2-22).

Die beiden bedeutendsten Martensitarten sind der Lanzett- und der Plattenmartensit. Die Entstehung ist im Wesentlichen vom Kohlenstoffgehalt des Stahles abhängig (Bild 2-23). Da in der Schweißtechnik vorwiegend untereutektoide Stähle verarbeitet werden, ist die Bildung von Lanzettmartensit für die Schweißtechnik von primärer Bedeutung. Wie jedoch Bild

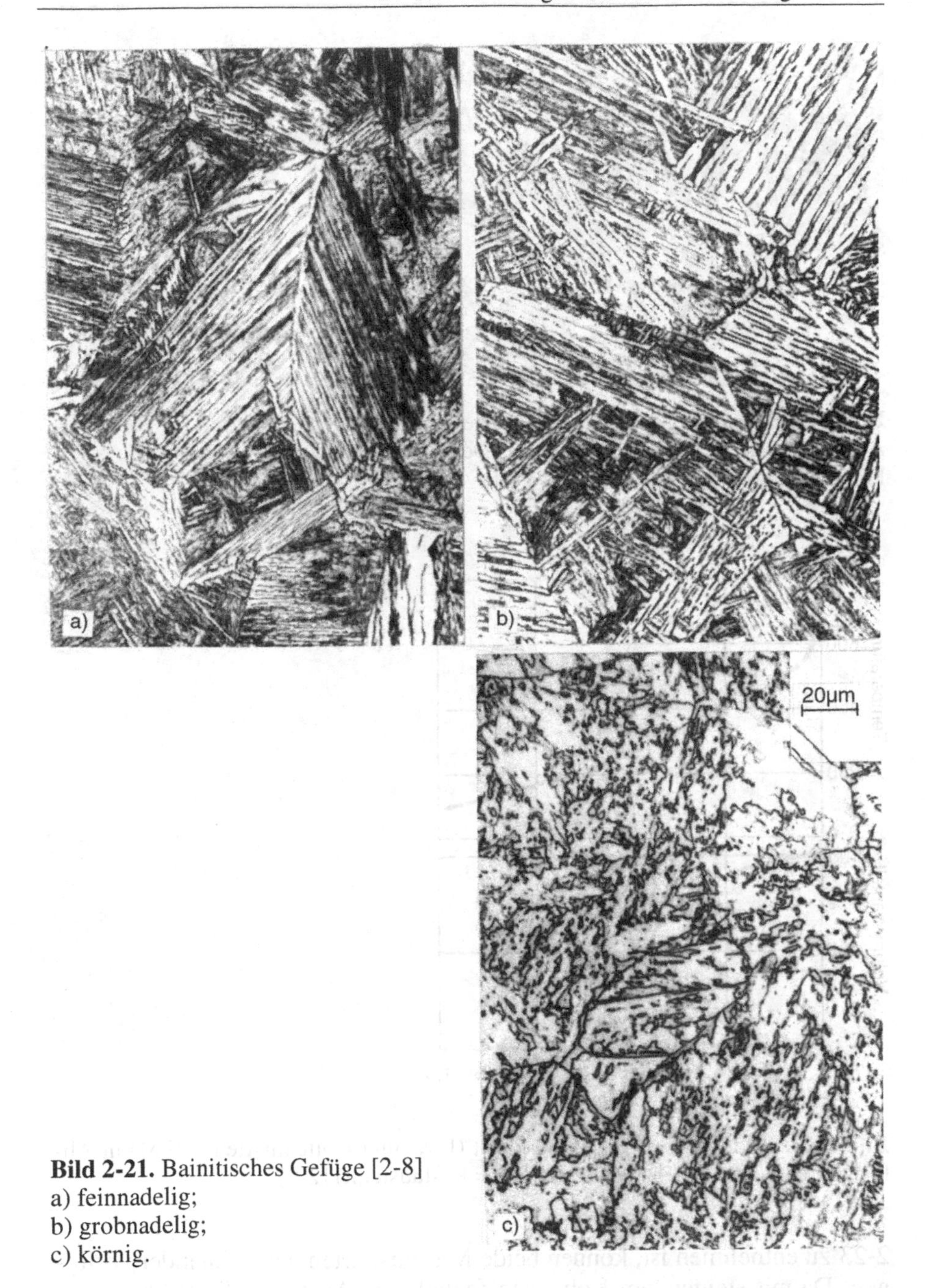

Bild 2-21. Bainitisches Gefüge [2-8]
a) feinnadelig;
b) grobnadelig;
c) körnig.

Bild 2-22. Martensitisches Gefüge (Lanzettmartensit).
Aus: *Habruka, L., u. J. L. de Brouwer*: De Ferri metallographia I. Bruxelles: Presses Academique Européennes 1966.

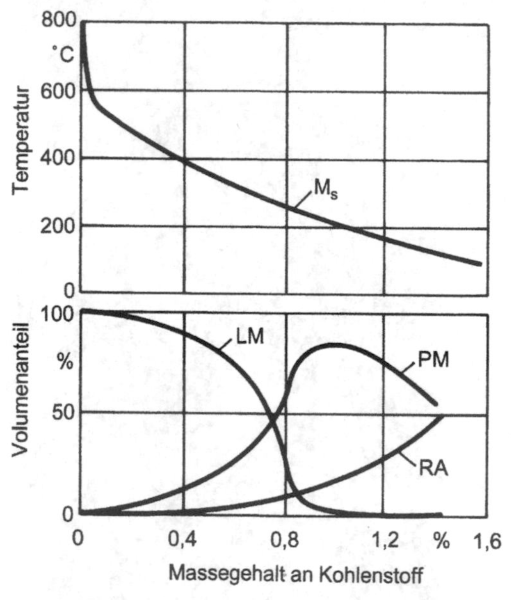

Bild 2-23. Bildung von Lenzettmartensit (LM) und Plattenmartensit (PM) in Abhängigkeit vom Kohlenstoffgehalt (RA = Restaustenit) [2-9].

2-23 zu entnehmen ist, können beide Martensitarten nebeneinander vorliegen. Da mit steigendem Kohlenstoffgehalt des Austenits die Bildung von Martensit erschwert wird, bilden sich häufig ab C-Gehalten über 0,8 % steigende Anteile an Restaustenit im Gefüge. Dies ist auf sinkende M_S und M_f-Temperaturen (s = start, f = finish) bei steigendem Kohlenstoffgehalt des Austenits zurückzuführen. Das Ende einer Martensitumwandlung (M_f) für einen Stahl mit 0,7 % Kohlenstoff liegt unter 0°C, für einen Kohlenstoffgehalt von 0,9 % aber schon bei -100°C. Dies bedeutet, dass die Martensitumwandlung bei hohen Kohlenstoffgehalten nicht vollständig abgeschlossen werden kann, da solch schnelle Abkühlungen von Austenitisierungstemperaturen auf die M_f-Temperaturen technisch häufig nicht realisierbar sind.

Martensitisches Gefüge zeichnet sich durch eine hohe Festigkeit und Härte aus, wobei die Härte mit steigendem Kohlenstoffgehalt und hinreichend schneller Abkühlung des Stahles zunimmt. Martensitisches Gefüge ist jedoch sehr spröde und führt bei Schweißverbindungen wegen der geringen Zähigkeit häufig zu Rissen.

2.4.3 Zeit-Temperatur-Umwandlungsschaubilder

Wie bereits aus den vorherigen Ausführungen hervorgeht, ist die Umwandlung von Austenit in Ferrit, Perlit, Bainit oder Martensit abhängig von der Abkühlgeschwindigkeit. Die Beschreibung der Phasenänderungen ist bei beschleunigter Abkühlung mit Hilfe des metastabilen Systems Eisen-Eisenkarbid nicht mehr möglich.

Dies führte zu der Entwicklung von Umwandlungsschaubildern, in denen die Kinetik der Umwandlung und Auflösung der Austenitphase berücksichtigt wird. Diese Schaubilder sind unter dem Begriff der Zeit-Temperatur-Umwandlungs- (ZTU-) Schaubilder bekannt. Analog zu den Austenitisierungsschaubildern erfolgt eine Einteilung in isothermische und kontinuierliche ZTU-Schaubilder.

2.4.3.1 Isothermische ZTU-Schaubilder

Bei isothermischer Umwandlung wird nach dem Austenitisieren möglichst schnell auf die entsprechende Umwandlungstemperatur abgekühlt und anschließend eine vorgegebene Zeit gehalten. Danach wird der Stahl abgeschreckt, um den erhaltenen Gefügezustand einzufrieren. Bild 2-24 zeigt schematisch die Temperaturverläufe von isothermischer Austenitisierung und anschließender Umwandlung.

Siehe hierzu Abschn. 2.4.3.2

Im isothermischen ZTU-Schaubild sind die Zeitpunkte für den Umwandlungsbeginn und das Ende der Umwandlung von Austenit bei verschiedenen Umwandlungstemperaturen eingetragen und durch einen Kurvenzug miteinander verbunden. Zusätzlich sind zwischen diesen Kurven Linien mit z. B. 25, 50 und 75 % Gefügeumwandlung eingezeichnet. Die Felder der Ferrit-, Karbid-, Perlit-, Bainit- und Martensitumwandlung werden mit F, K, P, B und M bezeichnet. Häufig ist die Umwandlungsstufe

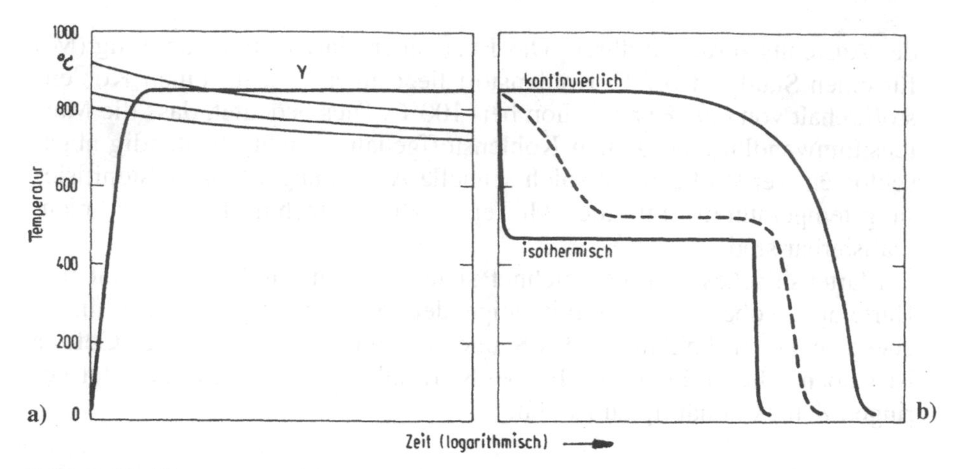

Bild 2-24. Temperatur-Zeit-Verläufe für die Austenitisierung (a), isothermische und kontinuierliche Umwandlung (b) [2-5].

des Bainits auch mit Zwischenstufengefüge (Zw) gekennzeichnet. Der Beginn der Martensitumwandlung wird durch die Martensitstarttemperatur M_S (s = Start) gekennzeichnet. Ebenfalls sind Linien mit 25, 50, 75 und 99 % Martensitbildung eingezeichnet. Die gebildete Martensitmenge ist praktisch unabhängig von der Haltedauer. Die Lage der Umwandlungslinien für den Beginn der Ferrit- und Martensitbildung ist sehr stark vom Legierungsgehalt der Stähle abhängig.

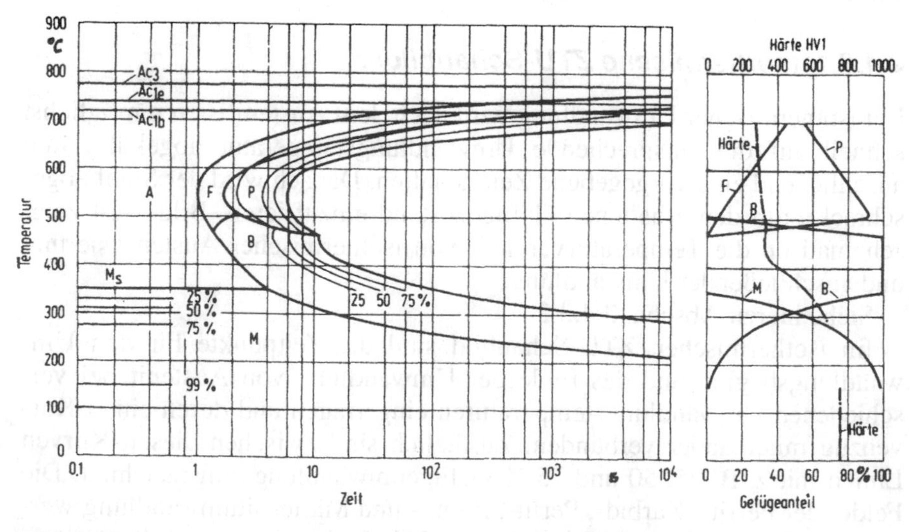

Bild 2-25. Isothermische Umwandlung des Stahles C45 [2-5].

Bild 2-25 zeigt das isothermische ZTU-Schaubild des Stahles C45. Die „nasenförmige" Ausbildung der Umwandlungsgebiete des Ferrits, Perlits und Bainits resultiert aus zwei gegenläufigen Effekten bei der Gefügeumwandlung, nämlich der Keimbildung und dem Keimwachstum. Der prinzipielle Vorgang der diffusionsgesteuerten Umwandlung wird im Folgenden schematisch anhand einer Umwandlung von Austenit zu Ferrit erklärt und dargestellt (Bild 2-26).

Die geschwindigkeitsbestimmenden Schritte der diffusionsgesteuerten Umwandlung sind erstens die Keimbildung und zweitens das Keimwachstum durch Diffusionsvorgänge. Der erste grundlegende Schritt einer Gefügeumwandlung besteht in der Bildung neuer Keime. Die Bildung der Ferritkeime wird bei niedrigen Temperaturen begünstigt (Bild 2-26, unteres Teilbild), dagegen entstehen bei hohen Umwandlungstemperaturen erst nach längeren Haltezeiten wenige neue Ferritkeime in einem Austenitkorn (Bild 2-26, oben). Obwohl der Ferritkeim bei hohen Temperaturen (= hohe Diffusionsgeschwindkeit) sehr schnell wachsen kann, müssen die wenigen Ferritkeime relativ große Wege zurücklegen, bis das Austenitkorn vollständig aufgezehrt ist, was entsprechend lange Zeiten erfordert.

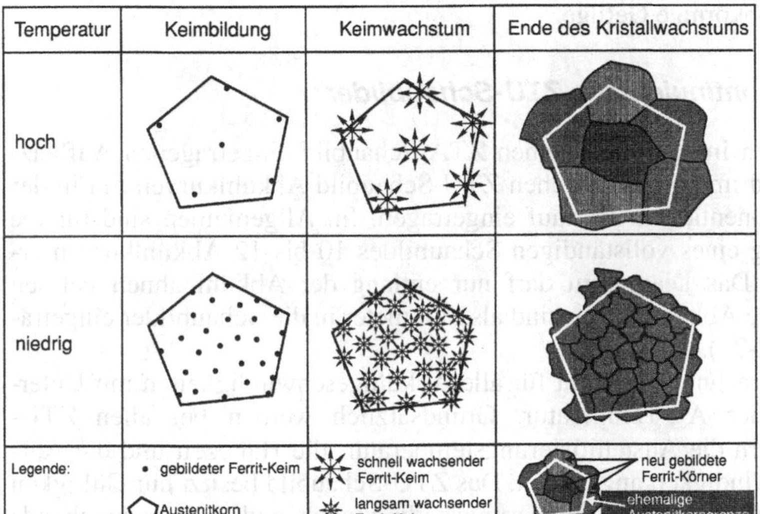

Temperatur	Keimbildung	Keimwachstum	Ende des Kristallwachstums
hoch			
niedrig			
Legende:	• gebildeter Ferrit-Keim Austenitkorn	schnell wachsender Ferrit-Keim langsam wachsender Ferrit-Keim	neu gebildete Ferrit-Körner ehemalige Austenitkorngrenze

Bild 2-26. Einfluss der Temperatur auf Keimbildung, Keimwachstum und Korngröße am Beispiel der Umwandlung von Austenit in Ferrit (schematisch).

Findet die Umwandlung bei niedrigen Temperaturen statt, bilden sich zwar sehr viele Keime, jedoch laufen bei geringen Temperaturen die Diffusionsvorgänge erheblich langsamer ab, so dass auch das Keimwachstum stark eingeschränkt ist. Trotz der kleineren Diffusionswege wird aufgrund des verlangsamten Keimwachstums eine längere Zeitspanne benötigt, bis die Umwandlung vollständig abgeschlossen ist (Bild 2-26, unteres rechtes Teilbild).

Sowohl bei sehr hohen, als auch bei sehr niedrigen Umwandlungstemperaturen werden also entsprechend lange Zeiten bis zur vollständigen Gefügeneubildung benötigt. Für eine bestimmte Umwandlungstemperatur, bei der günstige Bedingungen für Keimbildung und Keimwachstum gleichzeitig vorliegen, wird folglich auch eine minimale Zeit für die Bildung eines neuen Gefüges benötigt. Erkennbar ist dies an der „nasenförmigen" Ausbildung der Umwandlungsbereiche für Ferrit, Perlit und Bainit (Bild 2-25).

Aufgrund der Vorgänge von Keimbildung und Keimwachstum ist auch zu erklären, warum ein feinkörniges (feinlamellares) Gefüge bei niedrigen Temperaturen und ein grobkörniges Gefüge bei erhöhten Temperaturen entsteht. Aus den Keimen zu Beginn der Umwandlung bilden sich durch Diffusion Körner mit ihren Korngrenzen aus. Stoßen die Korngrenzen aneinander, ist kein umwandlungsfähiges Gefüge mehr vorhanden und die Umwandlung ist beendet. Folglich entstehen aus vielen Keimen bei niedrigen Temperaturen feinkörnige und aus wenigen Keimen bei hohen Temperaturen grobkörnige Gefüge.

2.4.3.2 Kontinuierliche ZTU-Schaubilder

Ähnlich den im kontinuierlichen ZTA-Schaubild eingetragenen Aufheizkurven sind im kontinuierlichen ZTU-Schaubild Abkühlkurven mit in der Regel exponentiellem Verlauf eingetragen. Im Allgemeinen sind für die Aufstellung eines vollständigen Schaubildes 10 bis 12 Abkühlkurven erforderlich. Das Diagramm darf nur entlang der Abkühlbahnen gelesen werden. Die Abkühlbahnen sind als Parameter in die Schaubilder eingetragen (Bild 2-27).

Die Zeitrechnung beginnt für alle Abkühlgeschwindigkeiten mit Unterschreiten der A_{c3}-Temperatur. Grundsätzlich werden bei allen ZTU-Schaubildern die Austenitisierungstemperatur, die Haltezeit und die Aufheizgeschwindigkeit angegeben. Das ZTU-Schaubild besitzt nur Gültigkeit für die jeweiligen Austenitisierungsbedingungen und die entsprechende chemische Zusammensetzung des Stahles. Am Ende der Abkühlkurven sind im Allgemeinen die Härtegrade der entstandenen Gefüge nach Rockwelt (2 stellig, Abkürzung HRC) oder Vickers (3 stellig, Abkürzung HV) angegeben. An den Schnittpunkten der Abkühlbahnen mit den Begrenzungslinien der Existenzfelder werden die prozentualen Gefügeanteile angegeben.

Chemische Zusammensetzung in %	C	Si	Mn	P	S	Cr	Cu	Mo	Ni	V
	0,19	0,42	1,20	0,025	0,025	0,08	0,21	<0,01	0,06	<0,01

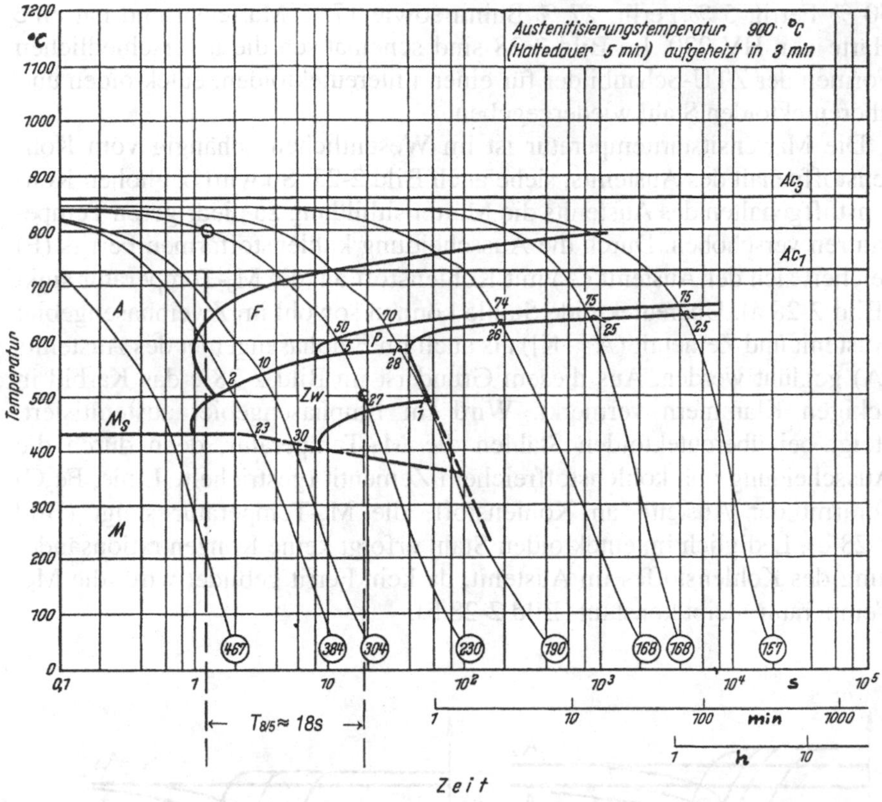

Bild 2-27. Kontinuierliches ZTU-Schaubild des Stahles 19 Mn 5 [2-10]. Gefügebezeichnungen: F Ferrit, P Perlit, ZW Zwischenstufengefüge (Bainit), M Martensit, A Austenit.

Die ZTU-Schaubilder für kontinuierliche Abkühlung entstehen durch Verbinden der Punkte gleichen Umwandlungszustandes auf den Abkühlkurven. Wie auch bei den isothermischen ZTU-Schaubildern wird der Umwandlungsbeginn mit 1 % umgewandeltem Austenit, bzw. das Ende mit 99 % umgewandeltem Austenit festgelegt. Falls sich die Umwandlung zu niedrigeren Temperaturen durch Existenzgebiete anderer Gefügetypen fortsetzt, wird das Umwandlungsende nicht eingezeichnet. Aus messtechnischen Gründen kann das Ende der Martensitbildung häufig nicht ermittelt und somit nicht eingetragen werden.

Aus Bild 2-27 ist ersichtlich, dass mit steigenden Abkühlgeschwindigkeiten das entstehende Gefüge härter wird. Die Gefüge können entweder nur aus einem Bestandteil (z. B. Martensit) oder aus Gemischen von Ferrit,

Perlit, Bainit und Martensit bestehen. Beispielsweise besteht das Gefüge des Stahles 19 Mn 5 bei einer Abkühlgeschwindigkeit von $t_{8/5} \approx 18$ s aus 50 % Ferrit, 5 % Perlit, 27 % Bainit sowie 17 % Martensit und hat eine Härte von HV 230. Im Bild 2-28 sind schematisch die unterschiedlichen Formen der ZTU-Schaubilder für einen untereutektoiden, eutektoiden und übereutektoiden Stahl wiedergegeben.

Die Martensitstarttemperatur ist im Wesentlichen abhängig vom Kohlenstoffgehalt des Austenits, siehe auch Bild 2-23. So wird bei hohen Kohlenstoffgehalten des Austenits die Martensitbildung zu niedrigeren Temperaturen verschoben. Durch die Ausscheidung kohlenstoffarmen Ferrits (F) reichert sich der Austenit (A) mit Kohlenstoff an, die M_S-Temperatur sinkt (Bild 2-28 a). Übereutektoide Stähle können sowohl im Zweiphasengebiet Austenit und Zementit (A [+K]) als auch im Einphasengebiet des Austenits (A) geglüht werden. Aus diesem Grund ist im Bild 2-28 c das Karbid in eckigen Klammern vermerkt. Wird im Einphasengebiet austenitisiert, steigt bei übereutektoiden Stählen die M_S-Temperatur, denn durch die Ausscheidung von kohlenstoffreichem Zementit (gestrichelte Linie, Fe_3C) verarmt der Austenit an Kohlenstoff, die M_S-Temperatur steigt (Bild 2-28 c). Lediglich im eutektoiden Stahl erfolgt keine Konzentrationsänderung des Kohlenstoffes im Austenit, da kein Ferrit gebildet wird, die M_S-Temperatur bleibt konstant (Bild 2-28 b).

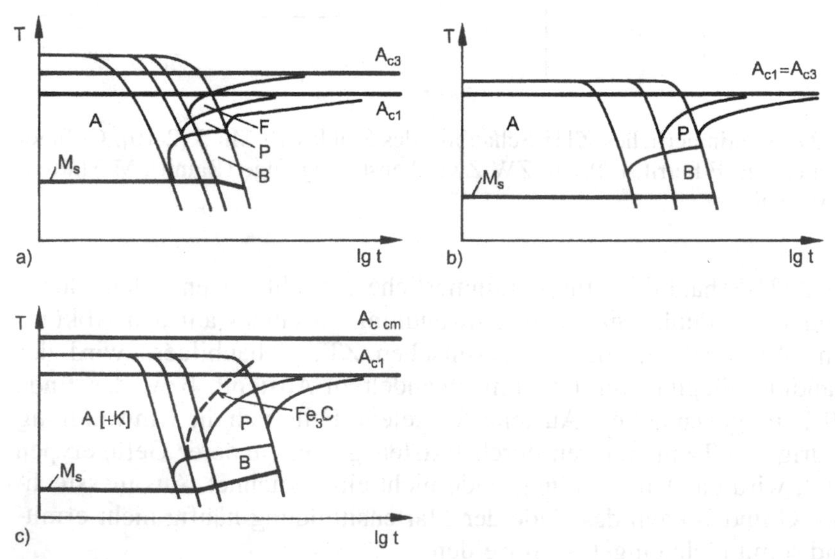

Bild 2-28. ZTU-Schaubilder (schematisch) von **a)** untereutektoiden, **b)** eutektoiden und **c)** übereutektoiden Stählen.

Neben Kohlenstoff üben aber auch andere Legierungselemente einen Einfluss auf das Umwandlungsverhalten von Stählen aus. Die Verschiebungen der Perlit-, Bainit- und Martensitstufe durch zusätzliche Legierungselemente sind aus Bild 2-29 ersichtlich. Grundsätzlich wird durch die Zugabe von Legierungselementen die Diffusion behindert, so dass die diffusionskontrollierten Umwandlungen zu längeren Zeiten verschoben werden und die Martensitbildung erst bei tieferen Temperaturen einsetzt.

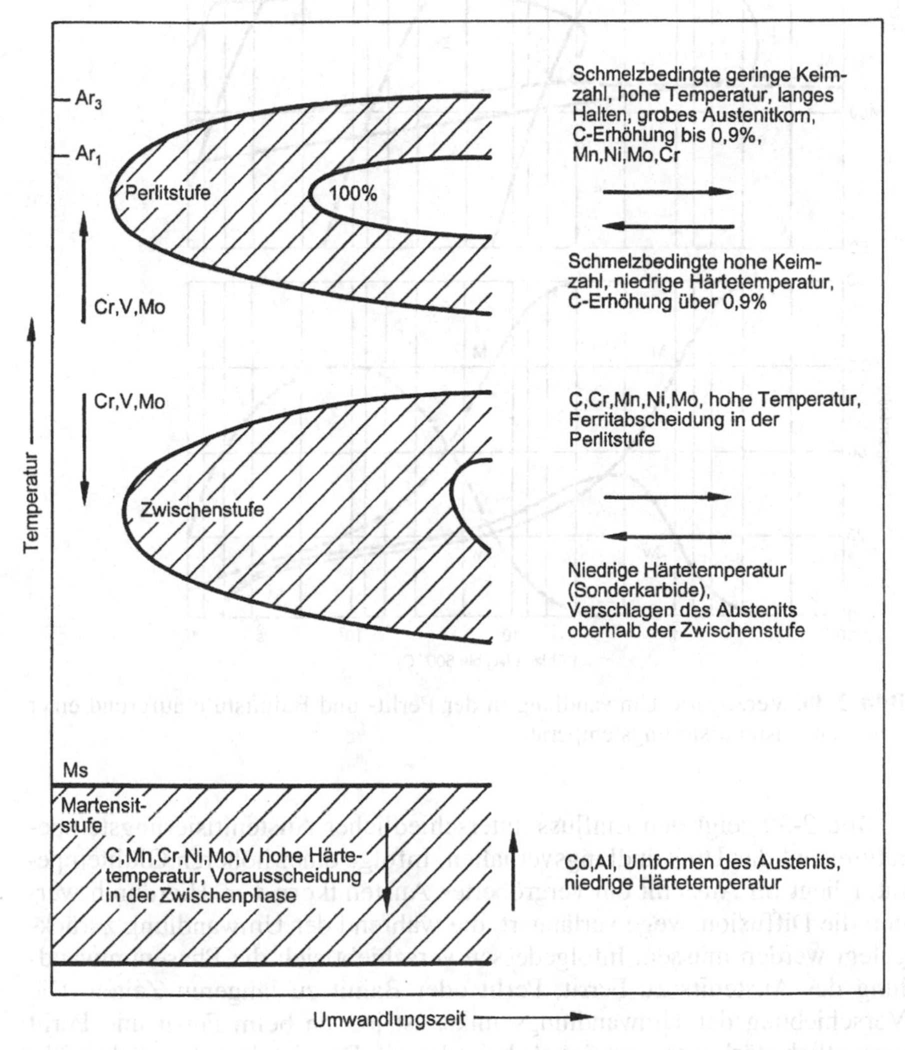

Bild 2-29. Einfluss der Legierungselemente auf das Umwandlungsverhalten der Stähle.

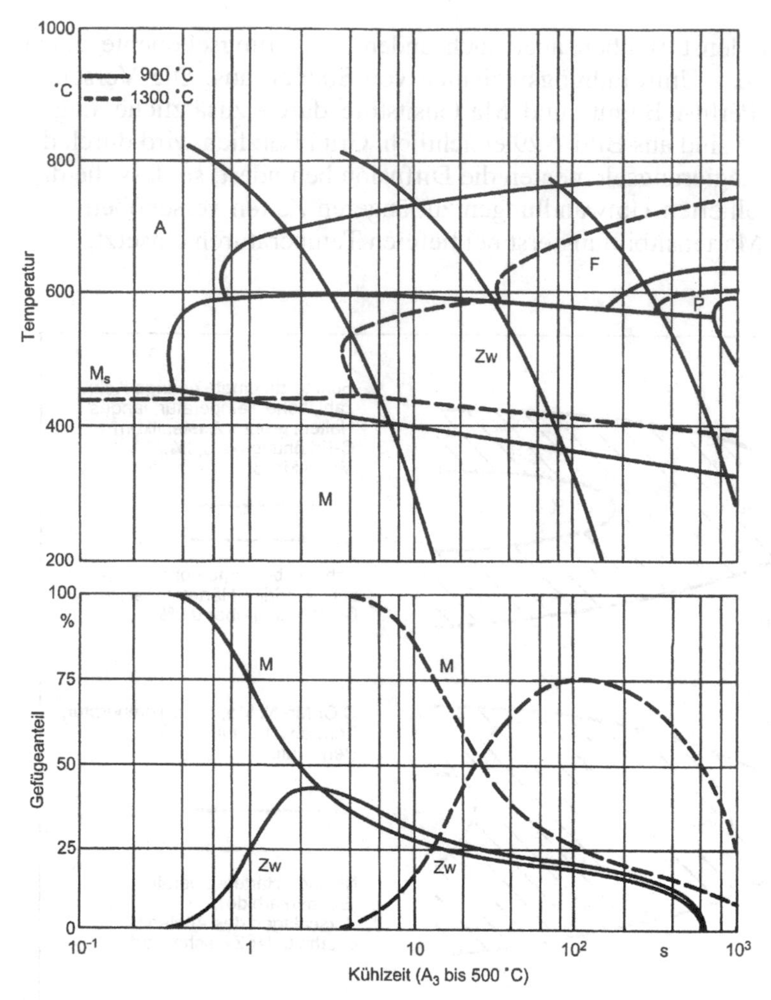

Bild 2-30. Verzögerte Umwandlung in der Perlit- und Bainitstufe aufgrund einer erhöhten Austenitisierungstemperatur.

Bild 2-30 zeigt den Einfluss unterschiedlicher Austenitisierungstemperaturen auf das Umwandlungsverhalten. Infolge einer höheren Glühtemperatur liegt im Austenit ein vergröbertes Austenitkorn vor. Hierdurch werden die Diffusionswege verlängert, die während der Umwandlung zurückgelegt werden müssen. Infolgedessen verschiebt sich die Phasenumwandlung des Austenits zu Ferrit, Perlit oder Bainit zu längeren Zeiten. Die Verschiebung der Umwandlungspunkte ist jedoch beim Ferrit und Perlit wesentlich stärker ausgeprägt als beim Bainit. Dies ist darauf zurückzuführen, dass die Ferrit- und die Perlitbildung im Gegensatz zur Bainitbildung vollständig diffusionsgesteuerte Prozesse sind.

Im unteren Teilbild ist der Anteil an gebildetem Martensit (M) und Bainit (Zw) in Abhängigkeit von der Abkühlzeit aufgetragen. Bei höherer Austenitisierungstemperatur ist der Beginn der Bainitbildung und damit ein Abfall des Martensitanteiles zu deutlich längeren Zeiten verschoben. Der maximal gebildete Bainitanteil erhöht sich von etwa 45 % auf 75 %. Hieraus lässt sich die Problematik der Übertragbarkeit von ZTU-Schaubildern auf die Ausbildung eines Gefüges in der Schweißnaht ableiten. Da beim Schweißprozess eine sehr schnelle Austenitisierung bei Temperaturen oberhalb 1000°C erfolgt, sind ZTU-Schaubilder mit Austenitisierungstemperaturen wesentlich unter 1000°C und Haltezeiten von mehreren Minuten für die Voraussage der entstehenden Gefüge unbrauchbar. Dies führte zu der Entwicklung der sogenannten Schweiß-ZTU-Schaubilder.

2.4.3.3 Schweiß-ZTU-Schaubilder

Schweiß-ZTU-Schaubilder ermöglichen Aussagen über das Umwandlungsverhalten und die Gefügeveränderungen von Stählen in der Wärmeeinflusszone beim Schneiden und Schweißen. Dabei gelten die Schaubilder nur für die entsprechenden Austenitisierungsbedingungen mit hohen Spitzentemperaturen und kurzen Haltezeiten. Unter dem Einfluss der hohen Spitzentemperaturen tritt eine Vergröberung der Austenitkörner auf. Aufgrund der hohen Temperaturen wird die Anzahl der Keime für die γ/α-Umwandlung gesenkt, und es kommt zu einer Umwandlungsverzögerung. Im ZTU-Schaubild sind daher die Umwandlungsgebiete zu längeren Abkühlzeiten und tieferen Temperaturen verschoben. Dies führt bei Anwendung konventioneller ZTU-Schaubilder in der Schweißtechnik zu gravierenden Fehlern.

Schweiß-ZTU-Schaubilder werden genauso wie konventionelle, für die Wärmebehandlung von Stählen bestimmte ZTU-Schaubilder gelesen. Bild 2-31 zeigt das Schweiß-ZTU-Schaubild des Stahls S 355 J2G3. Als Austenitisierungstemperatur ist die Spitzentemperatur angegeben, die bei SchweißZTU-Schaubildern oft zwischen 950°C und 1350°C liegt.

Im Bild 2-32 ist der Zusammenhang zwischen einem kontinuierlichen ZTU-Schaubild und dem Eisen-Kohlenstoff-Gleichgewichtsschaubild dargestellt. Für unendlich lange Abkühlzeiten gehen die Begrenzungslinien der Zustandsfelder im ZTU-Schaubild in die Gleichgewichtslinien des Eisen-Kohlenstoffdiagramms über. Auch aus dieser Darstellung wird deutlich, dass das Eisen-Kohlenstoff-Diagramm für eine unendlich langsame Abkühlung ermittelt wurde.

3 Temperaturverteilung und Gefügeausbildung in Schweißnähten

3.1 Auswirkungen des Schweißens auf den Werkstoff

Bei fast allen Schweißverfahren wird in die zu verbindenden Werkstoffe Wärme eingebracht. Dies kann einerseits durch eine Wärmequelle in Form einer Flamme, eines Lichtbogens, eines energiereichen Strahles oder andererseits durch physikalische Vorgänge, wie Widerstandserwärmung oder Reibwärme, geschehen. Infolge der Wärmeeinwirkung ist der Werkstoff je nach eingesetztem Schweißverfahren bestimmten Erwärmungs- und Abkühlungszyklen unterworfen. Hieraus resultieren Eigenschaftsänderungen, die besonders den Werkstoff Stahl betreffen, da unlegierte und niedriglegierte Stähle aufgrund ihrer Umwandlungsfähigkeit gegenüber einer Wärmebeeinflussung besonders empfindlich sind. Aus diesem Grund wird in diesem Abschnitt ein besonderes Augenmerk auf das Werkstoffverhalten von Stählen gelegt.

Oft wird der Schweißprozess mit dem Erschmelzen eines Metalls im Lichtbogenofen verglichen, mit der Randbedingung, dass beim Schweißen alle Vorgänge aus metallurgischer und thermischer Sicht auf wesentlich kleinerem Raum und wesentlich schneller ablaufen und hierdurch erheblich schwieriger zu erfassen sind. Erschwerend kommt hinzu, dass häufig die verwendeten Schweißzusatz- und Grundwerkstoffe nicht identisch sind und sich in der flüssigen Phase vermischen.

Aus der kurzen Schilderung der Vorgänge ist ersichtlich, dass die Wärmequelle und der Temperaturzyklus im Bauteil einen wesentlichen Einfluss auf die Eigenschaften der Schweißverbindung haben.

3.2 Temperatureinleitung und -verteilung in der Schweißnaht

Durch den Schweißprozess baut sich um die Schweißstelle ein Temperaturfeld auf. Die sich ergebenden Temperaturfelder für eine Gas- und eine Lichtbogenhandschweißung sind im Bild 3-1 dargestellt. Die flächenmäßige Ausbreitung der eingezeichneten Isothermen ist beim Gasschweißen

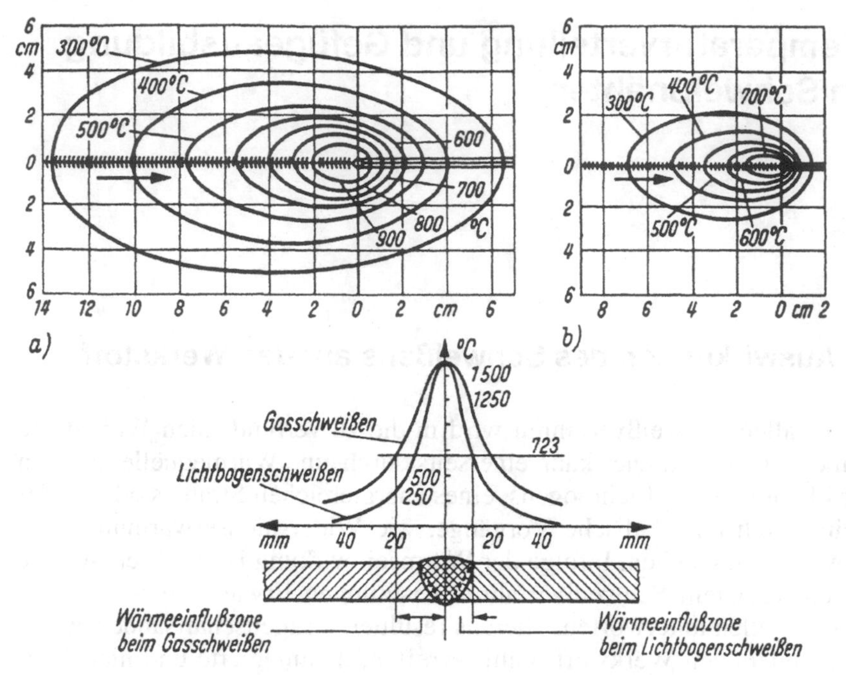

Bild 3-1. Vergleich der Temperaturverläufe und Ausbildung der Wärmeeinflusszone a) für das Gasschweißen und b) für das Lichtbogenschweißen [3-1].

wesentlich größer als beim Lichtbogenhandschweißen. Zum Erschmelzen des Grundwerkstoffes muss also beim Gasschweißen eine größere Wärmemenge in das Werkstück eingebracht werden als beim Lichtbogenhandschweißen. Dies ist auf die höhere Energiedichte des Lichtbogens zurückzuführen. Die Isothermen sind aufgrund der Bewegung der Wärmequelle elliptisch ausgebildet. In Schweißrichtung liegen sie dichter zusammen als gegen die Schweißrichtung.

Im unteren Teilbild ist die Gaußsche Temperaturverteilung quer zur Schweißnaht für beide Schweißverfahren abgebildet. Die wesentlich größere Wärmeeinbringung beim autogenen Schweißen bewirkt eine langsamere Abkühlung der Schweißnaht. Zusätzlich erfassen alle Isothermen bei diesem Schweißverfahren einen größeren Bereich des Grundwerkstoffes. Als Folge hiervon bildet sich im Bereich der mit Hilfe des autogenen Schweißens erstellten Schweißnaht eine große Wärmeeinflusszone (WEZ) aus. Mit dem Begriff der Wärmeeinflusszone wird der Gefügebereich des Grundwerkstoffes bezeichnet, der eine Erwärmung zwischen Schmelztemperatur und Umwandlungspunkt A_1 erfahren hat. Entsprechend dem Wärmeverlauf des unteren Teilbildes kühlt sich die Naht, geschweißt mit dem Lichtbogenhandverfahren, wesentlich schneller ab, und die Wärmeeinflusszone fällt kleiner aus. Dies ist noch extremer bei den energiereichen Strahlschweißverfahren. Die Größe der Wärmeeinflusszone ist also bei Schweißverfahren sehr stark von der Energiedichte der Wärmequelle und der Ankopplung an das Werkstück abhängig.

Maßgeblich wird das Temperaturfeld durch Schweißparameter, Form der Schweißnaht und Wärmeleitfähigkeit des Werkstoffes beeinflusst. Die Wärmeausbreitung lässt sich für unlegierte und niedriglegierte Stähle mit einem vereinfachten mathematischen Modell beschreiben, bei dem von einer punktförmigen Wärmequelle ausgegangen wird, die sich mit konstanter Geschwindigkeit auf der Oberfläche eines Mediums homogener Eigenschaften bewegt.

Es werden die beiden vereinfachten Fälle der dreidimensionalen Wärmeableitung bei sehr dicken Blechen und der zweidimensionalen Wärmeableitung bei dünnen bis mitteldicken Blechen unterschieden. Im Fall dünner Bleche, die beim Schweißen im gesamten Querschnitt erwärmt werden, erfolgt die Wärmeableitung nur parallel zur Blechoberfläche. Bei dickeren Blechen kann die Wärmeableitung auch in Blechdickenrichtung erfolgen.

Im Bild 3-2 ist die Ausbildung der Temperaturfelder für die zweidimensionale Wärmeableitung bei unterschiedlichen Schweißparametern dargestellt [3-2]. Daraus geht hervor, dass mit zunehmender Schweißgeschwindigkeit und konstanter Leistung das Temperaturfeld schmaler wird, mit höherer Leistung, aber konstanter Schweißgeschwindigkeit das Temperaturfeld breiter und länger wird und bei konstanter Streckenenergie, aber proportional steigender Schweißgeschwindigkeit und Leistung, die Temperaturfelder größer werden. Dabei bleibt allerdings festzuhalten, dass bei konstanter Streckenenergie die Größe der durch die Isothermen eingeschlossenen Felder etwa proportional zur Leistung oder Schweißgeschwindigkeit steigt [3-3].

Aus der Größe der Isothermenfelder ist ersichtlich, dass eine unter Umständen unerwünscht große Wärmeeinflusszone beim Schweißen mit hohen Streckenenergien entstehen kann. Darüber hinaus beeinflussen die Schweißparameter nicht nur die Größe der WEZ und des Isothermenfeldes, sondern auch die Schweißnahtgeometrie und das Erstarrungsverhalten des Schweißgutes.

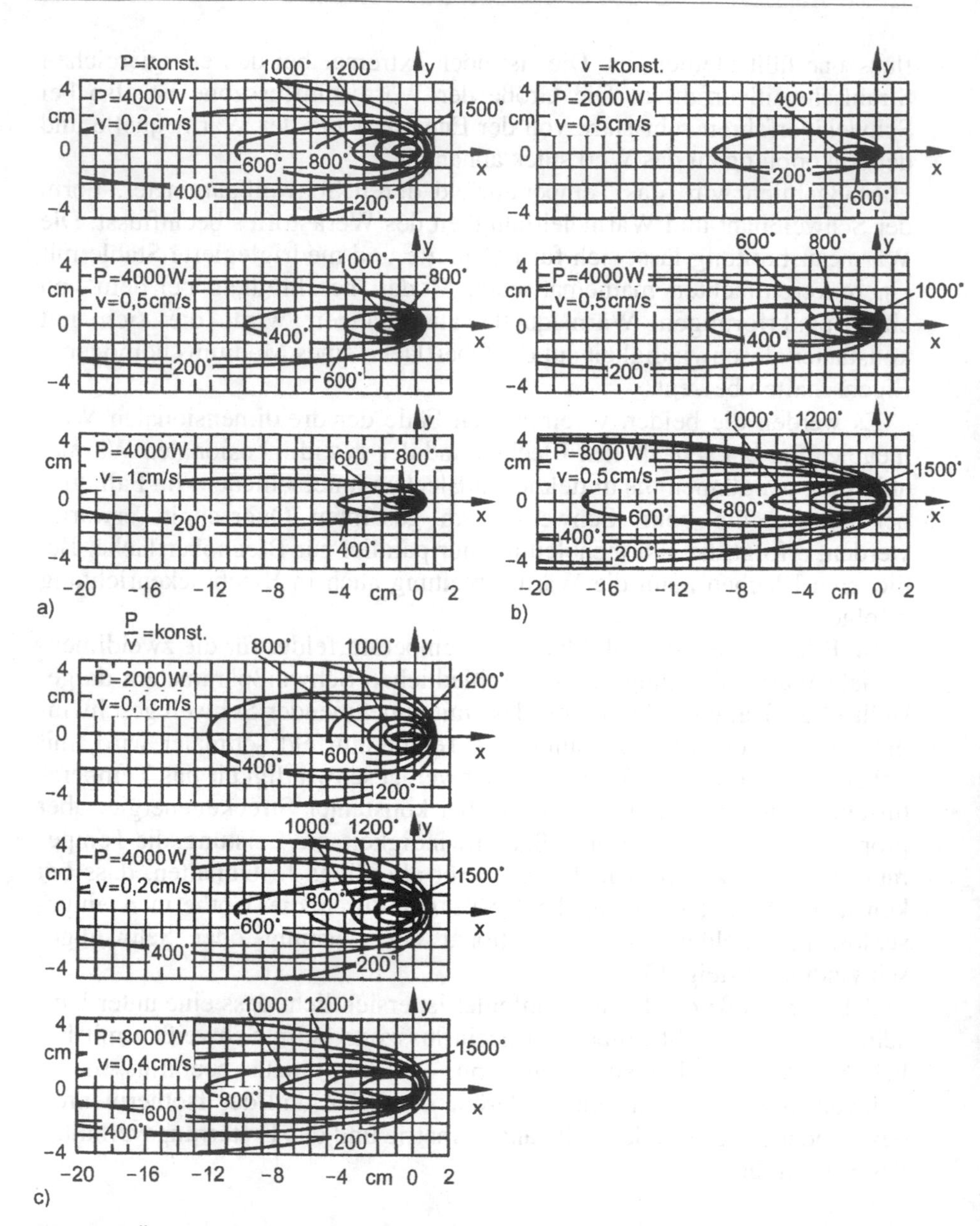

Bild 3-2. Änderungen des Isothermenfeldes in einer 1 cm dicken Stahlplatte durch Variation der Schweißparameter [3-2].
a) Änderung der Schweißgeschwindigkeit v, Leistung P konstant;
b) Änderung der Leistung P, Schweißgeschwindigkeit v konstant;
c) Streckenenergie E = P/v konstant, bei proportionaler Erhöhung des Quotienten P/v.

3.3 Erstarrung des Schweißgutes

Für die Erstarrung des Schmelzbades gelten beim Schweißen besondere Randbedingungen, die einen Vergleich mit anderen Erstarrungsvorgängen fast unmöglich machen. Hierzu gehören:

- sehr hohe Temperaturgradienten,
- Überhitzung des Schmelzbades durch die Wärmequelle,
- kleines Schmelzbad,
- hohe Erstarrungsgeschwindigkeit und
- eine ungleichmäßige Verteilung von Legierungselementen.

Das entstehende Erstarrungsgefüge in der Schweißnaht kann von seiner Struktur her am besten mit einem Gussgefüge verglichen werden.

Die Erstarrung des Schmelzbades ist vergleichbar mit den schon beschriebenen Vorgängen bei der Bildung von ferritischem oder perlitischem Gefüge in Stählen. Auch bei der Erstarrung sind die wesentlichen Vorgänge zur Entstehung der festen Phase die Keimbildung und das Keimwachstum.

Die Keimbildung wird wiederum in die homogene und die heterogene Keimbildung unterteilt. Unter der homogenen Keimbildung wird die Bildung von wachstumsfähigen Keimen in einer unterkühlten Schmelze verstanden, wobei diese Art der Keimbildung nur in reinen Metallen zu beobachten ist. Im Schmelzbad sind arteigene Keime entlang der Schmelzlinie in Form von angeschmolzenen Körnern des Grundwerkstoffes und Kristallite des schon erstarrten Schweißgutes zu finden. Liegen in einer Schmelze noch andere wachstumsfähige Keime in Form von Verunreinigungen, Einschlüssen u. ä. vor, so fällt dies unter den Begriff der heterogenen Keimbildung. Im flüssigen Schweißgut ist aus diesem Grund nur die heterogene Keimbildung zu beobachten, da artgleiche und artfremde Keime nebeneinander vorliegen. Eine Voraussetzung für heterogene Keimbildung ist jedoch eine hinreichend große konstitutionelle Unterkühlung der Schmelze. Da für die im Folgenden näher beschriebenen Erstarrungsvorgänge des Schweißgutes die konstitutionelle Unterkühlung eine entscheidende Rolle spielt, soll der Vorgang der Unterkühlung einer Schmelze an dieser Stelle eingehender erläutert werden.

Grundsätzlich ist zwischen der thermischen und der konstitutionellen Unterkühlung einer Schmelze zu unterscheiden. Die thermische Unterkühlung ist allein auf eine Wärmeableitung an der Grenzfläche fest-flüssig zurückzuführen, hingegen resultiert die konstitutionelle Unterkühlung einer Schmelze aus einer Konzentrationsverschiebung von Legierungselementen.

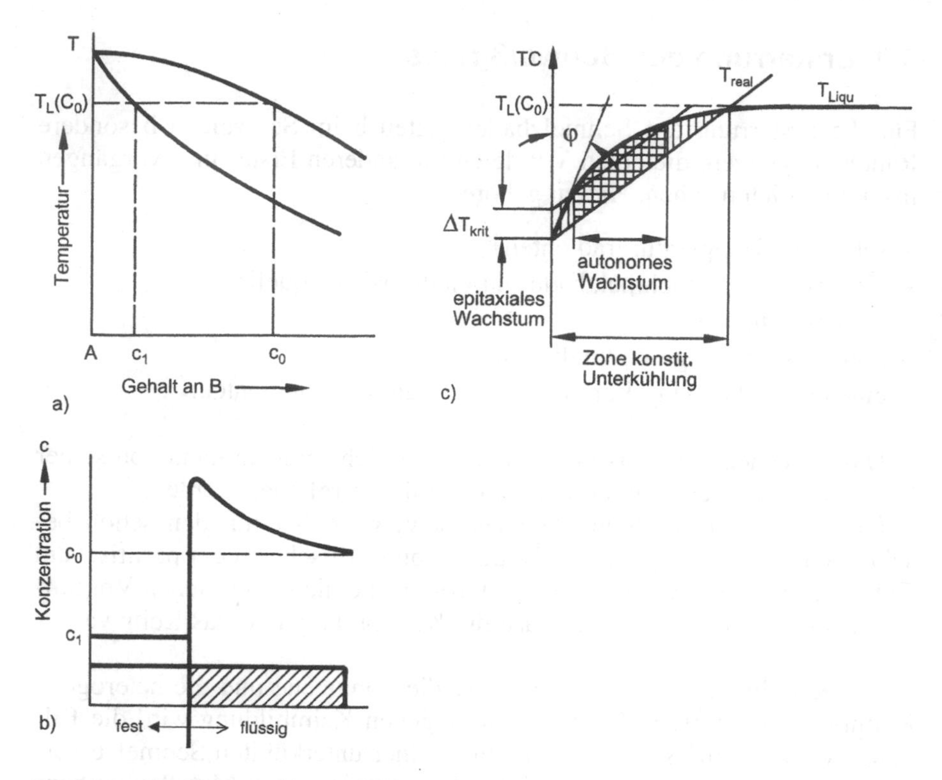

Bild 3-3. Prinzip der konstitutionellen Unterkühlung einer Schmelze.

Erstarrt eine Schmelze der Konzentration c_0, so scheidet sich zuerst ein Kristall mit der Konzentration c_1 aus (Bild 3-3 a). Der erstarrte Kristall scheidet also das Legierungselement B aus, das von der Schmelze aufgenommen werden muss. Da sich das Element B nicht sofort vollständig in der Schmelze verteilen kann, ergibt sich folglich eine Konzentrationsüberhöhung von B an der Phasengrenze fest- flüssig, wie sie im Bild 3-3 b dargestellt ist. Die Ausscheidung von B direkt vor der Erstarrungsfront führt aber zu einer Abnahme der Erstarrungstemperatur T_{Liqu} der Schmelze. Der reale Temperaturverlauf T_{real} in der Schmelze ist im Bild 3-3 c abgebildet. Die Steigung von T_{real} entspricht dem Temperaturgradienten zwischen dem festen und flüssigen Werkstoff. Bei einem flachen Verlauf des Temperaturgradienten liegt also in dem schraffierten Bereich vor der Erstarrungsfront eine unterkühlte Schmelze vor. Diese Erscheinung wird als konstitutionelle Unterkühlung bezeichnet (Bild 3-3 c). Da die Erstarrungstemperatur T_{Liqu} der Schmelze in diesem Bereich unterschritten ist, kann aufgrund der Unterkühlung in diesem Bereich eine spontane Keimbildung einsetzen.

Die konstitutionelle Unterkühlung ist in hohem Maße von der Kristallisationsgeschwindigkeit abhängig. Wächst die Kristallfront sehr langsam in die Schmelze, so kann an der Grenzfläche fest-flüssig je Zeiteinheit eine größere Menge von Verunreinigungen und Legierungselementen in die Schmelze abgeführt werden. Die Konzentrationsspitze vor der Erstarrungsfront verläuft flacher, jedoch wird die Ausgangskonzentration $T_L(c_0)$ erst in einem größeren Abstand vor der Erstarrungsfront erreicht. Für einen konstanten Temperaturgradienten bedeutet dies, dass die konstitutionelle Unterkühlung bei geringen Kristallisationsgeschwindigkeiten minimal, bei hohen Kristallisationsgeschwindigkeiten dagegen maximal ist [3-4].

Weiterhin wird der Bereich der Unterkühlung mit flacherem Temperaturgradienten größer. Zu Beginn der Erstarrung ist der Temperaturgradient an der Phasengrenze fest-flüssig maximal (kalter Grundwerkstoff, warme Schmelze), d. h., hier liegt eine geringe konstitutionelle Unterkühlung der Schmelze vor. Mit fortlaufender Erstarrung sinkt der Temperaturunterschied zwischen der festen und flüssigen Phase, so dass der Temperaturgradient zur Schweißbadmitte immer flacher verläuft und die konstitutionelle Unterkühlung hier am größten ist.

Die Erstarrung des Schweißbades ist aufgrund der konstitutionellen Unterkühlung in zwei Schritte einzuteilen. Die erste Erstarrungsfront wächst von angeschmolzenen Körnern des Grundwerkstoffes in das Schmelzbad, und eine zweite Erstarrungsfront wird gebildet, wenn durch zunehmende konstitutionelle Unterkühlung der Schmelze die heterogene Keimbildung in Schweißnahtmitte einsetzt. Das Wachsen der ersten Erstarrungsfront wird auch als epitaxiales Wachstum bezeichnet, da in diesem Bereich ein streng orientiertes Aufeinanderwachsen der Kristalle zu beobachten ist. Da sich die Keime für die zweite Erstarrungsfront aufgrund der erhöhten konstitutionellen Unterkühlung der Schmelze selbständig bilden, wird dieser Vorgang als autonomes Wachstum bezeichnet. Bei den Lichtbogenschweißverfahren erfolgt die Erstarrung überwiegend nach dem epitaxialen Wachstum. Im Gegensatz hierzu ist das autonome Wachstum der zweiten Erstarrungsfront beim Elektroschlackeschweißen verstärkt zu beobachten. Das vollständig erstarrte Gefüge in der Schweißnaht wird auch Primärgefüge genannt.

Während der Erstarrung bilden sich Kristallne aus, die nach ihrer Form als

- Globularkristallite (drei Wachstumsrichtungen),
- Plattenkristallite (zwei Wachstumsrichtungen) und
- Stengelkristallite (eine Wachstumsrichtung)

bezeichnet werden [3-5, 3-6]. Beim Schmelzschweißen bilden sich aufgrund der gerichteten Erstarrung des Schmelzbades bevorzugt Stengelkristallite aus.

Hinsichtlich der Wachstumsart der Kristallite wird zwischen eben, zellular und dendritisch (von griech. dendros = Baum) wachsenden Kristalliten unterschieden. Für die Wachstumsart ist wiederum das Ausmaß der konstitutionellen Unterkühlung der Schmelze von entscheidender Bedeutung. Das ebene Wachstum der Kristallite ist nur bei sehr reinen Metallen zu beobachten und für die Schweißtechnik von untergeordneter Bedeutung (Bild 3-4 a). Beim Schweißen hingegen kann aufgrund der beschleunigten Abkühlung ein zellulares Wachstum der Kristallite beobachtet werden (Bild 3-4 b). Mit zunehmender Erstarrungsgeschwindigkeit, Konzentration seigernder Legierungselemente und kleinerem Temperaturgradient in der Schmelze, d. h. mit zunehmender konstitutioneller Unterkühlung, wird die dendritische Erstarrung begünstigt (Bild 3-4 c). Bei der dendritischen Erstarrung wachsen länglich ausgeformte Kristallite in die unterkühlte Schmelze. Anschließend bilden sich zwischen den Kristalliten seitliche Äste, die die Restschmelze zwischen den Ästen einschließen können. Aufgrund der Konzentrationsverschiebungen während des Erstarrungsvorganges weist das dendritische Gefüge starke Mikroseigerungen auf, was zu einer Verschlechterung der mechanischen Eigenschaften führt. Oftmals

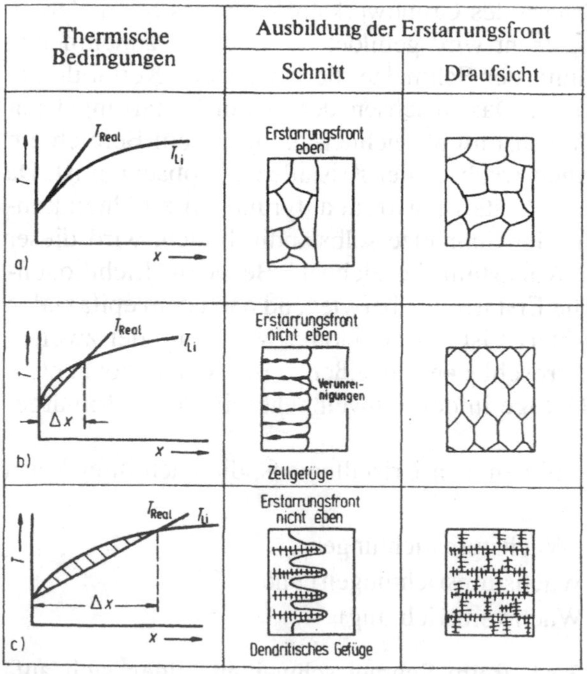

Thermische Bedingungen	Ausbildung der Erstarrungsfront	
	Schnitt	Draufsicht
T_{Real}, T_{Li}, T, x a)	Erstarrungsfront eben	
T_{Real}, T_{Li}, T, Δx, x b)	Erstarrungsfront nicht eben Verunreinigungen Zellgefüge	
T_{Real}, T_{Li}, T, Δx, x c)	Erstarrungsfront nicht eben Dendritisches Gefüge	

Bild 3-4. Wachstumsart der Erstattungsfront in Abhängigkeit von der konstitutionellen Unterkühlung [3-7].

kann beim Schweißen von relativ reinen Metallen der Übergang von zellulärem zu dendritischem Wachstum der Kristallite in der Schweißnahtmitte beobachtet werden.

Die Wachstumsrichtung der Kristallite wird von der Bewegung der Wärmequelle bestimmt. Bei geringen Schweißgeschwindigkeiten bildet sich ein ovales Schmelzbad aus, dessen Erstarrungsfront sich in Schweißrichtung fortbewegt (Bild 3-5 oben). Die Kristallite wachsen jedoch entgegengesetzt der maximalen Wärmeableitung, d. h. senkrecht zur Erstarrungsfront, so dass sich mit der Bewegung der Erstarrungsfront gekrümmte Kristallite ausbilden müssen. Bei geringen Schweißgeschwindigkeiten wird aber nicht nur ein einzelnes Korn gebildet, das sich von der Übergangszone bis zum Zentrum der Schweißnaht krümmt, sondern mehrere dentritische Körner, deren Achsen eine gebrochene Linie bilden und deren Mantel senkrecht zum Isothermennetz liegt [3-8]. Dies wird damit begründet, dass die strenge Ausrichtung des dendritischen Wachstums eine Krümmung des Kornes nicht zulässt, um sich senkrecht zur Isothermen auszurichten. Aus diesem Grund werden bei zu großen Abweichungen zwischen Wachstumsrichtung des Kornes und der Senkrechten der Isothermen andere, günstiger ausgerichtete Keime oder auch Nachbarkristalle weiterwachsen. Mit steigender Schweißgeschwindigkeit wird das Schweißbad in die Länge gezogen (Bild 3-5 unten). Es ist ein geradliniges Wachstum der Kristallite zu beobachten.

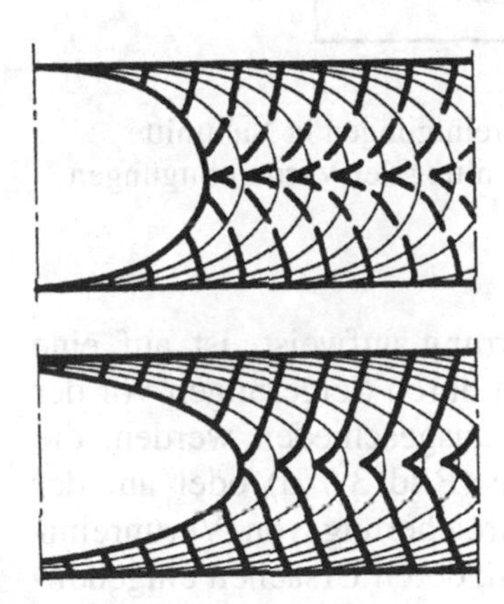

Bild 3-5. Erstarrungsrichtung der Kristallite in Abhängigkeit von der Schweißgeschwindigkeit [3-8].

Da die Erstarrung an den festen Kristallen des Grundwerkstoffes einsetzt, ist auch dessen Korngröße beim Schweißen zu berücksichtigen. Bild 3-6 zeigt die Abmessungen der Kristallite in der Schmelzzone bei zwei Grundwerkstoffen unterschiedlicher Korngröße. Aufgrund des grobkörnigeren Grundwerkstoffes (linke Seite) wird auch die Ausbildung des Primärgefüges grobkörniger ausfallen, da die Erstarrung an den ungeschmolzenen Körnern des Grundwerkstoffes einsetzt und deren Grenzen auf die Struktur des Primärgefüges übertragen werden. Dieses Erscheinungsbild ist besonders gut bei umwandlungsfreien Werkstoffen zu beobachten.

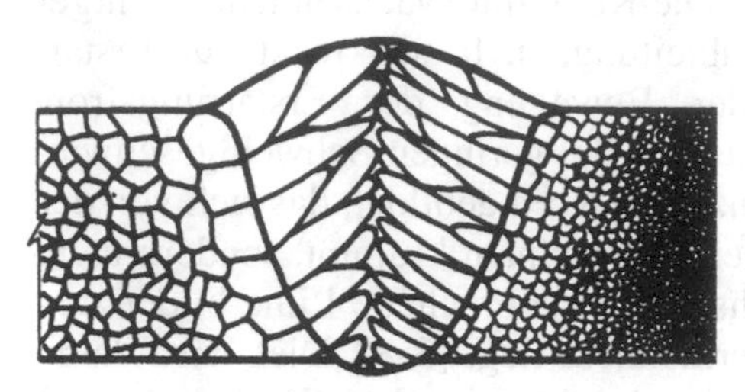

Bild 3-6. Einfluss der Korngröße von Grundwerkstoff und Übergangszone auf das Primärgefüge [3-8].

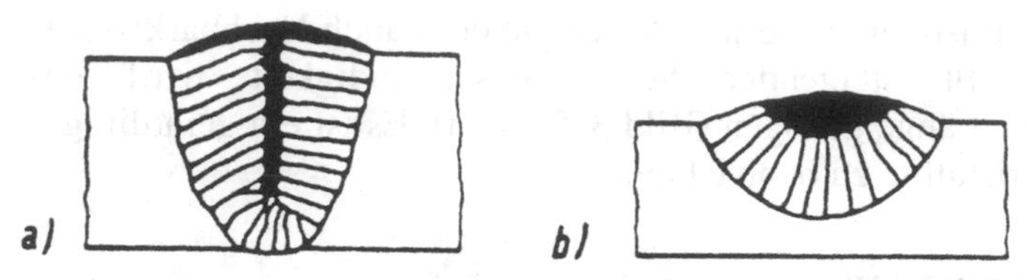

Bild 3-7. Seigerungen in Schweißnähten.
a) schmale und tiefe Naht, Ansammlung der Verunreinigungen in Nahtmitte (Heißrissgefahr); b) breite und flache Naht, Ansammlung der Verunreinigungen an der Nahtoberseite.

Da das Schweißgut eine gerichtete Erstarrung aufweist, ist auf eine günstige Nahtgeometrie zu achten. So können durch Seigerungen vor der Erstarrungsfront niedrigschmelzende Phasen ausgeschieden werden, die sich je nach Nahtgeometrie in der Nahtmitte (Bild 3-7 a) oder auf der Nahtoberseite ablagern (Bild 3-7 b). Die Anreicherung von Verunreinigungen in Nahtmitte führt häufig zu Heißrissen, deren Ursachen eingehender im Abschnitt 10 erläutert werden.

Neben der einlagig ausgeführten Schweißnaht sind in der schweißtechnischen Praxis wesentlich häufiger die mehrlagig geschweißten Nähte zu finden. Die im Schweißgut entstandene Primärstruktur wird beim Mehrlagenschweißen erneut erwärmt und teilweise aufgeschmolzen, so dass ungünstige Gefügestrukturen von Seigerungen und dendritischen Gefügen beseitigt werden können.

Da die Erstarrungsvorgänge doch sehr komplex sind, sollen am Ende dieses Abschnittes die wesentlichen Vorgänge noch einmal kurz zusammengefasst werden:

- Die Erstarrung des Schweißgutes ist im Wesentlichen von der konstitutionellen Unterkühlung abhängig.
- Die konstitutionelle Unterkühlung der Schmelze ist an der Grenzfläche Grundwerkstoff-Schweißgut gering und hat ihr Maximum in der Schweißnahtmitte.
- Die erste Erstarrungsfront wächst epitaxial, mit zunehmender Unterkühlung der Schmelze bildet sich eine zweite Erstattungsfront aus, deren Wachstum autonom verläuft.
- Das Schweißbad von Legierungen erstarrt nie eben, sondern nur zellular, häufiger dendritisch.
- Zellulare Erstarrung wird bei epitaxialem und autonomen Wachstum in Bereichen geringster konstitutioneller Unterkühlung erfolgen, dendritische Erstarrung hingegen in Bereichen größter konstitutioneller Unterkühlung.
- Das erstarrte Primärgefüge kann je nach Schmelzbadgröße in Form von Globular-, Platten- und Stengelkristalliten vorliegen.

3.4 Gefügezonen im wärmebeeinflussten Grundwerkstoff

Die im Abschnitt 3.2 beschriebene Temperaturverteilung in der Schweißnaht und um die Schweißnaht herum bestimmt maßgeblich die Gefügeausbildung im wärmebeeinflussten Grundwerkstoff. Nachdem im vorherigen Abschnitt der Erstarrungsvorgang in der Schweißnaht beschrieben wurde, sollen nun die Einflüsse der Schweißwärme auf den Grundwerkstoff erläutert werden.

Bild 3-8 zeigt anhand des Eisen-Kohlenstoff-Gleichgewichtsschaubildes den Zusammenhang zwischen Temperaturverteilung und Gefügezonen für unlegierte und niedriglegierte Stähle in der Schweißnaht und in der Wärmeeinflusszone (WEZ). Gemäß dem Gleichgewichtsschaubild können folgende Temperaturbereiche unterschieden werden:

- Temperaturen über der Liquiduslinie, siehe Abschnitt 3.3,
- Temperaturen über der Soliduslinie,
- Temperaturen über A_{c3},
- Temperaturen zwischen A_{c3} und A_{c1} und
- Temperaturen unter A_{c1}.

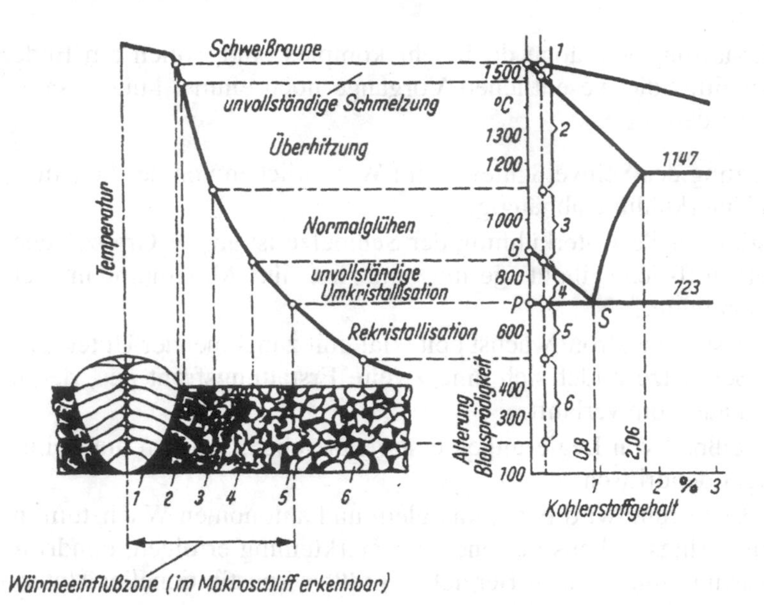

Bild 3-8. Gefügezonen in der WEZ von unlegierten und von niedriglegierten Stählen und Zuordnung der einzelnen Bereiche zum metastabilen Eisen-Kohlenstoff-Diagramm am Beispiel eines unlegierten Stahles mit etwa 0,2 % Kohlenstoffgehalt [3-1].

Temperaturen über der Soliduslinie

Der Grundwerkstoff beginnt bei diesen Temperaturen entsprechend dem Erstarrungsintervall teilweise aufzuschmelzen. Mit Legierungselementen, Verunreinigungen und Gasen angereicherte Zonen schmelzen bereits bei niedrigeren Temperaturen auf. Da die Diffusion aufgrund kurzer Ausheiz- und Abkühlzeiten stark eingeschränkt ist, treten submikroskopische Seigerungen auf, die nach der Erstarrung erhalten bleiben. Aufgeschmolzene nichtmetallische Einschlüsse verursachen die Bildung von Heißrissen und Wiederaufschmelzungsrissen, näheres hierzu in Abschnitt 10.

Temperaturen über A_{c3}

Bei Temperaturen deutlich oberhalb A_{c3} bildet sich aufgrund der hohen Spitzentemperaturen ein sehr grobkörniges Gefüge. Dieser Bereich einer WEZ wird in der einschlägigen Fachliteratur auch als Überhitzungs- oder Grobkornzone bezeichnet. Häufig ist in diesem Bereich bei Stählen mit geringen Kohlenstoffgehalten die Ausbildung eines Widmannstättschen Gefüges zu beobachten.

Höhere Keimbildungswahrscheinlichkeit und bessere Bedingungen für das Keimwachstum führen dazu, dass Phasenumwandlungen im festen Zustand im Allgemeinen an der Austenitkorngrenze beginnen. Da aber mit zunehmender Korngröße die volumenbezogene Korngrenzenfläche abnimmt, ist die Inkubationszeit zur Ferritbildung zu längeren Zeiten verschoben, und die Bildung von Zwischenstufe und Martensit in der Grobkornzone wird begünstigt. Die Bildung von Martensit und Zwischenstufengefüge ist von der Abkühlgeschwindigkeit und vom Kohlenstoffgehalt des Stahles abhängig und in jedem Fall mit einer Härtesteigerung des Gefüges verbunden. Bei unlegierten Stählen mit niedrigen Kohlenstoffgehalten ergibt sich trotz der hohen Abkühlgeschwindigkeiten in der Grobkornzone nur eine unkritische Härtesteigerung. Mit zunehmendem Kohlenstoffgehalt des Stahles steigt jedoch die Gefahr der Aufhärtung in der Grobkornzone, so dass die Wahrscheinlichkeit der Kaltrissbildung zunimmt, siehe hierzu Abschnitt 10.

Bei Temperaturen geringfügig über A_{c3} werden die Bedingungen einer Normalisierungsglühung erfüllt. Die unvollständig aufgelösten Ausscheidungen unterbinden das Austenitkornwachstum, das Austenitkorn bleibt feinkörnig. Bei der Rückumwandlung sind im Allgemeinen die Keimbildungsmöglichkeiten so gut, dass sich ein feinkörniges, zähes Gefüge bilden kann. Dieser Gefügebereich der WEZ wird aus diesem Grund auch als Feinkorn- bzw. als Normalisierungszone bezeichnet. Die mechanischen Eigenschaften der Feinkornzone sind wegen der Feinkörnigkeit des Gefüges häufig günstiger als die des Grundwerkstoffes.

Temperaturen zwischen A_{c3} und A_{c1}

Nach dem metastabilen Eisen-Kohlenstoff-Diagramm liegen im Temperaturbereich zwischen A_{c3} und A_{c1} bei untereutektoiden Stählen die Austenit- und Ferritphasen als stabile Gefügebestandteile vor. Die meisten unlegierten und niedriglegierten Baustähle bestehen bei Raumtemperatur jedoch aus einem ferritisch-perlitischen Gefüge, so dass bei einer Erwärmung auf Temperaturen zwischen A_{c3} und A_{c1} der Gefügebestandteil Perlit zu Austenit umwandelt. Da der Ferrit bei diesen Temperaturen weitestgehend stabil ist, wird dieser Bereich der WEZ als Zone unvollständiger Umwandlung oder treffender als Perlitzerfallszone bezeichnet.

Aufgrund der hohen Kohlenstoffgehalte des Perlits bildet sich bei dessen Umwandlung ein Austenit mit einer Kohlenstoffkonzentration von etwa 0,8 %. Während der Rückumwandlung kann dann bei Überschreiten der kritischen Abkühlgeschwindigkeit hochkohlenstoffhaltiger Korngrenzenmartensit entstehen. Dann tritt eine Versprödung auch unlegierter Grundwerkstoffe auf. Bei niedrigen Abkühlgeschwindigkeiten bildet sich hingegen retransformierter Perlit.

Temperaturen unter A_{c1}

Dieser Gefügebereich ist der von der Schweißnaht am weitesten entfernte Bereich der WEZ. Es findet keine Austenitisierung des Gefüges mehr statt, lediglich chemische und physikalische Homogenisierungsvorgänge laufen im Gefüge ab.

Abhängig von der verarbeiteten Stahlsorte können aber hier Anlass- und Rekristallisationsvorgänge ablaufen, die zu der Bezeichnung Anlass- oder Rekristallisationszone führten.

Die Anlasswirkung führt beim Schweißen von Vergütungsstählen zu einem Festigkeitsabfall gegenüber dem Grundwerkstoff. Sie sollte beim Schweißen solcher Stähle möglichst klein ausfallen, da mit zunehmender Ausbreitung dieser Zone eine Stützwirkung des festeren unbeeinflussten Grundwerkstoffes nicht mehr gegeben ist. Die Stützwirkung des Grundwerkstoffes verhindert bei geringer räumlicher Ausbreitung der Anlasszone eine Einschnürung in diesem Bereich der WEZ.

Eine Rekristallisationszone bildet sich nur bei kaltverformten Werkstoffen aus. Wird ein Metall in kaltem Zustand über ein kritisches Maß hinaus verformt, so kommt es beim anschließenden Glühen zu Kornneubildungen (Rekristallisation). Wird ein kritischer Verformungsgrad nicht erreicht, so kann auch keine Rekristallisation stattfinden. Unter gleichen Glühbedingungen entstehen bei hohen Umformgraden feinkörnige, bei geringen Umformgraden grobkörnige Gefüge. Werden kaltverformte Bleche oder Halbzeuge geschweißt, kann es bei hinreichender Wärmezufuhr durch den Schweißprozess zu einer unerwünschten Kornvergröberung in der Rekristallisationszone kommen. Die Grobkornbildung führt zu einer verminderten Kerbschlagzähigkeit.

Im Temperaturbereich zwischen 200°C und 300°C treten bei vorverformten Stählen, in denen C und N ungebunden vorliegen, thermisch aktiviert Reck- oder Verformungsalterung auf. Diese Zone ist die sogenannte Alterungszone. C- und N-Atome diffundieren in die verzerrten (dilatierten) Bereiche der Umgebung von Versetzungen. Durch diesen Anlagerungsvorgang sind die Versetzungen in ihrer Beweglichkeit stark eingeschränkt, was letztendlich zu einer Versprödung des Werkstoffes führt. Härte und Festigkeit des Stahles nehmen jedoch zu.

Im Bild 3-9 ist vergleichend ein Querschnitt einer Einlagen- dem einer Mehrlagenschweißung gegenübergestellt. Das bei der Einlagenschweißung entstehende Gefüge weist aufgrund seiner Grobkörnigkeit ungünstige Zähigkeitseigenschaften auf. Dies trifft sowohl auf das Primärgefüge als auch auf die Grobkornzone der WEZ zu. Im Vergleich dazu wird beim Schweißen nach der Mehrlagentechnik eine Umkristallisation der unteren Lagen erzielt. Das feinkörnige Gefüge besitzt verbesserte Zähigkeitswerte. Voraussetzung für die Umkristallisation und die Bildung eines feinkörnigen

Gefüges ist, wie oben beschrieben, das geringfügige Überschreiten der A_{c3}-Temperatur mit kurzer Verweildauer. Um Grobkornbildung bei der Mehrlagenschweißung zu vermeiden, sollten deshalb die unteren Lagen vor dem folgenden Überschweißen abkühlen. Die Erwärmung der Naht durch die nächste Lage muss aber so bemessen sein, dass eine Umkörnung der unteren Lagen noch erfolgt. Zu hohe Zwischenlagentemperaturen haben eine Kornvergröberung zur Folge, bei zu niedrigen Zwischenlagentemperaturen findet keine ausreichende Kornfeinung des Gefüges statt.

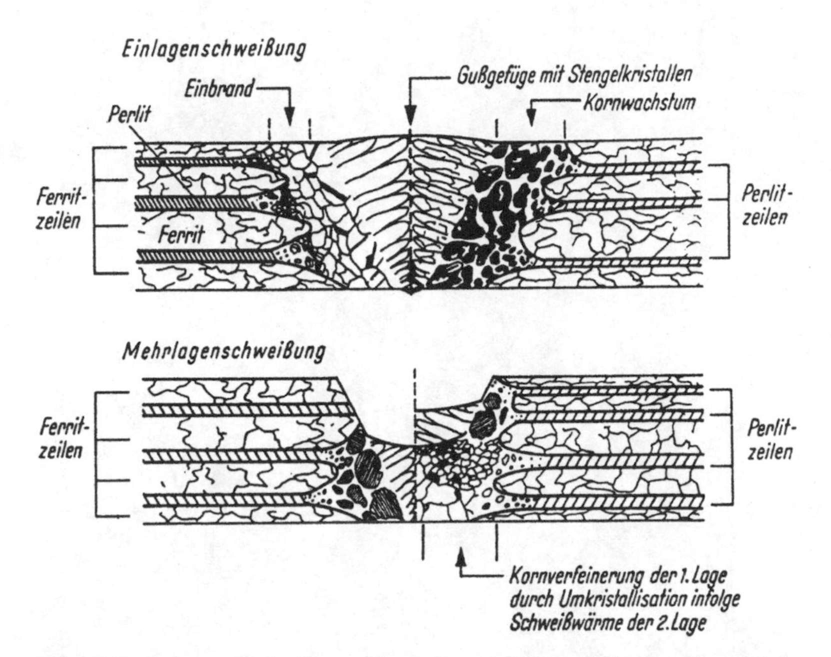

Bild 3-9. Schematische Darstellung der Gefügeausbildung einer Einlagenschweißung und einer Mehrlagenschweißung für einen ferritisch-perlitischen Stahl [3-1].

4 Schweißeigenspannungen

4.1 Definition von Eigenspannungen

Wirken äußere Spannungen auf ein Bauteil ein, so werden in diesem in Abhängigkeit von der Höhe der Spannungen elastische und/oder plastische Deformationen ablaufen. Solche von außen angelegte Spannungen werden als Lastspannungen bezeichnet. Ohne Einwirkung äußerer Kräfte und nur infolge eines Herstellungs- oder Bearbeitungsprozesses entstandene Spannungen werden als Eigenspannungen bezeichnet. Nach ihrem technologischen Ursprung werden die Eigenspannungen in Umform-, Bearbeitungs-, Wärmebehandlungs-, Füge-, Deckschicht- und Gusseigenspannungen eingeteilt. Im speziellen Fall der Schweißtechnik wird auch von Schweißeigenspannungen gesprochen.

Die Auswirkungen von Eigenspannungen sind sehr unterschiedlich. Häufig wird das Vorhandensein eines Eigenspannungszustandes überhaupt nicht bemerkt und in den meisten Fällen können vorliegende Eigenspannungszustände auch vernachlässigt werden. Jedoch gibt es eine Reihe technischer Anwendungen, bei denen sich extrem hohe Eigenspannungszustände einstellen, die von Verzug über Rissbildung bis zur vollständigen Zerstörung des Werkstückes alle denkbaren Konsequenzen haben.

Durch eine Wärmeeinwirkung, die nicht das gesamte Bauteil erfasst, sondern nur einen Teil, baut sich als Folge der unterschiedlichen Dehnungen ein Eigenspannungszustand im Bauteil auf. Zusätzlich wird der Werkstoff teilweise in die flüssige Phase überführt, was nach dem Erstarren zu einem Volumendefizit in der Schweißnaht und somit zu Spannungen führt. Beim Abkühlen auf Raumtemperatur stellen sich dann in und neben der Schweißnaht alle Kombinationen aus Eigenspannungen durch Wärmeeinwirkung, Umwandlung von Gefügebestandteilen und plastisch-elastischer Dehnung ein.

Im Bild 4-1 sind die Entstehungsursachen der Eigenspannungen genauer aufgeschlüsselt. Hier wird nach werkstoff-, fertigungs- und beanspruchungsbedingten Eigenspannungen unterschieden.

Grundsätzlich handelt es sich bei Eigenspannungen um Gitterstörungen, die zu einer Verspannung des Kristalls führen. Ursachen dieser Verspannungen sind zumeist durch Verformungen eingebrachte Versetzungen oder durch Umwandlungen hervorgerufenen Volumensprünge.

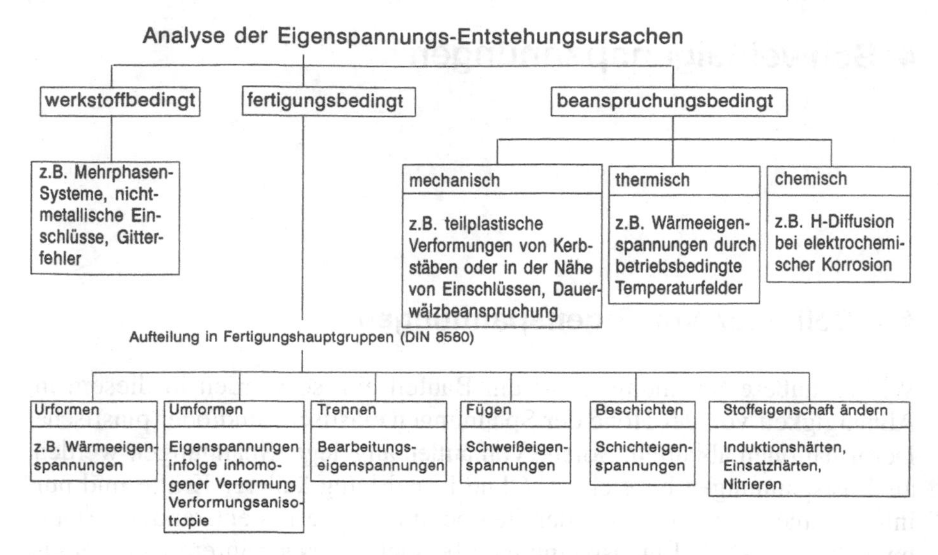

Bild 4-1. Ursachen für die Entstehung von Eigenspannungen in einem Bauteil.

So handelt es sich bei den „werkstoffbedingten Eigenspannungen" um Spannungen, die als Folge von Ausscheidungsvorgängen oder ähnlichen Gefügemechanismen zu einer Gitterverspannung führen.

„Fertigungsbedingte Eigenspannungen" sind Eigenspannungszustände, die als Folge der Herstellung eines Werkstückes durch typische Wärmezyklen oder Umformungen in das Werkstück eingebracht werden.

„Beanspruchungsbedingte Eigenspannungen" treten immer dann auf, wenn im Einsatz das Werkstück in Teilbereichen eine plastische Deformation erfährt, beziehungsweise durch ungleichmäßige Wärmeeinbringung nur teilwiese gedehnt wird.

Im Schrifttum werden die Eigenspannungen wie folgt definiert (Bild 4-2):

Eigenspannungen 1. Art sind über größere Werkstoffbereiche (mehrere Körner) nahezu homogen. Die mit Eigenspannungen 1. Art verbundenen inneren Kräfte sind bezüglich jeder Schnittfläche durch den ganzen Körper im Gleichgewicht. Ebenso verschwinden die mit ihnen verbundenen Momente bezüglich jeder Achse. Bei Eingriffen in das Kräfte- und Momentengleichgewicht von Körpern, in denen Eigenspannungen 1. Art vorliegen, treten immer makroskopische Maßänderungen auf.

Eigenspannungen 2. Art sind über kleinere Werkstoffbereiche (ein Korn oder Kornbereiche) nahezu homogen. Die mit Eigenspannungen 2. Art verbundenen inneren Kräfte sind über hinreichend viele Körner im Gleichgewicht. Bei Eingriffen in dieses Gleichgewicht können makroskopische Maßänderungen auftreten.

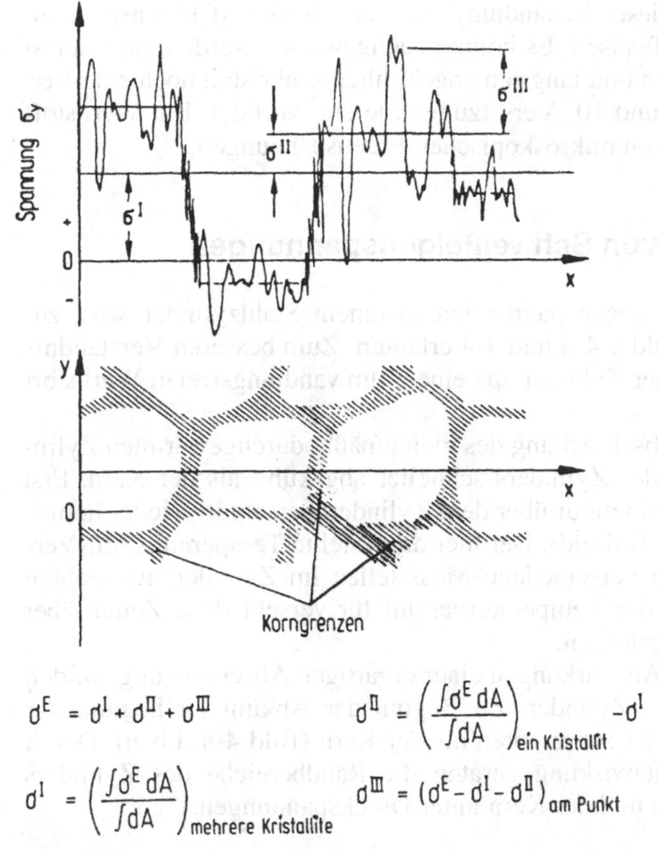

Bild 4-2. Definition von Eigenspannungen 1., 2. und 3. Art.

Eigenspannungen 3. Art sind über kleinste Werkstoffbereiche (mehrere Atomabstände) inhomogen. Die mit Eigenspannungen 3. Art verbundenen inneren Kräfte und Momente sind in kleinen Bereichen (hinreichend großen Teilen eines Korns) im Gleichgewicht. Bei Eingriffen in dieses Gleichgewicht treten keine makroskopischen Maßänderungen auf.

Im Bild 4-2 sind die Verteilungen von Eigenspannungen 1., 2. und 3. Art noch einmal graphisch dargestellt.

Eigenspannungen, die sich z. B. als Spannungsfeld um Versetzungen und andere Gitterstörstellen herum aufbauen (σ_{III}) überlagern sich innerhalb eines Kornes zu Spannungen 2. Art und diese wiederum über mehrere Körner hinweg zu Eigenspannungen 1. Art.

Für den technischen Anwendungsfall ist ein Werkstoff als spannungsfrei anzusehen, wenn sich keine Eigenspannungen 1. Art mehr nachweisen lassen. Dieser Zustand ist z. B. durch eine Rekristallisationsglühung zu erzielen.

Aber auch nach dieser Behandlung wird der Werkstoff Eigenspannungen 2. und 3. Art aufweisen. Es konnte nachgewiesen werden, dass selbst in einem ausgeglühten und langsam abgekühlten Einkristall noch eine Versetzungsdichte von rund 10^8 Versetzungen je cm^2 vorliegt. Ein Werkstoff ist also niemals frei von mikroskopischen Eigenspannungen.

4.2 Entstehung von Schweißeigenspannungen

Die Entstehung von Eigenspannungen in einem Stahlzylinder wird zunächst anhand der Bilder 4-3 und 4-4 erläutert. Zum besseren Verständnis des Vorganges soll der Zylinder aus einem umwandlungsfreien Werkstoff gefertigt sein.

Bei einer Wasserabschreckung des gleichmäßig durchgewärmten Zylinders wird der Rand des Zylinders schneller abgekühlt als der Kern. Erst nach 100 s ist die Temperatur über dem Zylinderquerschnitt wieder homogen (Bild 4-3, linkes Teilbild). Der hier dargestellte Temperatur-Zeit-Verlauf gilt nur für drei verschiedene Messstellen im Zylinder, im rechten Teilbild ist dagegen der Temperaturverlauf für verschiedene Zeiten über dem Querschnitt aufgetragen.

Bild 4-4 zeigt die Auswirkungen einer derartigen Abschreckung auf den Spannungszustand im Zylinder. Zu Beginn der Abkühlung beginnt der Zylinderrand stärker zu schrumpfen als der Kern (Bild 4-4, oben). Durch die gegenseitige Stützwirkung geraten die Randbereiche des Zylinders unter Zugspannungen und der Kern unter Druckspannungen.

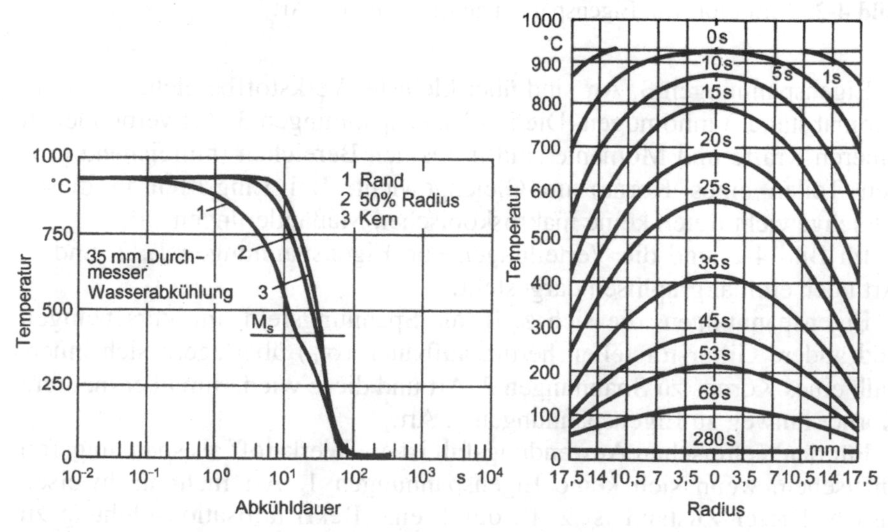

Bild 4-3. Temperaturfeld in einem Zylinder bei Wasserabschreckung

Die Streckgrenze von metallischen Werkstoffen ist temperaturabhängig. Mit zunehmender Temperatur sinkt die Streckgrenze, d. h. die Bereitschaft des Werkstoffes zum Fließen nimmt zu. Hingegen kann mit fallenden Temperaturen ein Ansteigen der Streckgrenze beobachtet werden. Da der Rand des Zylinders zu diesem Zeitpunkt erheblich kälter ist als der Kern, ist die Streckgrenze in diesem Bereich gegenüber dem Kern deutlich erhöht (Bild 4-4, Mitte).

Als Folge des sich einstellenden Spannungszustandes wird im Kern des Zylinders die Warmstreckgrenze überschritten, der Zylinderkern wird gestaucht. Am Ende der Abkühlung weisen der Rand und der Kern die gleiche Temperatur auf. Der während der Abkühlung gestauchte Kern ist jetzt gegenüber dem Mantel verkürzt. Als Folge der gegenseitigen Stützwirkung von Kern und Mantel gerät der Zylinderkern unter Zugeigenspannungen und der Mantel unter Druckeigenspannungen (Bild 4-4, unten).

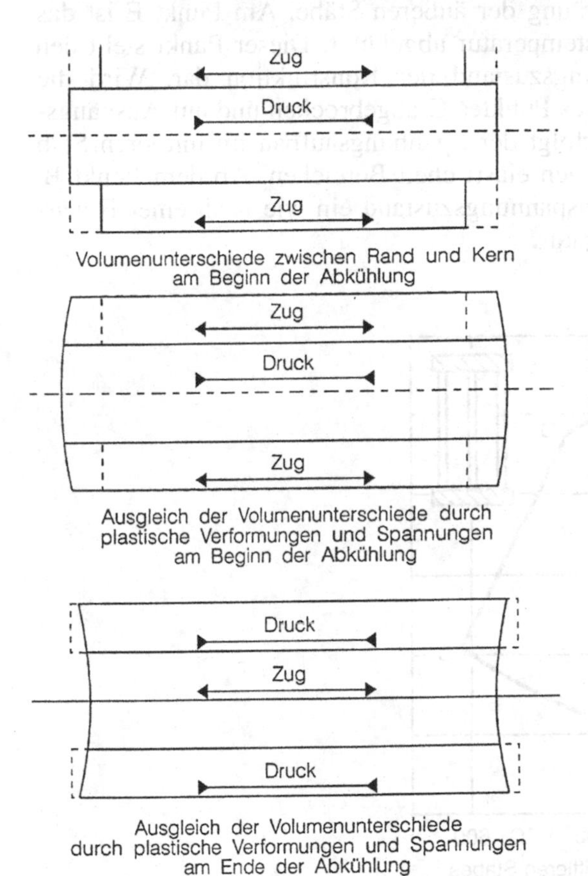

Bild 4-4. Volumenänderung eines Zylinders bei Abkühlung der Außenflächen und der daraus resultierenden Eigenspannungsverteilungen.

Die gleichen Vorgänge werden im Bild 4-5 nochmals übersichtlich am 3-Stäbe-Modell verdeutlicht. Bei diesem Modell werden die beiden Querhäupter als starr angenommen und lediglich die Verformungen der mit den Querhäuptern starr verbundenen Stäbe während des Wärmezyklus betrachtet.

Eine Erwärmung des mittleren Stabes führt zunächst zu einer elastischen Dehnung der Außenstäbe, der innere Stab gerät unter Druckspannungen (Strecke A-B). Am Punkt B wird die Warmstreckgrenze des mittleren Stabes überschritten, so dass entlang der Linie B-C eine plastische Verformung des mittleren Stabes erfolgt. Am Punkt C ist die Maximaltemperatur erreicht, und die Abkühlung des Stabes beginnt. Infolge der Schrumpfung gerät er unter Zugspannungen. Am Punkt D ist die elastische Schrumpfung beendet, die Warmstreckgrenze wird wieder überschritten, und entlang der Strecke D-E erfolgt eine plastische Dehnung des mittleren Stabes infolge der Stützwirkung der äußeren Stäbe. Am Punkt E ist das System auf seine Ausgangstemperatur abgekühlt. Dieser Punkt stellt den verbleibenden Eigenspannungszustand der Konstruktion dar. Wird die Erwärmung vor Erreichen des Punktes C abgebrochen und auf Ausgangstemperatur abgekühlt, so erfolgt der Spannungsaufbau im mittleren Stab entlang einer Parallelen zu den elastischen Bereichen. Ab dem Punkt B' stellt sich der gleiche Eigenspannungszustand ein wie nach einer Erwärmung auf die Spitzentemperatur.

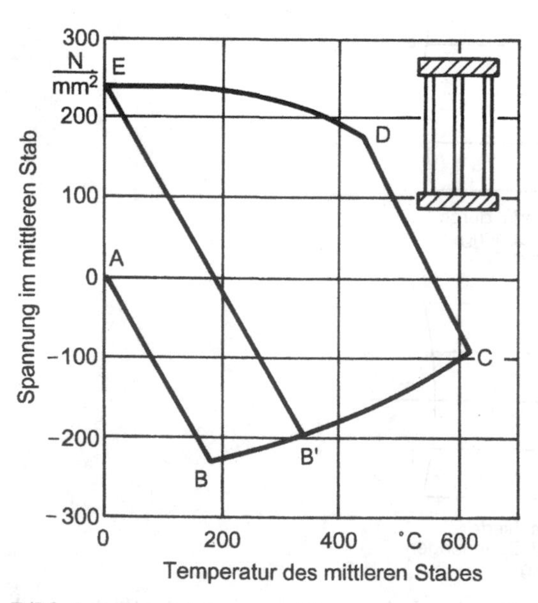

Bild 4-5. Entstehung von Eigenspannungen durch Erwärmung des mittleren Stabes (Dreistabmodell).

In der Schweißtechnik werden Eigenspannungen in Längs- und Querspannungen unterteilt. Längsspannungen wirken in Richtung der Schweißnaht, Querspannungen senkrecht dazu. Die Verteilung von Längs- und Querspannungen sind schematisch im Bild 4-6 abgebildet. Für die Verteilung der auftretenden Kräfte und Momente in einem Bauteil gilt, dass die Summe aller inneren Kräfte und Momente Null ist ($\sum F = 0; \sum M = 0$).

Im Schweißgut sind aufgrund der Schrumpfung des Werkstoffes hohe Zugspannungen in Längsrichtung vorhanden. Durch die Stützwirkung benachbarter kälterer Grundwerkstoffbereiche wird die Längsschrumpfung behindert. Resultierend aus den Zugspannungen in der Schweißnaht müssen Druckspannungen im Grundwerkstoff entstehen (Bild 4-6 a). Auch aus dem Verlauf der Längsspannungen ist ersichtlich, dass die Summe der inneren Kräfte Null ergeben muss.

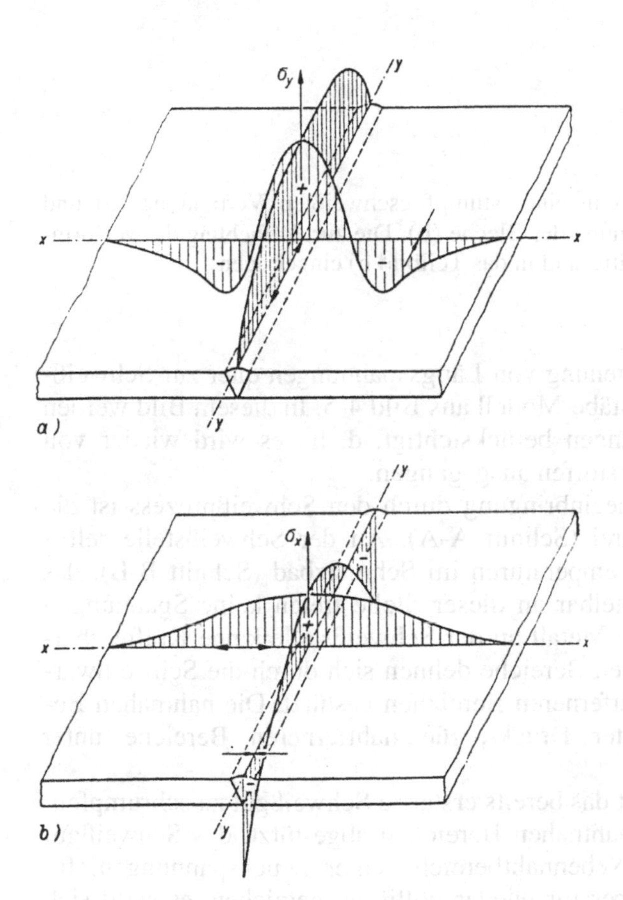

Bild 4-6. Längsspannungen (**a**) und Querspannungen (**b**) in einem stumpfgeschweißten Blech (schematisch) [4-2].

Aus den Längsspannungen entstehen die Querspannungen in einer Schweißnaht (Bilder 4-6 b und 4-7). In einer Modellvorstellung würde sich ein Blech aufgrund einer Zugspannung in Längsrichtung, wie im Bild 4-7 b dargestellt, verformen. Durch das Volumendefizit in der Schweißnahtmitte werden sich dort Zugspannungen und an den Nahtenden Druckspannungen quer zur Schweißnaht aufbauen (Bild 4-6 b).

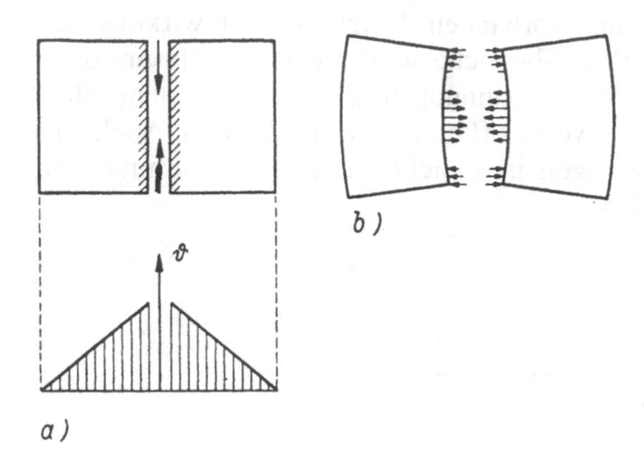

Bild 4-7. Längsspannungen in einer stumpfgeschweißten Verbindung (**a**) und hieraus entstehende Verformung der Bleche (**b**). Die zur Aufhebung der verformten Bleche notwendigen Kräfte sind in das Teilbild b) eingetragen

Bild 4-8 zeigt die Entstehung von Längsspannungen quer zur Schweißnaht in Analogie zum 3-Stäbe-Modell aus Bild 4-5. In diesem Bild werden nur die Schrumpfspannungen berücksichtigt, d. h., es wird wieder von umwandlungsfreien Werkstoffen ausgegangen.

Vor Beginn der Wärmeeinbringung durch den Schweißprozess ist die Schweißfuge spannungsfrei (Schnitt A-A). An der Schweißstelle selbst herrschen die höchsten Temperaturen im Schmelzbad (Schnitt B-B), das Metall ist flüssig. Unmittelbar an dieser Stelle treten keine Spannungen auf, da das geschmolzene Metall an der Schweißstelle keine Kräfte übertragen kann. Die nahtnahen Bereiche dehnen sich durch die Schweißwärme, werden aber von nahtferneren Bereichen gestützt. Die nahtnahen Bereiche geraten also unter Druck-, die nahtferneren Bereiche unter Zugspannungen.

Im Schnitt C-C beginnt das bereits erstarrte Schweißgut zu schrumpfen, wird aber nun von den nahtnahen Bereichen abgestützt, das Schweißgut kommt unter Zug- die Nebennahtbereiche unter Druckspannungen. Im Schnitt D-D ist die Temperatur wieder völlig ausgeglichen, es stellt sich ein Eigenspannungszustand gemäß dem rechten unteren Teilbild ein.

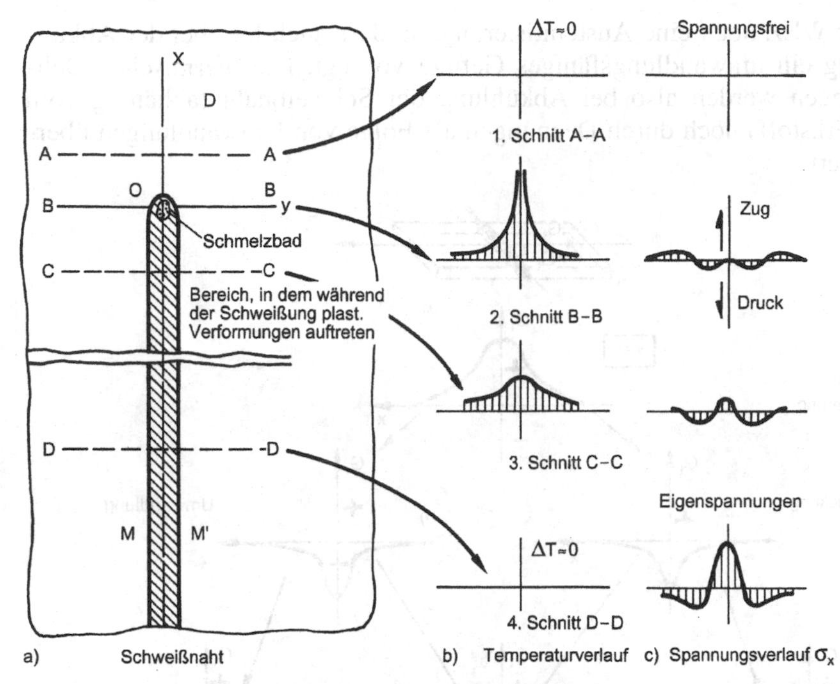

Bild 4-8. Entstehung von Eigenspannungen durch das Erstarren einer Schweißnaht.

Die bis jetzt erläuterten Mechanismen zur Entstehung von Eigenspannungen sind prinzipiell auch auf Spannungen in Schweißverbindungen zu übertragen. Jedoch sind beim Schweißen weitere Einflussfaktoren zu berücksichtigen. Aus diesem Grund soll der Vorgang des Schweißens noch einmal schrittweise durchlaufen werden und die Auswirkungen auf die entstehenden Eigenspannungen sollen kurz festgehalten werden:

- Während des Schweißprozesses erfolgt eine Erwärmung des Grundwerkstoffes bis zur Schmelztemperatur und anschließend eine Abkühlung, die in ihrer Geschwindigkeit verfahrensabhängig ist und durch Vor- bzw. Nachwärmen stark beeinflusst werden kann.
- Weiterhin erfolgt bei den meisten Schweißverfahren die Zugabe von schmelzflüssigem Zusatzwerkstoff, dessen Volumen von der Fugenvorbereitung und dem Schweißverfahren abhängt.
- Der Zusatzwerkstoff durchläuft beim Abkühlen alle Umwandlungspunkte, die für den Werkstoff typisch sind und unterliegt darüber hinaus einer starken thermischen Kontraktion.
- Die Nebennahtbereiche erfahren als Folge der Erwärmung zunächst eine starke thermische Dehnung, der sich nach Überschreiten der Spitzentemperatur die thermische Kontraktion anschließt. Außerdem erfolgt in

der WEZ noch eine Austenitisierung, so dass auch hier bei der Abkühlung ein umwandlungsfähiges Gefüge vorliegt. Die thermischen Dehnungen werden also bei Abkühlung der Schweißnaht (abhängig vom Werkstoff) noch durch Dehnungen als Folge von Umwandlungen überlagert.

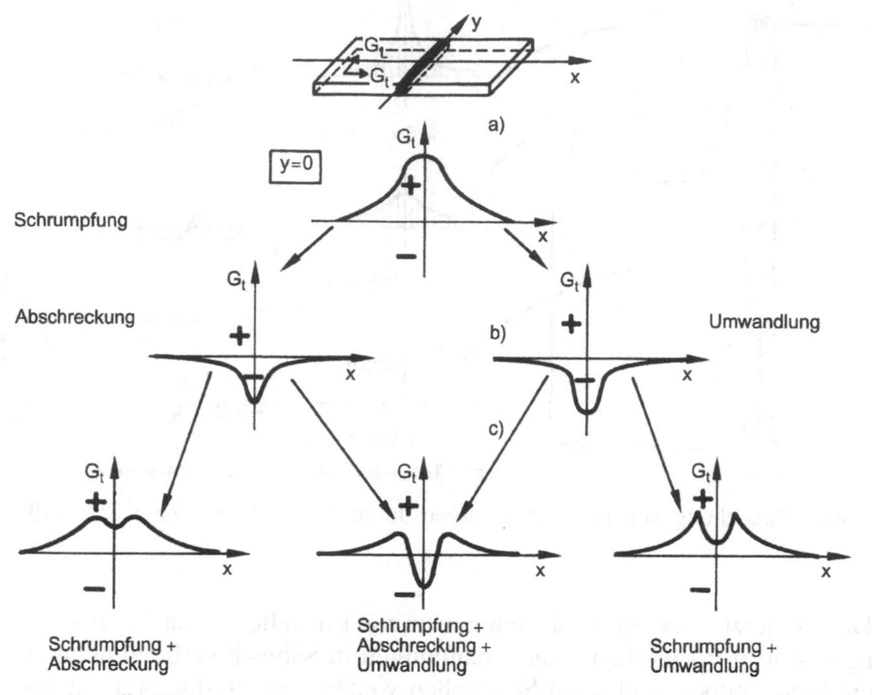

Bild 4-9. Änderungen des Quereigenspannungsverlaufes durch die Überlagerung von Schmelz-, Abschreck- und Umwandlungsanteilen

Zur einfacheren Beschreibung der in der Schweißnaht zum Aufbau von Eigenspannungen beitragenden Mechanismen werden im Bild 4-9 die Eigenspannungen nach folgenden Entstehungsarten eingeteilt:

- Schrumpfspannungen. Hierbei handelt es sich um Spannungen die durch gleichmäßige Abkühlung der Naht entstehen. Durch Dehnungsbehinderung der kälteren Bereiche am Rand der Schweißnaht und des Grundwerkstoffes bauen sich längs und quer zur Naht (bei dickeren Blechen auch in Dickenrichtung) Zugspannungen auf, wie bereits oben beschrieben.
- Abschreckspannungen. Im Fall ungleichmäßiger Abkühlung erkaltet die Nahtoberfläche schneller als die Kernzone der Naht. Wird infolge der sich aufbauenden Spannungsunterschiede die Warmstreckgrenze des Kernes überschritten, so liegen nach der Abkühlung an der Nahtoberflä-

che Druckspannungen vor. Der Kern dagegen steht im erkalteten Zustand unter Zugspannungen. Diese Verhältnisse entsprechen denen, wie sie am Beispiel der Abkühlung des umwandlungsfreien Zylinders beschrieben wurden.

- Umwandlungsspannungen. Umwandlungen in der Ferrit- und Perlitstufe erzeugen im Normalfall nur geringe Eigenspannungen, da im Temperaturbereich der Perlitstufe die Streckgrenze des Stahles noch so gering ist, dass die entstehenden Spannungen durch plastische Verformungen abgebaut werden. Bei Umwandlungen in der Bainit- und Martensitstufe ist dies nicht mehr der Fall. Eine solche Umwandlung des Austenits führt zu einer Volumenvergrößerung (Umwandlung kfz in krz, das kfz-Gitter hat die größte Dichte, außerdem erfolgt eine Volumenvergrößerung durch Gitterverspannung). Im Fall einer homogenen Umwandlung wird die Naht also unter Druckeigenspannungen geraten. Erfolgt die Umwandlung der Randschichten vor der des langsamer abkühlenden Kerns, so kann es ähnlich wie bei der Abschreckung zu plastischen Verformungen der Kernzone kommen. In diesem Fall werden nach der Abkühlung Zugspannungen an der Nahtoberfläche vorliegen.

Diese Vorgänge laufen parallel ab und lassen sich im Allgemeinen nicht exakt voneinander abgrenzen; daher wird der Eigenspannungszustand einer Schweißnaht eine Überlagerung aller Fälle darstellen, wie im Bild 4-9 angedeutet. Diese Überlagerung der verschiedenen Mechanismen erschwert auch die Voraussage des entstehenden Eigenspannungszustandes.

Die Auswirkung einer Gefügeumwandlung auf die Abkühlung kann aus Bild 4-10 abgeschätzt werden. Hier sind Dilatationskurven von umwand-

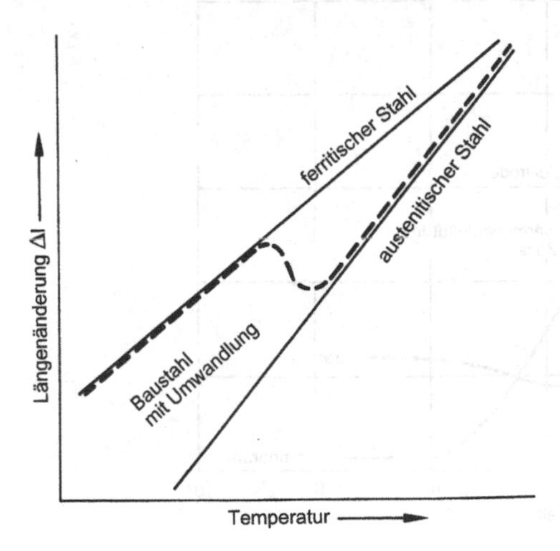

Bild 4-10. Längenänderungen von umwandlungsfreien ferritischen und austenitischen Stählen und eines umwandlungsfähigen Baustahles (Dilatationskurven).

lungsfreien ferritischen und austenitischen Stählen aufgetragen. Es ist erkennbar, dass das Ferritgitter bei gleicher Temperatur ein größeres Volumen als das Austenitgitter aufweist. Diese Volumendifferenz ist um so größer, je tiefer die Temperatur ist. Zusätzlich ist die Längenänderung eines unlegierten und eines niedriglegierten Stahles (hier Baustahl) eingetragen, der eine Umwandlung vom Austenit in eine der Modifikationen des Ferrits durchläuft. Im Umwandlungspunkt ändert sich die Gitterstruktur und somit auch die Gitterkonstante, so dass sich eine Volumenvergrößerung des Stahles ergibt. Der Volumensprung kann im Fall der Martensitbildung bis zu 3 % betragen.

Zur Erfassung der Auswirkungen, die dieses Verhalten auf den Spannungszustand der Schweißnaht hat, werden Probeschweißungen in der im Bild 4-11 skizzierten Versuchseinrichtung durchgeführt. Thermoelemente

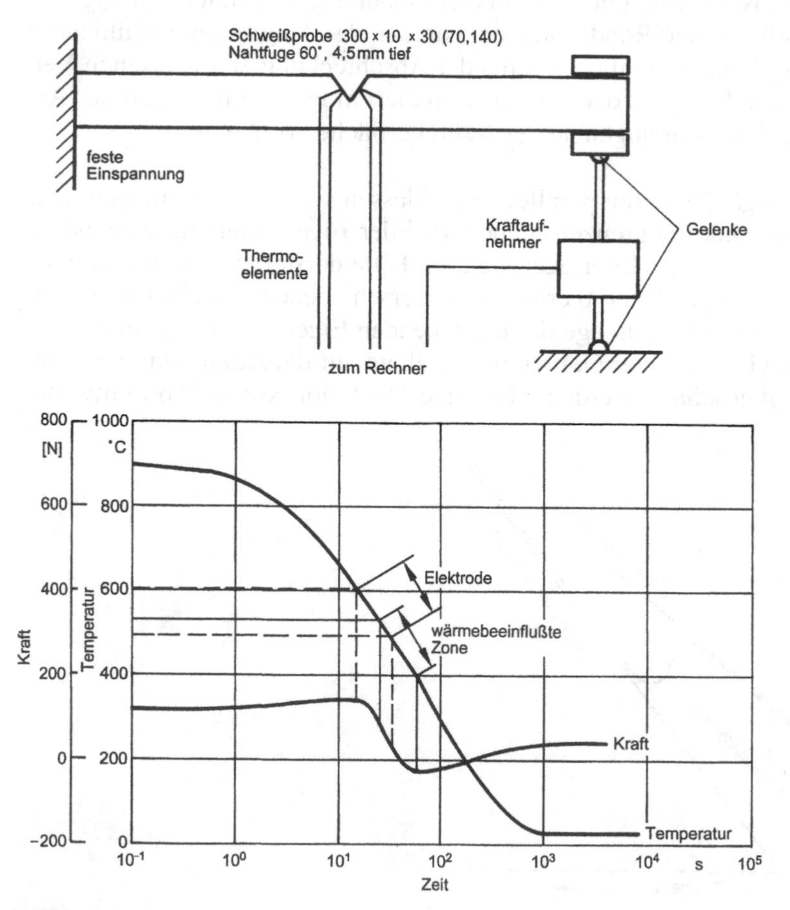

Bild 4-11. Messung der Eigenspannung infolge Schrumpfung und Umwandlung in der Schweißnaht.

messen den Temperatur-Zeit-Verlauf an der Schweißnaht, und ein Kraftaufnehmer registriert die Kraft, mit der die Probe als Folge der Schrumpfung der Naht sich aufzubiegen versucht.

Im unteren Teilbild sind die Ergebnisse eines solchen Versuches dargestellt. Hier sind sowohl der Temperaturverlauf an der Schmelzlinie als auch die Kraft über der Zeit aufgetragen.

Im Temperaturbereich über 600°C registriert der Kraftaufnehmer eine Zugkraft, die durch Schrumpfung des Austenits hervorgerufen wird. Zwischen 600°C und 400°C erfolgt ein deutlicher Kraftabfall, der auf die Umwandlung des Austenits und die damit verbundene Volumenvergrößerung zurückzuführen ist. Der Wiederanstieg der Kraft erfolgt durch weitere Schrumpfung des ferritischen Gefüges.

Wird bei einer Schweißung mit einem nicht exakt gleichen Zusatzwerkstoff gearbeitet (im realen Anwendungsfall wird die Zusammensetzung des Schweißzusatzes immer von der des Grundwerkstoffes abweichen), so erfolgt die Umwandlung in der WEZ zu einem anderen Zeitpunkt im T-t-Verlauf als die Umwandlung des Zusatzwerkstoffes.

Wird der gemessene Temperatur-Zeit-Verlauf in ZTU-Schaubilder für den Grund- und den Zusatzwerkstoff übertragen, so lassen sich Umwandlungstemperaturen bzw. -temperaturbereiche für die einzelnen Zonen der Naht bestimmen. Auf diese Weise kann dem Kraftverlauf eindeutig zugeordnet werden, wann ein Abknicken auf Gefügeumwandlungen zurückzuführen ist. So ist eine Unterscheidung möglich, ob der Kraftabfall auf eine Umwandlung des Zusatzwerkstoffes zurückzuführen ist und in welchem Teil er durch Umwandlung in der WEZ hervorgerufen wird. Bild 4-12 zeigt, wie groß die Unterschiede von Spannungsverläufen bei unterschiedlichen Werkstoffkombinationen werden können.

Beim Verschweißen umwandlungsfreier austenitischer Werkstoffe entstehen im Schweißnahtbereich nur Zugeigenspannungen, da in diesem Fall keine Umwandlungen in der WEZ und im Schweißgut erfolgen, die den Spannungsverlauf beeinflussen.

Wird ein hochfester Feinkornbaustahl des Types S 690 mit einer austenitischen Elektrode verschweißt, so entstehen im Bereich der WEZ Umwandlungen, die zu Verringerungen der Zugspannungen führen. In diesen Bereichen der WEZ erfolgt bei der Abkühlung eine (zumindest teilweise) Umwandlung zu Martensit. Durch die damit verbundene Volumenvergrößerung ergeben sich Druckspannungsanteile in der WEZ, so dass die Zugspannungen in diesem Bereich teilweise abgebaut werden.

Wird. mit einer hochfesten Elektrode geschweißt, die rein martensitisch umwandelt, so stellen sich im Schweißgut Druckeigenspannungen und in der WEZ Zugspannungen ein (vgl. Bild 4-9).

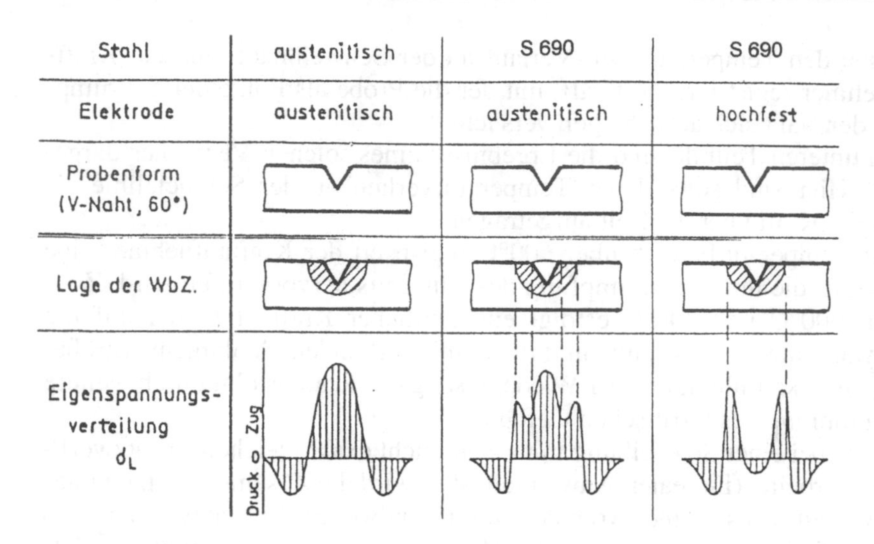

Stahl
austenitisch
S 690
S 690
Elektrode
austenitisch
austenitisch
hochfest
Probenform
(V-Naht, 60°)
Lage der WbZ.
Eigenspannungs-
verteilung
σ_L
Zug
0
Druck

Bild 4-12. Einfluss der Werkstoffkombination auf den Verlauf der Eigenspannung in einer Schweißnaht.

4.3 Auswirkungen von Schweißeigenspannungen

Wie bereits oben beschrieben werden beim Schweißen z. T. erhebliche Spannungen in die Konstruktion eingebracht. Nicht selten überschreiten diese Eigenspannungen die Streckgrenze oder sogar die Zugfestigkeit des Werkstoffes. Dabei darf nicht vergessen werden, dass die Höhe der im Bauteil vorhandenen Eigenspannungen die Streckgrenze des Werkstoffes nicht überschreiten kann. Sind die Eigenspannungen im Bauteil so hoch, dass die Streckgrenze des Werkstoffes überschritten wird, so setzt eine plastische Deformation ein, und die Spannungen sinken wieder auf das Niveau der Streckgrenze.

Beim Überschreitungen der Streckgrenze reagiert der Werkstoff mit einer plastischen Verformung der Schweißnaht bzw. der WEZ, und es kommt zu einem Verzug des geschweißten Bauteiles. Überschreiten dabei die Schweißeigenspannungen die Zugfestigkeit des Werkstoffes auch nur in sehr kleinen Bereichen, so ist eine Rissbildung die Folge.

Im Normalfall ist beim Schweißen immer mit einem gewissen Verzug zu rechnen, der um so größer wird, je geringer die Schrumpfungsbehinderung der zu fügenden Teile ist.

Das Auftreten von Rissen dagegen ist zumeist die Folge einer extremen Schrumpfbehinderung und geschieht häufig erst dann, wenn sich im Einsatz Last- und Eigenspannungen überlagern.

Im Verlauf des Schweißwärmezyklus erfolgt in Teilbereichen der Schweißnaht immer eine Schrumpfung und parallel dazu eine teilweise Plastifizierung. Durch das Schrumpfen der Naht kommt es zum Aufbau von Eigenspannungen, die durch Plastifizieren teilweise wieder abgebaut werden.

Wird an Konstruktionen geschweißt, in denen die zu fügenden Teile frei schrumpfen können, so bleiben die auftretenden Schweißeigenspannungen auf relativ niedrigem Niveau. Der Einfluss der Schrumpfungsbehinderung geht aus Bild 4-13 hervor. Es zeigt die Verbindung zweier gleich dicker Bleche, die im I-Stoß geschweißt wurden. Beide Bleche sind in einer äußeren Konstruktion fest eingespannt. Unter Beibehaltung der Nahtgeometrie (Nahtbreite und -länge) wird die Einspannlänge a der beiden Bleche variiert und es werden an der äußeren Konstruktion die als Folge der Schrumpfung auftretenden Spannungen gemessen.

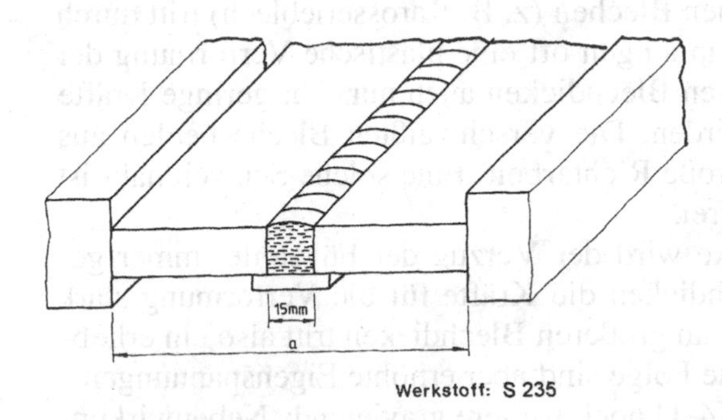

1. a = 100 mm σ = 800 N/mm²
2. a = 150 mm σ = 530 N/mm²
3. a = 200 mm σ = 400 N/mm²
4. a = 250 mm σ = 300 N/mm²
5. a = 300 mm σ = 270 N/mm²

Bild 4-13. Schrumpfspannungen in einem fest eingespannten Blech bei verschiedenen freien Einspannlängen a.

Das Ergebnis zeigt, dass mit steigender freier Einspannlänge a der beiden Bleche die auftretenden Eigenspannungen sinken. Die Ursachen hierfür liegen darin begründet, dass bei wachsendem a eine größere elastische Dehnung der beiden Bleche möglich ist. Die resultierende Spannung im dargestellten Fall berechnet sich nach Hooke:

$$\sigma = E \cdot \varepsilon$$

mit σ = Spannung im Bauteil, E = E-Modul des Werkstoffes, ε = Dehnung. Die Dehnung ε berechnet sich als $\Delta l/a$, dabei ist Δl die Längenänderung durch Schrumpfung. Bei gleichbleibendem Nahtvolumen wird die Schrumpfung und somit Δl immer gleich groß sein. Die Dehnung ε hängt also nur von der freien Einspannlänge a ab. Je kleiner a gewählt wird, desto größer fallen folglich die resultierenden Spannungen im Bauteil aus.

Demzufolge verhalten sich Eigenspannungen und Verzug umgekehrt proportional zueinander. Je größer der Verzug in der geschweißten Konstruktion wird, desto geringer sind die verbleibenden Eigenspannungen.

Diese Erkenntnis führt zu einer Reihe von Schlussfolgerungen, die für den Verzug einer Schweißkonstruktion von Bedeutung sind. So muss bereits vor dem Schweißen feststehen, ob das Hauptaugenmerk auf einer eigenspannungsarmen oder einer verzugsfreien Konstruktion liegen soll. Für beide Varianten muss nämlich beim Schweißen unterschiedlich vorgegangen werden.

Beim Schweißen von dünnen Blechen (z. B. Karosserieblech) tritt durch die auftretenden Schrumpfspannungen oft eine plastische Verformung der Bleche auf, da bei den geringen Blechdicken auch nur sehr geringe Kräfte zur Verformung benötigt werden. Die verschweißten Bleche beulen aus und erfordern nachträglich große Richtarbeit. Eine solche Schweißnaht ist aber nahezu eigenspannungsfrei.

Mit wachsender Blechdicke wird der Verzug der Fügeteile immer geringer, da bei größeren Blechdicken die Kräfte für die Verformung stark ansteigen. Bei Schweißungen an größeren Blechdicken tritt also ein erheblich geringerer Verzug auf, die Folge sind aber erhöhte Eigenspannungen.

Neben dem Verzug fasste [4-1] noch weitere gravierende Nebenwirkungen der Eigenspannungen auf die Bauteileigenschaften wie folgt zusammen:

- Verringerung oder Erhöhung der Streckgrenze je nach Veränderung der Mehrachsigkeit des Spannungszustandes;
- örtliche Veränderung von Härtewerten (in hochfesten Werkstoffzuständen);
- Kaltrissbildung ohne äußere Belastung;
- Erhöhung der Sprödbruchgefahr durch:
  - Erhöhung der Gesamtspannung infolge Addition zu Lastspannungen in Werkstoffzuständen mit $R_e = R_m$,
  - Erhöhung der Mehrachsigkeit des Gesamtspannungszustandes,
  - Ermöglichen der spontanen Ausbreitung kleiner Risse, z. B. bei Versprödung durch Alterung oder tiefe Temperaturen;
- Verringerung oder Erhöhung der Dauerschwingfestigkeit durch Zug- oder Druckeigenspannungen an schwingbruchkritischen Stellen;

– Verringerung oder Erhöhung der Knick- oder Beulgefahr durch Zug- oder Druckeigenspannungen an kritischen Stellen;
– Begünstigung von Spannungsrisskorrosion durch Oberflächenzugeigenspannungen;
– Verzug beim Abarbeiten eigenspannungsbehafteter Schichten.

4.4 Maßnahmen zur Verringerung von Eigenspannungen in Schweißnähten

4.4.1 Minimierung von Schweißeigenspannungen

Das Entstehen von Eigenspannungen ist in der Schweißtechnik aus den o.g. Gründen unvermeidbar, so dass es in der Praxis darauf ankommt, die unvermeidbaren Eigenspannungen durch geeignete Maßnahmen zu minimieren. Grundsätzlich sind solche Maßnahmen schon bei der Konstruktion zu berücksichtigen. Zum Beispiel führen Nahtanhäufungen in Schweißkonstruktionen zu erhöhten Eigenspannungen und sind bei der konstruktiven Gestaltung zu vermeiden. In [4-3] wird festgestellt, dass die resultierenden Eigenspannungen in einer Schweißkonstruktion durch den Einsatz von Überlappstößen sehr klein gehalten werden können, da diese Stoßart geringere Querschrumpfungen aufweist als Stumpfstöße. Kann auf einen Stumpfstoß nicht verzichtet werden, sollte eine möglichst lange freie Einspannlänge zur Aufnahme der Querschrumpfungen vorhanden sein.

Zu Minimierung von Längsschrumpfungen sollte eine Schweißung in der Mehrlagentechnik ausgeführt werden. Bei gleichem Nahtvolumen sind die resultierenden Längsspannungen in der mehrlagig geschweißten Naht geringer als in der einlagig geschweißten Naht. Jedoch sollte bei der Mehrlagenschweißung nicht vergessen werden, dass die Quer- und die Winkelschrumpfung mit der Anzahl der einzelnen Lagen zunehmen.

Abhängig vom eingesetzten Schweißverfahren und dessen Energiedichte können Eigenspannungen in unterschiedlichem Ausmaß entstehen. Im Allgemeinen gilt, dass mit steigender Energiedichte des Schweißverfahrens die Eigenspannungen zunehmen. So können beim Lichtbogenschweißen wesentlich höhere Spannungsspitzen in der Naht auftreten als bei einer Gasschweißung (Bild 4-14). Da beim Gasschweißen die Energiedichte geringer ist als beim Lichtbogenschweißen, wird das Blech während des Schweißprozesses stärker erwärmt, d. h., der Temperaturgradient im Blech ist wesentlich geringer als beim Lichtbogenschweißen.

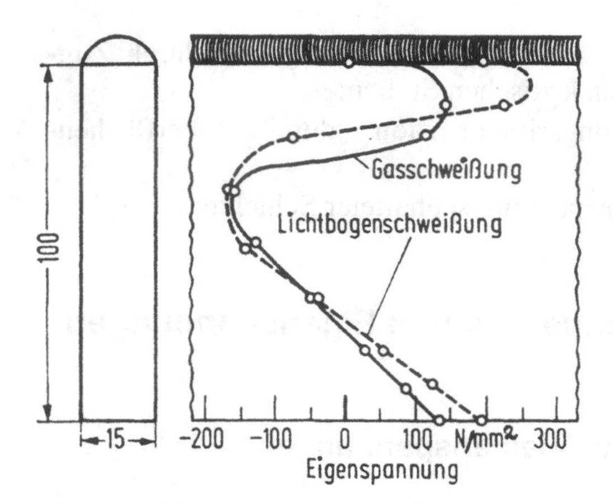

Bild 4-14. Vergleich der in einem Flachstahl nach einer Gasschweißung und einer Lichtbogenschweißung entstandenen Eigenspannungen auf der Blechkante [4-3].

4.4.2 Abbau vorhandener Schweißeigenspannungen

Neben der konstruktiven Reduzierung von Schweißeigenspannungen besteht auch die Möglichkeit, die durch den Schweißprozess entstandenen Eigenspannungen wieder zu reduzieren. Alle im Folgenden beschriebenen Verfahren zur Verringerung der Schweißeigenspannungen beruhen auf dem Prinzip der plastischen Verformung. Dies bedeutet, dass in dem Bauteil nach einer entsprechenden Behandlung zur Minimierung der Eigenspannungen bleibende Verformungen zurückbleiben.

In [4-4] werden zwei unterschiedliche Methoden zur Erzeugung der plastischen Deformation unterschieden. Zum einen kann durch eine Überlagerung von äußeren Spannungen und Eigenspannungen der Werkstoff plastifiziert werden, oder aber der Formänderungswiderstand (im Allgemeinen die Streckgrenze) wird durch eine thermische Aktivierung gesenkt. Im letzteren Fall bewirken lediglich die schon im Bauteil vorhandenen Eigenspannungen ein Fließen des Werkstoffes. Aus diesem Grund erfolgt auch eine Einteilung der Verfahren in das mechanische und das thermische Entspannen.

Zu den mechanischen Verfahren sind das Hämmern, das „autogene Entspannen" und das „Overstressing" zu zählen. Durch das Hämmern der Schweißnaht werden Druckspannungen in die Bauteiloberfläche eingebracht, so dass die plastische Deformation des Schweißgutes zu einer Reduzierung der Spannungen in Längs- und Querrichtung führt. In [4-5] und [4-6] wird zusätzlich zwischen dem Warm- und dem Kalthämmern einer Schweißnaht unterschieden. Das Warmhämmern erfolgt oberhalb der Rekristallisationstemperatur des Werkstoffes, das Kalthämmern unterhalb dieser Temperaturschwelle. Der Vorteil beim Warmhämmern einer Schweißnaht besteht in der besseren Verformbarkeit des Schweißgutes. In [4-5] wird aber auf die zunehmende Gefahr der Blaubrüchigkeit beim Warmhämmern hingewiesen, was zu einer Verringerung der Gütewerte des Schweißgutes führt. Das Kalthämmern des Schweißgutes hat eine Erhöhung der Versetzungsdichte zur Folge, so dass hierbei mit einer Verfestigung des Schweißgutes gerechnet werden muss.

Das Kalthämmern wird häufig beim Kaltschweißen von Gusswerkstoffen eingesetzt. Um eine übermäßige Erwärmung des Gussstückes zu vermeiden, werden nur kurze Abschnitte der Naht geschweißt und anschließend gehämmert. Als Schweißzusatzwerkstoffe werden meist gut verformbare Nickelbasislegierungen eingesetzt, die durch das Hämmern zusätzlich verfestigt werden. Bei Mehrlagenschweißungen wird jedoch die Verfestigung der Schweißnaht durch das mehrmalige Überschweißen der unteren Lagen wieder aufgehoben.

Beim „autogenen Entspannen", oftmals auch als Niedertemperaturentspannen bezeichnet, werden auf beiden Seiten der Schweißnaht Brenner entlanggeführt, die den Grundwerkstoff auf einer bestimmten Länge erwärmen. Den Brennern wird eine Wasserdusche nachgeführt, die den Werkstoff schnell wieder abkühlt (Bild 4-15). Das Blech wird bei diesem Vorgang auf etwa 200°C erwärmt, wobei die Temperatur der Schweißnaht nur etwa 100°C beträgt. Hieraus resultieren Druckspannungen im Grundwerkstoff und Zugspannungen in der Schweißnaht. Infolge der Überlagerung von Zugspannungen und Eigenspannungen in der Schweißnaht kommt es zu einer plastischen Deformation der Schweißnaht in Längenrichtung.

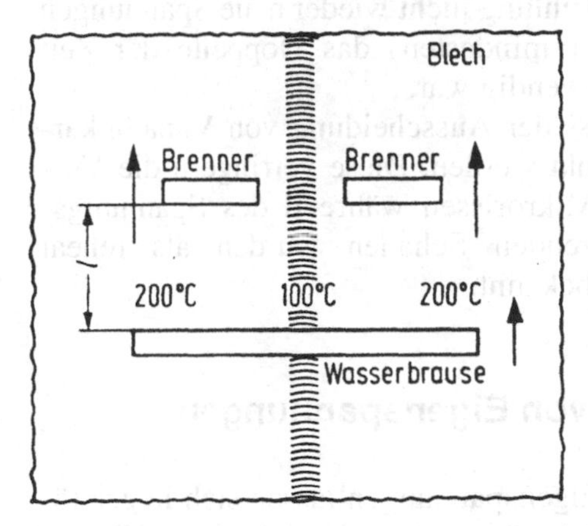

Bild 4-15. Anordnung und Bewegungsrichtung von Brenner und Wasserdusche beim autogenen Entspannen.

Ähnlich dem „autogenen Entspannen“ wird beim „Overstressing“ durch eine zusätzliche Beanspruchung die Fließgrenze des Werkstoffes überschritten und hierdurch eine plastische Deformation bewirkt. Jedoch erfolgt beim „Overstressing“ die Verformung durch das Anlegen äußerer Lasten. In [4-7] wird von einem erfolgreichen Einsatz dieses Verfahrens im Bereich des Brücken-, Rohr- und Behälterbaues berichtet.

Das wohl wichtigste Verfahren zur Reduzierung von Eigenspannungen in geschweißten Bauteilen ist das thermische Entspannen, auch unter dem Begriff Spannungsarmglühen bekannt. Da die Streckgrenze mit steigender Temperatur abnimmt, kann bei erhöhten Temperaturen der Werkstoff im Bereich hoher Eigenspannungen in der Schweißnaht plastifizieren. Durch die Erwärmung des Werkstoffs können nicht nur Zug- sondern auch Druckeigenspannungen abgebaut werden, da sowohl die Streckgrenze als auch die Quetschgrenze des Werkstoffes herabgesetzt werden. Auch mit diesem Verfahren können die Eigenspannungen im Bauteil nicht vollständig beseitigt werden, da der Werkstoff immer noch eine der Glühtemperatur entsprechenden Warmstreckgrenze aufweist.

Neben der Höhe der Glühtemperatur sind auch die Aufheizgeschwindigkeit und die Glühzeit für den Spannungsabbau von Bedeutung. Baustähle werden im Allgemeinen bei Temperaturen zwischen 600°C und 650°C geglüht. Die Haltedauer sollte etwa 2 min je Millimeter Blechdicke betragen, aber nicht kürzer als 30 min sein. Die Aufheizgeschwindigkeiten müssen mit zunehmender Blechdicke abnehmen, um innere thermische Spannungen gering zu halten und hieraus resultierende Risse zu vermeiden. Nach [4-8] ist eine Aufheizgeschwindigkeit bei dickwandigen Blechen von 2,5 K/min nicht zu überschreiten. In [4-3] werden für Wanddicken von 10 mm bis 50 mm Aufheizgeschwindigkeiten von 5 K/min bis 1 K/min angegeben. Um bei der Abkühlung nicht wieder neue Spannungen aufzubauen, sollte die Abkühldauer mindestens das Doppelte der Zeit betragen, die für die Aufheizung notwendig war.

Bei vanadinlegierten Stählen muss der Ausscheidung von Vanadinkarbiden besondere Beachtung geschenkt werden. Diese verringern die Verformungsfähigkeit und führen zu Mikrorissen während des Spannungsarmglühens. Die hieraus resultierenden Schäden wurden als reheat cracking oder stress-relief cracking bekannt.

4.5 Methoden zur Messung von Eigenspannungen

Die Verfahren zur Ermittlung von Eigenspannungen lassen sich in zerstörende, zerstörungsfreie und bedingt zerstörungsfreie Verfahren einteilen.

Die vollständige Zerlegung des Bauteiles und die während der Bearbeitung auftretenden Rückfederungen des Werkstoffes werden mechanisch oder mit Hilfe von Dehnungsmessstreifen (DMS) gemessen. Als Zerlegeverfahren werden das schichtweise Zerspanen, Einschneiden, Aufschlitzen und Ausbohren eingesetzt, bis das Bauteil vollständig zerstört ist (Tabelle 4-1).

Als bedingt zerstörungsfrei lassen sich das Bohrloch- und das Ringkernverfahren ansehen (Bilder 4-16 und 4-17). In beiden Fällen werden Verformungen aufgrund von vorliegenden Eigenspannungen durch teilweisen Materialabtrag ausgelöst und die daraus resultierenden Dehnungen mit Dehnmessstreifen gemessen. Wesentlicher Vorteil des Bohrlochverfahrens ist der nur sehr geringe Materialabtrag, der Bohrlochdurchmesser beträgt nur 1 mm bis 5 mm, die Bohrungstiefe das ein- bis zweifache des

Tabelle 4-1. Zerlegeverfahren für die zerstörende Messung der Eigenspannungen nach [4-91].

Verfahren	Annahme der Spannungsverteilung	Messgrößen	Eigenspannungen
schichtweises Zerspanen 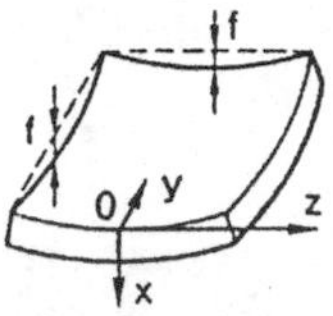	zweiachsig beliebig	Biegepfeile f Krümmungen reduzierte Krümmungen	σ_y σ_z τ_{zy}
Einschneiden 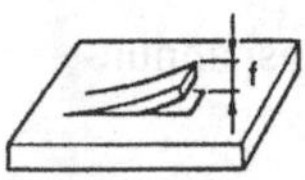	einachsig örtlich verschieden linear oben Zug- unten Druckeigenspannungen	Aufklaffung f	teilweiser Spannungsabbau um $\Delta\ \sigma_z$
Ausbohren 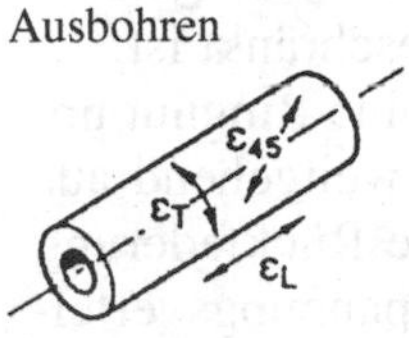	dreiachsig unabhängig von der Probenlänge σ_L, σ_T, σ_R	Längenänderung ε_L Umfangsänderung ε_T	σ_L σ_T σ_R
Aufschlitzen 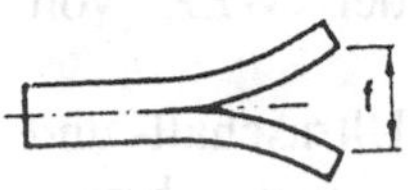	einachsig linear symmentrisch in Bezug auf die Stabachse	Aufklaffung f	teilweiser Spannungsabbau um $\Delta\ \sigma_z$

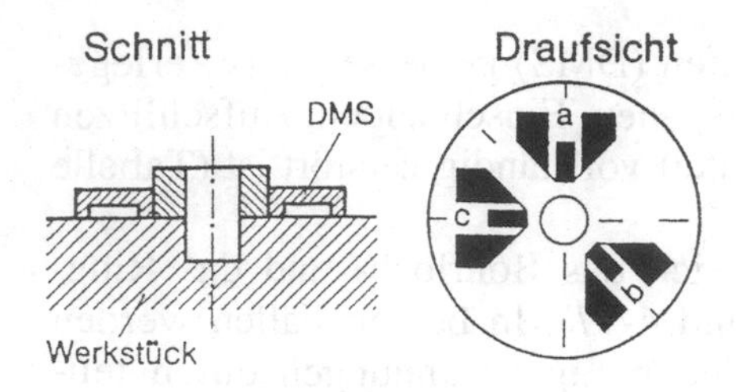

Bild 4-16. Prinzipielle Versuchsanordnung zur Bestimmung von Eigenspannungen nach dem Bohrlochverfahren

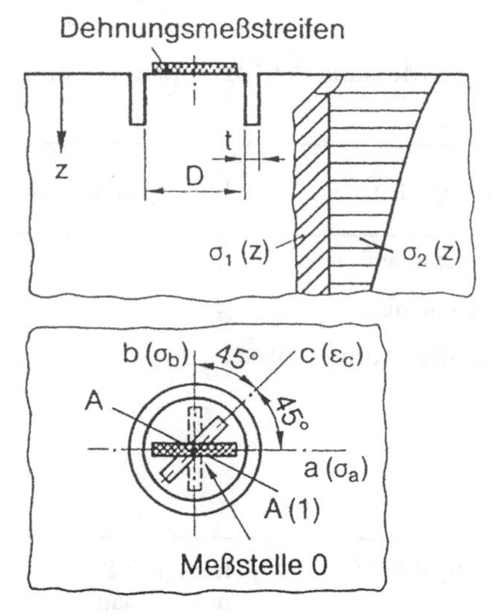

Bild 4-17. Prinzipielle Versuchsanordnung zur Bestimmung von Eigenspannungen nach dem Ringkernverfahren.

Bohrlochdurchmessers. Der Nachteil des Verfahrens liegt darin, dass nur oberflächennahe Dehnungen gemessen werden können, die Aussage also auf die Eigenspannungen nahe der Werkstückoberfläche beschränkt ist.

Beim Ringkernverfahren wird mit einem Kronenfräser eine Ringnut um einen dreiachsigen DMS gefräst. Der Kern wird dadurch weitgehend aus dem Kräfteverbund gelöst und entspannt. Da hier auch die Rückfederung des Kernes gemessen wird, ist die Ermittlung der Eigenspannungsverteilung über die Tiefe möglich.

Beide Verfahren sind zur Messung von Schweißeigenspannungen nur bedingt geeignet, da steile Spannungsgradienten in der WEZ von Schweißverbindungen nur bedingt erfassbar sind.

Zu den zerstörungsfreien Messverfahren sind Röntgen-, Ultraschall- und magnetische Verfahren zu rechnen. Das Röntgenverfahren eignet sich aufgrund seiner begrenzten Eindringtiefe nur zur Messung zweiachsiger oberflächenparalleler Eigenspannungen, besondere Randbedingungen wie Texturen und Grobkörnigkeiten der Gefüge können zu Messschwierigkeiten führen.

Tabelle 4-2 zeigt eine Übersicht der Verfahren zur Eigenspannungsermittlung und welche Ursachen von Eigenspannungen mit dem jeweiligen Verfahren messtechnisch erfassbar sind [4-9].

Tabelle 4-2. Übersicht der z. Zt. existierenden Verfahren zum Messen von Eigenspannungen nach [4-9].

Ursachen	Messverfahren										
	zerstörend							zerstörungsfrei			
	vollständig		teilweise								
	mechanisch-elektrisch						optische Verfahren	sonstige			
	Zerlegen Biegepfeil	Ausbohren Abdrehen	Nockensteg	Ringnut Ringfuge	Ring-Kern	Bohrloch		Röntgen	Ultraschall	magnetisch	optische Verfahren
thermische	A	A	A	A	A	A	A	A			A
Vorgänge	E				E	E	E	E	E	E	E
mechanische	A	A			A	A		A			A
Vorgänge	E				E	E		E	E	E	E
Oberflächen-								A			
bearbeitung								E	E	E	

A allgemeine Anwendung;

E Weiterentwicklung wünschenswert.

5 Schweißen von unlegierten und niedrig-legierten Stählen

5.1 Einteilung der Stähle

Stähle sind warmverformbare Eisenlegierungen mit einem Kohlenstoffgehalt bis 2,0 %. Obwohl einige Chromstähle Kohlenstoffgehalte über 2 % aufweisen, gilt diese Konzentration als ein Grenzwert für die Trennung zwischen Stählen und Gusseisen. Nach DIN EN 10020 (EN = Europäische Norm mit dem Status einer DIN-Norm) werden Stähle nach ihrer chemischen Zusammensetzung in unlegierte und legierte Stähle unterteilt [5-1]. Die Grenzwerte der einzelnen Legierungselemente zur Einteilung der Stähle sind in Tabelle 5-1 wiedergegeben. Ein Stahl gilt als unlegiert, wenn die angegebenen Grenzwerte aller Legierungselemente von nur einem Legierungselement erreicht oder unterschritten werden. Werden die aufgeführten Konzentrationen überschritten, so wird von einem legierten Stahl gesprochen. Zusätzlich werden die unlegierten und legierten Stähle in Hauptgüteklassen unterteilt (Tabelle 5-2). Die legierten Stähle sind im Gegensatz zu den unlegierten Stählen nicht in der Hauptgüteklasse „Grundstähle" vertreten.

Folgende Anforderungen werden an die drei Hauptgüteklassen gestellt:

unlegierte Stähle

- *Grundstähle.* Diese Stähle sind nicht für eine Wärmebehandlung vorgesehen, wobei das Spannungsarm-, Weich- und Normalglühen nicht als Wärmebehandlung betrachtet wird. Des weiteren sind keine besonderen Gütemerkmale wie Tiefziehen oder Kaltprofilieren vorgeschrieben. Bis auf den Silicium- und Mangangehalt sind keine weiteren Beschränkungen für die weiteren Gehalte an Legierungselementen vorgesehen.
- *Qualitätsstähle.* Für diese Hauptklasse sind keine Anforderungen an den Reinheitsgrad bezüglich nichtmetallischer Einflüsse zu stellen. Im Allgemeinen sprechen diese Stähle nicht gleichmäßig auf eine Wärmebehandlung an, jedoch sind wegen der höheren Beanspruchung dieser Werkstoffe besondere Anforderungen hinsichtlich der Sprödbruchempfindlichkeit, Korngröße, Verformbarkeit usw. zu stellen.

- *Edelstähle.* Edelstähle besitzen einen hinsichtlich nichtmetallischer Einschlüsse höheren Reinheitsgrad gegenüber Qualitätsstählen. Zusätzlich sind S- und P-Gehalte sowie die Konzentration an Spurenelementen (z. B. Cu, Co, V für Reaktorbaustähle) stark herabgesetzt oder streng begrenzt. Sie sprechen auf eine Wärmebehandlung (vorwiegend Vergütung oder Oberflächenhärtung) gleichmäßig an und erfüllen besonders

Tabelle 5-1. Grenzgehalte für unterschiedliche Elemente zur Einteilung in legierte und unlegierte Stähle nach [5-1].

Vorgeschriebene Elemente		Grenzgehalt Massengehalt in %
Al	Aluminium	0,1
B	Bor	0,0008
Bi	Bismuth	0,1
Co	Kobalt	0,1
Cr	Chrom	0,3
Cu	Kupfer	0,4
La	Lanthanide (einzeln gewertet)	0,05
Mn	Mangan	1,65
Mo	Molybdän	0,08
Nb	Niob	0,06
Ni	Nickel	0,3
Pb	Blei	0,4
Se	Selen	0,1
Si	Silicium	0,5
Te	Tellur	0,1
Ti	Titan	0,05
V	Vanadium	0,1
W	Wolfram	0,1
Zr	Zirkon	0,05
Sonstige (mit Ausnahme von Kohlenstoff, Phosphor, Schwefel, Stickstoff) jeweils		0,05

Tabelle 5-2. Einteilung der unlegierten und legierten Stähle in Hauptgüteklassen nach DIN EN 10020 [5-1].

Hauptklassen		Merkmale
unlegierte Stähle	legierte Stähle	Analyse
Grundstähle		Eigenschaften
Qualitätsstähle	Qualitätsstähle	und
Edelstähle	Edelstähle	Anwendung

hohe Anforderungen an ihre unterschiedlichen Verarbeitungs- oder Gebrauchseigenschaften wie Schweißeignung, Festigkeit, Verformbarkeit und Zähigkeit. Weiterhin sind Stähle mit einer Kerbschlagarbeit von über 27 J bei -50°C, aushärtbare ferritisch-perlitische Stähle mit definierten Kohlenstoffgehalten und Spannbetonstähle zu den Edelstählen zu zählen.

legierte Stähle

- *Qualitätsstähle.* Sie unterscheiden sich von den unlegierten Qualitätsstählen im Wesentlichen durch ihre höheren Gehalte an Legierungselementen (Tabelle 5-1). Jedoch fallen in diese Gruppe zusätzlich die schweißgeeigneten Feinkornbaustähle, Schienenstähle, Stähle für Warm- oder kaltgewalzte Flacherzeugnisse und Dualphasenstähle (Gefüge aus Ferrit und 10 bis 35 % inselförmig eingelagertem Martensit).
- *Edelstähle.* Diese Stähle entsprechen in ihren Verarbeitungs- und Gebrauchseigenschaften weitestgehend den unlegierten Edelstählen. Wegen der erhöhten Gehalte an Legierungselementen sind die nichtrostenden, hitzebeständigen- und warmfesten Stähle, Wälzlagerstähle, Werkzeugstähle und Stähle mit besonderen magnetischen Eigenschaften zu dieser Gruppe zu zählen.

5.2 Bezeichnung der Stähle

Die Bezeichnung der Stähle kann auf vielfältige Art und Weise erfolgen. Im Folgenden sollen kurz die wichtigsten und einige neuere Kennzeichnungsarten erläutert werden.

5.2.1 Bezeichnung der un- und niedriglegierten Stähle

Unlegierte Stähle können nach ihrem Kohlenstoffgehalt benannt werden, wobei ein C als Symbol für Kohlenstoff vorangestellt und der Kohlenstoffgehalt mit Faktor 100 nachgestellt wird. Demnach ist ein C 45 ein unlegierter Qualitätsstahl mit 0,45 % Kohlenstoffgehalt.

Niedriglegierte Stähle enthalten im Allgemeinen nicht mehr als 5 % an Legierungsbestandteilen Sie werden nach ihren charakteristischen Elementen bezeichnet. Damit in der Benennung nur ganze Zahlen auftreten, werden anstelle der Gehalte Legierungskennzahlen angegeben. Diese Legierungskennzahlen ergeben sich aus der Multiplikation des jeweiligen Legierungsgehaltes mit einem entsprechenden Faktor. Dabei erhalten die in geringen Konzentrationen vorkommenden Elemente (P, S, N, C) den Faktor 100, die häufig legierten Elemente (Cr, Co, Mn, Ni, Si, W) den Faktor 4 und die übrigen Elemente (Al, Pb, B, Be, Cu, Mo, Nb, Ta, Ti, V, Zr) den

Faktor 10. Die Kennzahl des Kohlenstoffes als wichtigstes Legierungselement wird der Stahlkurzbezeichnung vorangestellt, dann folgt die Nennung der charakteristischen Elemente und schließlich die jeweiligen Legierungskennzahlen in der entsprechenden Reihenfolge. So handelt es sich z. B. bei einem

13 CrMo 4-4

um einen Stahl mit einem mittleren Gehalt von 0,13 % Kohlenstoff, 1 % Chrom und 0,4 % Molybdän gemäß DIN EN 10028 Teil 2.

5.2.2 Bezeichnung der Stähle gemäß DIN EN 10027

Zur Identifikation von Stählen erschien im September 1992 die DIN EN 10027 Teil 1 und Teil 2. Diese Norm legt die Regeln für die Bezeichnung der Stähle durch Kennbuchstaben (Teil 1) und durch Werkstoffnummer (Teil 2) fest [5-9]. In Verbindung mit dem CEN-Bericht CR 10260:1998, in dem Zusatzsymbole aufgeführt sind, die in Deutschland in DIN V 17006 Teil 100 veröffentlicht sind, wird so eine vollständige Bezeichnung der Stähle möglich [5-10].

5.2.2.1 Kennzeichnung nach Kurznamen gemäß DIN EN 10027 Teil 1

Demnach wird beispielsweise der gemäß der alten Norm DIN 17100 als St52-3 bekannte Stahl, als

S 355 J2G3 C

bezeichnet. Der Buchstabe (S) gibt einen Hinweis auf die Verwendung des Stahles. Dabei wird im Wesentlichen zwischen den folgenden Stählen unterschieden:

S = Stähle für den allgemeinen Stahlbau
P = Stähle für den Druckbehälterbau
L = Stähle für den Rohrleitungsbau
E = Maschinenbaustähle
B = Betonstähle

Die erste Zahl (355) benennt die Mindeststreckgrenze R_{eH} des Stahles in N/mm^2. Darüber hinaus besteht die Bezeichnung des Stahles noch aus Zusatzsymbolen, die beispielsweise Auskunft über die Gütegruppen geben, Tabelle 5-3.

Tabelle 5-3. Gütegruppen nach DIN EN 10025 [5-39].

Gütegruppe	JR	J0	J2G3	J2G4	K2G3	K2G4
Wärmebehandlung	frei	frei	N	frei	N	frei
Temperatur	+20°C	0°C	-20°C	-20°C	-20°C	-20°C
Kerbschlagarbeit	27J	27J	27J	27J	40J	40J
N = normalgeglüht oder normalisierend gewalzt						

In Tabelle 5-4 ist die Bezeichnung nach Kurznamen auszugsweise zusammenfassend dargestellt [5-9].

(G)X NNN AA

z. B. S 690 QL1
S 460 NH
P 460 NH

Tabelle 5-4. Bezeichnungsschema nach mechanischen und physikalischen Eigenschaften für Stähle nach DIN EN 10027 (Kurzübersicht) [5-4].

Hauptsymbole (G)X	Eigenschaft (NNN)	Anhang (AA) z. B.	Zusatzsymbole z.B.
B: Betonstähle	R_{eH}	C: Besonders kaltumformbar	+H Besondere Härtbarkeit
E: Maschinenbaustähle	R_{eH}	F: Schmiedegeeignet	+Z15 Z-Güte >15%
G: Stahlguss (Option)		G: Andere Güten (Option)	+AR Aluminium-walzplattiert
L: Stähle für Rohrleitungsbau	R_{eH}	H: Hohlprofile	+Z Feuerverzinkt
P: Stähle für Druckbehälter	R_{eH}	J: KV = 27 J	+ZE Elektrolytisch verzinkt
S: Stähle für den Stahlbau	R_{eH}	K: KV = 40 J	+TA Weichgeglüht
		L: Kaltzäh (Feinkornstähle) KV = 60 J (Baustähle)	+C Kaltverfestigt
			+Q Abgeschreckt bzw. gehärtet

Tabelle 5-5. Stahlgruppennummern nach DIN EN 10027 Teil 2 [5-4].

Unlegierte			Legierte Stähle							
Grundstähle	Qualitätsstähle	Edelstähle	Qualitätstähle	Edelstähle						
				Werzeugstähle	Verschiedene Stähle	Chem. Best, Stähle	Bau-, Maschinenbau- und Behälterstähle			
00 | 90 Grund- stähle		10 Stähle mit besonderen physikalischen Eigenschaften		20 Cr	30	40 Nichtrostende Stähle mit < 2,5 % Ni ohne Mo,Nb und Ti	50 Mn, Si, Cu	60 Cr-Ni mit >= 2,0 <3% Cr	70 Cr Cr-B	80 Cr-Si-Mo Cr-Si-Mn-Mo Cr-Si-Mo-V Cr-Si-Mn-Mo-V
	01 | 91 Allgemeine Baustähle mit Rm < 500 mm²	11 Bau-, Maschinenbau-, Behälterstähle mit < 0,50 % C		21 Cr-Si Cr-Mn Cr-Mn-Si	31	41 Nichtrostende Stähle mit < 2,5 % Ni mit Mo, ohne Nb und Ti	51 Mn-Si Mn-Cr	61	71 Cr-Si Cr-Mn Cr-Mn-B Cr-Si-Mn	81 Cr-Si-V Cr-Mn-V Cr-Si-Mn-V
	02 | 92 Sonstige nicht für eine Wärmebehandlung bestimmte Baustähle mit Rm < 500 Nmm²	12 Maschinenbaustähle mit > 0,50 % C		22 Cr-V Cr-V-Si Cr-V-Mn Cr-V-Mn-Si	32 Schnellarbeitsstähle mit Co	42	52 Mn-Cu Mn-V Si-V Mn-SiV	62 Ni-Si Ni-Mn Ni-Cu	72 Cr-Mo mit < 0,35 % Mo Cr-Mo-B	82 Cr-Mo-W Cr-Mo-W-V
	03 | 93 Stähle mit im Mittel < 0,12 % C oder Rm < 400 Nmm²	13 Bau,- Maschinenbau- und Behälterstähle mit besond. Anforderungen		23 Cr-Mo Cr-Mo-V Mo-V	33 Schnellarbeitsstähle mit Co	43 Nichtrostende Stähle mit >= 2,5 % Ni ohne Mo, Nb und Ti	53 Mn-Ti Si-Ti	63 Ni-Mo Ni-Mo-Mn Ni-Mo-Cu Ni-Mo-V Ni-Mn-V	73 Cr-Mo mit >= 0,35 % Mo	83
	04 | 94 Stähle mit im Mittel >= 0,12 % < 0,25 % C oder Rm >= 400<500 Nmm²	14		24 W Cr-W	34	44 Nichtrostende Stähle mit >= 2,5 % Ni mit Mo, ohne Nb und Ti	54 Mo Nb, Ti, V W	64	74	84 Cr-Si-Ti Cr-Mn-Ti Cr-Si-Mn-Ti

Tabelle 5-5. Stahlgruppennummern nach DIN EN 10027 Teil 2 [5-4]. (Fortsetzung)

Unlegierte		Legierte Stähle							
05 95 Stähle mit im Mittel >= 0,25<0,55 %C oder Rm>=500<700 Nmm²	15 Werkzeugstähle		25 W-V Cr-W-V	35 Wälzlager- stähle	45 Nichtrostende Stähle mit Sonderzusätze	55 B MnB < 1,65 % Mn	65 Cr-Ni-Mo mit < 0,4 % Mo + < 2% Ni	75 Cr-V mit < 2,0 % Cr	85 Nitrierstähle
06 96 Stähle mit im Mittel >= 0,55 % C oder Rm>=700 mm²	16 Werkzeugstähle		26 W außer Klasse 24, 25 und 27	36 Werkstoffe mit besonde- ren magneti- schen Eigen- schaften ohne Co	46 Chemisch beständige und hochwarmfeste Ni- Legierungen	56 Ni	66 Cr-Ni-Mo mit < 0,4% Mo +>=2,0<3,5%Ni	76 Cr-V mit > 2,9 % Cr	86
07 97 Stähle mit höheren P- oder S- Gehalt	17 Werkzeugstähle		27 mit Ni	36 Werkstoffe mit besonde- ren magneti- schen Eigen- schaften mit Co	47 Hitze- beständige Stähle mit < 2,5 5 Ni	57 Cr-Ni mit < 1,0 % Cr	67 Cr-Ni-Mo mit < 0,4 % Mo +>=3,5<5,0%Ni oder >=0,4% Mo	77 Cr-Mo-V	87 ↑
	18 Werkzeugstähle	08 98 Stähle mit besonderen physikalischen Eigenschaften	28 Sonstige	38 Werkstoffe mit besonderen physika- lischen Eigenschaf- ten ohne Ni	48 Hitze- beständige Stähle mit >= 2,5 5 Ni	58 Cr-Ni mit >= 1,0 < 1,5 % Cr	68 Cr-Ni-V Cr-Ni-W Cr-Ni-V-W	78	88 Nicht für eine Wärmebe-handlung beim Verbraucher bestimmte Stähle, hoch-feste schweiß-geeignete Stähle ↓

In den einzelnen Feldern der Tabelle sind folgende Angaben enthalten :
- die Stahlgruppennummer (jeweils oben links),
- die kennzeichnenden Merkmale der unter der betreffenden Nummer erfassten Stahlgruppe,
- Rm = Zugfestigkeit (die für die chemische Zusammensetzung und die Zugfestigkeit angegebenen Grenzwerte gelten als Anhalt).

Die Einteilung der Stahlgruppen steht im Einklang mit der Einteilung der Stähle in Hauptgüte- und Hauptmerkmalsgruppen nach DIN EN 10020

5.2.2.2 Kennzeichnung durch Werkstoffnummern nach DIN EN 10027 Teil 2

Gemäß DIN EN 10027 Teil 2 ist der Aufbau der Werkstoffnummern wie folgt gegliedert:

1. XX YY

1.: Werkstoffhauptgruppennummer (1 – Stahl)
XX: Stahlnummer, siehe Tabelle 5.5
YY: Zählnummer

Damit entspricht dieses System im Wesentlichen den in der zurückgezogenen DIN 17007 Teil 2 beschriebenen Bezeichnungen.

5.3 Einfluss der Legierungs- und Begleitelemente auf die Eigenschaften von Stählen

Im Abschnitt 2 wurde bereits der Einfluss der einzelnen Legierungselemente auf die Phasenumwandlung und damit auf die Gefügeausbildung der Stähle beschrieben. Daneben besitzen alle Elemente einen Einfluss auf die mechanischen Eigenschaften, indem sie die Verformungsmechanismen behindern, damit die Festigkeit erhöhen und gleichzeitig die Verformungsfähigkeit herabsetzen. In der Wirkung unterscheiden sich die Elemente, je nachdem, ob sie in der Eisenmatrix gelöst oder als Ausscheidungen vorliegen.

Kohlenstoff

Kohlenstoff besitzt den stärksten Einfluss auf die Festigkeitseigenschaften von Stahl. Er liegt in unlegierten und niedriglegierten Baustählen sowohl atomar im Gitter gelöst als auch im Zementit (Fe_3C) des Perlits gebunden vor. Die Löslichkeit des Kohlenstoffes in Ferrit (α-Eisen) ist auf 0,02 % begrenzt, vgl. Eisen-Kohlenstoff-Diagramm. Seine Fähigkeit, dadurch die Festigkeit des Stahles durch Mischkristall- und Ausscheidungshärtung zu erhöhen und gleichzeitig die Härtbarkeit durch Senken der kritischen Abkühlgeschwindigkeit zu gewährleisten, machen den Kohlenstoff zum wichtigsten Stahlbegleitelement.

Silicium

Silicium ist neben Mangan und Aluminium wegen seiner hohen Affinität zu Sauerstoff eines der wichtigsten Desoxidationsmittel. In unberuhigt vergossenen Stählen sind nur geringe Mengen Silicium enthalten, Si-beruhigte Stähle weisen Siliciumgehalte um 0,2 % auf. In unlegierten und niedriglegierten Stählen liegt Silicium in der Regel als Mischkristall vor, da die Löslichkeit des Siliciums in Eisen nahezu 14 % beträgt. Aus diesem Grund werden die Zugfestigkeit und die Streckgrenze nur geringfügig erhöht und die Einhärtbarkeit durch Absenkung der kritischen Abkühlgeschwindigkeit leicht verbessert. Wird gute Verformbarkeit verlangt, sollte der Siliciumgehalt begrenzt bleiben, da die Kerbschlagzähigkeit von Baustählen bei Gehalten über 2 % stark beeinträchtigt wird. Siliciumgehalte über 0,65 % sind beim Schmelzschweißen problematisch, da es zur Bildung von zähflüssigen Si-Oxyden, Poren und Rissen kommen kann [5-11].

Mangan

Der Mangangehalt kann in unlegierten Stählen bis zu 1,6 % betragen. Ferrit löst bei Raumtemperatur ungefähr 10 % Mangan, so dass sich in der Regel auch bei höheren Gehalten keine gesonderte Phase bildet. Mangan wirkt desoxidierend, allerdings ist seine Wirkung nicht so stark wie die des Siliciums. Es steigert die Zugfestigkeit und Streckgrenze, ohne dabei wie Kohlenstoff die Zähigkeit zu verschlechtern. Zusätzlich senkt Mangan die kritische Abkühlgeschwindigkeit und stellt ein wirkungsvolles und preisgünstiges Mittel zur Durchhärtung und Vergütung von Stahl dar. Die wichtigste Eigenschaft des Mangans ist die Fähigkeit, Schwefel in Form von MnS oder als manganreiche Sulfide abzubinden und so die Rotbruch- und Heißrissgefahr infolge gering verformbarer, niedrigschmelzender Fe-S-Phasen zu verhindern. Beim Walzen werden diese Manganverbindungen zeilenförmig in Walzrichtung gestreckt, so dass sich die Zähigkeit in Walzrichtung von der in Querrichtung unterscheidet. Von Bedeutung für das Schweißen ist Mangan insbesondere durch die Reduzierung der Heißrissgefahr in Gegenwart von Schwefel. Allerdings ist zu berücksichtigen, dass die Aufhärtung durch Mangan verstärkt wird.

Phosphor

Die Verformungseigenschaften von Stahl werden schon durch geringe Mengen an Phosphor stark vermindert. Zudem besitzt Phosphor in Eisen eine sehr geringe Diffusionsgeschwindigkeit, vergrößert das Intervall zwischen Solidus- und Liquidustemperatur und hat daher starke Seigerungen zur Folge. Da die Versprödung in diesen Zonen durch die vergleichsweise starke Phosphoranreicherung verstärkt auftritt, ist der Phosphorgehalt auf geringe Mengen zu begrenzen. Nur bei Sonderanwendungen (z. B. Automatenstähle) werden höhere Phosphorgehalte eingestellt. Auch die Beständigkeit gegen atmosphärische Korrosion wird durch Phosphor verbessert. Insgesamt überwiegen jedoch die Nachteile, so dass der Phosphorgehalt begrenzt bleiben soll. Dies gilt insbesondere für die Schweißeignung, da höhere Phosphorgehalte (> 0,06 %) zu unzulässigen Versprödungen führen.

Schwefel

Aufgrund der niedrigen Löslichkeit von Schwefel in Eisen zählt Schwefel zu den stark seigernden Elementen. Schon geringe Mengen haben die Bildung von Eisensulfid in Form von nichtmetallischen Einschlüssen zur Folge. Diese Einschlüsse führen im Temperaturbereich von 800 bis 1000°C zur Warmbrüchigkeit durch Abnahme der Verformbarkeit und oberhalb von 1200°C zum Heißbruch infolge der niedrigschmelzenden Fe-FeS-/FeO-FeS-Eutektika, die bevorzugt an den Korngrenzen auftreten. Besonders beim Schweißen kann es deshalb an den Korngrenzen zu örtlichen Aufschmelzungen und interkristalliner Rissbildung kommen. Durch eine Zugabe von Mangan, welches eine höhere Schwefelaffinität besitzt als Eisen, kann die schädliche Wirkung vermindert werden, da das sich bildende Mangansulfid erst bei 1610°C schmilzt und vergleichsweise gut verformbar ist. Bei Automatenstählen wird sich durch die gezielte Schwefel- und Manganzugabe die geringe Festigkeit des Mangansulfids zunutze gemacht, um einen kurzabrechenden Span bei der Bearbeitung zu erzielen. Bei sehr hohen Anforderungen an die Verformbarkeit ist der Schwefelgehalt jedoch bis auf 0,001 % zu begrenzen [5-12].

Chrom

Chrom ist eines der wichtigsten Legierungselemente. Es erhöht sowohl die Zugfestigkeit als auch die Streckgrenze von Stahl und steigert dessen Einhärtbarkeit durch Herabsetzung der kritischen Abkühlgeschwindigkeit, ohne seine Zähigkeit stark zu beeinträchtigen. Daneben verbessern schon geringe Chromgehalte ab rd. 1 % die Warmfestigkeit durch Mischkristallbildung und Karbidausscheidung. Beim Schweißen ist die höhere Aufhärtung der Chromstähle, besonders in der Wärmeeinflusszone zu berücksichtigen. Gegebenenfalls sind geeignete Maßnahmen wie Vor- oder Nachwärmen anzuwenden.

Aluminium

Aluminium wird neben Silicium als Desoxidationsmittel, besonders zur vollständigen Desoxidation (Sauerstoffgehalt < 0,003 %) eingesetzt. In Verbindung mit Stickstoff entstehen Al-Nitride, die bei der α/γ-Umwandlung keimbildend wirken und zusätzlich durch Behinderung des

Kornwachstums die Feinkörnigkeit des Endgefüges maßgeblich fördern. Die Feinkörnigkeit des Gefüges wirkt sich positiv auf Festigkeits- und Zähigkeitswerte aus.

Kupfer

Kupfer wird in der Regel zur Verbesserung der Witterungsbeständigkeit eingesetzt, da es bei Gehalten von 0,2 % bis 0,5 % die Bildung von festen Deckschichten begünstigt, welche ein weiteres Rosten des Stahles behindern. Zudem erhöht es die Streckgrenze und die Zugfestigkeit, ist als Mittel zur Härtbarkeit jedoch wirtschaftlich nur dann sinnvoll einsetzbar, wenn ein zusätzlicher Korrosionsschutz gefordert ist.

Stickstoff

Stickstoff ist bei Raumtemperatur praktisch unlöslich in α-Eisen. Schon geringe Stickstoffgehalte im Bereich von 0,01 % haben in unlegierten Stählen eine starke Reduzierung der Verformungsfähigkeit zur Folge. Besonders die Kerbschlagzähigkeit wird stark gemindert wobei die Wirkung des Phosphors deutlich übertroffen wird. Weitere schädliche Versprödungen sind die durch Stickstoffausscheidungen hervorgerufene Abschreckalterung und die Reckalterung nach Kaltverformung. Da auch die Schweißbarkeit durch Stickstoff stark beeinträchtigt wird, ist der Gehalt auf geringste Mengen zu beschränken. In Verbindung mit Elementen, die feindisperse Nitride und Karbonitride bilden, wie Al, Ti, V und Nb, kann ein entsprechender Stickstoffgehalt hingegen die Bildung eines feinkörnigen Gefüges mit guten Festigkeits- und Zähigkeitswerten begünstigen. Dieser Effekt wird bei Feinkornbaustählen zur Festigkeitssteigerung genutzt.

Molybdän

Molybdän steigert in erster Linie die Härtbarkeit und die Warmfestigkeit. Durch die Bildung von Sonderkarbiden werden die Anlassbeständigkeit und der Verschleißwiderstand entsprechend erhöht. Daneben besitzt Molybdän eine kornfeinende Wirkung. In Stählen wird in der Regel bis zu 1 % Molybdän zulegiert.

Nickel

Nickel verbessert die Durchhärtbarkeit und steigert die Festigkeit, ohne die Dehnungswerte nennenswert zu verringern. Seine Fähigkeit, die Zähigkeit besonders bei tiefen Temperaturen in starkem Maße zu erhöhen, und die kornfeinende Wirkung machen Nickel zum wichtigen Legierungselement für höherfeste Baustähle mit besonderen Zähigkeitsanforderungen und für Vergütungs- bzw. Einsatzstähle. Die Schweißbarkeit beeinträchtigt ein Nickelzusatz nicht.

Vanadium, Titan, Niob

Diese drei Elemente werden zur Feinkornhärtung in höherfesten Baustählen eingesetzt, da sie das Wachstum des Austenitkornes und eine Rekristallisation behindern. Eine weitere Festigkeitssteigerung wird durch die Ausscheidungshärtung infolge von Karbid-, Karbonitrid- und Nitridbildung erreicht. Der Einsatz der Elemente bis zu Gehalten von max. 0,1 %, meist in Verbindung mit einer thermomechanischen Behandlung, führt zu einer hohen Festigkeit bei guten Zähigkeitseigenschaften. Die kornfeinende Wirkung von Titan und Niob ist dabei deutlich stärker als die des Vanadiums.

In Tabelle 5-6 sind chemische Zusammensetzungen und die mechanische Kennwerte einiger gebräuchlicher Baustähle aufgeführt.

Es wird deutlich, wie stark die mechanischen Eigenschaften von Stählen durch die chemische Zusammensetzung beeinflusst werden. Der Stahl S 355 J2G3 steht hier als Grundtyp des heute gebräuchlichen Baustahles. Abgesehen von einem leicht erhöhten Si-Gehalt zur Desoxidation handelt es sich hier um einen unlegierten Baustahl. Der Stahl S 500 Q ist ein typischer Feinkornbaustahl. Durch Zulegieren von Karbidbildnern wie Cr und Mo sowie von kornfeinenden Elementen wie Nb und V wird in diesem Stahl ein sehr feinkörniges Gefüge mit entsprechend verbesserten Festigkeitswerten eingestellt. Der Kesselstahl H IV ist ein warmfester Stahl, der bis zu einer Temperatur von 400°C eingesetzt wird. Dieser Stahl weist eine relativ geringe Festigkeit bei sehr guten Zähigkeitswerten auf. Diese Zähigkeit verdankt er dem erhöhten Mangangehalt von über 0,6 %. Beim WT St 510-3 handelt es sich um einen wetterfesten Baustahl, dessen mechanische Eigenschaften denen des S 355 J2G3 ähnlich sind. Durch Zugabe von entsprechenden Gehalten an Cr, Cu und Ni wird erreicht, dass gebildete Oxidschichten fest am Werkstück haften. Diese Schichten bremsen die weitere Korrosion des Stahles. EH 36 ist ein Schiffbaustahl, dessen Eigenschaften weitgehend denen üblicher Baustähle entsprechen. Wegen der besonderen Güteanforderungen der Schiffsklassifikationsgesellschaften (hier: Kerbschlagarbeit) wird diese Stähle zu einer eigenen Stahlgruppe zusammengefasst.

Tabelle 5-6. Chemische Zusammensetzung und mechanische Eigenschaften einiger gebräuchlicher Stähle.

Stahl	alte Norm	C	Si	Mn	P	S	Cr	Al	Cu	N	Mo	Ni	Nb	V
			≤ 0,22	0,55	≤ 0,16	0,04	0,04	-	0,02	-	-	-	-	-
S355J2G3	St 52-3	0,021	0,1	1	0,035	0,03	0,3	0,02	0,2	0,02	0,1	1	0,05	0,22
S 500 Q	St E 500		bis	bis										
			0,6	1,7										
H IV		≤ 0,26	≤ 0,35	≥ 0,6	≤ 0,05	≤ 0,05	-	-	-	-	-	-	-	-
S355K2G2W	WTSt 510-3	≤ 0,15	0,1	0,9	0,045	0,035	0,5	-	0,3	0,009	-	≤0,4	-	0,02
			bis	bis			bis		bis					bis
			0,4	1,3			0,8		0,5					0,1
EH 36		≤ 0,18	≤ 0,1	0,7	≤ 0,05	≤ 0,05	-	-	-	-	-	-	-	-
			bis	bis										
			0,35	1,5										

Stahl	Zugefstigkeit R_m	Streckgrenze R_{eH}	Bruchdehnung A	Kerbschlagarbeit A_V	
	N/mm	N/mm	%	J	
				0°C	- 20°C
S355J2G3	510 bis 680	355	20 bis 22	27	27
S 500 Q	610 bis 780	500	16	31 bis 47	21 bis 39
H IV	460 bis 550	285	≥ 18	49 (bei 20°C)	
S355K2G2W	510 bis 610	355	22		
EH 36	400 bis 490	360	≥ 22	76 (bei 10°C)	

5.4 Schweißbare Feinkornstähle

Allgemeine Baustähle nach DIN EN 10025 (früher: DIN 17100) erhalten ihre Festigkeit hauptsächlich durch den Kohlenstoff, der als Perlit im Gefüge vorliegt [5-13]. Die Möglichkeit der Festigkeitssteigerung durch Kohlenstoff in Verbindung mit einer Wärmebehandlung wird jedoch dadurch begrenzt, dass mit zunehmendem Perlitanteil die Sprödbruchneigung zu- und die Schweißeignung abnimmt. In den 50er Jahren lagen die oberen Streckgrenzen für Kohlenstoff-Mangan-Stähle in Pipelinekonstruktionen bei rund 360 N/mm^2 und konnten nur durch eine Anhebung der Kohlenstoff- und Mangangehalte erhöht werden, jedoch unter gleichzeitiger Verringerung von Zähigkeit und Schweißeignung. Die immer höheren Anforderungen der Stahlverarbeiter an den Werkstoff Stahl führten zur Entwicklung höherfester Feinkornstähle, deren verbesserten Festigkeits- und Zähigkeitswerte durch das Zulegieren geringer Mengen an Vanadin und/oder Niob erzielt wurden. Bild 5-1 zeigt den geschichtlichen Ablauf der Entwicklung von Feinkornstählen (hier: Rohrstähle).

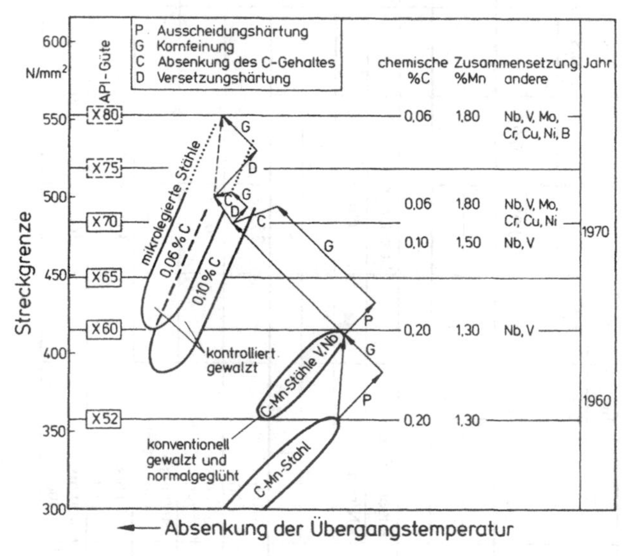

Bild 5-1. Entwicklung von Rohstählen [5-14]

Diese Darstellung zeigt, dass die Legierungstechnik zwar zu einer Verbesserung der Festigkeitswerte führte, aber erst mit Einführung einer verbesserten Walztechnik konnten deutliche Fortschritte in der Festigkeit und Sprödbruchsicherheit erzielt werden. Durch diesen entscheidenden Schritt

Ende der 60er Jahre war es möglich, den Kohlenstoffgehalt zu senken und hierdurch sowohl Zähigkeit als auch Schweißeignung des Werkstoffes zu verbessern.

5.4.1 Auswirkung der Kornfeinung auf die Eigenschaften der Feinkornstähle

Bei den Feinkornstählen kommt der kornfeinenden Wirkung bezüglich der Festigkeitseigenschaften eine wichtige Bedeutung zu. Bei gleicher Temperatur steigt die Streckgrenze eines Stahles mit abnehmender Korngröße an, da die Korngrenzflächen zunehmen und die Korngrenzen als Hindernisse für die ablaufenden Verformungsmechanismen (Versetzungsbewegung) wirken (Bild 5-2). Der Grund für die Verbesserung der mechanischen Eigenschaften kann wie folgt erklärt werden:

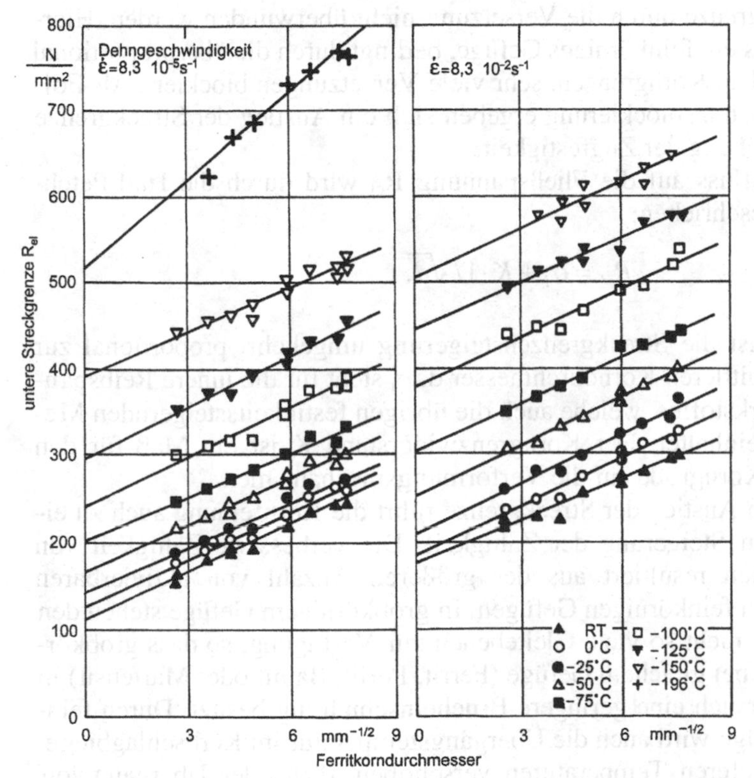

Bild 5-2. Einfluss der Ferritkorngröße $d^{-1/2}$ in $mm^{-1/2}$ auf die untere Streckgrenze bei verschiedenen Temperaturen und Dehngeschwindigkeiten [5-15].

Liegt eine Eisenprobe als Einkristall vor, so bedeutet dies, dass alle kubischen Elementarzellen mit ihren Flächen aneinander liegen und somit eine einheitliche kristallographische Orientierung besitzen. Technische Stähle sind jedoch polykristalline Werkstoffe, es liegt also eine regellose Verteilung der Orientierungen der einzelnen Körner vor. Innerhalb eines Kornes liegt aber nur eine kristallographische Orientierung der Elementarzellen vor, das Nachbarkorn besitzt eine andere Orientierung. An der Grenzfläche dieser beiden Körner entsteht aufgrund der beiden unterschiedlichen Ausrichtungen der Kristalle eine Korngrenze. Durch Anlegen einer Spannung (im Korn selber wirkt diese Spannung als Schubspannung) setzt innerhalb eines Kornes eine Bewegung der Versetzungen ein. Die Versetzungen können sich jedoch nur auf speziellen Ebenen (sogenannte Gleitebenen) bewegen. Trifft die Versetzung auf eine Korngrenze, so stellt diese ein Hindernis dar, da das benachbarte Korn und somit auch die Gleitebene, auf der sich die Versetzung bewegen kann, eine andere kristallographische Orientierung besitzt. Selbst durch eine Erhöhung der Schubspannung kann wegen der großen Orientierungsunterschiede in vielen Fällen die Korngrenze durch die Versetzung nicht überwunden werden. Hieraus folgt, dass ein feinkörniges Gefüge, bedingt durch die überproportional große Anzahl an Korngrenzen, sehr viele Versetzungen blockiert. Als Folge der Versetzungsblockierung ergeben sich ein Anstieg der Streckgrenze und eine Erhöhung der Zugfestigkeit.

Dieser Einfluss auf die Fließspannung R_{el} wird durch die Hall-Petch-Beziehung beschrieben:

$$R_{el} = \sigma_i + K \cdot 1/\sqrt{d}.$$

Demnach ist die Streckgrenzensteigerung umgekehrt proportional zur Wurzel des mittleren Korndurchmesser d. σ_i steht für die innere Reibspannung des Werkstoffes, welche auch die übrigen festigkeitssteigernden Mechanismen beinhaltet. Der Korngrenzwiderstand K ist ein Maß für den Einfluss der Korngröße auf die Verformungsmechanismen.

Neben dem Anstieg der Streckgrenze führt die Kornfeinung auch zu einer deutlichen Steigerung der Zähigkeit. Die verbesserte Zähigkeit von Feinkornstählen resultiert aus der größeren Anzahl von aktivierbaren Gleitebenen in feinkörnigen Gefügen. In grobkörnigem Gefüge stehen den Versetzungen nicht so viele Gleitebenen zur Verfügung, so dass grobkörniges Gefüge bei gleichem Gefüge (Ferrit, Perlit, Bainit oder Martensit) in einem Zugversuch eine geringere Brucheinschnürung besitzt. Durch feinkörniges Gefüge wird auch die Übergangstemperatur im Kerbschlagbiegeversuch zu tieferen Temperaturen verschoben, d. h., der Übergang von zähem zu sprödem Versagen der Kerbschlagprobe liegt bei niedrigeren Temperaturen.

Feinkornstähle enthalten sogenannte Mikrolegierungselemente, die in Verbindung mit Stickstoff und Kohlenstoff Karbid-, Karbonitrid- und Nitridausscheidungen bilden. Die Ausscheidungen blockieren die Austenitkorngrenzen und verringern hierdurch das Wachstum der Korngrenzen oder die Rekristallisationsgeschwindigkeit des Austenits. Hieraus resultiert eine wesentliche Kornverfeinerung, die zu den verbesserten mechanisch-technologischen Eigenschaften dieser Stähle führt. In [5-16] werden als metallische Mikrolegierungselemente Aluminium, Niob, Titan, Vanadin und Zirkon und die Nichtmetalle Bor, Phosphor und Tellur als Mikrolegierungselemente aufgeführt. Es wird jedoch darauf hingewiesen, dass ein mit Aluminium beruhigter Stahl (z. B. S 355 J2G3) nicht aufgrund seines Gehaltes an Aluminium als ein mikrolegierter Feinkornstahl bezeichnet werden kann. Technisch die größte Bedeutung haben die metallischen Mikrolegierungselemente erlangt, jedoch ist in letzter Zeit zunehmend Bor zur Herstellung ferritisch-bainitischer Feinkornstähle eingesetzt worden [5-17]. Allen metallischen Mikrolegierungselementen ist die Tendenz zur Bildung von Karbiden und Nitriden gemein.

Als ein weiterer Mechanismus zur Steigerung der Festigkeit von Feinkornstählen ist die Ausscheidungshärtung zu zählen. Hierzu sind jedoch nur die Metalle Titan, Vanadin und Niob in der Lage. Auch bei der Ausscheidungshärtung beruht das Prinzip der Streckgrenzenerhöhung auf der Behinderung der Versetzungsbewegung bei Verformung. Trifft eine Versetzungslinie auf eine Ausscheidung, so muss diese Ausscheidung umgangen (Orowan-Mechanismus) oder geschnitten werden (Mechanismus nach Kelly und Fine). Liegen die Ausscheidungen fein verteilt und dicht beieinander in der Ferritmatrix vor, so werden die Teilchen bevorzugt geschnitten; im umgekehrten Fall, dass die Abstände der Teilchen zueinander groß sind, müssen sie umgangen werden. Prinzipiell nimmt mit kleinerem Teilchendurchmesser und steigendem Volumenanteil (d. h. viele kleine Ausscheidungen mit geringen Abständen zueinander) die Streckgrenze zu. Bei der Ausscheidungshärtung von Feinkornstählen erfolgt die Bewegung der Versetzungslinien überwiegend nach dem Orowan-Mechanismus. Die Auswirkung der Ausscheidungshärtung und die Größe der Ausscheidungen in Feinkornstählen (schraffierter Bereich) sind im Bild 5-3 dargestellt.

Eine zusätzliche Festigkeitssteigerung wird durch eine Mischkristallbildung erzielt. Die unterschiedlichen Ursachen der Streckgrenzenerhöhung durch eine Mischkristallbildung sollen hier nicht detailliert beschrieben werden, es soll lediglich der Hinweis genügen, dass durch eingelagerte Fremdatome auf Zwischengitterplätzen (Einlagerungsmischkristall) oder durch Substitution der Atome des Grundgitters (Substitutionsmischkristall), eine Verzerrung des Metallgitters erfolgt, was wiederum zu einer Erhöhung der Streckgrenze führt.

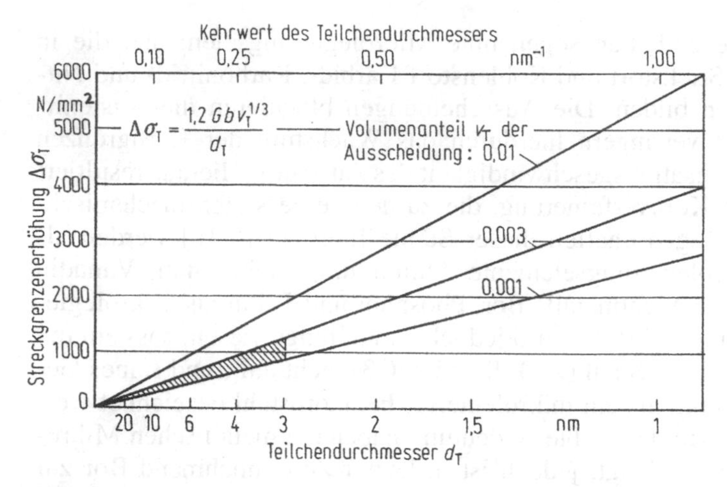

Bild 5-3. Errechnete Streckgrenzenerhöhung von Ferrit durch harte Teilchen mit unterschiedlichen Volumenanteilen (schraffierter Bereich entspricht der Größe von Ausscheidungen in Feinkornstählen) [5-18].

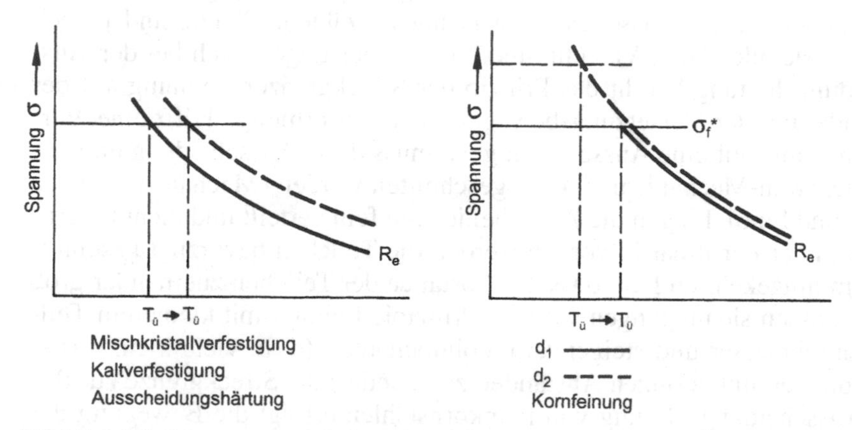

Bild 5-4. Einfluss von festigkeitssteigernden Maßnahmen auf die mikroskopische Spaltbruchspannung σ_f* und die Streckgrenze R_e als Funktion der Temperatur [5-19].

Alle drei Mechanismen zur Erhöhung der Streckgrenze finden bei der Herstellung der Feinkornstähle Anwendung. Jedoch muss dabei berücksichtigt werden, dass lediglich durch eine Kornfeinung eine Verbesserung der Zähigkeit bei gleichzeitiger Steigerung der Streckgrenze möglich ist.

Bild 5-4 verdeutlicht zusammenfassend die Auswirkungen der festigkeitssteigernden Maßnahmen und deren Einfluss auf die Sprödbruchneigung von Stählen. Ausscheidungshärtung, Mischkristall- und Kaltverfestigung erhöhen zwar deutlich die Streckgrenze, jedoch wird die mikroskopische Spaltbruchspannung σ_f^* nur geringfügig beeinflusst. Dies bedeutet, dass solche Stähle eine höhere Übergangstemperatur und damit ein ungünstigeres Sprödbruchverhalten aufweisen. Dagegen kann mit Hilfe der Kornfeinung die Streckgrenze erhöht und gleichzeitig die Übergangstemperatur gesenkt werden, da die mikroskopische Spaltbruchspannung etwa um den Faktor 4 angehoben wird.

5.4.2 Einteilung von Feinkornstählen

Die Einteilung der Baustähle erfolgt in Abhängigkeit ihres Behandlungszustands in 3 Gruppen:

- normalgeglühte Feinkornbaustähle (N) nach DIN EN 10113 Teil 1 und 2 [5-49];
- thermomechanisch behandelte Feinkornbaustähle (TM) nach DIN EN 10113 Teil 1 und 3 [5-49];
- vergütete Feinkornbaustähle (V) nach DIN EN 10137 [5-50].

In den Bildern 5-5a und 5-5b sind die Gefüge eines gewöhnlichen Baustahles (S 355 J2G3) und das eines Feinkornbaustahles (P 460 NH) vergleichend gegenübergestellt. Es wird deutlich, dass der mittlere Korndurchmesser im Anlieferungszustand und identischer Wärmebehandlung (Normalglühung) bei dem Feinkornstahl wesentlich kleiner ist als bei normalfestem Baustahl.

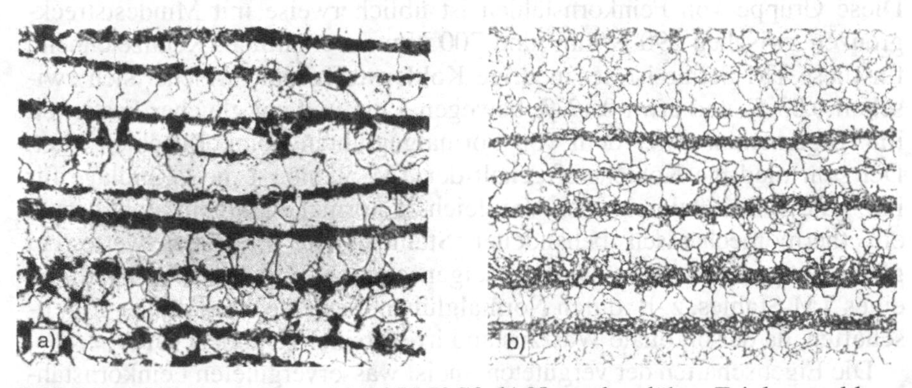

Bild 5-5. a) Geglühter Baustahl S 355 J2G3; b) Normalgeglühter Feinkornstahl P 460 NH.

Alle Feinkornbaustähle weisen einen verhältnismäßig geringen Kohlenstoffgehalt auf, der aus schweißtechnischen Gründen 0,2 % C nicht überschreiten sollte, eine begrenzte Zugabe von Legierungselementen, einen mehr oder weniger großer Aushärtungseffekt und ein feines Korn, das im Zusammenspiel zwischen keimbildenden Ausscheidungen und einer Wärmebehandlung eingestellt wird. Die Ausscheidungen sind Verbindungen zwischen zulegierten Mikrolegierungselementen, wie Vanadin, Niob, Titan und Aluminium, und dem vorhandenen oder besonders zugegebenen Stickstoff.

Schweißgeeignete, normalgeglühte Feinkornstähle nach DIN EN 10113 sind Stähle, deren Mindeststreckgrenze im Bereich von 255 N/mm^2 bis 500 N/mm^2 liegt. Die Stähle sind durch den Einsatz der Mikrolegierungselementen zur Festigkeitssteigerung und der Begrenzung des Kohlenstoffgehaltes sprödbruchunempfindlich und besitzen sehr tiefe Übergangstemperaturen. Obwohl normalisierte Feinkornstähle Mikrolegierungselemente enthalten, kommt den konventionellen Legierungselementen Mangan, Silicium, Nickel, Kupfer, Chrom und Molybdän die größere Bedeutung zu [5-17]. Sie dienen im Wesentlichen zur Steigerung der Mischkristallhärte. In der Regel sind normalgeglühte Feinkornstähle gut schweißgeeignet, allerdings wird für die Qualitäten S 380 N bis S 500 Q bei größeren Blechdicken eine Vorwärmung empfohlen, um Aufhärtungen in der WEZ und somit die Kaltrissanfälligkeit zu begrenzen.

Thermomechanisch (TM) behandelte Feinkornstähle werden einer gezielten Umformung durch Warmwalzen im Austenitgebiet unterzogen. Durch die gesteuerte Rekristallisation erhält man eine feinkörnige Gefügeausbildung im Austenitgebiet. Eine schnelle gezielte Abkühlung und/oder der Einsatz von Mikrolegierungselementen verhindern eine Kornvergröberung, so dass sich bei der γ/α-Umwandlung ein optimales Gefüge einstellt. Diese Gruppe von Feinkornstählen ist üblicherweise mit Mindeststreckgrenzen zwischen 290 N/mm^2 und 700 N/mm^2 erhältlich. Kennzeichnend für diese TM-Stähle ist der niedrige Kohlenstoffgehalt, welcher sich zwischen 0,03 % und etwa 0,12 % bewegen kann und bei gleicher Festigkeit im Allgemeinen unter dem von normalgeglühten Feinkornstählen liegt. Der sehr niedrige Kohlenstoffgehalt der TM-Stähle ist die Grundlage für ihre gute Schweißeignung. Im Vergleich zu normalgeglühtem Stahl besitzt ein thermomechanisch behandelter Stahl höhere Festigkeitswerte bei gleichzeitig verbesserten Zähigkeitseigenschaften. Eine Wärmebehandlung eines TM-Stahles, z. B. durch Normalglühen, verschlechtert dessen Eigenschaften, da der optimale Walzzustand irreversibel verändert wird.

Die Eigenschaften der vergüteten, meist wasservergüteten Feinkornstähle beruhen neben der Feinkörnigkeit auch auf den Festigkeits- und Zähigkeitswerten des niedriggekohlten, hoch angelassenen (600°C bis 680°C) Martensits (Bild 5-6). Durch das Anlassen scheidet sich aus dem Martensit ein sehr feinkörniges ferritisches Sekundärgefüge mit feinverteilten Karbiden aus. Zugaben von Nickel erhöhen die Zähigkeit, Chrom und Molybdän die Durchvergütbarkeit. Stähle dieser Art werden heute mit Mindeststreckgrenzen von bis zu 960 N/mm^2 hergestellt und schweißtechnisch verarbeitet. Das Gefüge in der WEZ sollte nach dem Schweißen aus Martensit und Bainit bestehen. Rein martensitische Gefüge wären sonst bei Anwesenheit von Wasserstoff kaltrissgefährdet [5-22].

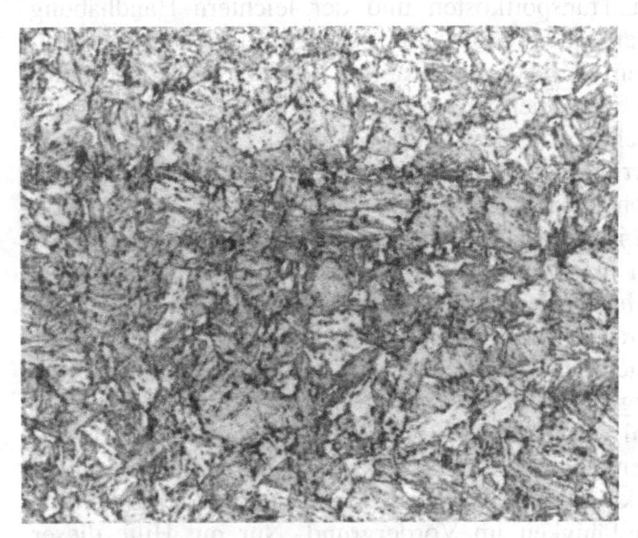

Bild 5-6. Mikrogefüge eines wasservergüteten und mikrolegierten Feinkornbaustahls (S 690 QL)

Neben der Einteilung der normalisierten, thermomechanischen und vergüteten Feinkornstählen wird häufig eine Unterscheidung zwischen den perlitreduzierten (PR) und den perlitfreien (PF) Feinkornstählen getroffen. Dabei gilt definitionsgemäß, dass perlitreduzierte Stähle einen Perlitanteil von bis zu 25 % und perlitfreie Stähle einen Perlitanteil von unter 5% besitzen. Das Gefüge von PR-Stählen setzt sich vorwiegend aus polygonalem Ferrit zusammen, wohingegen bei PF-Stählen neben dem polygonalen auch feinnadeliger Ferrit auftritt. Normalisierte Stähle besitzen üblicherweise ein Gefüge aus polygonalem Ferrit mit weniger als 25% Perlit, TM-Stähle sind als PR- und PF-Stähle erhältlich [5-17].

5.4.3 Einsatzgebiet für Feinkornstähle

Die wesentlichen Vorteile für den Einsatz der mikrolegierten Feinkornstähle gegenüber den herkömmlichen Baustählen ergeben sich aus wirtschaftlichen Überlegengen. Aufgrund der deutlich besseren mechanischen Eigenschaften des Feinkornstrahles sind beachtliche Materialeinsparungen und entschieden leichtere Konstruktionen möglich. Neben den damit verbundenen verringerten Transportkosten und der leichtern Handhabung führt dies auch zu bedeutenden Materialeinsparungen im Nahtquerschnitt und somit zu geringeren Kosten beim Erstellen von Schweißkonstruktionen. Zum einen wird wegen einer geringeren Blechdicke für die Schweißverbindung weniger Schweißzusatzwerkstoff benötigt, und zum anderen werden infolge des verringerten Bedarfes an Schweißgut die Schweißzeiten und somit die Personalkosten erheblich reduziert.

Aus diesen Gründen ist der Einsatz von hochfesten Feinkornstählen bei Schweißkonstruktionen im Anlagen- und Apparatebau trotz der höheren Grundwerkstoffkosten häufig sinnvoll. In Tabelle 5-7 ist ein Vergleich der Kosten für eine Großkrankonstruktion aus verschiedenen Baustählen aufgeführt. Es ist klar ersichtlich, dass bei Einsatz des S 235 JR die Kosten etwa fünfmal höher liegen als bei der Verwendung des S 960 QL. Dieser hochfeste Feinkornstahl wird heute überwiegend im Kranbau für alle tragenden Stahlbaugruppen eingesetzt. In erster Linie steht beim Bau solcher Spezialkrane die Reduktion der Eigenmasse bei gleichzeitiger Erhöhung der Mobilität und Tragfähigkeit im Vordergrund. Nur mit Hilfe dieser Stähle sind Auto-, Mobil- und Raupenkrane mit Tragfähigkeiten von 1000 t und mehr realisierbar.

Ihre hohe Zähigkeit in Kombination mit einer hohen Streckgrenze machen Feinkornstähle auch für den Einsatz im Rohrleitungsbau interessant. Pipelinestähle werden heute bis zu einer Festigkeitsklasse des X 80 (amerikanische Bezeichnung des Pipelinestahles, entspricht etwa der Festigkeit eines S 500) hergestellt. Für den Pipelinebau werden jedoch vorwiegend normalisierte oder thermomechanisch gewalzte Feinkornstähle eingesetzt, wobei der Einsatz von TM-Stählen im Pipelinebau in den letzten Jahren zunimmt. Bevorzugt werden TM-Stähle auch im Automobilbau verwendet.

Normalisierte Feinkornstähle werden nach [5-17] häufig für Konstruktionen im Offshorebereich und im Druckbehälterbau eingesetzt. Darüber hinaus finden Feinkornstähle im Brückenbau Verwendung, da auch hier die Masseeinsparung bei der Konstruktion eines der primären Ziele ist.

Tabelle 5-7. Einfluss der Streckgrenze von Feinkornstählen auf die spezifischen Schweißnahtkosten bei der Konstruktion von Großkranen [5-23].

		Stahlsorten					Verhältnis
		S 235 J2G3	S 355	S 690 N	S 885 N	S 960 N	S235J2G3 : S 960 N
	alte Norm	St 37-2	St 52	STE 690	STE 885	STE 960	St 37-2 : STE 960
Streckgrenze	N/mm^2	215	345	690	885	960	1:5
Blechdicke erforderlich (z.B.)	mm	50	31	14,4	11	10	5:1
Nahtform		x-60°	x-60°	x-60°	x-60°	x-60°	
Nahtquerschnitt	mm^2	870	370	100	60	50	17:1
Nahtmasse (Dichte 7,86g/cm^3)	g/m	6838	2908	786	472	393	17:1
Schweißdraht-Dmr. 1,2	mm	SG2	SG3	NiMoCr	X90	X96	
Preis für Schweißdraht	Verhältnis	1	1	2,4	3,2	3,3	1:3,3
Preis für Stahlsorte	Verhältnis	1	1,2	1,9	2,3	2,4	1:2,4
Preis für Schweißgut	Verhältnis	5,3	2,3	1,5	1,16	1	5,3:1
Spezif. Schweißnahtkosten	Verhältnis	12	5,1	1,8	1,18	1	12:1
Kostenverhältnis inklusive Grundwerkstoff							5:1
Berechnungsgrundlage:	Schweißverfahren MAG, Abschmelzleistung 3kg, Schweißdraht/h, Lohn- und Maschinenkosten 30 EUR/h, spezifische Schweißnahtkosten = Schweißzusatzwerkstoffe + Schweißen, Berechnungsgrundlage: $\sigma_{zul} = \sigma / 1,5$.						

5.4.4 Auswirkung des Schweißprozesses auf das Gefüge und die mechanischen Eigenschaften von Feinkornstählen

Die Behinderung des Kornwachstums im Austenitgebiet ist von entscheidender Bedeutung für das Schweißen unlegierter und niedriglegierter Stähle. Im Bild 5-7 ist für einen herkömmlichen Baustahl der Güte S 355 J2G3 die Abhängigkeit der Korngröße des sich im Schweißzyklus bildenden Austenits vom Abstand von der Schmelzlinie und der Streckenenergie dargestellt.

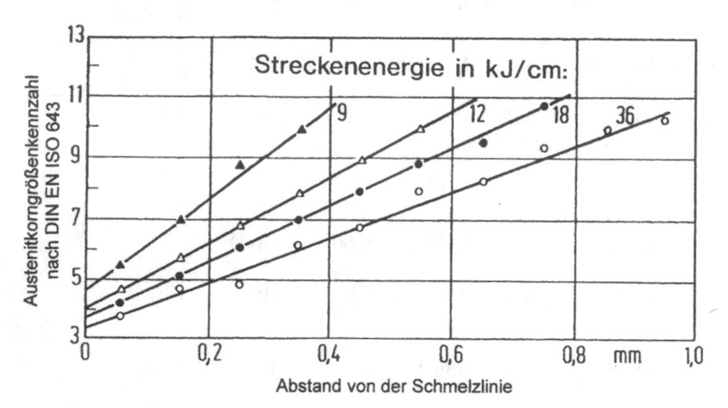

Bild 5-7. Einfluss der Streckenenergie auf die Austenitkorngröße in der WEZ beim Schweißen des Baustahles S 355 J2G3 [5-24].

Mit zunehmender Streckenenergie steigt die eingebrachte Wärmemenge und damit sowohl die Austenitkorngröße in der WEZ als auch deren Breite. Ein solch vergröbertes Austenitkorn verringert die kritische Abkühlgeschwindigkeit bei der anschließenden Austenitumwandlung und führt zu einem groben, stark aufgehärteten Gefüge mit ungünstigen Zähigkeitseigenschaften.

Moderne Feinkornstähle sind daher besonders beruhigt (Aluminium) und erhalten Legierungszusätze (z. B. Titan, Vanadium und Niob), die feinverteilte Ausscheidungen in Form von Nitriden und Karbonitriden bilden. Diese Ausscheidungen entstehen bevorzugt an Korngrenzen, behindern das Wachstum der Austenitkörner und wirken keimbildend für die Neubildung des Ferritkornes, wodurch bei der anschließenden γ/α-Umwandlung ein feinkörniges Gefüge entsteht.

Die Kornfeinung im Austenitgebiet wird allerdings durch die Löslichkeit der Ausscheidungen bei hohen Temperaturen begrenzt. Dies wird aus Bild 5-8 anhand von vier Werkstoffen mit unterschiedlicher chemischer Zusammensetzung deutlich.

Bei einem Stahl ohne kornfeinende Zusätze (Stahl 1) steigt die Korngröße mit zunehmender Austenitisierungstemperatur. Stahl 2 enthält ausgeschiedene Al-Nitride, die bis rund 1100°C beständig sind und bis zu dieser Temperatur ein Wachstum des Austenitkornes wirkungsvoll verhindern.

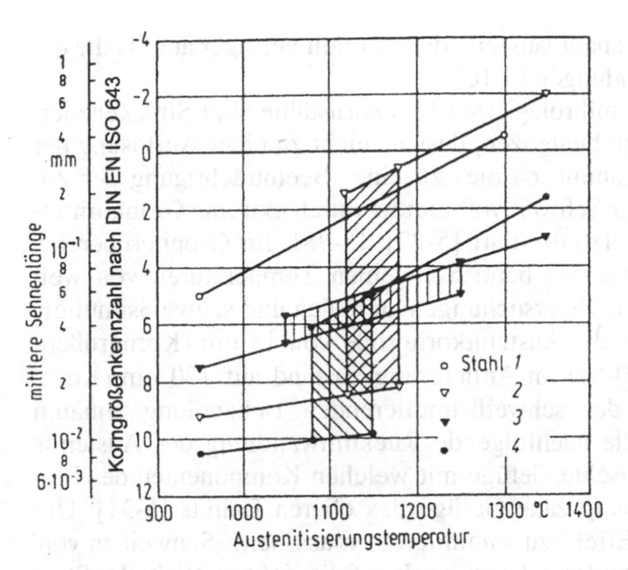

Bild 5-8. Austenitkorngröße in Abhängigkeit von der Austenitisierungstemperatur und Mikroelementen bei Feinkornstählen [5-25].

Bei höheren Temperaturen gehen diese Ausscheidungen zunächst teilweise (schraffierter Bereich) und schließlich vollständig in Lösung, wodurch eine Behinderung des Kornwachstums nicht mehr gewährleistet ist. Stahl 3 besitzt einen höheren Gehalt an Titan, welches überwiegend in Form von Titankarbonitriden im Stahl vorliegt. Diese Ausscheidungen gehen in dem untersuchten Bereich nicht oder nur teilweise in Lösung, so dass auch bei höheren Temperaturen das Kornwachstum wirkungsvoll eingeschränkt wird. Allerdings ist die kornfeinende Wirkung von Titankarbonitriden nicht so stark wie die von Al-Nitriden. Eine wirkungsvolle Kombination der Eigenschaften beider Ausscheidungen ist im Stahl 4 realisiert. Die Aluminiumnitride bewirken eine maximale Kornfeinung bei tieferen Temperaturen, während die Titankarbonitride auch bei hohen Temperaturen für ein vergleichsweise feines Korn sorgen.

Niobausscheidungen in Form von Nitriden und Karbonitriden sind in ihrer thermischen Beständigkeit und Wirkung vergleichbar mit den Titanausscheidungen, allerdings ist ihre spezifische Wirksamkeit (ausgedrückt in Atomprozent) um den Faktor zehn größer. Dies bedeutet, dass zum Erzielen der gleichen Wirkung zehnmal soviel Titan wie Niob zulegiert werden muss. Vanadin weist gegenüber den anderen Mikrolegierungselementen eine größere Löslichkeit im Stahl auf. Abhängig vom Vanadin-, Kohlenstoff- und Stickstoffgehalt werden Vanadinnitride bei kurzzeitigem Erwärmen im Schweißzyklus zwischen 800°C und 900°C aufgelöst, Vanadinkarbide hingegen schon bei 700°C bis 800°C [5-26]. Auch die kornfeinende Wirkung der Vanadinausscheidungen fällt geringer aus als die der Titan- und Niobausscheidungen [5-16].

Beim Schweißen der mikrolegierten Feinkornstähle sind Streckenenergie und Abkühlzeit so zu begrenzen, dass es nicht zu einer Auflösung der Feinstausscheidungen kommt, da dies zu einer Beeinträchtigung der Zähigkeitseigenschaften der Schweißverbindung durch extreme Grobkornbildung entlang der Schmelzlinie führt [5-27], [5-28]. Im Grobkornbereich des Grundwerkstoffes werden beim Schweißen Temperaturen von weit mehr als 1200°C erreicht. Untersuchungen an realen und schweißsimulierten Proben zeigten, dass die Austenitkorngröße von 15 µm (Korngrößenklasse 9 nach SEP 1510-61) im Anlieferungszustand auf 120 µm (Korngrößenklasse 3) nach der schweißsimulierenden Behandlung zunahm [5-29], [5-30]. Durch die nachfolgende Rückumwandlung des Austenits entsteht nicht das erwünschte Gefüge mit weichen Komponenten des Ferrits, sondern oft das wenig zähe Gefüge des oberen Bainits [5-31]. Um diesen unerwünschten Effekt zu minimieren, muss beim Schweißen von Feinkornstählen ein besonderes Augenmerk auf die richtige Wahl der Streckenenergie gelegt werden.

5.4.5 Schweißen von Feinkornstählen

Hochfeste, mikrolegierte Feinkornstähle sind grundsätzlich vollberuhigt vergossen und zeichnen sich durch einen hohen Reinheitsgrad mit abgesenkten Phosphor- und Schwefelgehalten aus. Eines der wenigen Probleme beim Schweißen dieser Stähle ist die richtige Wahl der Streckenenergie, die neben der Blechdicke und der Arbeitstemperatur in starkem Maße die Abkühlgeschwindigkeit der Schweißnaht bestimmt. Im Falle zu hoher Abkühlgeschwindigkeit, d. h. geringer Streckenenergie, wird sich in der WEZ eines hochfesten Feinkornstahles unter Umständen ein zu hartes Gefüge (Martensit) einstellen und die Gefahr eines Kaltrisses erhöhen. Auf der anderen Seite kann eine zu hohe Streckenenergie, d. h. geringe Abkühlgeschwindigkeit, eine unzulässige Kornvergröberung in der WEZ und somit einen Verlust an Zähigkeit bewirken. Die späteren Eigenschaften werden also maßgeblich durch den Abkühlungsverlauf, hierzu ist die Spitzentemperatur und die Abkühlgeschwindigkeit zu zählen, bestimmt. Da die Spitzentemperatur entlang der Grobkornzone bei allen Schmelzschweißverfahren annähernd gleich ist, sind die Werkstoffendeigenschaften in der Grobkornzone fast ausschließlich durch die Abkühlgeschwindigkeit zu beeinflussen.

5.4.5.1 Rechnerische Ermittlung der Abkühlzeiten

In der Schweißtechnik hat sich als wichtigste Größe zur Beschreibung der Abkühlung die Abkühlzeit $t_{8/5}$ bewährt. Hierbei steht $t_{8/5}$ für das Zeitintervall, das für die Abkühlung von 800°C auf 500°C benötigt wird (Bild 5-9). Dieses Zeitintervall wurde gewählt, da in diesem Bereich die wichtigsten Gefügeumwandlungen ablaufen und diese Zeit recht einfach auf ein ZTU-Schaubild übertragbar ist.

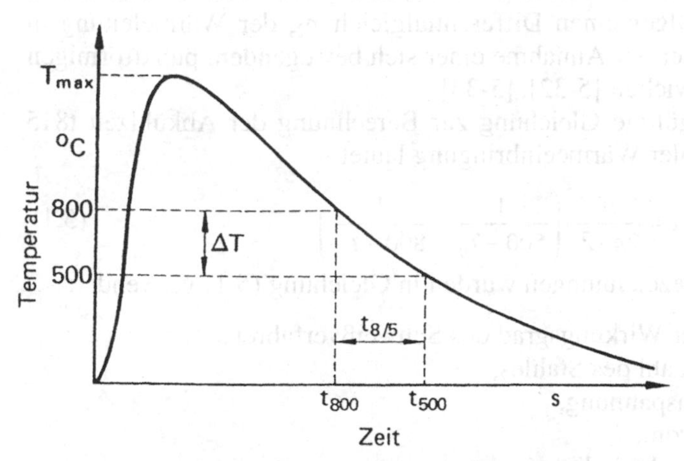

Bild 5-9. Definition der Abkühlzeit $t_{8/5}$ im Schweißwärmezyklus

In der Praxis ist es nun wichtig, die Abkühlzeit $t_{8/5}$ in den kritischen Bereichen der Schweißnaht aufgrund bekannter Randbedingungen vorhersagen zu können. So wurde empirisch eine Formel zur Beschreibung der $t_{8/5}$-Zeit entwickelt, die eine Berechnung der Abkühlzeit der Schweißraupe erlaubt. Die einzigen Randbedingungen zur Berechnungsgrundlage sind, dass die Abkühlung des geschweißten Bleches an ruhender Luft erfolgt und sowohl die Umwandlungswärmen als auch der Wärmeaustausch mit der Umgebung unberücksichtigt bleiben. Da also Näherungsweise die Wärmeableitung nur über das Blech erfolgt, sind zwei unterschiedliche Fälle des Wärmetransports zu unterscheiden: die zweidimensionale und die dreidimensionale Wärmeableitung durch das Blech. Im Fall dünner Bleche kann der Wärmetransport nur in Blechlängsrichtung und Blechbreite erfolgen, woraus der Begriff der zweidimensionalen Wärmeableitung resultiert. Bleche, die dickwandiger ausgelegt sind, erlauben noch einen zusätzlichen Wärmefluss in Blechdickenrichtung (dreidimensionale Wärmeableitung).

Aus den beiden unterschiedlichen Wärmetransporten resultieren wiederum zwei grundsätzlich unterschiedliche Betrachtungen der Abkühlzeit $t_{8/5}$:

- bei dreidimensionaler Wärmeableitung ist die Abkühlgeschwindigkeit $t_{8/5}$ unabhängig von der Blechdicke,
- bei zweidimensionaler Wärmeableitung sinkt die $t_{8/5}$-Zeit mit zunehmender Blechdicke.

Die Gleichung zur Berechnung der $t_{8/5}$-Zeit wurde von Rosenthal und Rykalin aus der allgemeinen Differentialgleichung der Wärmeleitung in festen Körpern unter der Annahme einer sich bewegenden, punktförmigen Wärmequelle, entwickelt [5-32], [5-33].

Die allgemein gültige Gleichung zur Berechnung der Abkühlzeit t815 bei dreidimensionaler Wärmeeinbringung lautet

$$t_{8/5} = \frac{\eta}{2\pi \cdot \lambda} \cdot \left(\frac{1}{500 - T_0} - \frac{1}{800 - T_0} \right) \quad (5.1)$$

Folgende Kurzbezeichnungen wurden in Gleichung (5.1) verwendet:

η thermischer Wirkungsgrad des Schweißverfahrens,
λ Wärmeleitzahl des Stahles,
U Lichtbogenspannung,
I Schweißstrom,
v Schweißgeschwindigkeit,
T_0 Arbeitstemperatur.

Durch Einführung des Proportionalitätsfaktors $K_3 = \eta / (2 \pi * \lambda)$ und des Begriffes der Streckenenergie E = U *I / v kann Gleichung (5.1) in folgender Form geschrieben werden:

$$t_{8/5} = K_3 \cdot E \left(\frac{1}{500 - T_0} - \frac{1}{800 - T_0} \right) \quad (5.2)$$

Für die zweidimensionale Wärmeableitung müssen zusätzlich die Einflussgrößen Werkstückdicke d in cm, Dichte ρ in g/cm^3 und die spezifische Wärmekapazität c in J / (g * K) berücksichtigt werden, so dass die Gleichung für die $t_{8/5}$-Zeit lautet:

$$t_{8/5} = \frac{\eta^2}{4\pi \cdot \lambda \cdot \rho \cdot c} \left(\frac{U \cdot I}{v} \right)^2 \frac{1}{d^2} \left[\left(\frac{1}{500 - T_0} \right)^2 - \left(\frac{1}{800 - T_0} \right)^2 \right]. \quad (5.3)$$

Entsprechende Substitution durch Proportionalitätsfaktor $K_2 = \eta / (4 \pi * \lambda * \rho * c)$ und der Streckenenergie E ergibt:

$$t_{8/5} = K_2 \frac{E^2}{d^2}\left[\left(\frac{1}{500-T_0}\right)^2 - \left(\frac{1}{800-T_0}\right)^2\right]. \tag{5.4}$$

Jedoch stellte sich bei experimenteller Überprüfung der Gleichungen heraus, dass bei niedriglegierten Stählen die für die Wärmeableitung maßgebenden Kennwerte nicht unabhängig von der Temperatur sind [5-34]. Folglich sind die Proportionalitätsfaktoren K_2 und K_3 von der Vorwärm- oder Arbeitstemperatur abhängig. Unter der Verwendung der Messergebnisse wurden die Proportionalitätsfaktoren neu bestimmt und entsprechen nun für zwei- bzw. dreidimensionale Wärmeableitung den Gleichungen:

$$K_2 = 0{,}043 - 4{,}3 \cdot 10^{-5} \cdot T_0, \tag{5.5}$$

$$K_3 = 0{,}67 - 5 \cdot 10^{-4} \cdot T_0. \tag{5.6}$$

Des Weiteren sind zusätzliche Einflussgrößen auf die Abkühlzeit $t_{8/5}$ ermittelt worden. Hierzu gehören der relative thermische Wirkungsgrad des Schweißverfahrens η' und ein Nahtfaktor für zwei- und dreidimensionale Wärmeableitung F_2 und F_3. Die relativen thermischen Wirkungsgrade für die üblichen Lichtbogenverfahren sind im Bild 5-10 und die Nahtfaktoren in Tabelle 5-8 aufgeführt. Dabei bleibt zu berücksichtigen, dass der relative Wirkungsgrad nur den Quotienten eines bestimmten Verfahrens im Verhältnis zum UP-Verfahren darstellt.

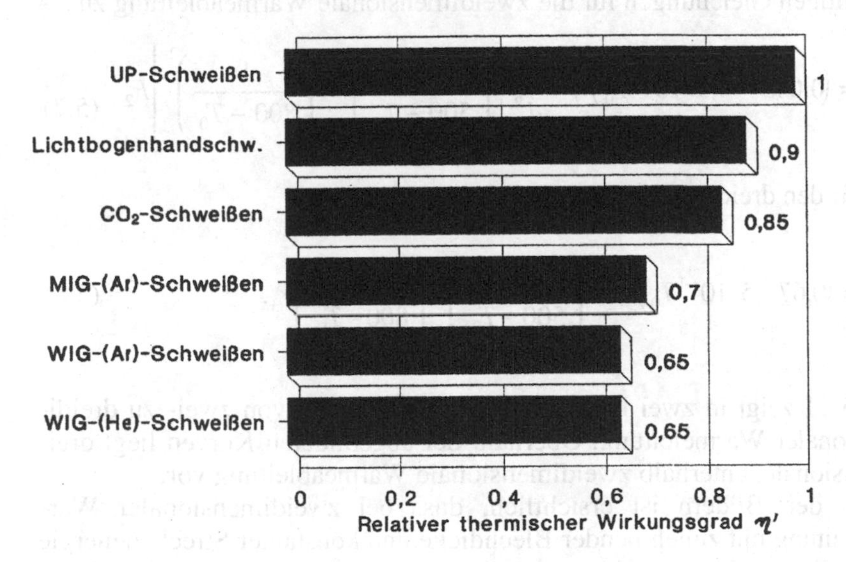

Bild 5-10. Relativer thermischer Wirkungsgrad verschiedener Schweißverfahren.

Tabelle 5-8. Nahtfaktoren für unterschiedliche Nahtvorbereitungen bei zwei- (F_2) und dreidimensionaler (F_3) Wärmeableitung.

Nahtart	Nahtfaktor	
	zweidimensionale Wärmeableitung F_2	dreidimensionale Wärmeableitung F_3
Auftragsraupe	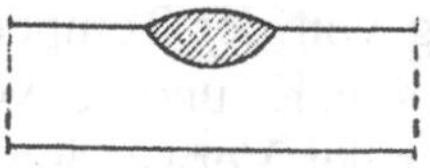 1	1
Füllagen eines Stumpfholzes	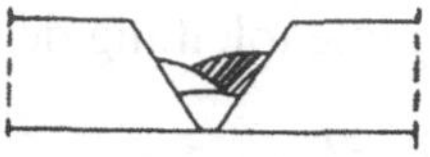 0,9	0,9
einlagige Kehlnaht am Eckstoß	 0,9 bis 0,67	0,67
einlagige Kehlnaht am T-Stoß	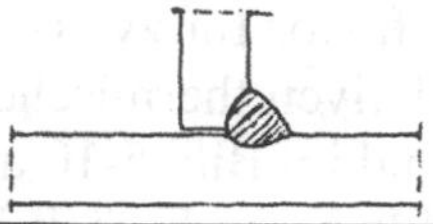 0,45 bis 0,67	0,67

Unter Berücksichtigung der oben genannten Parameter ergeben sich die endgültigen Gleichungen für die zweidimensionale Wärmeableitung zu

$$t_{8/5} = \left(0{,}043 - 4{,}3 \cdot 10^{-5} T_0\right) \eta'^2 \frac{E^2}{d^2} \left[\left(\frac{1}{500 - T_0} \right)^2 - \left(\frac{1}{800 - T_0} \right)^2 \right] F_2 \qquad (5.7)$$

und für den dreidimensionalen Fall zu

$$t_{8/5} = \left(0{,}67 - 5 \cdot 10^{-4} T_0\right) \eta' \cdot E \left(\frac{1}{500 - T_0} \right) - \left(\frac{1}{800 - T_0} \right) F_3 . \qquad (5.8)$$

Bild 5-11 zeigt in zwei Diagrammen den Übergang von zwei- zu dreidimensionaler Wärmeleitung. Oberhalb der abgebildeten Kurven liegt dreidimensionale, unterhalb zweidimensionale Wärmeableitung vor.

Aus den Bildern ist ersichtlich, dass bei zweidimensionaler Wärmeableitung mit zunehmender Blechdicke und konstanter Streckenenergie die $t_{8/5}$-Zeit abnimmt, wohingegen die $t_{8/5}$-Zeit unabhängig von der Blechdicke ist, wenn dreidimensionale Wärmeableitung vorliegt. Beim Über-

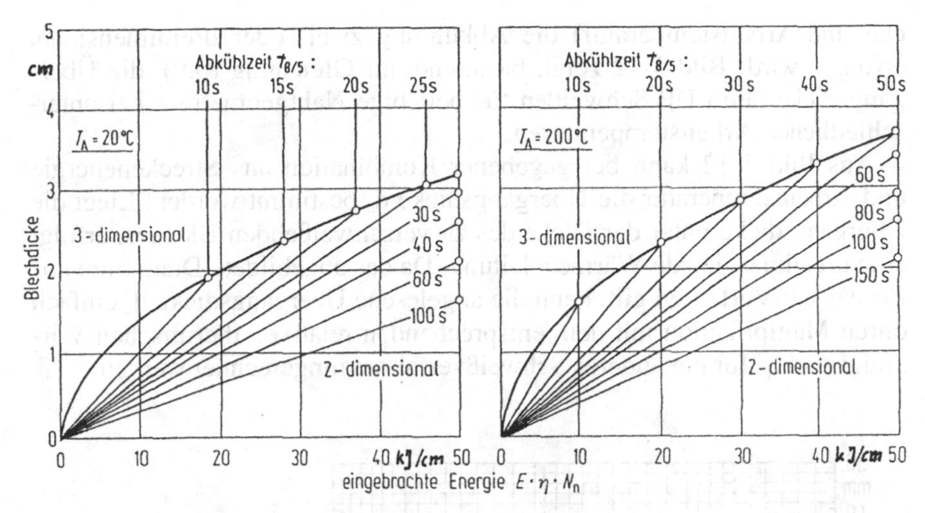

Bild 5-11. Übergang von zwei- zu dreidimensionaler Wärmeleitung für unterschiedliche Arbeitstemperaturen [5-35].

gang von zwei- zu dreidimensionaler Wärmeableitung sind $t_{8/5}$-Zeit, Streckenenergie und Nahtfaktoren gleich, so dass sich durch Gleichsetzen der Gln. (5.7) und (5.8) die Übergangsdicke $d_ü$ für beliebige Nahtarten errechnen lässt:

$$d_ü = \sqrt{\frac{0{,}043 - 4{,}3 \cdot 10^{-5} T_0}{0{,}67 - 5 \cdot 10^{-4} T_0} \eta' \cdot E \left(\frac{1}{500 - T_0} + \frac{1}{800 - T_0} \right)}. \tag{5.9}$$

Degenkolbe, Uwer und Wegmann geben in [5-36] zahlreiche Rechenbeispiele zur Ermittlung der $t_{8/5}$-Zeit. Für die Berechnung der $t_{8/5}$-Zeit ist es zuerst sinnvoll, die Art der Wärmeableitung zu bestimmen. Dies kann entweder nach Gleichung (5.9) oder nach den Gleichungen (5.7) und (5.8) erfolgen, da nur die größere der beiden $t_{8/5}$-Zeiten eine physikalische Bedeutung hat. Wird die größere $t_{8/5}$-Zeit nach Gleichung (5.7) ermittelt, so liegt eine zweidimensionale Wärmeableitung vor, im umgekehrten Fall erfolgt eine dreidimensionale Wärmeableitung. Weitere Beispiele sind in [5-28] aufgeführt.

5.4.5.2 Graphische Ermittlung der Abkühlzeiten

Um den Rechenaufwand in der betrieblichen Anwendung zu minimieren, wurden die erläuterten Zusammenhänge in Nomogramme übertragen, aus denen die zulässigen Schweißparameter abgelesen werden können. Auch für die graphische Bestimmung der Abkühlzeit sollte zuerst klargestellt werden, ob unter den gegebenen Bedingungen (Streckenenergie, Blechdicke und Arbeitstemperatur) die Abkühlung zwei- oder dreidimensional erfolgen wird. Bild 5-12 zeigt, basierend auf Gleichung (5.9), die Übergangsdicke beim UP-Schweißen für beliebige Nahtgeometrien bei unterschiedlichen Arbeitstemperaturen.

Aus Bild 5-12 kann bei gegebener Kombination aus Streckenenergie und Arbeitstemperatur die Übergangsdicke $d_ü$ bestimmt werden. Liegt die Übergangsdicke unter der Dicke des zu verschweißenden Bleches, erfolgt eine dreidimensionale Wärmeableitung. Da das abgebildete Diagramm nur für das UP-Verfahren gilt, kann die abgelesene Übergangsdicke $d_ü$ einfach durch Multiplikation mit dem entsprechenden relativen thermischen Wirkungsgrad η´ für ein anderes Schweißverfahren umgerechnet werden.

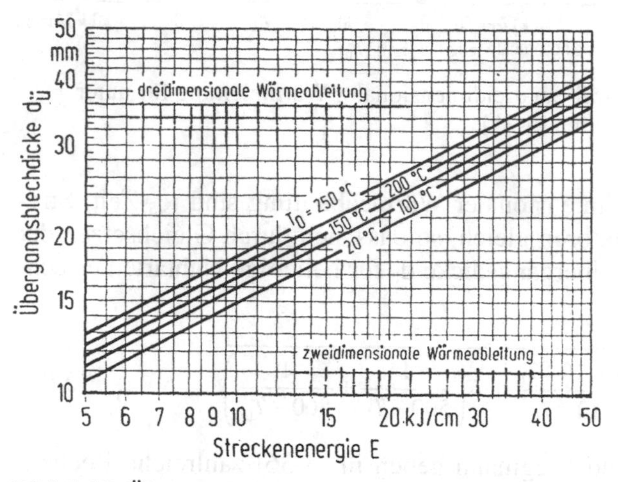

Bild 5-12. Übergangsdicke $d_ü$ als Funktion der Streckenenergie und der Arbeitstemperatur für das UP-Schweißen [5-36].

Wurde eine dreidimensionale Wärmeableitung ermittelt, so muss zur Bestimmung der $t_{8/5}$-Zeit das Diagramm für dreidimensionale Wärmeableitung (Bild 5-13) benutzt werden. Bei Verwendung dieses Nomogramms ist die Umrechnung des Ergebnisses auf andere Schweißverfahren und Nahtgeometrien unter Berücksichtigung des relativen thermischen Wirkungsgrades und des Nahtfaktors möglich. Soll dem Diagramm die Abkühlzeit für eine bestimmte Streckenenergie und Arbeitstemperatur entnehmen, so muss vor dem Ablesen die Streckenenergie mit den Faktoren η´ und F_3 des gewählten Schweißverfahrens multipliziert werden. Soll die Streckenenergie für ein anderes Schweißverfahren aus den Schnittpunkten von Abkühlzeit und Arbeitstemperatur ermittelt werden, so ist die Abkühlzeit durch die Werte von η´ und F_3 zu dividieren.

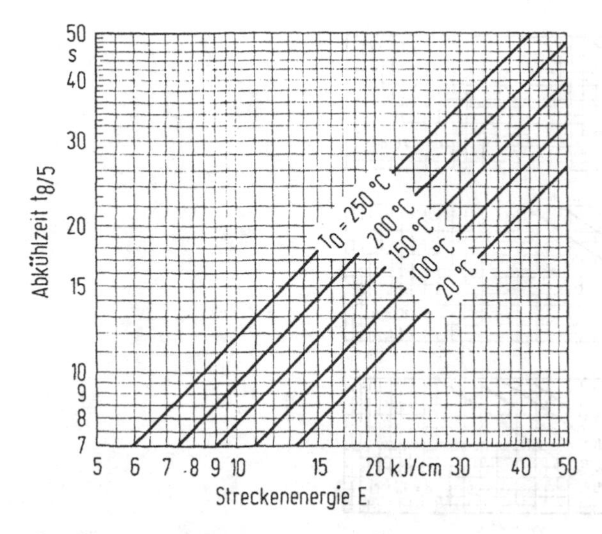

Bild 5-13. Abkühlzeit von Auftragsraupen bei dreidimensionaler Wärmeableitung in Abhängigkeit von der Streckenenergie und der Arbeitstemperatur für das UP-Schweißen [5-36].

Im Bild 5-14 ist der Zusammenhang zwischen der Streckenenergie E, der $t_{8/5}$-Zeit und der Blechdicke für das UP-Schweißen von Auftragraupen für den Fall der zweidimensionalen Wärmeableitung wiedergegeben. Anhand der Eckdaten Streckenenergie, der von Stahlherstellern vorgeschriebenen $t_{8/5}$-Zeit und der Blechdicke kann die Vorwärmtemperatur ermittelt werden.

Auch bei diesem Diagramm ist es möglich, die Ergebnisse auf andere Schweißverfahren zu übertragen. Wird für eine gegebene Streckenenergie und Arbeitstemperatur die Abkühlzeit gesucht, so muss vor dem Ablesen die Streckenergie mit den Faktoren η' und $\sqrt{F_2}$ multipliziert und zur Ermittlung der Streckenenergie aus Arbeitstemperatur und Abkühlzeit die Streckenenergie durch die oben genannten Faktoren dividiert werden. Liegt für das zu verschweißende Blech kein Diagramm mit der entsprechenden Blechdicke d_{soll} vor, so ist ein Diagramm zu wählen, das der zu verschweißenden Blechdicke am nächsten kommt (d_{nenn}). Die erforderliche Abkühlzeit $t_{8/5\ soll}$ wird dann folgendermaßen berechnet:

$$t_{8/5\ soll} = t_{8/5\ nenn} * (d_{nenn} / d_{soll})^2.$$

Im DVS-Merkblatt 0916 wird für das MSG-Schweißen von Feinkornstählen ein Beispiel zur Bestimmung der Abkühlzeit und zur Ermittlung der hierfür notwendigen Schweißgeschwindigkeit bzw. Streckenenergie aufgeführt [5-37]. Als Beispiel soll folgende Schweißaufgabe gelöst werden:

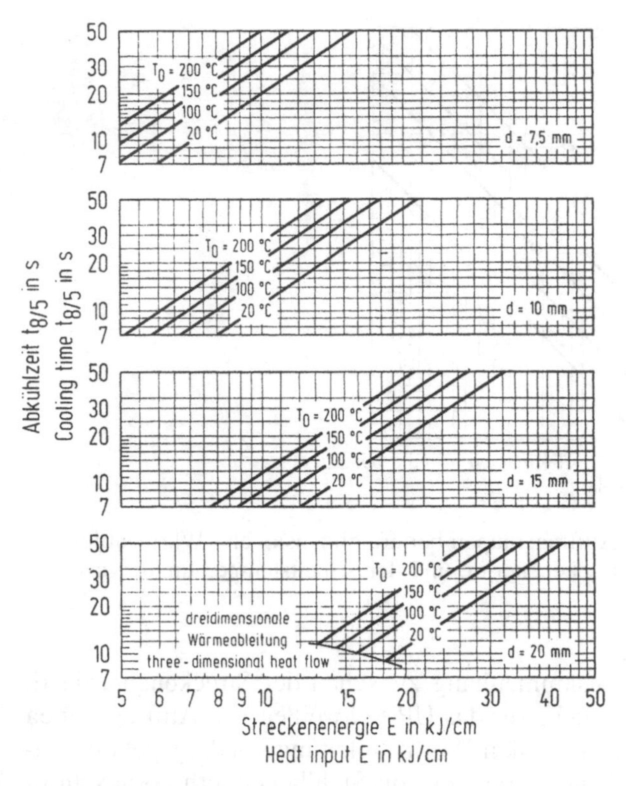

Bild 5-14. Abkühlzeit von Auftragsraupen bei zweidimensionaler Wärmeableitung in Abhängigkeit von der Streckenenergie und der Arbeitstemperatur für das UP-Schweißen [5-36].

Ein 15 mm dickes Blech aus einem Feinkornbaustahl soll mit dem MSG-Schweißverfahren (Schutzgas M21) in einer V-Naht geschweißt werden. Die Vorwärm- und Arbeitstemperatur soll 150°C betragen. Nach Herstellerangaben soll eine $t_{8/5}$-Zeit von min. 10 s und max. 15 s eingehalten werden.

Ausgehend vom Bild 5-15 kann der Schweißer den einzustellenden Schweißstrom bzw. Drahtvorschub in Abhängigkeit vom gewünschten Lichtbogen und verwendeten Schutzgas ermitteln. Unter dem Aspekt einer hohen Wirtschaftlichkeit ergibt sich beim Einsatz eines Sprühlichtbogens unter dem Mischgas M21 ein Schweißstrom von I = 300 A bei einer Spannung von rund 29 V. Die Blechdicke beträgt 15 mm, und nach Herstellerangaben ist eine $t_{8/5}$-Zeit von 10 s bis 15 s bei der Verarbeitung dieses Feinkornstahles einzuhalten. Zur Ermittlung der $t_{8/5}$-Zeit steht dem Schweißer Bild 5-16 zur Verfügung. Aus diesem Diagramm sind auch die Bereiche der zwei- und dreidimensionalen Wärmeableitung erkennbar.

Verlaufen die Geraden der Abkühlzeit $t_{8/5}$ horizontal, so ist das der Bereich der dreidimensionalen Wärmeableitung, wohingegen eine zweidimensionale Wärmeableitung bei diagonalem Verlauf der $t_{8/5}$-Geraden vorliegt. Im Knickpunkt der beiden $t_{8/5}$-Geraden liegt der Übergangsbereich von zwei- zu dreidimensionaler Wärmeableitung vor. Wird der schraffierte Bereich durch die Wahl einer zu niedrigen Streckenenergie unterschritten, so besteht eine erhöhte Rissgefahr (z. B. Bildung zu großer Anteile von Martensit, d. h. Kaltrissgefahr). Eine Überschreitung der Streckenenergien hat eine Zähigkeitsbeeinträchtigung zur Folge, die aus einer unzulässigen Grobkornbildung resultieren kann.

Im angeführten Beispiel ergibt sich aus den vorgegebenen Randbedingungen eine zulässige Streckenenergie von 13 bis 16 kJ/cm für das MAG-Schweißen.

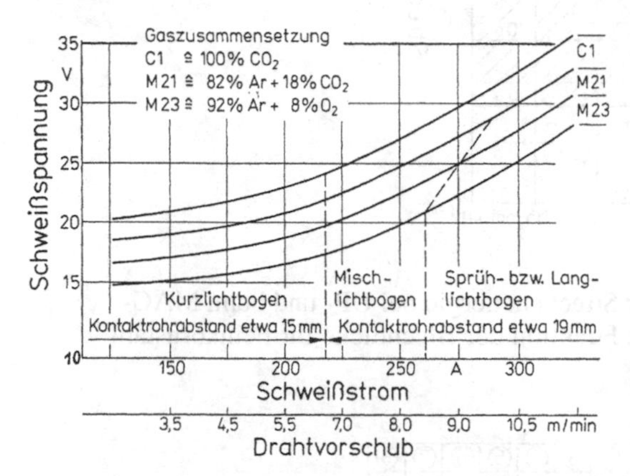

Bild 5-15. Strom und Spannung beim MAG-Schweißen unter verschiedenen Schutzgasen [5-37].

(Bild 5-16 enthält Skalen für das UP- und MSG-Schweißen, richtige Skala beachten.)

Mit dem ermittelten Bereich der Streckenenergie kann abschließend aus Bild 5-17 die Schweißgeschwindigkeit bestimmt werden. Mit Hilfe von Kurve (300 A, 29 V) ergibt sich ein zulässiger Bereich der Schweißgeschwindigkeit von 33 bis 42 cm/min. In diesem Geschwindigkeitsbereich wird für die gegebene Schweißaufgabe einschließlich der gegebenen Randbedingungen die vorgeschriebene Abkühlbedingung zur Erreichung eines optimalen Gefüges eingehalten.

5.4.5.3 Anwendung des STAZ-Schaubildes

Wie aus den vorhergehenden Abschnitten hervorgeht, muss der eingesetzten Streckenenergie und dem hierdurch entstehenden Gefüge bei der

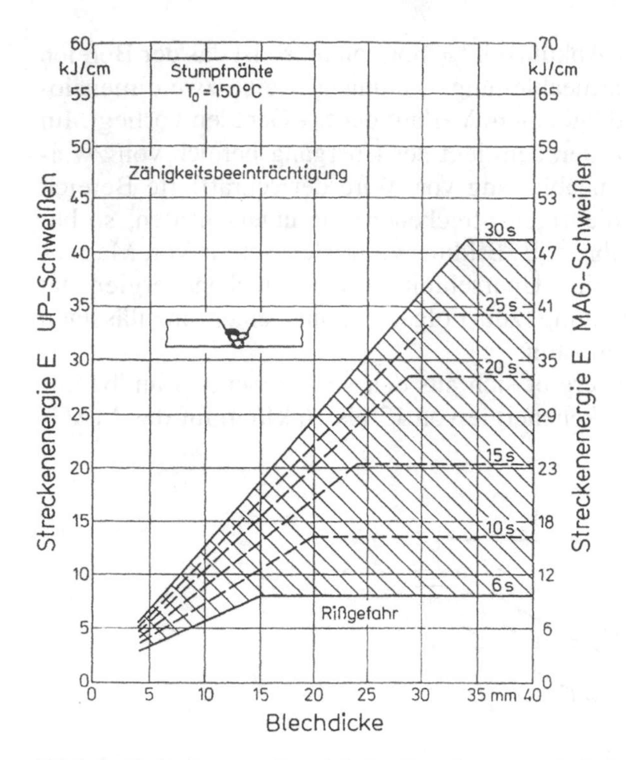

Bild 5-16. Zulässiger Bereich der Streckenenergie bei UP- und beim MAG-Schweißen von Stumpfnähten als Funktion der Blechdicke für Feinkornstahl [5-37]

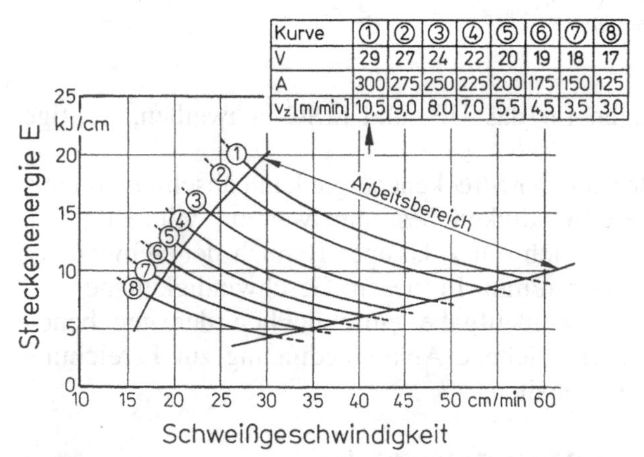

Kurve	①	②	③	④	⑤	⑥	⑦	⑧
V	29	27	24	22	20	19	18	17
A	300	275	250	225	200	175	150	125
v_z [m/min]	10,5	9,0	8,0	7,0	5,5	4,5	3,5	3,0

Bild 5-17. Ermittlung der Schweißgeschwindigkeit unter Berücksichtigung der Randbedingungen und Parameter aus den Bildern 5-15 und 5-16 [5-37].

Schweißtechnischen Verarbeitung von Feinkornstählen besondere Beachtung geschenkt werden. Neben der Feinkörnigkeit des Gefüges werden die Eigenschaften des Stahles weitestgehend vom Mikrogefüge bestimmt. Berkhout und van Lent zeigten, dass die dicht neben der Schweißnaht auftretenden Spitzentemperaturen entscheidend für die Austenitkorngröße sind. Die Austenitkorngröße bestimmt jedoch in weiten Bereichen die Geschwindigkeit der Umwandlung, so dass bei verschiedenen Spitzentemperaturen eine Verschiebung der Umwandlungskurven im kontinuierlichen ZTU-Schaubild festzustellen ist (vgl. Bild 2-30). Um das Gefüge in Abhängigkeit von der Spitzentemperatur ermitteln zu können, wurde das SpitzenTemperatur-AbkühlZeit-(STAZ-)Schaubild entwickelt [5-24].

Da mit steigender Austenitisierungstemperatur die Umwandlungen in der Ferrit-, Perlit- und Bainitstufe zu längeren Zeiten verschoben werden, wird in den STAZ-Schaubildern die Spitzentemperatur erfasst und deren Auswirkung auf die Umwandlung beschrieben. Das im Bild 5-18 wieder-

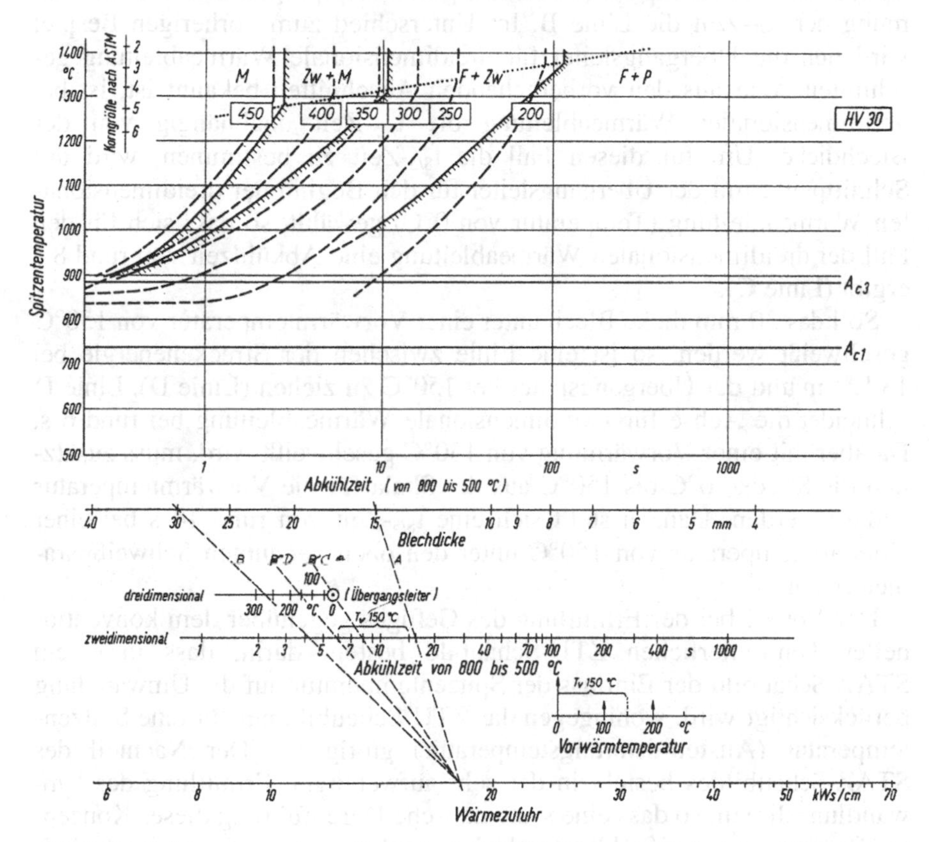

Bild 5-18. Spitzentemperatur-Abkühlzeit-(STAZ-)Schaubild eines hochfesten Stahles [5-24].

gegebene STAZ-Schaubild ermöglicht darüber hinaus auch noch die Bestimmung der $t_{8/5}$-Zeit unter Berücksichtigung der Blechdicke, der eingesetzten Streckenenergie, Vorwärmtemperatur und den Übergang von zwei- zu dreidimensionaler Wärmeableitung.

Um eine sinnvolle Aussage über das entstehende Gefüge machen zu können, ist die Kenntnis von Streckenergie und Blechdicke Voraussetzung. Wird ein 15 mm dickes Blech ohne Vorwärmung mit einer Streckenenergie von 18 kJ/cm verschweißt, so kann die $t_{8/5}$-Zeit durch Verbinden der beiden Punkte ermittelt werden (Bild 5-18, Linie A). Ist die Spitzentemperatur im Schweißzyklus bekannt, kann nun aus dem STAZ-Schaubild abgelesen werden, in welcher Umwandlungsstufe das Endgefüge entsteht. Zusätzlich ist die zu erwartende Korngröße nach ASTM (gepunktete Linie) und die Härte des Gefüges (gestrichelte Linie und eingerahmte Zahlenwerte) vorherzusagen.

Wird ein Blech mit einer Wanddicke von 30 mm ohne Vorwärmung unter gleichen Bedingungen (18 kJ/cm) geschweißt, ergibt sich zur Bestimmung der $t_{8/5}$-Zeit die Linie B. Im Unterschied zum vorherigen Bespiel wird nun die Übergangsleiter für dreidimensionale Wärmeableitung geschnitten. Wie aus den vorhergehenden Abschnitten bekannt ist, ist bei dreidimensionaler Wärmeableitung die $t_{8/5}$-Zeit unabhängig von der Blechdicke. Um für diesen Fall die $t_{8/5}$-Zeit zu bestimmen, wird der Schnittpunkt mit der Übergangsleiter für den Beginn der dreidimensionalen Wärmeableitung (Temperatur von 0°C) gewählt, so dass sich für den Fall der dreidimensionalen Wärmeableitung eine Abkühlzeit von rund 8 s ergibt (Linie C).

Soll das 30 mm dicke Blech unter einer Vorwärmtemperatur von 150°C geschweißt werden, so ist eine Linie zwischen der Streckenenergie bei 18 kJ/cm und der Übergangsleiter bei 150°C zu ziehen (Linie D). Linie D schneidet die Achse für zweidimensionale Wärmeableitung bei rund 6 s. Da aber mit einer Vorwärmung von 150°C geschweißt wird, muss zusätzlich die Strecke 0°C bis 150°C aus der Skala für die Vorwärmtemperatur addiert werden. Danach stellt sich eine $t_{8/5}$-Zeit von rund 14 s bei einer Vorwärmtemperatur von 150°C unter den oben genannten Schweißparametern ein.

Der Vorteil bei der Ermittlung des Gefüges gegenüber dem konventionellen kontinuierlichen ZTU-Schaubild besteht darin, dass in einem STAZ-Schaubild der Einfluss der Spitzentemperatur auf die Umwandlung berücksichtigt wird, wohingegen das ZTU-Schaubild nur für eine Spitzentemperatur (Austenitisierungstemperatur) gültig ist. Der Nachteil des STAZ-Schaubildes besteht in der sehr aufwendigen Ermittlung der Umwandlungslinien, so dass eine systematische Durchführung dieses Konzeptes für die gängigen Stahlsorten bisher an dem notwendigen messtechnischen Aufwand scheiterte.

5.4.6 Schweißfehler an Feinkornstählen

In den vorherigen Abschnitten wurde auf die Problematik einer genauen Wahl der Streckenenergie eingegangen und deren Bedeutung für die mechanischen Eigenschaften des Feinkornstahles erläutert.

Im Folgenden sollen kurz die wesentlichen Fehler beim Schweißen von Feinkornstählen erläutert werden. Die Mechanismen der Fehlerentstehung sind im Abschnitt 10 eingehender erklärt.

5.4.6.1 Heißrisse

Bei mikrolegierten Feinkornstählen mit verminderten Kohlenstoffgehalt können beide Arten der Heißrissbildung, der Erstarrungs- und der Wiederaufschmelzungsriss, entstehen. Hauptverursacher der Heißrissbildung sind Schwefel, Phosphor und Kohlenstoff, wobei Schwefel bei der Heißrissbildung die größte Bedeutung zukommt. Heißrissmindernd wirkt sich Mangan aus, da es Schwefel als Mangansulfid mit der Zusammensetzung MnS bindet, was die Rissbildung durch Schwefel senkt.

In Schweißnähten mit hohem Aufmischungsgrad können Mikrolegierungselemente, z. B. Niob, in das Schweißgut gelangen und dort durch Bildung niedrigschmelzender Eutektika kleine Heißrisse verursachen [5-17]. Die Erstarrungsrissbildung ist jedoch nur bei sehr hohen Gehalten an Niob beobachtet worden. Generell ist die Erstarrungsrissbildung bei Nähten mit geringen Aufmischungsgraden kein Problem, vorausgesetzt, dass keine zu hohe Schweißgeschwindigkeit gewählt wird [5-17].

Wiederaufschmelzungsrisse werden bei hochfesten Feinkornstählen infolge ihres sehr geringen Schwefelgehaltes selten beobachtet, jedoch begünstigen Mangan und hohe Kohlenstoffgehalte den Wiederaufschmelzungsriss [5-17]. Mikro-Heißrisse können entstehen, wenn Schwefel in der Form von Sulfo-Karbiden ($Ti_4C_2S_2$) oder Sulfo-Nitriden (z. B. durch Niob) im Stahl gebunden wird. Mikro-Heißrisse können anschließend die Ausgangspunkte für Kaltrisse oder Terrassenbrüche sein.

5.4.6.2 Kaltrisse

Eines der größten Probleme bei der schweißtechnischen Verarbeitung von hochfesten Feinkornstählen stellt der Kaltriss dar. Unter einer kritischen Kombination aus Härtegefüge, Eigenspannungen und Wasserstoff können Kaltrisse entstehen. Diese drei Größen sind nicht isoliert zu betrachten, da sie untereinander über verschiedene Wechselwirkungen miteinander verknüpft sind (Bild 5-19).

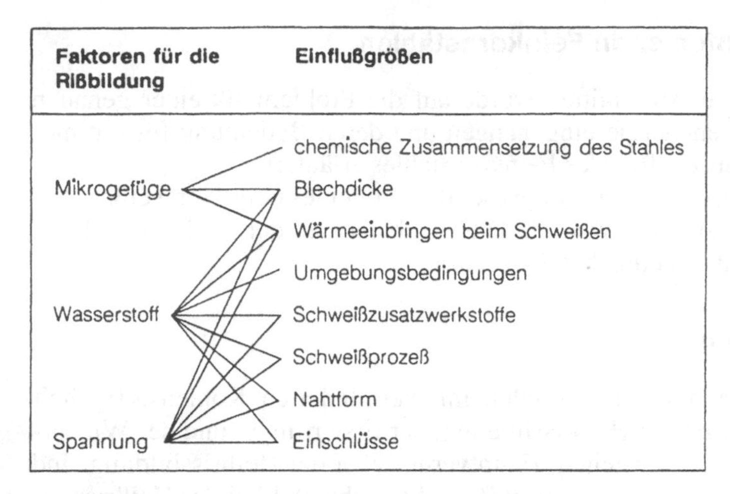

Bild 5-19. Einflussgrößen auf die Kaltrissbildung [5-17].

Im Allgemeinen ist die Kaltrissneigung von mikrolegierten Feinkornstählen mit niedrigem Kohlenstoffgehalt gering. Sind jedoch höhere Kohlenstoffgehalte vorhanden, wie dies z. B. bei bestimmten Typen von Feinkornstählen der Fall ist, kann es zu wasserstoffbegünstigten Kaltrissen in der WEZ kommen. Da das Schweißgut in der Regel weniger Kohlenstoff als der Grundwerkstoff enthält, treten Kaltrisse hier seltener auf. Bei Feinkornstählen mit Streckgrenzen oberhalb 500 N/mm^2 bis 550 N/mm^2 verlagert sich der Kaltriss jedoch von der WEZ in das Schweißgut. Die Verlagerung der Risserscheinungen von der WEZ in das Schweißgut nimmt mit zunehmender Streckgrenze des Grundwerkstoffes zu.

Da neben Kohlenstoff auch noch andere Legierungselemente den Kaltriss begünstigen, werden zur Abschätzung der Rissempfindlichkeit häufig Kohlenstoffäquivalente herangezogen. Es existieren zahlreiche Formeln zur Beschreibung des Kohlenstoffäquivalentes, bei denen die Elemente unterschiedlich gewichtet werden (Bild 5-20).

Das Kohlenstoffäquivalent beschreibt summarisch die Auswirkungen verschiedener Legierungselemente auf die Aufhärtungsneigung des Stahles. Zur Abschätzung der Kaltrissgefahr ist das Kohlenstoffäquivalent nur eine von zahlreichen Einflussgrößen, das allein keine ausreichende Information zur Schweißeignung gibt, da die wichtigen Faktoren Eigenspannung und Wasserstoffgehalt in der Schweißnaht unberücksichtigt bleiben. Speziell zur Vermeidung von Kaltrissen wurde von Uwer und Höhne ein neues Kohlenstoffäquivalent CET entwickelt [5-38]:

$$\text{CET in \%} = \text{C} + (\text{Mn} + \text{Mo})/10 + (\text{Cr} + \text{Cu})/20 + \text{Ni}/40.$$

IIW	C-Äqu. $= C + \frac{Mn}{6} + \frac{Cr + Mo + V}{5} + \frac{Cu + Ni}{15}$
Stout	C-Äqu. $= 1000 \cdot C \cdot \left(\frac{Mn}{6} + \frac{Cr + Mo}{10} + \frac{Ni}{20} + \frac{Cu}{40}\right)$
Ito und Bessyo	PCM $= C + \frac{Si}{30} + \frac{Mn + Cu + Cr}{20} + \frac{Ni}{60} + \frac{Mo}{15} + \frac{V}{10} + 5 \cdot B$
Mannesmann	C-Äqu.$_{PLS}$ $= C + \frac{Si}{25} + \frac{Mn + Cu}{16} + \frac{Cr}{20} + \frac{Ni}{60} + \frac{Mo}{40} + \frac{V}{15}$
Hoesch	C-Äqu. $= C + \frac{Si + Mn + Cu + Cr + Ni + Mo + V}{20}$

C-Äqu. = Kohlenstoff-Äquivalent [%] PCM = Cracking parameter [%]
PLS = Pipelinestähle (Rißparameter)

Bild 5-20. Definition des Kohlenstoffäquivalentes von verschiedenen Autoren.

In einer weiteren Formel werden von den gleichen Autoren die chemische Zusammensetzung durch das Kohlenstoffäquivalent CET, die Blechdicke t in mm, der Wasserstoffgehalt des Schweißgutes HD in cm^3 H_2/100 g Schweißgut und die Streckenenergie Q in kJ/cm zusammengefasst, so dass eine Mindestvorwärmtemperatur zur Vermeidung von Kaltrissen berechnet werden kann:

$$T = 700\ CET + 160 \tanh (t/35) + 62 * HD^{0,35} + (53 * CET - 32)\ Q - 330$$
in °C.

Die Gleichung von Uwer und Höhne ist die z. Zt. umfassendste zur Vermeidung von Kaltrissen, aber nur eingeschränkt gültig und noch nicht vollständig auf alle Anwendungsfälle übertragbar. Jedoch laufen Bestrebungen, diese Formel an praxisnahen Schweißungen zu überprüfen und zu erweitern, so dass hier in Zukunft eventuell eine Möglichkeit besteht, eine Vorwärmtemperatur zur Vermeidung von Kaltrissen rechnerisch in befriedigendem Umfang vorhersagen zu können.

5.4.6.3 Terrassenbrüche

Die mechanischen Eigenschaften eines gewalzten Bleches sind nicht isotrop, d. h., die mechanischen Kennwerte unterscheiden sich in Blechlängs-, -breiten- und -dickenrichtung. Besonders in Blechdickenrichtung weisen gewalzte Bleche eine schlechtere Verformbarkeit auf.

Terrassenbrüche gehen überwiegend von nichtmetallischen Einschlüssen (Sulfid- oder Oxideinschlüsse) aus und führen bei senkrecht zur Blechdicke (z. B. T-Stoß) auftretenden Zugbeanspruchungen zur Ablösung der Matrix vom Einschluss. Der Riss breitet sich ausgehend vom Einschluss stufen-, bzw. terrassenförmig in Blechdickenrichtung aus, was zur Bezeichnung Terrassenbruch führte.

Maßnahmen zur Reduzierung von Terrassenbruchneigung sind u.a.: geeignete Auswahl von Werkstoffen bzw. Nahtaufbau und Schweißverfahren, näheres siehe Abschnitt 11. Stähle mit besonders guten Verformungseigenschaften in Dickenrichtung, sogenannte Z-Güten, sind widerstandsfähiger gegen Terrassenbrüche und an kritischen Punkten wie Knotenblechen den konventionellen Feinkornstählen vorzuziehen.

5.4.6.4 Erweichung der WEZ

Beim Schweißen von TM-Stählen ist eine Erweichung bestimmter Bereiche der WEZ nicht zu vermeiden. Bereiche der WEZ die bis zur A_1-Temperatur und darunter erwärmt wurden, verlieren ihre Härte- und Festigkeitswerte. Die durch thermomechanische Behandlung erzeugten günstigen mechanisch technologischen Eigenschaften wurden in diesem Bereich durch die Wärmeeinbringung des Schweißprozesses irreversibel zerstört, so dass die Breite der Erweichungszone im Wesentlichen vom eingesetzten Schweißverfahren und von der Streckenenergie abhängig ist.

5.5 Allgemeine Baustähle

Die technisch im Block- oder Kokillenguss erzeugten Stähle werden hinsichtlich ihrer Vergießungsart in unberuhigte (U), beruhigte (R) und vollberuhigte (RR) Stähle unterteilt. Mit „Beruhigen" oder „Desoxidation" wird das Entfernen von Sauerstoff aus dem flüssigen Stahlbad durch Elemente, welche eine größere Sauerstoffaffinität als Eisen besitzen, bezeichnet. Zu diesen Elementen gehören beispielsweise Mangan, Silicium und Aluminium.

Der im Stahl verbleibende Restsauerstoffgehalt hat einen entscheidenden Einfluss auf die Art der Erstarrung und die Ausbildung des Gefüges im Blockguss (Bild 5-21). Wird ein Stahl unberuhigt vergossen, d. h., beträgt sein Sauerstoffgehalt 0,025 % und mehr, so kommt es mit sinkender Temperatur und bei beginnender Erstarrung zur Abnahme der Löslichkeit von Sauerstoff im Stahlbad. Dieser Sauerstoff reagiert an der Erstarrungsfront mit einem Teil des im Stahl vorhandenen Kohlenstoffes zu CO. Das

Kohlenmonoxid entweicht unter starker Blasenbildung, d. h., der Stahl „kocht“ in der Kokille, er ist unberuhigt vergossen.

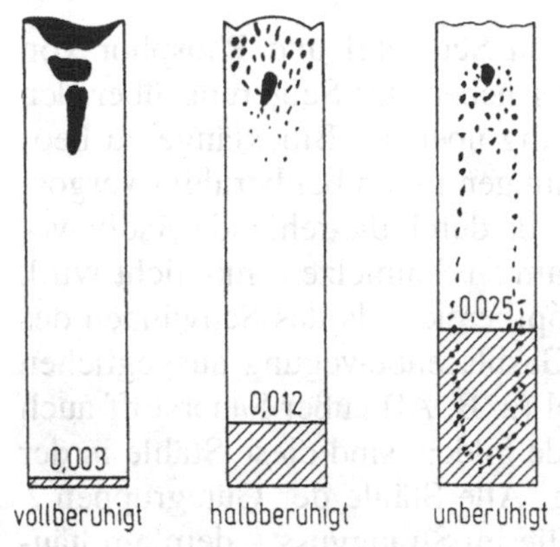

Bild 5-21. Blockquerschnitte bei verschiedenen Vergießungsarten.

Die aufsteigenden CO-Blasen erzeugen eine Strömung, in der die niedrigschmelzenden Phasen von der Erstarrungsfront weg zur Blockmitte befördert werden. Zusätzlich fördert die erzwungene Badbewegung ein Abscheiden anderer Gase, wie Stickstoff und Wasserstoff, so dass die Gasentwicklung verstärkt wird. Im Verlauf der Erstarrung wird ein Teil der Blasen im Randbereich eingeschlossen. Ein unberuhigter Stahl zeigt daher nach der Erstarrung von außen nach innen drei verschiedene Zonen:

- Eine ausgeprägte, sehr reine Außenschicht. Diese auch als Speckschicht bezeichnete Zone entsteht bei der primären Erstarrung anfangs reiner Eisenkristalle an der Kokillenwand.
- Ein typischer Blasenkranz. Diese Erscheinung entsteht durch eingeschlossene Gasblasen und ist relativ unkritisch, da die Blasen durch die stark reduzierende Atmosphäre (CO) eine metallisch blanke Oberfläche besitzen. Dies gewährleistet ein problemloses Verschweißen der Poren beim nachträglichen Walzen oder Schmieden. Aufgrund der unterschiedlichen Volumenkontraktionen von Gasen und Festkörpern entsteht in den Blasen ein Unterdruck. Besteht während der Erstarrung eine Verbindung zwischen der Restschmelze und einer Gasblase, kann Restschmelze in den Hohlraum eingesogen werden. Aus diesem Vorgang können nichtmetallische Einschlüsse in den Hohlräumen entstehen, die ein Verschweißen beim anschließenden Walzvorgang unmöglich machen.

– Eine ausgeprägte Seigerungszone in der Mitte des Blockes. In diesem Bereich ist eine verstärkte Anreicherung unerwünschter Stahlbegleiter wie Phosphor oder Schwefel zu beobachten.

Zusätzlich steigt die Konzentration von Schwefel und Phosphor von Blockfuß bis zum Blockkopf an, so dass neben der Seigerung über den Blockquerschnitt auch noch eine Seigerung über die Blocklänge zu beobachten ist. Diese Entmischungserscheinungen treten bei beruhigt vergossenen Blöcken nicht in diesem Maße auf, da durch die fehlende Badbewegung eine homogene Erstarrung der gesamten Schmelze ermöglicht wird. Sie zeigen allerdings tiefe Lunker im Kopfbereich, da das Schwinden des erstarrenden Materials nicht durch die Gasblasenbewegung ausgeglichen werden kann. Da die Desoxidationsmittel (z. B. Al) außer Sauerstoff auch Stickstoff abbinden und unlösliche Nitride bilden, sind diese Stähle in der Regel alterungsbeständig und feinkörnig. Alle Stähle der Gütegruppen 2 und 3 sind beruhigt vergossen, ebenso alle im Strangguss – dem am häufigsten eingesetzten Gießverfahren (rund 90 % der Stahlproduktion) – hergestellten Stähle.

Dennoch werden auch heute noch Stähle aufgrund wirtschaftlicher Überlegungen (höheres Ausbringen durch geringere Lunkerbildung) und geringerer Anforderung an die Qualität unberuhigt vergossen. Da sich beim unberuhigten Vergießen von Stahl eine sehr reine Randschicht, die Speckschicht bildet, kann durch diese Vergießungsart eine hohe Oberflächengüte erzielt werden, wie sie z. B. für Tiefziehbleche erforderlich ist.

Bei Reparaturen an alten Bauteilen können Schweißungen an unberuhigten Baustählen notwendig sein.

5.5.1 Schweißeignung

Die im Wesentlichen in DIN EN 10025 genormten Massenbaustähle werden als gewalzte bzw. geschmiedete Halbzeuge meist im warmgeformten, nach besonderer Vereinbarung auch im normalisierten Zustand geliefert [5-39].

Die Schweißeignung der unlegierten, allgemeinen Baustähle hängt im Wesentlichen von folgenden Einflussgrößen ab:

– Kohlenstoffgehalt,
– Anteil sowohl an erwünschten als auch an unerwünschten Begleitelementen und
– Desoxidationsart (Vergießungsart).

Die Vorgehensweise bei der Desoxidation der Schmelze, insbesondere beim Blockguss, kann die Schweißeignung von Bauteilen aus unlegierten

Stählen entscheidend beeinflussen, auch wenn die Analysengrenzen nach DIN EN 10025 eingehalten werden.

Bei unberuhigt vergossenen Stählen können die Schadstoffgehalte in den Seigerungsbereichen die dreifache Höhe des über den Gesamtblockquerschnitt gemittelten Gehaltes an Schwefel und/oder Phosphor annehmen. Die Folge ist nicht nur ein Ansteigen der Sprödbruchneigung, sondern auch eine Verminderung der Schweißeignung, da die ausgeprägte Seigerungszone auch bei der Weiterverarbeitung, z. B. durch Walzen des Gussblockes, erhalten bleibt. Insbesondere bei der Herstellung von Profilstahl besteht die Gefahr, dass die mit Schwefel und Phosphor angereicherten Bereiche bis zur Materialoberfläche gelangen. Muss bei unberuhigt vergossenen Stahlqualitäten in diesen Gebieten geschweißt werden oder soll ein Vollanschluss über den gesamten Querschnitt erfolgen, so kann Porosität im Schweißgut oder Heißrissbildung die Folge sein.

Bild 5-22 zeigt, was beim Schweißen dieser Stähle zu berücksichtigen ist, um ein gutes Schweißergebnis zu erzielen. Die Seigerungszonen sind durch ihre Anreicherung an Legierungselementen zum einen umwandlungsträger als die Speckschicht und neigen daher zur Aufhärtung. Dies kann zur Rissbildung in der Schweißnaht führen. Zum anderen sind die geseigerten Bereiche stark heißrissgefährdet, da in diesen Zonen die Elemente Schwefel und Phosphor stark angereichert sind. Beim Auswalzen von unberuhigten Blöcken werden sie über die gesamte Länge des Walzprofils gestreckt. Mit zunehmender Verformung wird auch die Speckschicht immer dünner, so dass besonders an Kanten (z. B. bei T- oder I-Profilen) die Seigerungszone an die Oberfläche gelangt. Ein „Anschneiden" dieser Zonen beim Schweißen ist aus den oben angeführten Gründen unbedingt zu vermeiden.

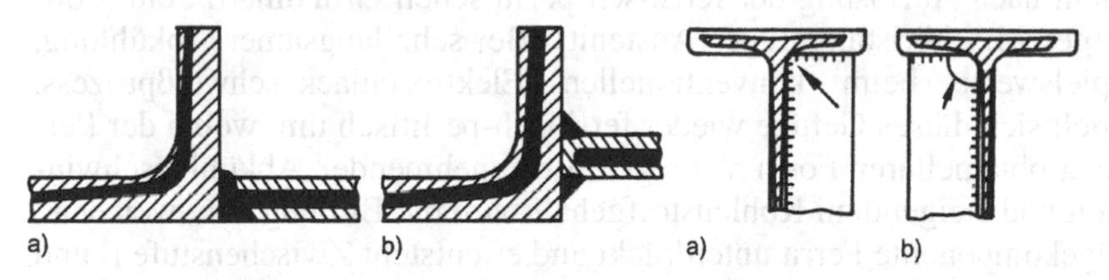

Bild 5-22. Seigerungsbereiche in unberuhigt vergossenen Stählen und Beispiele für (a) günstige und für (b) ungünstige Schweißverbindungen.

In den meisten Fällen werden aber beruhigt vergossene Stähle, denen zur Desoxidation Mangan und Silicium zulegiert wird sowie vollberuhigt vergossene Stähle mit zusätzlicher Beigabe von Aluminium zur Sauerstoff und Stickstoffabbindung eingesetzt. Durch Vermindern der „Kochreaktion" wird eine homogenere Verteilung der unerwünschten Begleitelemente im Gussblock und somit auch bei geschmiedeten bzw. gewalzten Halbzeugen erreicht.

Wichtigstes Kriterium zur Schweißeignung von unlegierten Massenbaustählen ist der Kohlenstoffgehalt. Bis zu einem Kohlenstoffgehalt von 0,22 % sind diese mit allen Schmelzschweißverfahren ohne besondere Vorkehrungen zu verarbeiten. Beim Widerstandspunktschweißen liegt diese Grenze etwas höher (etwa 0,3 % C). Für größere Wanddicken, höhere Kohlenstoffgehalte oder sehr niedrige Blechtemperaturen müssen zur Verringerung der Abkühlungsgeschwindigkeit die Bauteile vorgewärmt werden, um damit die Aufhärtungsgefahr zu verringern.

Diese Einschränkungen sind für z. B. andere Pressschweißverfahren nicht gegeben. Beim Abbrennstumpfschweißen sind auch Verbindungen mit hochkohlenstoffhaltigen Baustählen ohne Vorwärmung möglich.

5.5.2 Änderung des Gefüges und der Eigenschaften

Die unlegierten Baustähle zeigen im Lieferzustand ein Ferrit-/Perlitgefüge, je nach Wärmebehandlung oftmals in zeiliger Anordnung. Der Anteil an Perlit ist dabei um so größer, je höher der Kohlenstoffgehalt ist. Das hat natürlich Auswirkungen auf das entstehende Gefüge und die mechanisch-technologischen Eigenschaften in der Wärmeeinflusszone (WEZ) beim Schweißen. Die Breite der WEZ und damit auch die Breite der einzelnen Gefügezonen wird dabei im Wesentlichen durch die eingebrachte Wärme, die Gefügeart durch die Abkühlungsgeschwindigkeit (siehe Abschnitt 2.4.3) und die chemische Zusammensetzung der Grund- und Zusatzwerkstoffe bestimmt.

Im unmittelbar an das Schweißgut angrenzenden hocherhitzten Bereich entsteht nach Auflösung der ferritisch-perlitischen Grundmatrix ein grobkörniges Mischkristallgefüge (Austenit). Bei sehr langsamer Abkühlung, beispielsweise beim konventionellen Elektroschlackeschweißprozess, wandelt sich dieses Gefüge wieder ferritisch-perlitisch um, wobei der Perlit in groblamellarer Form vorliegt. Mit zunehmender Abkühlgeschwindigkeit und steigendem Kohlenstoffgehalt wird die Bildung der „weichen" Gefügekomponente Ferrit unterdrückt und es entsteht Zwischenstufen- und martensitisches Gefüge mit gegenüber dem Grundwerkstoff verschlechterten mechanischen Eigenschaften. Im letzteren Fall ist neben der Zunahme der Festigkeit ein deutlicher Härteanstieg gegenüber den Werten des unbeeinflussten Grundwerkstoffes festzustellen, und zwar um so mehr, je höher der Kohlenstoffgehalt ist. Charakteristisch für die Grobkornzone ist aber ein starker Abfall der Kerbschlagzähigkeit.

Bei unberuhigt vergossenen Baustahlqualitäten kann durch den Schweißprozess auch bei tieferen Temperaturen (unter A_1) eine Gefügeveränderung durch Alterung auftreten. Gemeint ist damit die Ausscheidung submikroskopisch kleiner Eisennitride bzw. -karbide auf den Gleitebenen der Kristalle, die zu einer merklichen Versprödung dieser Gefügezone der Schweißnaht führt.

5.5.3 Verarbeitung und Einsatzgebiete

Die allgemeinen Baustähle finden als einfache Konstruktionsstähle im Stahl- und Maschinenbau und bei der Fertigung von Apparaten, Behältern und Fahrzeugen aller Art Verwendung. Hinsichtlich der Pressschweißbarkeit bestehen keine Einschränkungen. Die Schmelzschweißeignung dagegen ist abhängig vom Kohlenstoffgehalt und von der Vergießungsart der unlegierten Baustähle. Allgemeine Richtlinien sind außer in den Stahlnormen in DIN 8528 aufgeführt. Zusatzwerkstoffe können anhand der einschlägigen Normen, Merkblätter und Herstellerangaben ausgewählt werden.

5.6 Einsatz- und Vergütungsstähle

Die unlegierten und die niedriglegierten Einsatz- und Vergütungsstähle sind in den Normen DIN EN 10084 (Einsatzstähle) bzw. DIN EN 10083, Teile 1 und 2, aufgeführt [5-42] [5-45]. Dabei werden die Vergütungsstähle nach DIN EN 10083, in die Gruppen der Edelstähle (Teil 1 der Euronorm) und der Qualitätsstähle (Teil 2) unterteilt. Als wichtigste Vertreter für die Einsatzstähle sind 16 MnCr 5, 20 MnCr 5 und 17 CrNiMo 6 zu nennen.

5.6.1 Schweißeignung

Für die unlegierten Qualitäts- und Edelstähle reicht zur Beurteilung der Schweißeignung im Allgemeinen die Betrachtung des Kohlenstoffgehaltes aus. Bis zu einem C-Gehalt von 0,22 % lassen sich die Werkstoffe mit allen Schmelzschweißverfahren ohne Einschränkungen verarbeiten. Bei höheren C-Gehalten der Stähle steigt die Härte des sich bei schneller Abkühlung bildenden Martensits und damit die Kaltrissgefahr, so dass entsprechend vorgewärmt werden muss.

Bei den niedriglegierten Werkstoffqualitäten reicht die Angabe des Kohlenstoffgehaltes zur Beurteilung der Schweißeignung dagegen nicht mehr aus, da auch andere Legierungselemente, wie Mangan, Chrom, Nickel, Molybdän und Vanadium, die kritische Abkühlungsgeschwindigkeit herabsetzen und somit die Aufhärtbarkeit fördern. Aus diesem Grund wird in der Praxis auf empirisch ermittelte Formeln zurückgegriffen, mit denen sich der Einfluss der wichtigsten Stahllegierungselemente auf die Schweißeignung abschätzen lässt. Die wohl bekannteste dieser Formeln für das sogenannte IIW-Kohlenstoffäquivalent (CE) lautet (siehe auch Bild 5-20)

$$CE = C + Mn/6 + Mo/5 + Ni/15 + Cr/5 + V/5 + Cu/15.$$

Die Grenze für die Schweißbarkeit von Bauteilen ohne besondere Maßnahmen wird im Allgemeinen bei CE $\approx$ 0,45 angegeben. Bis zu einem Wert von CE $\approx$ 0,6 kann bei geeigneter Zusatzwerkstoffwahl bzw. unter Beachtung einer korrekten Wärmeführung die Schmelzschweißeignung gegeben sein, darüber hinaus sind jedoch meist nur noch Pressschweißverfahren, wie Kaltpressschweißen, Reibschweißen oder Abbrennstumpfschweißen, zum Fügen von Bauteilen aus Einsatz- und Vergütungsstählen einsetzbar. Für die Verwendung des Kohlenstoffäquivalentes sind jedoch folgende Einschränkungen zu beachten:

- Es kann lediglich eine Abschätzung der erwarteten Härtesteigerungen erfolgen.
- Die Stahlherstellung und das entstandene Gefüge müssen mitberücksichtigt werden.
- Die Analysengrenzen sollten den folgenden Geltungsbereich nicht überschreiten: % C $\leq$ 0,5; % Mn $\leq$ 1,0; % Cr $\leq$ 1,0; % Ni $\leq$ 3,5; % Mo $\leq$ 0,6.
- Die Randbedingungen, wie Werkstückdicke bzw. Temperaturen des Werkstückes usw., sind ebenso wichtig.
- Die Gasgehalte im Werkstoff, insbesondere an Stickstoff und Wasserstoff, können für Kaltrissigkeit zusätzlich verantwortlich sein.

Darüber hinaus sind die mechanischen Eigenschaften (insbesondere die Zähigkeit) von Stählen mit gleichem Kohlenstoffäquivalent nicht identisch. So ist ein unlegierter Stahl mit einem Kohlenstoffgehalt von 0,4 % und einem Kohlenstoffäquivalent von 0,4 in der Schweißeignung nicht mit einem hochfesten Feinkornbaustahl mit gleichem Kohlenstoffäquivalent vergleichbar. Eine wesentlich bessere Aussage zur Schweißeignung der niedriglegierten Stähle bieten die bereits im Abschnitt 2.4 näher erläuterten Schweiß-ZTU-Schaubilder.

5.6.2 Änderung des Gefüges und der Eigenschaften durch den Schweißprozess

5.6.2.1 Einsatzstähle

Vor dem Einsatzhärten können alle unlegierten und niedriglegierten Einsatzstähle schweißtechnisch verarbeitet werden, danach verbietet sich jedoch zumindest das Schmelzschweißen, weil infolge der aufgekohlten Randschicht (C-Gehalt bis 0,8 %) Härterisse unvermeidbar wären. Falls dennoch im einsatzgehärteten Zustand geschweißt werden soll, muss die Randschicht im Fügebereich sorgsam entfernt werden, um eine unzulässige Kohlenstoffaufnahme des Schweißgutes zu vermeiden. Legierte Qualitäten, z. B. 16 MnCr 5, sind als Vorsichtsmaßnahme grundsätzlich vorzuwärmen. Die Höhe der Vorwärmung richtet sich dabei nach der Aufhärtungsneigung (Kohlenstoffäquivalent), der Streckenenergie beim Schweißen und den Wärmeableitungsbedingungen. Ähnliches gilt im übrigen auch für Nitrier- und Borierstähle. Grundsätzlich gilt, dass die schweißtechnische Verarbeitung am besten vor der Oberflächenhärtung erfolgen sollte.

5.6.2.2 Vergütungsstähle

Im Gegensatz zu den Einsatzstählen werden die unlegierten und die niedriglegierten vergüteten Stähle im wärmebehandelten Zustand (Abschreckhärten in Wasser oder Öl bzw. an Luft sowie Anlassglühbehandlung) geschweißt. Dabei können insbesondere beim Schmelzschweißen die erzeugten Festigkeits- und Zähigkeitseigenschaften der Grundwerkstoffe durch den Temperatur-Zeit-Zyklus in erheblichem Maße verändert werden. Auch durch Vorwärmen der Fügeteile – bei allen Vergütungsstählen erforderlich, da sie in der Regel über 0,22 % C (außer C22) enthalten- sind Härtespitzen im Grobkornbereich der Wärmeeinflusszone nicht zu verhindern, da Karbide und Nitride in Lösung gehen, wodurch bei der Rückumwandlung ein hoher martensitischer Gefügeanteil mit entsprechend verspannten Kristallgittern entsteht. Auch in den anderen Bereichen der Schweißverbindung mit nur teilweise vollständiger Austenitisierung ist eine Härtesteigerung zu erwarten. Ein Abfall der Festigkeitswerte („Härtesack“) ist dagegen in den Grundwerkstoffbereichen zu beobachten, die beim Schweißen nochmals angelassen werden (Temperaturen $\leq A_1$). Der Grund liegt in der zusätzlichen Ausscheidung bzw. Koagulation der Karbide.

Verbesserungen der mechanisch-technologischen Eigenschaften der Schweißverbindung sind im Allgemeinen nur durch eine Wärmenachbehandlung möglich, die dem Vergüten der Grundwerkstoffe entspricht.

5.6.3 Verarbeitung und Einsatzgebiete

Einsatzstähle nach DIN EN 10084 werden vorwiegend im Werkzeug- und im Fahrzeugbau eingesetzt, wenn verschleiß- oder dauerfeste Oberflächen gefordert werden. Die Auswahl der Zusatzwerkstoffe muss in Abhängigkeit vom Legierungstyp erfolgen. Dabei ist insbesondere darauf zu achten, dass das von Schweißstäben bzw. Drahtelektroden erzeugte Schweißgut nach den gleichen Mechanismen wie die Grundwerkstoffe härtbar ist.

Ähnliches gilt auch für die Auswahl von Schweißzusatzwerkstoffen zum Verbindungsschweißen von Vergütungsstählen nach DIN EN 10083, Teile 1 und 2, die praktisch im gesamten Maschinen- und Apparatebau sowie in der Fahrzeugherstellung Verwendung finden. Hierbei lassen sich je nach Legierungstyp oftmals nur artähnliche Zusatzmaterialien einsetzen, wenn vom Schweißgut den Grundwerkstoffen vergleichbare mechanische Eigenschaften und/oder Nachvergütbarkeit verlangt werden. In vielen Fällen wird aber auf ähnlich hohe Festigkeits- und Härtewerte verzichtet. Statt dessen werden Zusatzwerkstoffe auf unlegierter oder austenitischer Basis verwendet, die ein besonders zähes Schweißgut erbringen, dessen großes Formänderungsvermögen zumindest teilweise Spannungen abbauen kann. Beim Schutzgasschweißen von lufthärtenden Vergütungsstählen kommen beispielsweise CrNi-Drahtelektroden zum Einsatz. Dabei ist der entstehende schmale, martensitische Aufmischungsbereich an der Schmelzlinie tolerierbar. Die meisten Einsatz- und Vergütungsstähle sind unter Beachtung der erwähnten Einschränkungen bis zu Chromgehalten von maximal 5 % bei korrekter Wärmeführung (Vorwärmen, Mehrlagentechnik) schmelzschweißgeeignet. Generell und auch bei höheren Legierungsgehalten besteht die Eignung zum Abbrennstumpf- und Reibschweißen. Doch auch hier können anschließende Maßnahmen zum Abbau von Spannungen und Härtespitzen erforderlich sein.

5.7 Niedriglegierte kaltzähe Nickelstähle

5.7.1 Einsatzgebiete

Niedriglegierte Nickelstähle zeichnen sich neben einer guten Festigkeit durch hervorragende Zähigkeiten bei tiefen Temperaturen zwischen –50°C und –100°C aus und füllen so die Lücke zwischen den tieftemperaturzähen Feinkornstählen, die bis zu Temperaturen von –50°C eingesetzt werden, und den für noch tiefere Temperaturen geeigneten austenitischen Werkstoffen. Je nach Nickelgehalt variieren die Einsatztemperaturen zwischen –50°C und –60°C bei Nickelkonzentrationen von 1 % bis 2,5 % und bis zu Temperaturen von –100°C bei Nickelgehalten um 3,5 %. Stähle mit noch höheren Nickelkonzentrationen sind bis –200°C einsetzbar, doch sind diese Nickelstähle nicht mehr zu den niedriglegierten, sondern zu den legierten Qualitäten zu zählen (z. B. X8 Ni 9), weshalb sie an dieser Stelle nicht weiter behandelt werden sollen.

Insbesondere für den Transport und die Lagerung verflüssigter Gase werden Behälter aus kaltzähen Ni-Stählen gefertigt, die trotz einer kubischraumzentrierten Gitterstruktur aufgrund verringerter Kohlenstoffgehalte und Anhebung des Nickelgehaltes eine gute Verformungsfähigkeit bei tiefen Temperaturen zeigen. Stähle mit mittlerem Nickelgehalt von 3,5 % werden für Tieftemperaturlagertanks eingesetzt, darüber hinaus auch für große Schmiedestücke wie Dampfturbinenläufer.

Stähle mit Nickelgehalten von 1 % bis 2,5 % werden im vergüteten, oder normalisierten und angelassenen Zustand eingesetzt. Die gute Tieftemperaturzähigkeit resultiert hierbei aus dem nickelhaltigen ferritischen Grundgefüge dieser Stähle. Noch höhere Nickelgehalte führen zu martensitischen und austenitischen Gefügestrukturen.

Wegen ihrer guten Zähigkeit bei gleichzeitig hoher Streckgrenze bieten kaltzähe Nickelstähle Kostenvorteile bei der Konstruktion (Verringerung der Wanddicke) gegenüber Konkurrenzwerkstoffen wie Austeniten und Aluminiumlegierungen, die zwar keine Versprödungstendenzen mit abnehmender Temperatur, dafür aber eine kleinere 0,2-%-Dehngrenze aufweisen. Auch bei diesen Stählen wird wie bei Feinkornstählen ein feinkörniges Gefüge durch die Zugabe von Aluminium und Titan (Bildung von Nitrid- und Karbidausscheidungen) eingestellt.

5.7.2 Schweißeignung

Die kaltzähen Nickelstähle liegen oftmals im vergüteten Anlieferungszustand vor. Beim Schweißen wird die Anlasswirkung in den Bereichen der WEZ, die über A_3-Temperatur erhitzt werden, aufgehoben. Mit ansteigendem Nickelgehalt entsteht in der Grobkorn- und der Feinkornzone ein zunehmend martensitisches Gefüge mit Restaustenitanteilen, das in der Nähe der Schmelzgrenze, abhängig vom Kohlenstoffgehalt, Härtespitzen bis 420 HV 1 aufweisen kann. Die Kaltrissbildung kann besonders bei Stählen mit Nickelgehalten von 2,25 % bis 3,5 % in der WEZ und im Schweißgut auftreten. Als Abhilfemaßnahmen sind die Reduzierung der Wasserstoffeinbringung durch Verwendung wasserstoffkontrollierter Schweißzusatzwerkstoffe und eine Wärmenachbehandlung bei Temperaturen zwischen 620°C und 730°C zu nennen [5-41]. Eine Vorwärmung zur Kaltrissvermeidung ist nach [5-40] immer sinnvoll, da die Abkühlgeschwindigkeit der Schweißnaht sinkt. Hierdurch wird die Effusion des Wasserstoffes begünstigt, die Härte des entstehenden Gefüges gesenkt und der Verzug des Bauteiles verringert. [5-40] empfiehlt bei Nickelgehalten zwischen 2,25 % und 3 % eine Vorwärmtemperatur zwischen 150°C und 250°C, wobei auch auf eine genaue Einhaltung der Zwischenlagentemperaturen beim Schweißen geachtet werden soll. Mit einer Umwandlungsversprödung ist bei 3,5%igem Nickelstahl nicht zu rechnen, da der Nickelgehalt des Stahles und die Zähigkeit des Nickelmartensits sehr hoch sind. Eine Verringerung der Kerbschlagwerte ist häufig auf ein grobes Austenitkorn zurückzuführen. Die unzulässige Kornvergröberung kann nur durch Senken der Streckenenergie und/oder Zugabe von Mikrolegierungselementen (Ti, Al, Nb, V) unterbunden werden.

Nickellegierte Stähle (1 % bis 3 %) enthalten in ihrem Mikrogefüge nennenswerte Anteile des austenitischen Kristallgitters. Da der Austenit eine erheblich geringere Löslichkeit der heißrissfördernden Elemente Schwefel und Phosphor besitzt, muss bei der schweißtechnischen Verarbeitung mit dem Auftreten von Heißrissen (Aufschmelzungsrisse) bei dieser Stahlgruppe gerechnet werden. [5-41] empfiehlt zur Vermeidung der Aufschmelzungsrisse ein Vorwärmen. Weiterhin soll die Wärmeeinbringung reduziert oder vorteilhaft das MSG- oder MSG-Impulslichtbogenschweißen eingesetzt werden.

Auf eine Wärmenachbehandlung kann im Allgemeinen verzichtet werden. Beim Spannungsarmglühen lässt sich aber das Zähigkeitsverhalten etwas verbessern (Härteabbau durch Anlasswirkung). Jedoch kann beim Spannungsarmglühen von 3,5 %igen Nickelstählen auch eine Verschlechterung der Kerbschlagübergangstemperatur beobachtet werden, wenn sich aufgrund der Wärmenachbehandlung im Gefüge größere Anteile an polygonalem Ferrit bilden.

5.8 Kesselbleche und warmfeste Baustähle

Unlegierte und niedriglegierte Kessel- und Rohrstähle sind in DIN EN 10028 Teil 1 und Teil 2 bzw. in DIN EN 10216 (früher: DIN 17155 und DIN 17175) genormt [5-46] [5-47]. In diesem Abschnitt werden außerdem weitere warmfeste, niedriglegierte Stahlqualitäten insbesondere für den Reaktorbau erwähnt, für die Informationen bisher nur von den Stahlherstellern zu beziehen sind.

5.8.1 Schweißeignung

Die gute Schweißeignung von Behältern und Apparaten aus den beruhigt vergossenen, unlegierten und normalisierten Stählen wie dem P 355 GH und von Rohrsystemen beispielsweise aus dem warmgewalztem P 235 GH ergibt sich vor allem aufgrund des hohen Reinheitsgrades und der verringerten Kohlenstoffgehalte. Vorwärmen ist bei größeren Blechdicken und C-Gehalten über 0,22 % grundsätzlich empfehlenswert. Vorgeschrieben ist die das Schweißen begleitende Wärmebehandlung jedoch bei allen niedriglegierten, im vergüteten Zustand angelieferten Qualitäten, denen zur Erhöhung der Warmfestigkeit neben Mangan auch höhere Anteile an Molybdän, Chrom und/oder Vanadium zugesetzt wurden. Die bekanntesten Vertreter dieser ferritisch-perlitischen Stahlgruppe sind die Werkstoffe 15 Mo 3, 13 CrMo 4 4 und 10 CrMo 9 10.

Generell gute Schmelzschweißeignung weisen auch die für Druckgefäße von Reaktoren eingesetzten vergüteten Walz- oder Schmiedestähle 15 MnNi 6 3 und 22 NiMoCr 3 7 bzw. – als Nachfolgewerkstoff entwickelt – 20 MnMoNi 5 5 auf. Sinnvoll ist es, neben der Berechnung des Kohlenstoffäquivalentes, Schweiß-ZTU-Schaubilder zur Beurteilung der Schweißeignung heranzuziehen.

5.8.2 Änderung des Gefüges und der Eigenschaften

Für die unlegierten Kesselbleche und für die meisten niedriglegierten warmfesten Baustähle, die eine ferritisch-perlitische Grundmatrix aufweisen, können bei der schweißtechnischen Verarbeitung prinzipiell die gleichen Gefügeänderungen und Eigenschaften in der wärmebeeinflussten Zone erwartet werden, wie sie beim Schweißen der allgemeinen Baustähle auftreten. Abhängig vom Kohlenstoffgehalt und den Abkühlungsbedingungen treten vor allem in der Grobkornzone Härtesteigerungen auf, weil der Anteil an Zwischenstufengefüge und Martensit zunimmt.

Für molybdän-, noch mehr für chromlegierte, warmfeste Baustähle sind diese Tendenzen, wie aus ZTU-Schaubildern zu entnehmen ist, ausgeprägter. Der oft auch zu den Feinkornstählen gezählte Stahl 20 MnMoNi 5 5, der meist im wasservergüteten Zustand geschweißt wird und damit im Grundgefüge aus angelassenem Martensit besteht, bildet vor allem in der Grobkornzone ein bainitisch-martensitisches Gefüge mit zwangsgelöstem Kohlenstoff aus, das zu Härtespitzen über 400 HV und deutlich gegenüber den Grundwerkstoffwerten verminderten Zähigkeiten führt. Zur Vermindcrung von Kaltrissbildung ist auf eine korrekte Wärmeführung zu achten. Generell sind bei den lufthärtenden CrMo-legierten warmfesten Stählen harte, spröde Zonen im Schweißgut und in der schmelzgrenznahen Wärmeeinflusszone zu erwarten.

5.8.3 Schweißtechnische Verarbeitung und Einsatzgebiet

Wegen der Gefahr für Härterissbildung ist bei größeren Blechdicken auch beim Schweißen z. B. der Stähle P 295 GH und 15 Mo 3 eine blechdickenabhängige Vorwärm- und Arbeitstemperatur von ca. 200°C erforderlich. Höhergekohlte oder -legierte warmfeste Qualitäten, unabhängig davon, ob sie im Anlieferungszustand ferritisch-perlitisches, perlitisch-martensitisches oder martensitisches Gefüge aufweisen, sind generell gleichmäßig auf Temperaturen von 200°C bis 300°C vorzuwärmen, die auch bei Zwischenlagen eingehalten werden müssen. Zum Spannungsabbau und zur Anlassbehandlung ist bei größeren Wanddicken eine entsprechende Glühbehandlung zu empfehlen; bei Stählen wie 13 CrMo 4 4, 10 CrMo 9 10, 15 MnNi 6 3 und 20 MnMoNi 5 5 ist sie in den meisten Fällen vorgeschrieben.

Eingesetzt werden die warmfesten unlegierten und niedriglegierten Stähle im Kessel- und Apparatebau für Bauteile mit Betriebstemperaturen im Bereich von 500°C bis 600°C. Diese Stähle haben nicht nur eine hohe Warmfestigkeit, sondern auch eine große Zunderbeständigkeit und ein günstiges Zeitstandverhalten bei hohen Temperaturen. Der einfachste Weg zur Erhöhung der Warmfestigkeit besteht im Legieren des Stahles mit Mangan. Die Wirkung des Mangans beruht vorwiegend auf der Bildung eines Substitutionsmischkristalls mit Eisen. Die Warmfestigkeit wird durch Anwesenheit von interstitiell eingelagertem Stickstoff noch erhöht. Wesentlich stärker als Mangan wirkt sich die Anwesenheit von Molybdän auf die Warmfestigkeit des Stahls aus. Bereits geringste Mengen Molybdän (0,05 %) erhöhen die Zeitstandfestigkeit eines unlegierten Stahles bei 400°C und 450°C um 40 % [5-41]. Nur mit Molybdän legierte Stähle weisen maximale Mo-Konzentrationen von 0,5 % auf, da bei Zeitstandversuchen durch Ausscheidung des Mo_2C-Karbids der Werkstoff vollständig versprödet und oberhalb 440°C bei Molybdänstählen eine Graphitausscheidung einsetzt, die zu Schäden führen kann. Beide Nachteile können durch Zulegieren von Chrom aufgehoben werden, so dass bei den niedriglegierten Stählen Mo-Gehalte bis etwa 1 % bei gleichzeitiger Anwesenheit von Chrom üblich sind. Zusätzlich verbessert Chrom die Zunderbeständigkeit. Bei Temperaturen über 600°C kommen hochlegierte austenitische Stähle zum Einsatz.

Für das Verschweißen der Werkstoffe, die häufig auch als Werkstoffkombinationen verwendet werden, kommen artgleiche Zusatzwerkstoffe zur Anwendung (siehe einschlägige Normen, Merkblätter und Herstellerangaben).

6 Hochlegierte Stähle

6.1 Einteilung

Je nach Legierungszusammensetzung können spezielle Werkstoffeigenschaften erzielt werden, die Werkstoffe für verschiedenste Beanspruchungsbedingungen und Anwendungen interessant machen. Insbesondere bei den hochlegierten Stählen ergibt sich ein extrem weites Eigenschaftsspektrum. Hierzu gehören

- Korrosionsbeständigkeit (Säuren und/oder Laugen),
- Hochwarmfestigkeit,
- Hitze- und Zunderbeständigkeit,
- Tieftemperaturzähigkeit und
- besondere elektrische bzw. magnetische Eigenschaften.

Bei der schweißtechnischen Verarbeitung dieser Stähle sind zahlreiche Randbedingungen zu beachten, um ein zufriedenstellendes Schweißergebnis zu erhalten. In diesem Abschnitt wird ein besonderes Augenmerk auf die Problematik des Schweißens der korrosionsbeständigen Stähle gelegt, da diese in der industriellen Praxis am häufigsten eingesetzt werden und wegen ihrer Legierungszusammensetzung viele Details bei der schweißtechnischen Verarbeitung zu beachten sind.

6.2 Grundwerkstoffe

6.2.1 Nomenklatur der hochlegierten Stähle

Hochlegierte Stähle enthalten mehr als 5 % eines Legierungselementes und werden durch ein vorangestelltes X in ihrem Kurznamen gekennzeichnet. Anschließend folgt, wie bei den unlegierten und niedriglegierten Stählen, die Angabe des Kohlenstoffgehaltes in Prozent, multipliziert mit dem Faktor 100. Nachfolgend entfallen jedoch die sonst bei den unlegierten und niedriglegierten Stählen üblichen Umrechnungsfaktoren, so dass hochlegierte Stähle mit der mittleren Konzentration der Legierungselemente (in Prozent) gekennzeichnet werden.

Der Stahl X 5 CrNi 18 10

enthält demnach 0,05 % Kohlenstoff, 18 % Chrom und 10 % Nickel. Die Bezeichnung der hochlegierten Stähle erfolgt nach ihrer chemischen Zusammensetzung. Dabei werden nach DIN EN 10020 diese Werkstoffe nicht mehr als hochlegierte Stähle, sondern als legierte Edelstähle bezeichnet. Zur Gruppe der legierten Edelstähle sind nach DIN EN 10020 die nichtrostenden, hitzebeständigen, warmfesten, Werkzeug- und Wälzlagerstähle und Stähle mit besonderen physikalischen Eigenschaften zu zählen.

6.2.2 Einfluss der Legierungselemente auf das Mikrogefüge der Stähle

Wie schon aus Abschnitt 2 bekannt, können mit Legierungselementen gezielt Eigenschaften von Stählen beeinflusst werden. Mit der Auswahl und der Konzentration wird außer den Eigenschaften auch der Kristallaufbau des Stahles beeinflusst. Unlegierter Stahl weist bei Raumtemperatur ein kubisch-raumzentriertes (krz) Gitter (α-Eisen oder Ferrit) auf, das oberhalb A_{c3} in das kubisch-flächenzentrierte (kfz) Gitter des Austenits (γ-Eisen) umwandelt. Außer durch Temperaturerhöhung kann das kfz-Gitter des Austenits durch verschiedene Legierungselemente stabilisiert werden, so dass ein austenitischer Kristall bei Raumtemperatur vorliegt. Neben den austenitstabilisierenden Elementen existieren auch Elemente, die eine Bildung der Ferritphase begünstigen. Folglich werden die Legierungselemente bei den hochlegierten Stählen in die ferrit- und die austenitstabilisierenden Elemente unterteilt. Die Wirkung der einzelnen Legierungselemente auf die entstehenden Phasen kann sehr gut anhand der im Bild 6-1 abgebildeten binären Systeme verdeutlicht werden.

Ausgehend vom metastabilen Fe-C-Diagramm (mittleres Teilbild) ist die Wirkung der Legierungselemente auf das Gleichgewichtsschaubild erkennbar. Dabei ist jedoch zu berücksichtigen, dass Kohlenstoff schon allein ein starker Austenitbildner ist, was an der Ausbreitung des γ-Bereiches im Fe-C-Diagramm ersichtlich ist. Daneben stellt Nickel das wichtigste Legierungselement zur Stabilisierung des Austenits dar (rechtes Teilbild). Im rechten Teilbild sind die Auswirkungen der Ferritbildner auf die Bildung der Ferritphase dargestellt. Die Ferritbildner mit Chrom als wichtigstem Legierungselement, bewirken eine starke Einschnürung des Austenitgebietes. Ab einem bestimmten Gehalt eines ferritstabilisierenden Legierungselementes kann trotz Temperaturerhöhung keine Umwandlung

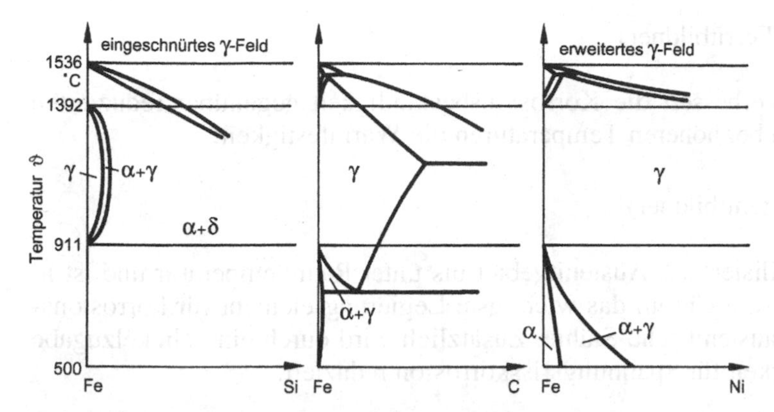

Bild 6-1. Änderung des Fe-C-Diagrammes (mittleres Teilbild), ferritstabilisierende (linkes Teilbild) und austenitstabilisierende (rechtes Teilbild) Legierungselemente (schematisch).

von einem krz-Gitter in ein kfz-Gitter beobachtet werden, so dass ein umwandlungsfreier ferritischer Stahl vorliegt. Das wichtigste Legierungselement für korrosionsbeständige Stähle ist Chrom, da ab Chromkonzentrationen über 12 % ein Stahl korrosionsbeständig ist. Im Folgenden werden die wichtigsten Legierungselemente aufgeführt und ihre Auswirkungen auf den Stahl kurz beschrieben:

Chrom (Ferritbildner)

Ab Konzentrationen über 12 % ist ein Stahl durch Bildung einer dichten Chromoxidschicht auf der Stahloberfläche korrosionsbeständig.

Kohlenstoff (Austenitbildner)

Die austenitstabilisierende Wirkung von Kohlenstoff ist etwa 30mal größer als die des Nickels. Aus Gründen der Korrosionsbeständigkeit wird der Kohlenstoffgehalt in den meisten nichtrostenden Stählen sehr niedrig gehalten.

Mangan (Austenitbildner)

In austenitischen Chrom-Nickel-Stählen vermindert Mangan die Bildung von α´-Martensit und wird aus diesem Grund (bessere Verformbarkeit) bei Stählen zur Umformung und bei Stählen für Tieftemperaturbeanspruchung zulegiert.

Molybdän (Ferritbildner)

Molybdän verbessert die Korrosionsbeständigkeit gegenüber reduzierten Medien und bei höheren Temperaturen die Warmfestigkeit.

Nickel (Austenitbildner)

Nickel stabilisiert das Austenitgebiet bis unter Raumtemperatur und ist in Verbindung mit Chrom das wichtigste Legierungselement für korrosionsbeständige austenitische Stähle. Zusätzlich wird durch eine Nickelzugabe die Anfälligkeit für Spannungsrisskorrosion reduziert.

Niob (Ferritbildner)

Niob bindet Kohlenstoff in Form von Karbiden und reduziert somit die interkristalline Korrosion in Chrom- und Chrom-Nickel-Stählen.

Silicium (Ferritbildner)

Silicium verbessert die Zunder- und bei höheren Si-Gehalten die Korrosionsbeständigkeit in einigen hochkonzentrierten Säuren.

Stickstoff (Austenitbildner)

Stickstoff stabilisiert in ähnlichem Umfang wie Kohlenstoff den Austenit. Zusätzlich wirkt Stickstoff korrosionsmindernd (interkristalline Korrosion) [6-1], [6-2], [6-3] und verzögert die Ausscheidung von spröden intermetallischen Phasen zu längeren Zeiten. Des weiteren kann durch Stickstoff die Festigkeit des Austenits ohne Zähigkeitsverluste gesteigert werden.

Titan (Ferritbildner)

Titan bindet Kohlenstoff in Form von Karbiden und senkt somit die Neigung zur interkristallinen Korrosion und hat zusätzlich eine kornfeinende Wirkung.

Vanadium (Ferritbildner)

Vanadium verbessert die Warmfestigkeit, und in geringen Mengen verringert es bei härtbaren martensitischen Chromstählen deren Empfindlichkeit gegen Überhitzung.

Durch die Legierungszusammensetzung wird also ein Gefügezustand eingestellt, der auf die Anforderungen im späteren betrieblichen Einsatz abgestimmt ist und die Eigenschaften des hochlegierten Stahles in chemischer, mechanischer und physikalischer Hinsicht festlegt. Entsprechend den Normen DIN 17440, DIN EN 10028-7 (früher: DIN 17441) und SEW 400 werden diese Stähle ihrem Gefügezustand entsprechend eingeordnet [5-44].

6.2.3 Einteilung und Eigenschaften der korrosionsbeständigen Stähle

Nach SEW 400 sind die nichtrostenden Stähle in die ferritischen, martensitischen, austenitisch-ferritischen und die austenitischen Stähle zu unterteilen [6-4].

Eine etwas differenziertere Aufschlüsselung der korrosionsbeständigen Stähle ist in [6-5] wiedergegeben. Hierbei werden die korrosionsbeständigen Stähle nach ihrer Einsatztemperatur in die korrosionsbeständigen Stähle für wässrige Medien bei niedriger Temperatur und in die hitze- und zunderbeständigen Stähle für hohe Temperaturen unterteilt. Zusätzlich erfolgt eine Unterteilung der austenitischen Stähle in die stabilisierten und nicht stabilisierten Gruppen (Bild 6-2). Der Begriff der Stabilisierung wird in Abschnitt 6.3.3.1 beschrieben.

Folgende Stahlgruppen sollen hier näher beschrieben werden:

- vollaustenitische Chrom-Nickel-Stähle (stabile Austenite),
- austenitische Chrom-Nickel-Stähle mit geringem Ferritanteil (metastabile Austenite),

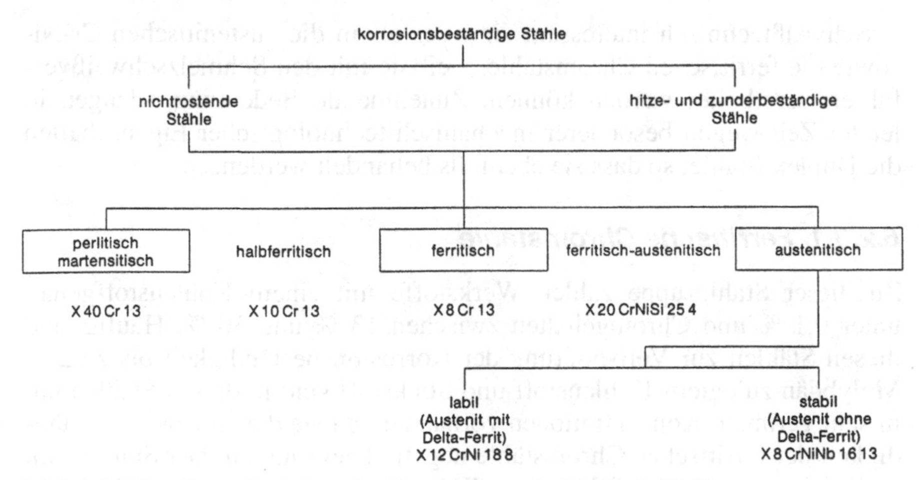

Bild 6-2. Einteilung der korrosionsbeständigen Stähle nach [6-5].

– austenitisch-ferritische Chrom-Nickel-Stähle (Duplex-Stähle),
– ferritische Chromstähle und
martensitische und ferritisch-martensitische Chromstähle.

Einen ersten Überblick über die chemische Zusammensetzung der einzelnen Stahlgruppen liefert Tabelle 6-1.

Tabelle 6-1. Chemische Zusammensetzungen der verschiedenen hochlegierten Stähle.

Gruppe	C	Si	Mn	Cr	Mo	Ni	Cu	Nb	Ti	Al	V	N	S
		max.	max.										
ferritische Stähle	≤	1,0	1,0	15	bis	≤		+	+	+			
	0,1			18	2,0	1,0							
martensitische Stähle	0,1	1,0	1,5	12	bis	≤					+		+
	1,2			18	1,2	2,5							
austenitische Stähle	≤	1,0	2,0	17	bis	7,0	bis	+	+			+	+
	0,1			26	5,0	26,0	2,2						
austenitisch-ferritische	≤	1,0	2,0	24	bis	4,0		+					
Stähle	0,1			28	2,0	7,5							

\+ gibt an, dass die entsprechenden Legierungselemente zur Erzielung bestimmter Eigenschaften in definierter Höhe zulegiert werden können.

Schweißtechnisch interessant sind vor allem die austenitischen Cr-Ni- sowie die ferritischen Chromstähle, weil sie mit den Schmelzschweißverfahren verarbeitet werden können. Zunehmende Bedeutung erlangen in letzter Zeit wegen besonderer mechanisch-technologischer Eigenschaften die Duplex-Stähle, so dass sie ebenfalls behandelt werden.

6.2.3.1 Ferritische Chromstähle

Zu dieser Stahlgruppe zählen Werkstoffe mit einem Kohlenstoffgehalt unter 0,1 % und Chromgehalten zwischen 13 % und 30 %. Häufig sind diesen Stählen zur Verbesserung der Korrosionsbeständigkeit bis zu 2 % Molybdän zulegiert. Kohlenstoff und Stickstoff sind in diesen Stählen nur in sehr geringen Konzentrationen vorhanden, da sie die Korrosionsbeständigkeit der ferritischen Chromstähle negativ beeinflussen. Der Stahl ist im Anlieferungszustand infolge einer Wärmebehandlung unempfindlich gegen interkristalline Korrosion (IK) und besteht aus globular aufgebauten Ferritkörnern.

Ferritische Chromstähle, die zusätzlich Silicium oder Aluminium enthalten, sind zunderbeständig und werden aufgrund ihrer geringeren Legierungskosten oftmals den zunderbeständigen Chrom-Nickel-Stählen vorgezogen.

Die Haupteinsatzgebiete der ferritischen Chromstähle erstrecken sich auf die Chemie- und Lebensmittelindustrie und die Kfz-Technik. Jedoch muss hierzu angemerkt werden, dass viele ferritische Chromstähle im Laufe der Zeit durch die austenitischen Chrom-Nickel-Stähle verdrängt wurden. Ein wesentlicher Vorteil der korrosionsbeständigen Ferrite gegenüber den Austeniten ist ihre Beständigkeit gegen Spannungsrisskorrosion in chloridhaltigen Medien (z. B. Salzwasser).

6.2.3.2 Ferritisch-martensitische Chromstähle

Ferritisch-martensitische Chromstähle unterscheiden sich von den ferritischen Stahlsorten im Wesentlichen durch ihren Kohlenstoffgehalt, der zwischen 0,1 % und 0,3 % bei einem Chromgehalt von 12 % bis 18 % liegt. Aufgrund ihrer höheren Kohlenstoffgehalte zeigen diese Stähle ein deutliches Umwandlungsverhalten und werden im vergüteten Zustand eingesetzt, d. h., nach dem Härten erfolgt ein Anlassen des Stahles. Dies bedeutet, dass durch das Anlassen dem Kohlenstoff die Möglichkeit zur Bildung von Chromkarbiden gegeben wird, was wieder zu einer erhöhten IK-Anfälligkeit des Stahles führt. Dies ist um so schlimmer, als bei den ferritisch-martensitischen Stählen die Kohlenstoffkonzentration wesentlich über der ferritischer Chromstähle liegt. Durch eine hinreichend lange Anlassbehandlung des Stahles, kann jedoch seine IK-Anfälligkeit wieder reduziert werden. Die Erklärung, warum durch eine langandauernde Wärmebehandlung die IK-Anfälligkeit wieder aufgehoben wird, ist im Abschnitt 6.3.3.1.1 gegeben.

Die Einsatzgebiete der ferritisch-martensitischen Chromstähle erstrecken sich von Maschinen für die chemische und die Nahrungsmittelindustrie und in Modifikationen mit Molybdän, Wolfram und Vanadium bis hin zu Armaturen und Turbinen in Kraftwerken. Als typischer Vertreter der korrosionsbeständigen Vergütungsstähle sei hier der Stahl X 20 Cr 13 genannt.

6.2.3.3 Martensitische Chromstähle

Martensitische Chromstähle enthalten etwa 0,4 % bis 1,2 % Kohlenstoff und 12 % bis 18 % Chrom. Steigende Gehalte an austenitstabilisierenden Elementen wie Kohlenstoff, Stickstoff und Nickel erweitern das Austenitgebiet, wodurch umwandlungsfähige Stähle entstehen. Für eine vollständige Umwandlung sind bei den martensitischen Chromstählen erhöhte Kohlenstoffgehalte notwendig. Stähle mit einem Chromgehalt von 13 % wandeln erst ab einer Kohlenstoffkonzentration von 0,15 % um und austenitisieren erst oberhalb 950°C. 17%ige Chromstähle benötigen schon 0,3% Kohlenstoff und eine Austenitisierungstemperatur von 1100°C. Der bei hohen Temperaturen gebildete Austenit wandelt sich beim Abkühlen vollständig in Martensit um. Zum Erzielen der kritischen Abkühlgeschwindigkeit reicht bei dieser Stahlgruppe oftmals die Abkühlung an Luft. Diese Stähle werden auch als Lufthärter bezeichnet.

Die mechanischen Eigenschaften der martensitischen Chromstähle hängen sehr stark von ihrem Wärmebehandlungszustand ab, jedoch weisen die martensitischen Stähle grundsätzlich höhere Härte- und Festigkeitswerte auf als alle anderen korrosionsbeständigen Stähle. Im gehärteten Zustand sind die martensitischen Chromstähle sehr beständig gegen interkristalline Korrosion, da der Kohlenstoff im martensitischen Gitter zwangsgelöst ist und somit keine Chromkarbidausscheidungen entstehen können. Die IK-Anfälligkeit ist aber sofort gegeben, wenn dem Härten ein Anlassen des Martensits zur Vergütung folgt.

Bei martensitischen Stählen wird die Warmfestigkeit durch gezielte Legierung mit Molybdän, Vanadium und Wolfram erhöht. Solche Stähle werden im Turbinen- und Triebwerksbau eingesetzt. Am häufigsten werden martensitische Chromstähle jedoch in der Schneidwarenindustrie (Messerklingen) und im Maschinenbau (Nadelventile, Düsen, Wälzlager) verwendet.

6.2.3.4 Ferritisch-austenitische Chrom-Nickel-(Duplex-)Stähle

Bei Gehalten von 4 % bis 8 % Nickel und 22 % bis 27 % Chrom entsteht neben der Ferritphase nach der Erstarrung auch eine Austenitphase, die bei Raumtemperatur stabil ist. Die Gefüge der Stähle bestehen zu etwa 50 % aus Ferrit und 50 % Austenit und enthalten bis zu 0,35 % Stickstoff, der zur Erhöhung der Streckgrenze und zur Stabilisierung der Austenitphase eingesetzt wird. Im ternären System Eisen-Chrom-Nickel kann an einem Konzentrationsschnitt bei 70 % Eisen die Verteilung der Austenit- und Ferritphase in Abhängigkeit von der Legierungszusammensetzung im Gleichgewichtsfall bestimmt werden (Bild 6-3). Duplex-Stähle erstarren primär ferritisch (δ-Ferrit), und in einem Temperaturbereich um 1300°C findet eine Umwandlung des Ferrits in Austenit statt.

Aus Bild 6-3 ist ersichtlich, dass sich bei Duplex-Stählen in dem o. g. Konzentrationsbereich ein Gefüge einstellen wird, das zu etwa gleichen Anteilen aus Ferrit und Austenit besteht. Es muss aber darauf hingewiesen werden, dass das ternäre Diagramm im Bild 6-3 nur für den Fall der unendlich langsamen Abkühlung (Gleichgewichtsfall) aufgestellt wurde und der Einfluss anderer Legierungselemente nicht berücksichtigt ist.

Aus der Gefügekombination resultiert eine erhöhte Streckgrenze ($Rp_{0,2}$ = 400 N/mm^2 bis 500 N/mm^2) gegenüber den üblichen ferritischen und austenitischen Stählen. Durch Zulegieren von 1,5 % bis 3% Molybdän wird eine erhöhte Beständigkeit gegen Lochkorrosion und interkristalline Spannungsrisskorrosion in chloridhaltigen Medien erzielt, die über der von handelsüblichen austenitischen Stählen liegt. Die Grobkornbildung der Ferritphase ist durch die wachstumshemmende Austenitphase wesentlich geringer als bei den ferritischen Chromstählen. Die Zähigkeitseigenschaften sind denen der austenitischen Stähle ebenbürtig.

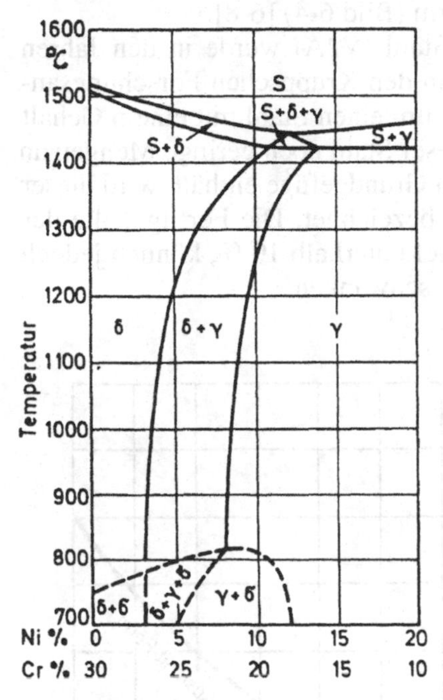

Bild 6-3. Konzentrationsschnitt im ternären System Eisen-Chrom-Nickel bei 70 % Eisen [6-6].

Ein typischer Vertreter der Duplex-Stähle ist der Stahl X 2 CrNiMoN 22 5 3. Die Einsatzbereiche für Duplex-Stähle erstrecken sich auf die Ölfördertechnik, den Chemieanlagenbau und die Meerestechnik.

6.2.3.5 Stabile und metastabile austenitische Chrom-Nickel-Stähle

Chrom und Nickel sind die wichtigsten Legierungselemente für austenitische Stähle. Chrom, eigentlich ein ferritbildendes Element, unterstützt die austenitisierende Wirkung des Nickels, so dass ab etwa 18 % Chrom und 8 % Nickel das Austenitgebiet soweit vergrößert wird, dass der Austenit bis hinab auf Raumtemperatur stabil bleibt (Bild 6-3). Austenitische Stähle sind meistens im Gegensatz zu den ferritischen Stählen umwandlungsfrei, d. h., sie können nicht mehr gehärtet werden und sind nicht magnetisch (paramagnetisch).

Strauss und Maurer entwickelten ein Diagramm, das die entstehenden stabilen Gefüge in Abhängigkeit vom Chrom- und Nickelgehalt wiedergibt [6-7]. Durch ergänzende Untersuchungen entstand schließlich das Maurer-Diagramm in seiner heute bekannten Form (Bild 6-4) [6-8].

Der wohl bekannteste austenitische Stahl (V2A) wurde in den Jahren 1909 bis 1912 von Strauss und Maurer in den Kruppschen Forschungsanstalten entwickelt. Dabei handelt es sich um einen Stahl mit einem Gehalt von 18 % Chrom und 8 % Nickel. Da dieser Stahl noch geringe Mengen an Ferrit in seinem ansonsten austenitischen Grundgefüge enthält, wird dieser Stahl als metastabiler (labiler) Austenit bezeichnet. Die Ferritgehalte der metastabilen Austenite liegen in der Regel unterhalb 10 %, können jedoch als Folge von Wärmebehandlungen stark schwanken.

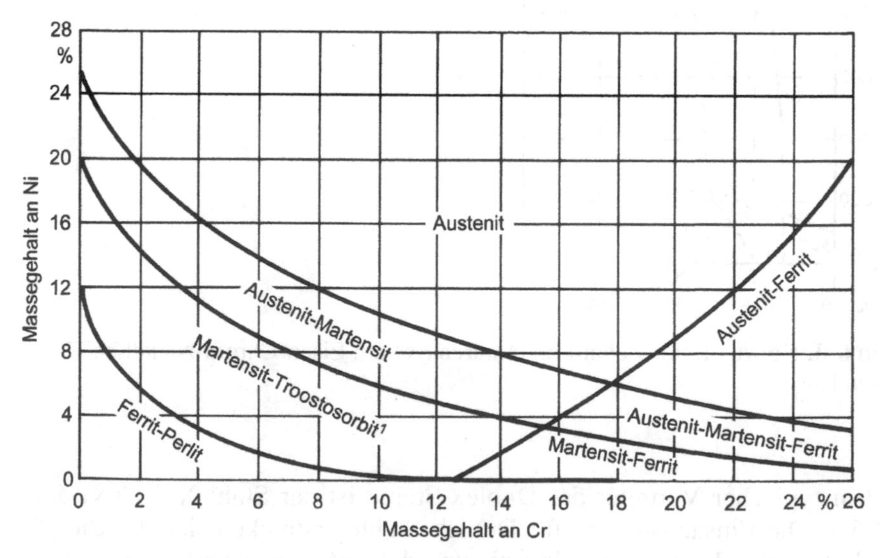

Bild 6-4. Gefügeschaubild der Chrom-Nickel-Stähle (Maurer-Diagramm) [6-8].

Die stabilen Austenite (Vollaustenite) enthalten dagegen keine Ferritanteile und sind meist an den legierungstechnisch eingestellten Chrom-Nickel-Kombinationen 13/13, 16/13 oder 25/20 erkennbar.

Die korrosionsbeständigen, austenitischen Cr-Ni-Stähle ohne oder mit Anteilen an Ferrit sind in DIN 17440 und DIN 17145 bzw. SEW 400 mit Angaben zu ihrer chemischen Zusammensetzung aufgelistet. Der heute am meisten verwendete Werkstoff ist der Stahl X 5 CrNi 18 9 (W.-Nr.1.4301). Ihre hervorragenden Zähigkeitseigenschaften verdanken die austenitischen Stähle dem Umstand, dass sie auch bei tiefen Temperaturen eine kfz-Gitterstruktur aufweisen, die gegenüber krz-Kristallgittern bei höherer Packungsdichte der Atome eine größere Anzahl an Gleitsystemen besitzt. Da γ-Mischkristalle zudem ein vielfach höheres Lösungsvermögen für fast alle Legierungselemente aufweisen als α-Mischkristalle (hierfür ist die Größe der Gitterlücken und nicht deren Anzahl entscheidend), kann die chemische Zusammensetzung der Stähle in einem weiten Rahmen ohne Beeinträchtigung der mechanisch-technologischen und der Korrosions-Eigenschaften variiert werden.

Die austenitischen Chrom-Nickel-Stähle finden im Bauwesen, der chemischen Industrie, der Energieerzeugung, der Lebensmitteltechnik und zahlreichen anderen Industriezweigen Anwendung.

6.3 Korrosion an nichtrostenden Stählen

6.3.1 Grundlagen der Korrosion

Obwohl die in diesem Abschnitt aufgeführten Austenite und Ferrite als korrosionsbeständige oder nichtrostende Stähle bezeichnet werden, existieren gasförmige und flüssige Medien, die zu einer Korrosion dieser Stähle führen. Nach DIN EN ISO 8044 und DIN 50900 ist unter dem Begriff der Korrosion die Reaktion eines metallischen Werkstoffes mit seiner Umgebung zu verstehen. Die dabei auftretende messbare Veränderung des Werkstoffes führt zu einer Beeinträchtigung der Funktion des metallischen Bauteiles oder eines ganzen Systems [6-36].

Grund für die Korrosion ist die thermodynamische Instabilität der Metalle gegenüber oxidierenden Medien, zu denen sowohl Gase als auch wässrige Medien zu zählen sind. Die Korrosion der Metalle kann in zwei grundsätzlich unterschiedliche Reaktionstypen unterteilt werden: die chemische Reaktion und die elektrochemische Reaktion. Bei der chemischen Reaktion zersetzen sich die Metalle direkt ohne Anwesenheit eines Elektrolyten. Der Elektronenaustausch findet zwischen den Reaktionspartnern direkt statt, es erfolgt kein Elektronenfluss. Als typisches Beispiel einer chemischen Reaktion sei hier die Reaktion eines Metalls mit einem trockenen, heißen Gas angeführt, wie dies bei der Verzunderung der Metalle der Fall ist. Neben Gasen können aber auch Säuren, Basen und Salze eine chemische Korrosion bei Metallen verursachen.

Bei der Korrosion der Metalle besitzt die elektrochemische Reaktion die weitaus größere Bedeutung. Wie der Name schon sagt, findet hierbei eine elektrochemische Reaktion statt, d. h. für die Zersetzung des Metalls muss ein Elektronenstrom fließen. Damit ein elektrolytischer Werkstoffabtrag erfolgen kann, muss ein geschlossener Stromkreis vorliegen. Der Transport der Ladungen erfolgt über einen leitenden Elektrolyten, der in den meisten Fällen eine wässrige Lösung ist.

Die Auflösung des Metalls (Me) erfolgt unter Abgabe von Elektronen gemäß folgender Reaktion:

$$Me \rightarrow Me^{n+} + n * e^{-}.$$

Diese Reaktion der elektrochemischen Korrosion wird als anodische Auflösung oder anodische Teilreaktion bezeichnet und entspricht, da Elektronen abgegeben werden, einer Oxidation des Metalls. Infolge der Verschiebung von Ladungsträgern entsteht eine Potentialdifferenz, die den Übergang eines zweiten Elements (z.B. eines gelösten Metalls) aus dem Elektrolyten bewirkt. Die entsprechende (kathodische) Teilreaktion lautet

$$Me^{n+} + n * e^{-} \rightarrow Me.$$

Im Gegensatz zur anodischen Teilreaktion handelt es sich bei der kathodischen Reaktion um eine Reduktion, da Elektronen von dem gelösten Element aufgenommen werden.

Als Beispiel für die anodischen und kathodischen Teilreaktionen sollen die beiden Halbzellen des unedlen Metalls Zink und des edleren Metalls Kupfer miteinander verglichen werden (Bilder 6-5 und 6-6).

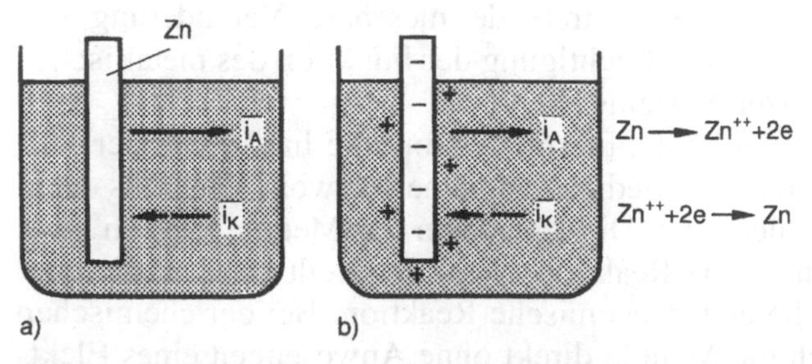

Bild 6-5. Halbzelle des unedlen Metalls Zink mit dem **(a)** Beginn der Reaktion beim Eintauchen der Zinkelektrode, $i_A > i_K$, und dem **(b)** Gleichgewichtszustand ($i_A = i_K$) und dem Gleichgewichtspotential [5-22].

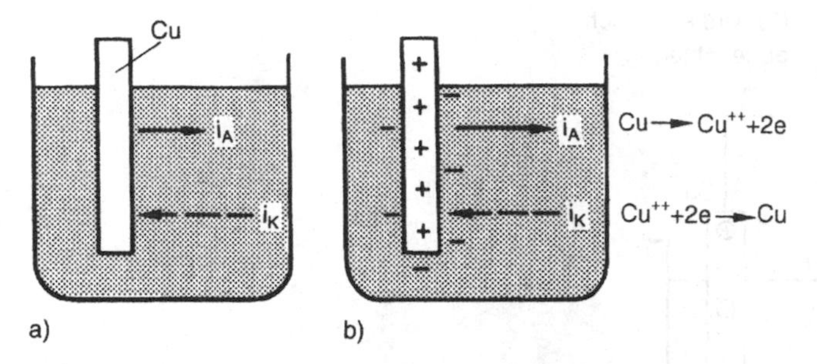

Bild 6-6. Halbzelle des edleren Metalls Kupfer mit dem (**a**) Beginn der Reaktion beim Eintauchen der Zinkelektrode, $i_A < i_K$ und dem (**b**)Gleichgewichtszustand ($i_A = i_K$) und dem Gleichgewichtspotential [5-22].

Bei dem unedleren Zink ist zu Beginn der Reaktion der anodische Teilstrom i_A größer, so dass Zink in Lösung geht und die Zinkelektrode ein negatives Potential erhält. Die gelösten Zn^{++} lagern sich als Folge elektrostatischer Kräfte an der Elektrodenoberfläche an, was jedoch zu einer Schwächung des anodischen Teilstromes i_A, bei gleichzeitiger Verstärkung des kathodischen Teilstromes i_K führt.

Mit der Zeit stellt sich ein Gleichgewicht zwischen beiden Teilströmen ein, so dass sich aufgrund der Spannungsdifferenz zwischen negativ geladener Zinkelektrode und positiv geladenem Elektrolyten ein Gleichgewichtspotential ausbildet.

Das edlere Metall, in diesem Fall Kupfer, weist aufgrund des zu Beginn der Reaktion größeren kathodischen Teilstroms i_K im Gleichgewichtszustand eine positive Ladung auf (Bild 6-6). Um jedoch die kathodische Teilreaktion zu starten, müssen in dem Elektrolyten Cu^{++}-Ionen gelöst sein, damit die kathodische Abscheidung des Kupfers überhaupt erfolgen kann.

Werden nun die beiden Halbzellen aus den Bildern 6-5 und 6-6 betrachtet, so kann festgestellt werden, dass das Gleichgewichtspotential des Kupfers positiver ist als das des Zinks.

Werden nun beide Halbzellen miteinander leitend verbunden, so ist ein Stromfluss messbar, wobei Zink in Lösung geht und Kupfer abgeschieden wird. Der Vorgang der anodischen Auflösung und der kathodischen Abscheidung von Metallen ist im Bild 6-7 anhand eines galvanischen Elementes dargestellt.

Das Gleichgewichtspotential von Zink und Kupfer ist jedoch aus den in den Bildern 6-5 und 6-6 dargestellten Versuchsanordnungen nicht messbar. Nach Bild 6-7 kann das Gleichgewichtspotential nur als Differenz zwischen zwei unterschiedlichen Elektrodenmaterialien gemessen werden. Aus diesem Grund wurde eine Standardelektrode definiert, deren Gleich-

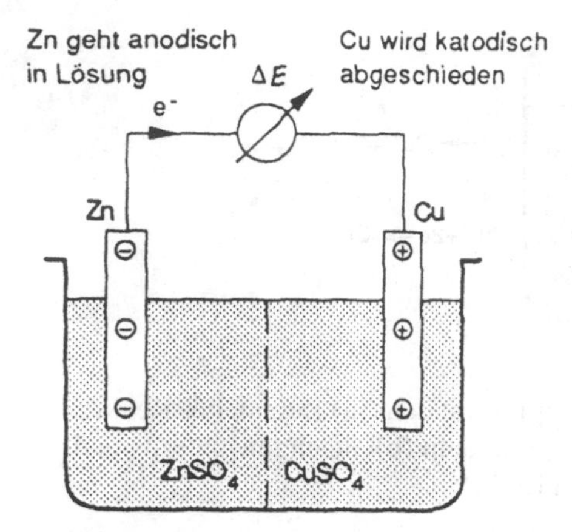

Bild 6-7. Galvanisches Element mit anodischer und kathodischer Teilreaktion. Aus. Schulze,G., Krafka, H., u. Neumann, P.: Schweißtechnik. Werkstoffe – Konstruieren – Prüfen. Düsseldorf.: VDI-Verlag 1992.

gewichtspotential (Normalpotential) zu 0 Volt gesetzt wird. Diese Standardelektrode besteht aus einem Platinnetz, welches mit Wasserstoff umspült wird (Standardwasserstoffelektrode). Werden die anderen Metalle gegen diese Standardelektrode gemessen, so ergibt sich hieraus die elektrochemische Spannungsreihe (Tabelle 6-2).

Tabelle 6-2. Elektrochemische Spannungsreihe.

Element	Normalpotential V
Mg	- 2,4
Ti	- 1,75
Al	- 1,66
Zn	- 0,76
Cr	- 0,71
Fe	- 0,44
Ni	- 0,23
H	**0**
Cu	+ 0,34
Ag	+ 0,8
Au	+ 1,42

Aus Tabelle 6-2 ist ersichtlich, dass unedle Metalle ein negatives Potential gegenüber der Wasserstoffelektrode besitzen, edle Metalle hingegen ein positives.

Damit ist es möglich, die Auflösung des Metalls in einer anodischen Teilstromkurve, die allerdings nicht direkt gemessen werden kann, darzustellen (Bild 6-8). Die Auflösung des Metalls erfolgt um so schneller, je höher die anodische Teilstromdichte ist.

An der Kathode kann die sogenannte Wasserstoffkorrosion ablaufen, gemäß der Reaktion

$$2\,H^+ + 2e^- \rightarrow 2H \rightarrow H_2$$

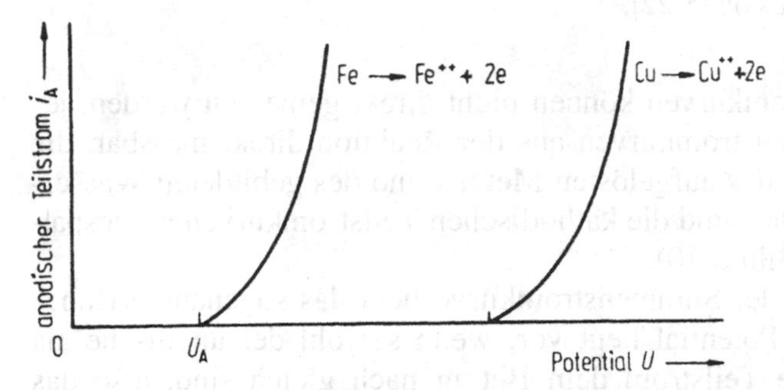

Bild 6-8. Anodische Teilstromkurve eines unedlen Metalls (Fe) und eines edlen Metalls (Cu) mit dem entsprechenden Anodenpotentialen [5-22].

Abhängig von ihrem pH-Wert ergeben sich die im Bild 6-9 abgebildeten kathodischen Teilstromkurven für die Wasserstoffkorrosion.

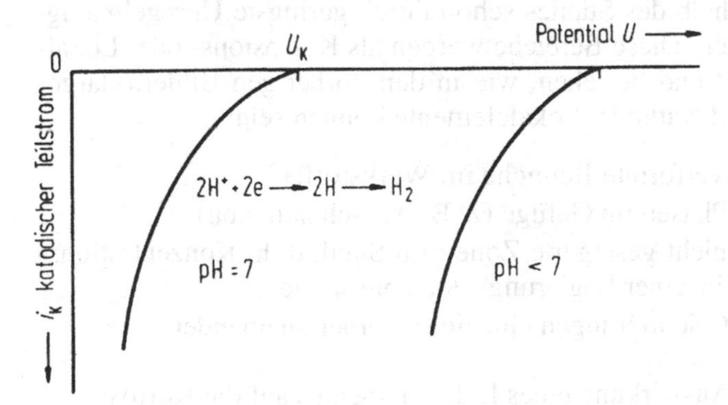

Bild 6-9. Kathodische Teilstromkurven für verschiedene pH-Werte der Wasserstoffreduktion mit U_K = Kathodenpotential [5-22].

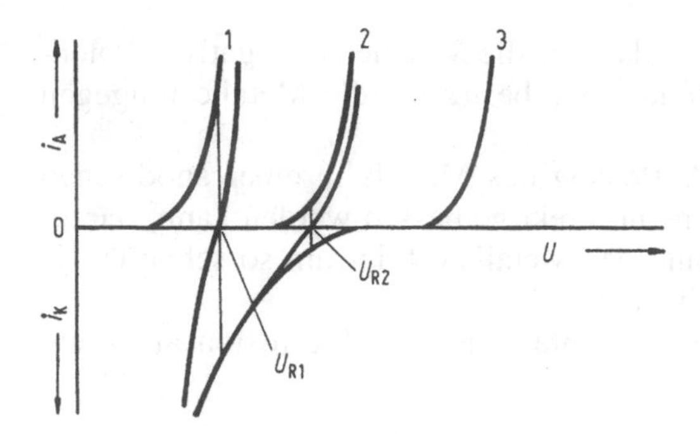

Bild 6-10. Summenstromkurve und Teilstromkurven für ein unedles Metall (Kurve 1) und ein edles Metall (Kurve 2) und der zugehörigen Ruhepotentiale U_{R1}, U_{R2} bei der Wasserstoffkorrosion [5-22].

Auch diese Teilstromkurven können nicht direkt gemessen werden, jedoch sind die Summenstromkurven aus der Reaktion direkt messbar, die dann über die Menge des aufgelösten Metalls und des gebildeten Wasserstoffes in die anodischen und die kathodischen Teilstromkurven aufgespalten werden können (Bild 6-10).

Im Nulldurchgang der Summenstromkurve liegt das sogenannte Ruhepotential U_R. Dieses Potential liegt vor, wenn sowohl der anodische als auch der kathodische Teilstrom dem Betrag nach gleich sind, also das Gleichgewicht der beiden Teilströme vorliegt. Beide Reaktionspartner reagieren in diesem Fall ohne Anlegen einer äußeren Stromquelle miteinander. U_R wird dabei auch als freies Korrosionspotential bezeichnet. Aus Bild 6-10 ist ersichtlich, dass das unedle Metall wegen eines hohen anodischen Teilstromes schnell und das edle Metall wegen des geringen anodischen Teilstromes langsam aufgelöst wird.

Ein Potentialunterschied, der Auslöser für eine elektrochemische Korrosion ist, kann innerhalb des Stahles schon durch geringste Unregelmäßigkeiten erzeugt werden. Diese Bereiche werden als Korrosions- oder Lokalelemente bezeichnet und bestehen, wie in den vorherigen Bildern dargestellt, aus Anode und Kathode. Lokalelemente können sein:

- verformte und unverformte Bereiche im Werkstoff,
- unterschiedliche Phasen im Gefüge (z. B. Ausscheidungen),
- geseigerte, bzw. nicht geseigerte Zonen im Stahl, d. h. Konzentrationsverschiebungen einzelner Legierungselemente sowie
- unterschiedliche Orientierungen einzelner Körner zueinander.

Bild 6-11 zeigt die Auswirkung eines Lokalelementes auf die Korrosionsvorgänge in einem Stahlblech schematisch. Als Elektrolyt dient ein Wassertropfen.

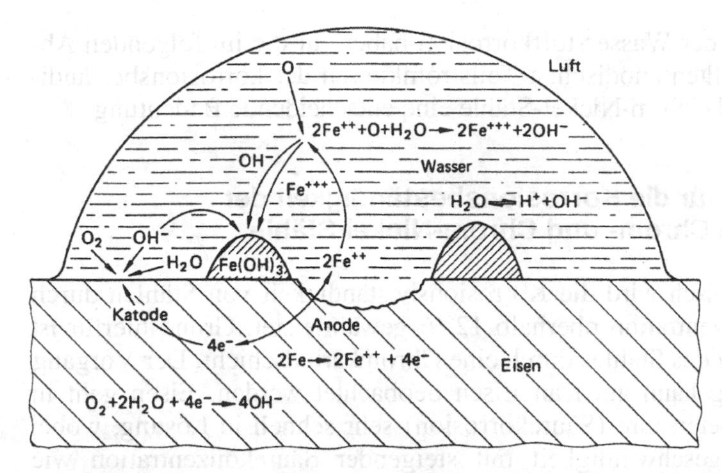

Bild 6-11. Sauerstoffkorrosion von Eisen und Stahl aufgrund der Ausbildung eines Lokalelementes [5-11].

Der Korrosionsvorgang wird auch als Sauerstoffkorrosion (Reaktion: $O_2 + 2H_20 + 4e^- \rightarrow 40H^-$) bezeichnet, wobei Eisen unter Abgabe zweier Elektronen als Fe^{++}-Ion in Lösung geht. Im Elektrolyten erfolgt durch Sauerstoffzutritt aus der Atmosphäre eine Oxidation des Fe^{++} zu Fe^{+++} gemäß folgender Reaktion:

$$4Fe^{++} + O_2 + 2H_20 \rightarrow 4\,Fe^{+++} + 40H^-.$$

Fe^{+++}-Ionen und OH^--Ionen verbinden sich zum wasserunlöslichen $Fe(OH)_3$, welches unter Wasserabspaltung zum bekannten Erscheinungsbild des rötlichen Rostes an unlegierten und niedriglegierten Stählen führt.

Im Bild 6-12 sind die kathodischen Teilstromkurven für die Sauerstoffkorrosion abgebildet. Die Verläufe der kathodischen Teilstromkurven der

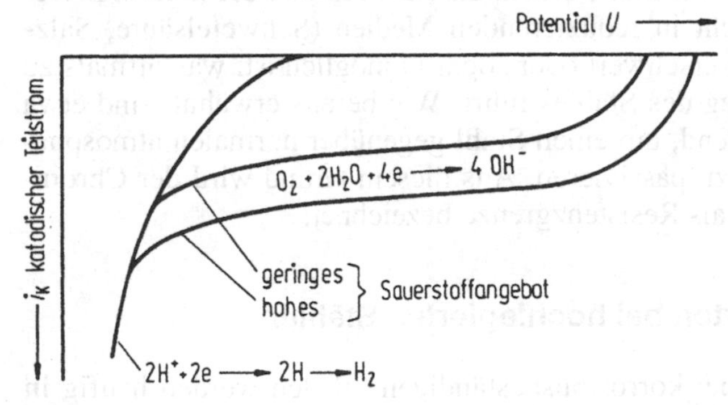

Bild 6-12. Kathodische Teilstromkurven der Sauerstoffkorrosion [5-22].

Sauerstoff- und der Wasserstoffkorrosion haben für die im folgenden Abschnitt dargestellten anodischen Teilstromkurven der korrosionsbeständigen Chrom- und Chrom-Nickel-Stähle eine entscheidende Bedeutung.

6.3.2 Gründe für die Korrosionsbeständigkeit der hochlegierten Chrom- und Chrom-Nickel-Stähle

Legierungstechnisch wird die Korrosionsbeständigkeit von Stählen durch eine Chromkonzentration oberhalb 12 % gewährleistet. Grund hierfür ist die Passivierung des Stahles durch eine Chromkarbidschicht. Der Vorgang der Passivierung kann auch an Eisen beobachtet werden. Eisen geht in verdünnter Salpetersäure (Säurekorrosion) sehr schnell in Lösung, wobei die Auflösungsgeschwindigkeit mit steigender Säurekonzentration wie erwartet zunimmt. In konzentrierter Salpetersäure sinkt jedoch die Korrosionsgeschwindigkeit auf vernachlässigbar kleine Werte, so dass das Eisen in diesem Zustand als korrosionsfest bezeichnet werden kann. Die stark oxidierend wirkende Salpetersäure passiviert das Eisen. Das Eisen bleibt dabei metallisch blank und verhält sich in diesem Stadium wie ein Edelmetall. Schon Faraday vermutete in diesem Zusammenhang, dass die Passivität des Eisens auf eine submikroskopisch dünne Metalloxidschicht zurückzuführen ist, jedenfalls aber eine Sättigung der freien Valenzen der Metalloberfläche durch Sauerstoffatome erfolgt [6-9]. Auch heute besitzt Faradays Erklärung zur Passivierung der Stähle noch ihre Gültigkeit.

Bei der Passivierung der korrosionsbeständigen Chrom- und Chrom-Nickel-Stähle bildet sich eine etwa 20 nm bis 30 nm dicke porenfreie Oxidschicht, die nach neueren Untersuchungen aus chromreichen Oxid-Hydroxid-Schichten besteht. Diese Chromoxidschicht haftet extrem fest auf der Oberfläche und bildet sich bei Beschädigung innerhalb kürzester Zeit neu. Zu Aufrechterhaltung dieser Schicht ist jedoch ein ausreichendes Sauerstoffangebot aus der Umgebung des Werkstoffes erforderlich. Es muss dabei unbedingt beachtet werden, dass der Aufbau der korrosionsbehindernden Deckschicht in reduzierenden Medien (Schwefelsäure, Salzsäure, Phosphorsäure) erschwert oder sogar unmöglich ist, was oftmals zu einem flächigen Abtrag des Stahles führt. Wie bereits erwähnt, sind etwa 12 % Chrom ausreichend, um einen Stahl gegenüber normalen atmosphärischen Bedingungen zu passivieren. Aus diesem Grund wird der Chromgehalt von 12 % auch als Resistenzgrenze bezeichnet.

6.3.3 Korrosionsarten bei hochlegierten Stählen

Die Korrosionsarten bei korrosionsbeständigen Stählen werden häufig in die selektiven Korrosionsarten, wie dies bei der Spalt-, Lochfraß- und interkristallinen Korrosion der Fall ist (sie zählen auch zur Gruppe der Korrosionsarten ohne mechanische Belastung), oder in die Korrosionsarten mit und ohne mechanische Belastung eingeteilt. Im Folgenden werden die wichtigsten Erscheinungsformen der Korrosion in Ursache, Auswirkung und Vermeidung, speziell im Hinblick auf das Schweißen, eingehender erklärt. Bild 6-13 gibt eine Übersicht über die relevantesten Korrosionsarten.

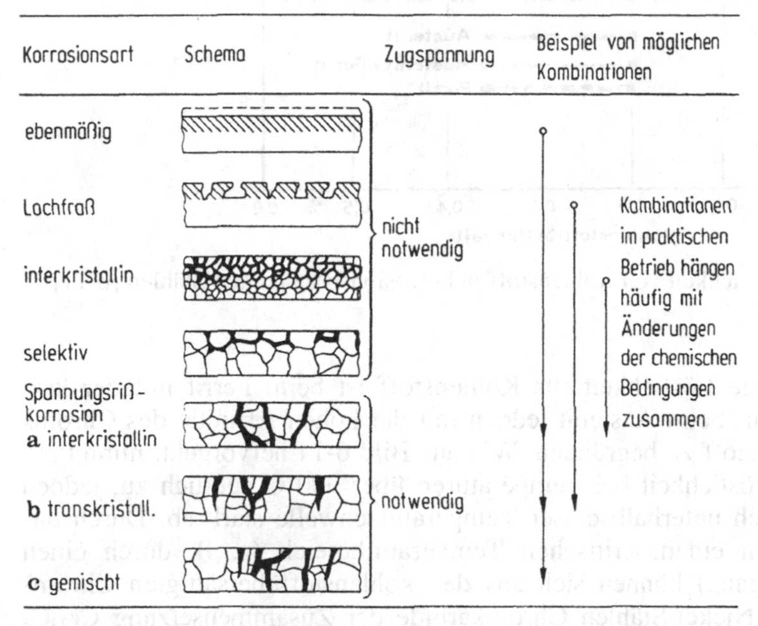

Bild 6-13. Schematische Darstellung der häufigsten Korrosionsarten [6-10].

6.3.3.1 Interkristalline Korrosion

Das wesentlichste Problem beim Schweißen der korrosionsbeständigen ferritischen und austenitischen Stähle ist die interkristalline Korrosion (IK). Sie wird durch Chromkarbidausscheidungen auf den Korngrenzen hervorgerufen.

Obwohl das Eisen-Kohlenstoff-Diagramm eine hohe Löslichkeit des Kohlenstoffes im Austenit erwarten lässt, ist in den hochlegierten Chrom-Nickel-Stählen der C-Gehalt bei Raumtemperatur auf kleinste Mengen begrenzt und entspricht in etwa der Löslichkeit der korrosionsbeständigen ferritischen Stähle (Bild 6-14).

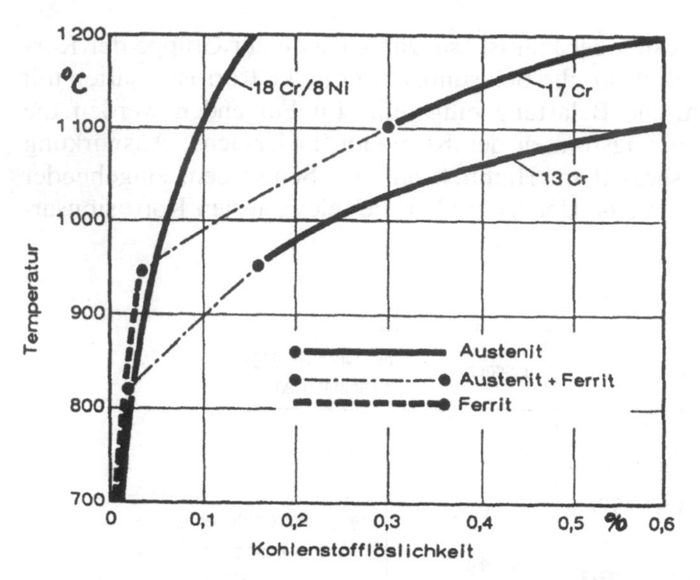

Bild 6-14. Löslichkeit von Kohlenstoff in korrosionsbeständigen Stählen [6-11].

Die geringe Löslichkeit für Kohlenstoff ist beim Ferrit mit der krz-Gitterstruktur, beim Austenit jedoch mit der hohen Affinität des Chroms zum Kohlenstoff zu begründen. Wie aus Bild 6-14 hervorgeht, nimmt die Kohlenstofflöslichkeit bei Temperaturen über 900°C deutlich zu, jedoch sinkt sie auch unterhalb dieser Temperaturschwelle stark ab. Durch das Verweilen in einem kritischen Temperaturbereich (z. B. durch einen Schweißvorgang) können sich aus den kohlenstoffübersättigten Chrom- und Chrom-Nickel-Stählen Chromkarbide der Zusammensetzung $Cr_{23}C_6$ auf den Korngrenzen ausscheiden.

Im Anlieferungszustand ist ein austenitischer Stahl nicht IK-anfällig, da er oberhalb 1000°C lösungsgeglüht und anschließend in Wasser abgeschreckt wurde. Bei hohen Temperaturen wird der Kohlenstoff vom austenitischen Gitter vollständig gelöst (vergleiche hierzu Bild 6-14). Durch die folgende schnelle Wasserabkühlung erfolgt eine Zwangslösung des Kohlenstoffes im Austenit, es liegen keine Chromkarbidausscheidungen vor. Eine Erwärmung des Stahles im kritischen Bereich zwischen 400°C und 900°C kann nun Diffusionsvorgänge auslösen, die nach einer Inkubationszeit zur Ausscheidung von Chromkarbiden führen. Die Chromkarbidausscheidungen werden bevorzugt auf den Korngrenzen erfolgen, da hier energetisch günstige Bedingungen für Keimbildung und Keimwachstum der Ausscheidungen vorhanden sind. Sind im austenitischen Stahl Ferritanteile (δ-Ferrit) vorhanden, so beginnt die Ausscheidung der Karbide zuerst an den Ferrit-Austenit-Korngrenzen. Dies ist im Wesentlichen auf die höheren Diffusionsgeschwindigkeiten im Ferrit zurückzuführen. Im Anschluss daran erfolgt die Chromkarbidausscheidung auf den Austenit-Austenit-Korngrenzen. Entlang eines schmalen Bereiches der Korngrenzen ist das Element Chrom, welches vorher zum Korrosionsschutz im Eisengitter gelöst war, dem Gitter entzogen und als Karbid auf den Korngrenzen ausgeschieden worden. Es entsteht somit ein schmaler Saum der Chromverarmung entlang der Korngrenzen, an der der Stahl nicht mehr passiviert ist. Besonders kritisch ist dabei, dass wenig Kohlenstoffatome viele Chromatome „abbinden" können ($Cr_{23}C_6$). Der Verlauf der Chromkonzentration entlang einer Korngrenze ist schematisch in Bild 6-15 wiedergegeben.

Die im Bild 6-15 eingezeichnete Resistenzgrenze entspricht einer Chromkonzentration von rund 12 %. Die homogene Chromverteilung im Austenit stellt den Anlieferungszustand des Werkstoffes dar (Linie 1 in Bild 6-15). Durch eine Wärmebehandlung bildet sich entlang der Korngrenze ein zusammenhängender Saum aus Chromkarbidausscheidungen ($Cr_{23}C_6$), die Konzentration an freien Chromatomen sinkt unter die Resistenzgrenze, so dass ein Korrosionsangriff im Bereich der Korngrenze einsetzen kann (Linie 2). Hierbei lösen sich einzelne Körner aus dem Kornverband, woraus die Begriffe interkristalline Korrosion und Kornzerfall entstanden sind.

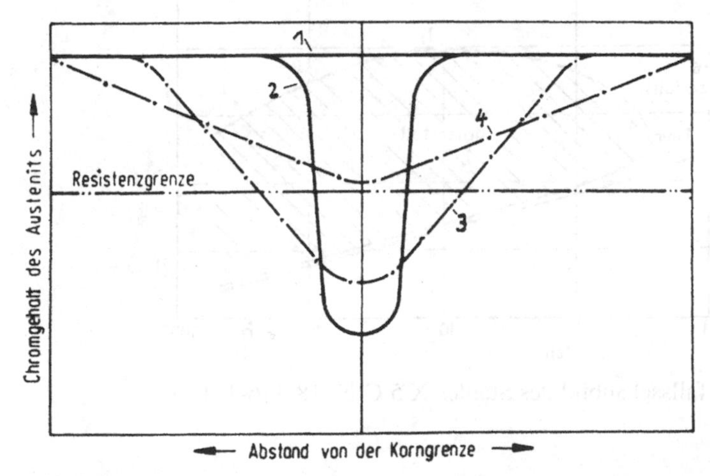

Bild 6-15. Verlauf des Chromgehalts entlang der Korngrenze während einer Wärmebehandlung eines austenitischen Stahles [2-7].
1 homogener Ausgangszustand; *2* Beginn der Karbidbildung;
3 Beginn des Cr-Konzentrationsausgleiches;
4 Wiedererreichung der Resistenzgrenze.

6.3.3.1.1 Möglichkeiten zur Vermeidung der interkristallinen Korrosion

Langzeitiges Glühen zur Desensibilisierung Interessanterweise kann ein IK-anfälliger Stahl aber durch die Fortführung einer Wärmebehandlung wieder resistent gegen einen Korrosionsangriff werden. Um dies zu verstehen, muss erwähnt werden, dass der Diffusionskoeffizient von Kohlenstoff im Austenit bei 800°C etwa 10^{-8} cm^2/s und der von Chrom rund 10^{-13} cm^2/s beträgt [6-12]. Zu Beginn der Chromkarbidausscheidungen kann also aus dem Korninneren sehr schnell Kohlenstoff zu den Korngrenzen diffundieren und dort das besagte Karbid bilden. In diesem Wärmebehandlungszustand ist der Stahl korrosionsanfällig, d. h., er ist sensibilisiert. Nach einer gewissen Zeit wird sich eine Gleichgewichtskonzentration des Kohlenstoffes im ganzen Korn einstellen, d. h., die Übersättigung des Austenits mit Kohlenstoff verringert sich und ebenso die Karbidbildung. Parallel findet eine, wenn auch langsame, Nachdiffusion des Chroms aus dem Korninneren in die chromarmen Korngrenzenbereiche statt (Linie 3 im Bild 6-15), so dass die Diffusion von Chrom wieder zum Erreichen der Resistenzgrenze führt (Linie 4).

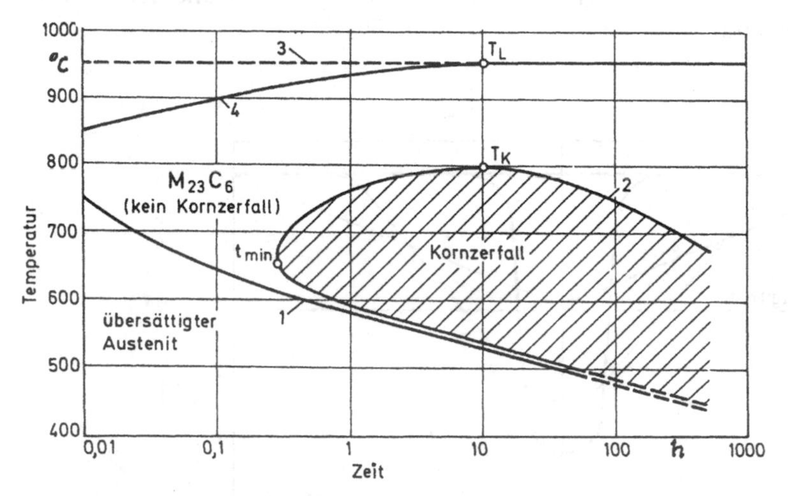

Bild 6-16 Kornzerfallsschaubild des Stahles X 5 CrNi 18 9 [6-13].

Die Vorgänge der Ausscheidung und der Repassivierung werden in Kornzerfallsschaubildern dargestellt (Bild 6-16).

Es zeigt sich, dass für die Keimbildung des Karbids eine Inkubationszeit benötigt wird, die abhängig von der Temperatur sehr kurz sein kann (Bild 6-16, Linie 1). Weiterhin ist ersichtlich, dass die Ausscheidung der

Chromkarbide nicht sofort zum Kornzerfall führen muss, sondern der Kornzerfall erst bei einer größeren Chromverarmung im Korngrenzenbereich eintritt (Linie 2, Beginn der Sensibilisierung). Oberhalb einer Temperatur von 800°C besteht trotz Karbidausscheidung keine Gefahr der IK-Anfälligkeit des Stahles mehr. Dies kann zum einen damit erklärt werden, dass die Nachdiffusion des Chroms aus dem Korninneren mit steigender Temperatur zunimmt und zum anderen damit, dass die Löslichkeit des Austenits für Kohlenstoff steigt und die Tendenz zur Karbidausscheidung abnimmt. Oberhalb der Temperatur T_L beträgt die Kohlenstofflöslichkeit des Austenits etwa 0,05 %, so dass für den Stahl X 5 CrNi 18 9 mit etwa 0,05 % Kohlenstoff gar keine Karbidausscheidungen mehr gebildet werden können.

Stabilisierung

Das am häufigsten eingesetzte Verfahren zur Reduzierung der Gefahr der interkristallinen Korrosion besteht in der Stabilisierung der ferritischen Chrom- und der austenitischen Chrom-Nickel-Stähle. Die Stabilisierung erfolgt hierbei durch Elemente wie Titan, Niob oder Tantal, die eine höhere Affinität zum Kohlenstoff aufweisen als Chrom, so dass dieser in Form von Titan-, Niob- oder Tantalkarbiden gebunden wird. Die Auswirkung der Stabilisierung ist anhand zweier Kornzerfallsschaubilder im Bild 6-17 dargestellt.

Nach Bild 6-17 wirkt sich die Stabilisierung des Stahles in zweifacher Hinsicht positiv aus. Zum Einen wird der Beginn der IK-Anfälligkeit zu längeren Zeiten verschoben, und zum Anderen verkleinert sich das gesamte Gebiet des Kornzerfalls. Erst bei höheren Temperaturen beschleunigt sich der Kornzerfall wieder (Bild 6-17b).

Die Legierungsgehalte der Stabilisierungselemente richten sich nach dem Kohlenstoffgehalt des Stahles, wobei die beiden wichtigsten Elemente Titan mit mindestens dem 5fachen und Niob mit mindestens dem 10fachen des Kohlenstoffgehalts des Stahles zulegiert werden. Die zulegierten Mengen an Titan und Niob entsprechen damit nicht den stöchiometrischen Verhältnissen von Ti:C = 4:1 und Nb:C = 7,7:1, die zur vollständigen Abbindung des Kohlenstoffes ausreichen würden. Eine Überstabilisierung wird jedoch in der Praxis vorgenommen, da in den Stählen immer geringe Mengen Stickstoff gelöst sind, der ebenfalls eine höhere Affinität zu beiden Elementen besitzt, so dass Chromnitridausscheidungen unterbunden werden, die wiederum zu einer IK-Anfälligkeit des Stahles führen würden.

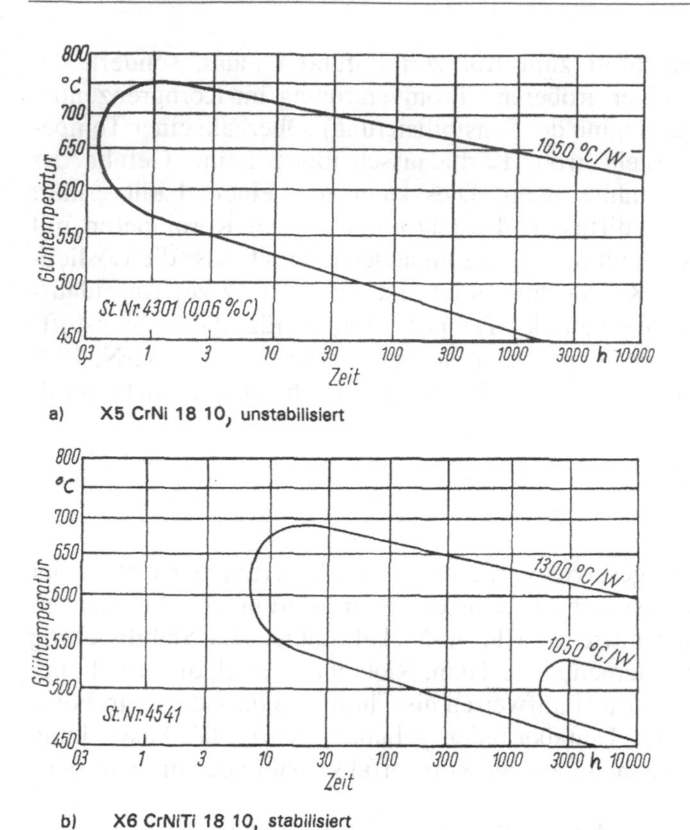

Bild 6-17. Kornzerfallsschaubilder (a) eines unstabilisierten und (b) eines stabilisierten austenitischen Stahles.

Verminderung des Kohlenstoff- und Stickstoffgehaltes

Hierbei muss der Kohlenstoffgehalt unterhalb der Löslichkeitsgrenze des Stahles liegen. Für ferritische Stähle liegt die Grenze bei rund 0,01 % Kohlenstoff bzw. für Kohlenstoff und Stickstoff bei 0,015 %. Ferritische Stähle mit diesen extrem geringen Kohlenstoff- und Stickstoffgehalten werden als Superferrite oder ELI-Stähle (**E**xtra **L**ow **I**nterstitials) bezeichnet. Für austenitische Stähle liegt der Grenzwert für Kohlenstoff bei etwa 0,03 %. Oberhalb dieser Grenzkonzentrationen scheidet sich der Kohlenstoff wieder als Chromkarbid aus, und zwar um so schneller, je stärker der Stahl mit Kohlenstoff übersättigt ist (Bild 6-18).

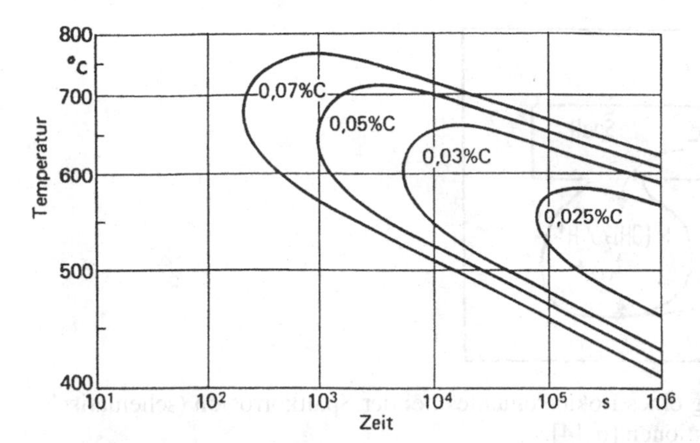

Bild 6-18. Einfluss des Kohlenstoffgehaltes auf den Kornzerfall eines unstabilisierten austenitischen Stahles.

Bei den austenitischen Werkstoffen wurden Stähle mit extrem niedrigem Kohlenstoffgehalt, sogenannte ELC-Stähle entwickelt (**E**xtra **L**ow **C**arbon). Ihr Kohlenstoffgehalt liegt unter 0,03 % wodurch die Karbidausscheidung so stark verzögert wird, dass die Erwärmung durch den Schweißprozess, selbst unter ungünstigsten Bedingungen, nicht ausreicht, um einen Kornzerfall hervorzurufen. Die ELC-Stähle sind in ihrer Kornzerfallsbeständigkeit mit den stabilisierten Qualitäten vergleichbar, dabei aber besser für komplizierte Umformprozesse geeignet, da Niob und Titan die Kaliumformbarkeit reduzieren. Die Gefahr der Heißrissbildung wird durch eine Stabilisierung mit Niob erhöht.

Lösungsglühen und Abschrecken

Lösungsglühen bei 1050°C bewirkt eine Auflösung der Karbidausscheidungen, deren Wiederausscheiden durch ein schnelles Abkühlen unterbunden werden kann. Für geschweißte Konstruktionen wird dieses Verfahren kaum angewendet, da neben den hohen Kosten und Verzunderung der Oberflächen oftmals ein übermäßiger Verzug des Bauteiles eintritt. Das Verfahren des Lösungsglühens und Abschreckens (Wasser) wird aber vom Stahlhersteller für austenitische Stähle eingesetzt und stellt somit deren Anlieferungszustand dar.

6.3.3.2 Spalt- und Lochkorrosion

Die Lochkorrosion entsteht in engen Spalten, z. B. einseitig angeschweißten T-Stößen oder unter Schraubenköpfen. Der Mechanismus der Spaltkorrosion soll anhand der Prinzipskizze im Bild 6-19 erläutert werden.

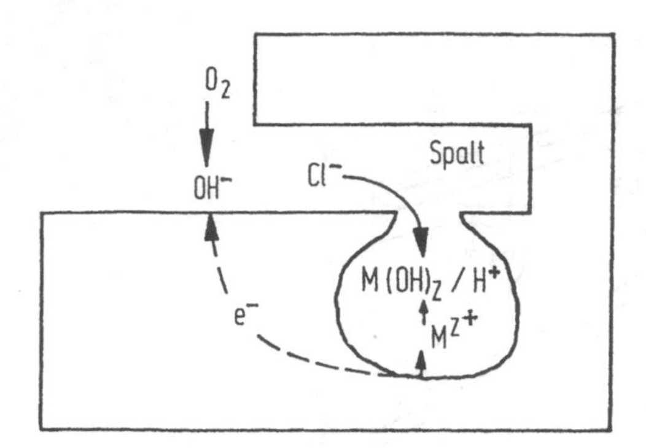

Bild 6-19. Ausbildung eines Lokalelementes bei der Spaltkorrosion (schematisch) und ablaufenden Reaktionen [6-14].

Der Beginn des Korrosionsvorganges bei korrosionsbeständigen Stählen wird durch eine geringe Metallauflösung im passiven Zustand eingeleitet, die sowohl im Spalt als auch außerhalb des Spaltes abläuft. Außerhalb des Spaltes steht dem Metall zur Passivierung eine hinreichende Menge an Sauerstoff zur Verfügung. Im Spalt wird ebenfalls der vorhandene Sauerstoff zur Passivierung der Oberfläche verbraucht, jedoch lagern sich Korrosionsprodukte im Spalt ab. Dadurch besteht bei sehr engen Spalten für den Sauerstoff keine Möglichkeit mehr, von außen in den Spalt einzudringen und dort die Metalloberfläche zu repassivieren. Unter der Sauerstoffverarmung im Spalt findet eine verstärkte Metallauflösung statt, die eine Erhöhung der Metallionenkonzentration zur Folge hat. Infolgedessen muss das Ladungsdefizit durch die positiv geladenen Metallionen (Me^+) ausgeglichen werden, was durch einen Transport von Chloridionen (Cl^-) in den Spalt erfolgt. In wässrigen Medien führt dies zu einer Hydrolyse der Metallionen gemäß der Reaktion

$$Me^+Cl^- + H_2O \rightarrow Me^+OH^- + H^+Cl^-.$$

Es entsteht also ein saures chloridhaltiges Medium, was zu einer Aktivierung und somit beschleunigten Auflösung des Stahles führt. Das Ausmaß der Spaltkorrosion ist sehr stark von der Spaltgeometrie abhängig, insbesondere vom Verhältnis der Spaltbreite zur Spalttiefe. Hierdurch wird festgelegt, in welchem Ausmaß eine Zirkulation des Elektrolyten ermöglicht wird. Mit abnehmender Strömungsgeschwindigkeit des Elektrolyten durch den Spalt erhöhen sich die Korrosionsgefahr und -geschwindigkeit. Durch konstruktive Maßnahmen kann das Auftreten der Spaltkorrosion am wirksamsten unterbunden werden (Bild 6-20).

Neben der Spaltgeometrie ist das Medium in starkem Maße für das Auftreten der Spaltkorrosion verantwortlich. Nach [6-15] ist ein Kontakt der

Spalte mit wässrigen Medien, in denen elementares Chlor gelöst ist, oder mit hypochloridhaltigen Reinigungsmitteln (OCl^-) unbedingt zu vermeiden. Des Weiteren soll schon ein Kontakt mit chloridhaltigen Kunststoffen zu Korrosionserscheinungen geführt haben.

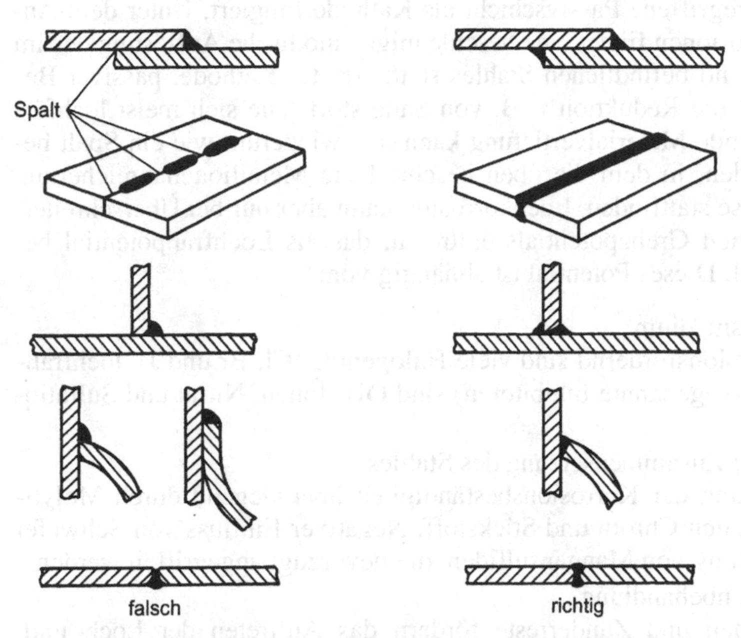

Bild 6-20. Beispiele zur Vermeidung der Spaltkorrosion durch Berücksichtigung einer richtigen konstruktiven Gestaltung der Bauteile.

Der Vorgang der Lochkorrosion, auch Lochfraß genannt, läuft bei nichtrostenden Stählen nach einem sehr ähnlichen Muster ab (Bild 6-21).

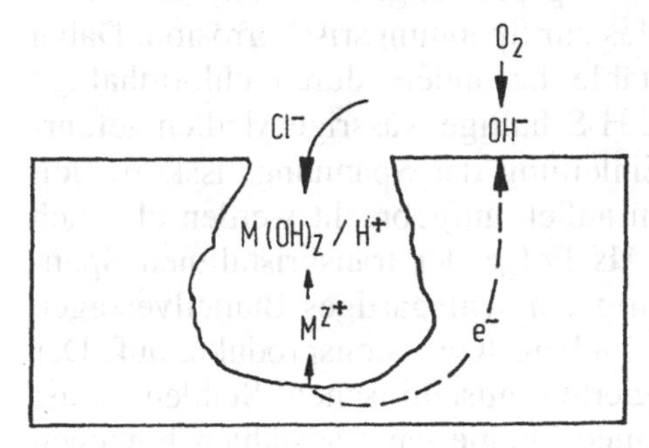

Bild 6-21. Entstehungsmechanismus der Lochkorrosion [6-14].

An den passivierten Oberflächen der nichtrostenden Stähle können Chlor-, Brom- und eventuell auch Jodionen, nicht aber Fluorionen, an kleinsten Beschädigungen der Passivschicht Lochkorrosion hervorrufen. Die nadelstichartige, lokale Zerstörung der Passivschicht, meist durch Chlorionen, führt zur Ausbildung einer Anode, bei der die noch existierende, nicht angegriffene Passivschicht als Kathode fungiert. Unter dem Angriff der Chlorionen findet eine beschleunigte anodische Auflösung des im aktiven Zustand befindlichen Stahles statt. An der Kathode, passiver Bereich, erfolgt die Reduktion z. B. von Sauerstoff. Die sich meist lochförmig ausbildende Materialvertiefung kann nun wiederum wie ein Spalt betrachtet werden, in dem die oben beschriebene Metallionenanreicherung und Hydrolyse stattfinden. Lochkorrosion kann aber nur bei Überschreiten eines kritischen Grenzpotentials eintreten, das als Lochfraßpotential bezeichnet wird. Dieses Potential ist abhängig von:

- Korrosionsmedium
  Lochkorrosionsfördernd sind viele Halogenide (Cl, Br und J), lochfraßmindernd (sogenannte Inhibitoren) sind OH^--Ionen, Nitrat und Sulfationen.
- Chemische Zusammensetzung des Stahles
  Verbesserung der Korrosionsbeständigkeit überwiegend durch Molybdän, aber auch Chrom und Stickstoff. Negativer Einfluss von Schwefel durch Bildung von Mangansulfiden, die bevorzugt angegriffen werden.
- Oberflächenbehandlung
  Anlauffarben und Zunderreste fördern das Auftreten der Loch- und Spaltkorrosion. Im Allgemeinen weist die Walzfläche bei gewalztem Stahl eine höhere Lochkorrosionsbeständigkeit auf als die Querfläche.

6.3.3.3 Transkristalline Spannungsrisskorrosion

Spannungsrisskorrosion in metallischen Werkstoffen tritt auf, wenn gleichzeitig drei Kriterien erfüllt sind: Zugspannungen, ein korrosives Medium und die Neigung des Werkstoffes zur Spannungsrisskorrosion. Dabei sind nichtrostende austenitische Stähle besonders durch chloridhaltige wässrige Medien, starke Laugen und H_2S-haltige wässrige Medien gefährdet. Die Zugbelastungen, die zur Einleitung der Spannungsrisskorrosion notwendig sind, können sowohl von außen aufgebracht werden als auch Eigenspannungen im Bauteil sein. Als Folge der transkristallinen Spannungsrisskorrosion (SpRK) tritt häufig ein schlagartiges Bauteilversagen ohne Materialverformungen und erkennbare Korrosionsprodukte auf. Der Verlauf der Risse ist bei hochlegierten austenitischen Stählen meist transkristallin, bei unlegierten und niedriglegierten Baustählen hingegen interkristallin.

Besonders gefährdet sind die austenitischen Chrom-Nickel-Stähle in chloridhaltigen Medien, wobei das Medium eine Mindesttemperatur von 50°C aufweisen muss, darunter ist die Spannungsrisskorrosion vernachlässigbar. Ferritsche Chromstähle sind gegenüber der chloridinduzierten und anderen Arten der SpRK recht unempfindlich, jedoch sind vereinzelt unter extremen Bedingungen transkristalline Risse beobachtet worden.

Die Spannungsrisskorrosion wird unter der Einwirkung von inneren und äußeren Spannungen durch das Abgleiten des Stahles eingeleitet, so dass die Passivschicht aufgerissen wird (Bild 6-22, Teilbilder 1 und 2). Der ungeschützte Bereich unterliegt nun einer sehr schnellen anodischen Auflösung, wobei die kathodische Teilreaktion an der unbeschädigten, elektrisch leitenden Passivschicht des Stahles abläuft (Bild 6-22, Teilbild 3). Die Passivschicht kann sich an den Rissflanken erneuern, jedoch reicht die Geschwindigkeit der Repassivierung nicht aus, um auch die Rissspitze zu erfassen, so dass diese im aktiven Zustand verbleibt. Durch wiederholtes Abgleiten entstehen erneut aktive Metallflächen (Teilbilder 5, 8 und 11), die aufgelöst werden. Bei einer vollständigen Passivierung der Rissspitze kann der Riss zum Stehen kommen oder aufgrund des hohen dreiachsigen Spannungszustandes vor der Rissspitze die Passivschicht erneut aufreißen und der Korrosionsangriff mit Abgleiten und Repassivierung gemäß Bild 6-22 bis zur Zerstörung des Bauteiles fortlaufen.

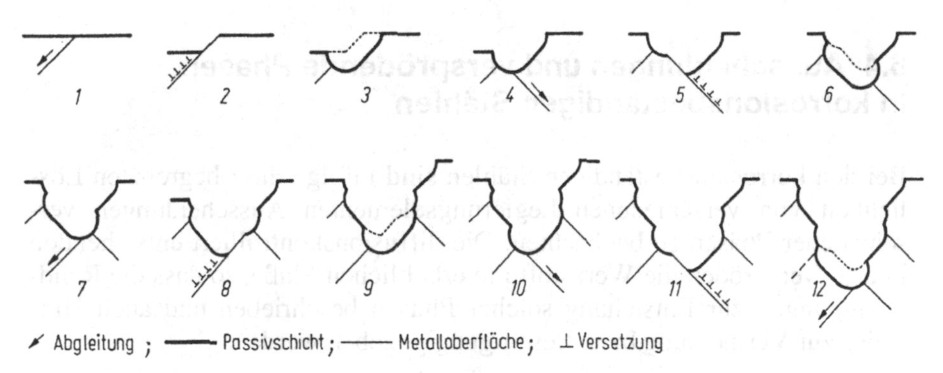

Bild 6-22. Modellvorstellung zur Rissausbreitung der transkristallinen Spannungsrisskorrosion [6-16].

Zur Vermeidung der transkristallinen SpRK sollte auf einen Einsatz austenitischer Stähle mit etwa 10 % Nickel verzichtet und auf ferritische Chrom- oder Chrom-Molybdänstähle zurückgegriffen werden. Ebenso sind Duplex-Stähle in leicht sauren Chloridmedien unempfindlich gegenüber der transkristallinen SpRK.

6.3.3.4 Kontaktkorrosion

Die Gefahr der Kontaktkorrosion besteht beim Verbinden zweier Metalle mit unterschiedlichen freien Korrosionspotentialen. Unter Anwesenheit eines Korrosionsmediums wird ein Lokal- oder Korrosionselement gebildet. Die hochlegierten korrosionsbeständigen Stähle sind recht unempfindlich gegen Kontaktkorrosion, da sie ein sehr hohes freies Korrosionspotential besitzen. Die oftmals angefertigten Schweißverbindungen zwischen einem Baustahl und einem korrosionsbeständigen Stahl (Schwarz-Weiß-Verbindung) stellen kaum eine Korrosionsgefahr für den hochlegierten Werkstoff dar, jedoch ist mit Kontaktkorrosion beim unlegierten Baustahl zu rechnen. Bei Schwarz-Weiß-Verbindungen ist ein Verschweißen eines korrosionsbeständigen Stahles großer Oberfläche mit einem Baustahl kleiner Oberfläche unbedingt zu vermeiden, da die fließenden Ströme je Flächeneinheit bei der kleinen Anodenfläche des unedleren Baustahles sehr groß werden. Die hohe anodische Teilstromdichte führt zu einer beschleunigten Metallauflösung.

Nach [6-15] kann Kontaktkorrosion an einem korrosionsbeständigen Stahl mit geringer Lochfraßbeständigkeit auftreten, wenn dieser mit einem zweiten, sehr lochfraßbeständigen Stahl, Titan oder Nickel verbunden wird und ein Einsatz in kritischen chloridhaltigen Medien vorgesehen ist, so dass hier mit verstärktem Lochfraß zu rechnen ist.

6.4 Ausscheidungen und versprödende Phasen in korrosionsbeständigen Stählen

Bei den korrosionsbeständigen Stählen sind infolge ihrer begrenzten Löslichkeit von verschiedenen Legierungselementen Ausscheidungen verschiedener Phasen zu beobachten. Die diffusionskontrolliert entstehenden Phasen verspröden die Werkstoffe in erheblichen Maße, so dass die Randbedingungen zur Entstehung solcher Phasen beschrieben und auch Hinweise zur Vermeidung bzw. Beseitigung gegeben werden.

6.4.1 Ferritische, ferritisch-martensitische und martensitische Chromstähle

6.4.1.1 Karbidausscheidung

Die Ausscheidung von Karbiden stellt beim Schweißen der ferritischen Chromstähle eines der größten Probleme dar. Mehr noch als bei den austenitischen Stählen resultiert hieraus die Gefahr der interkristallinen Korrosion, da in den ferritischen Chromstählen die Diffusionsgeschwindigkeit um mehrere Zehnerpotenzen höher ist, als bei austenitischen Stählen.

Bild 6-23 zeigt vergleichend die Ausscheidungskennlinien eines ferritischen Chromstahles und eines austenitischen Stahles. Zusätzlich ist schematisch die Abkühlkurve aus einem Schweißprozess eingezeichnet.

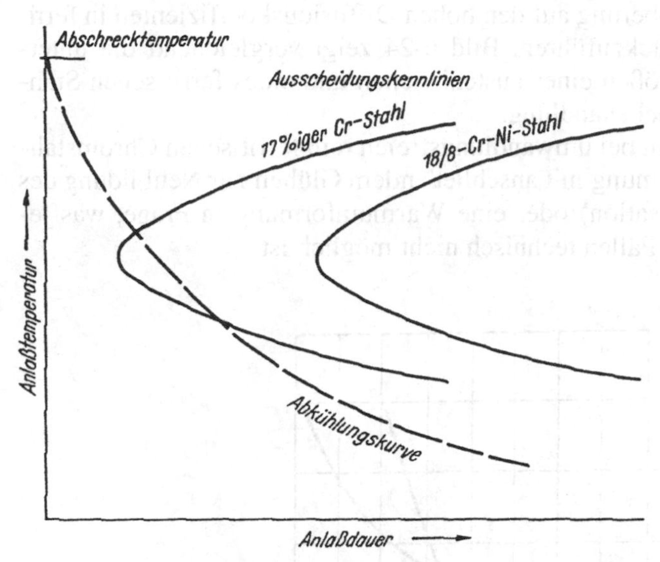

Bild 6-23. Ausscheidungsgeschwindigkeit von Chromkarbiden für einen ferritischen Chromstahl und einen austenitischen Chrom-Nickel-Stahl [6-17].

Hieraus ist ersichtlich, dass insbesondere die unstabilisierten ferritischen Chromstähle zu einer extrem schnellen Ausscheidung der Chromkarbide neigen, so dass selbst durch die nur kurzzeitige Wärmeeinwirkung des Schweißprozesses eine IK-Anfälligkeit dieser Stähle nicht zu vermeiden ist.

Die Möglichkeiten zur Vermeidung von Karbidausscheidungen in ferritischen Stählen beschränken sich auf die Senkung des Kohlenstoff- und Stickstoffgehaltes auf unter 0,015 % (Superferrite und ELI-Stähle) und auf die Stabilisierung mit Titan und/oder Niob zur Ausscheidung der entsprechenden Sonderkarbide und -nitride.

Insbesondere bei den ferritisch-martensitischen und bei den rein martensitischen Chromstählen stellt die Ausscheidung von Chromkarbiden ein Problem bei der Anlassbehandlung nach dem Härtevorgang dar. Die Chromstähle werden aus diesem Grund 1 h bis 2 h lang bei 750°C geglüht, bevor sie ausgeliefert werden. Bei dieser Wärmebehandlung bilden sich zwar Chromkarbidausscheidungen auf den Korngrenzen, jedoch sind aufgrund der beschleunigten Nachdiffusion des Chroms aus dem Korninneren die chromverarmten Bereiche entlang der Korngrenzen wieder mit Chrom oberhalb der Resistenzgrenze angereichert.

6.4.1.2 Grobkornbildung

Genauso wie die beschleunigte Chromkarbidausscheidung ist die extrem schnelle Kornvergröberung auf den hohen Diffusionskoeffizienten in ferritischen Stählen zurückzuführen. Bild 6-24 zeigt vergleichend die unterschiedlichen Korngrößen eines austenitischen und eines ferritischen Stahles nach einer Wärmebehandlung.

Als Abhilfe kommt bei umwandlungsfreien rein ferritischen Chromstählen zwar eine Verformung mit anschließendem Glühen zur Neubildung des Gefüges (Rekristallisation) oder eine Warmumformung in Frage, was jedoch in den meisten Fällen technisch nicht möglich ist.

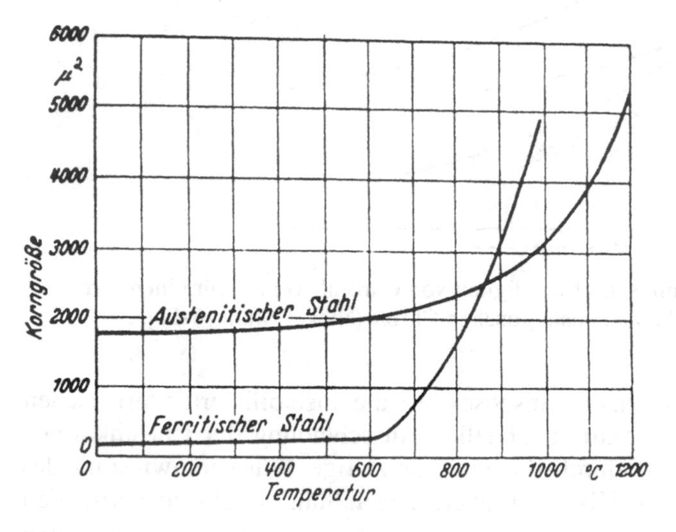

Bild 6-24. Kornwachstum eines ferritischen und eines austenitischen Stahles als Funktion der Temperatur [6-18].

Bei den martensitischen und ferritisch-martensitischen Stählen ist keine Neigung zur Grobkornbildung festzustellen.

6.4.1.3 475°-Versprödung

Die 475°-Versprödung ist beim langzeitigen Glühen von Stählen mit ferritischem Gefüge oder mit Anteilen an ferritischem Gefüge zu beobachten. Sie tritt also auch bei ferritisch-austenitischen Duplex-Stählen und metastabilen Austeniten mit Anteilen an δ-Ferrit auf. Die 475°-Versprödung setzt bei 12 %igem Chromstahl bei Glühungen in diesem Temperaturgebiet nach etwa 10^5 h ein. Mit steigendem Chromgehalt verschiebt sich die versprödende Wirkung dieser Phase zu kürzeren Zeiten, so dass bei einem ferritischen Chromstahl mit 17 % Chrom eine 475°-Versprödung schon nach 1 h feststellbar ist.

Die 475°-Versprödung ist eine unter dem Lichtmikroskop unsichtbare Entmischung des Ferrits in die eisenreiche ferromagnetische α-Phase und die chromreiche paramagnetische α'-Phase (Bild 6-25).

Im binären System Eisen-Chrom stellt die gestrichelte Linie die obere Begrenzungstemperatur für die 475°-Versprödung dar. Die Bildung der α- und α'-Phase kann an der Verringerung von Härte, Zugfestigkeit, Dehnung, Einschnürung und Kerbschlagarbeit gemessen werden.

Die 475°-Versprödung kann durch kurzzeitiges Glühen bei 700°C bis 800°C und anschließender Wasserabkühlung wieder aufgehoben werden. Die 475°-Versprödung tritt in martensitischen Chromstählen nicht auf.

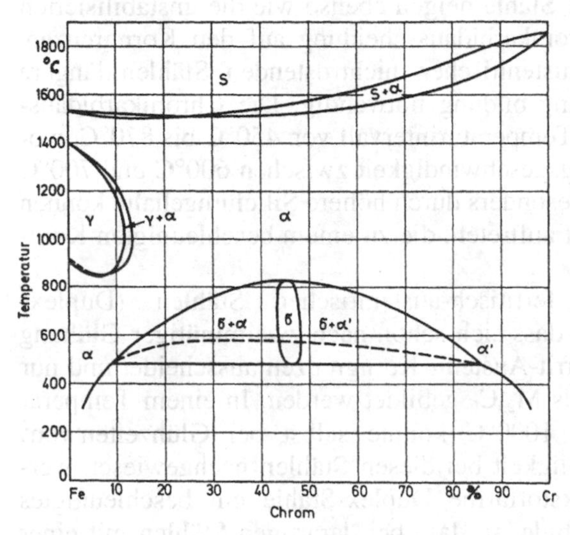

Bild 6-25. Zustandsschaubild Eisen-Chrom mit Ausbildung der 475°-Versprödung als α- und α'-Phase und der σ-Phase [6-19].

6.4.1.4 σ-Phase

Die σ-Phasen-Versprödung resultiert aus der Bildung einer intermetallischen Phase der Zusammensetzung 48 % Eisen und 52 % Chrom. Für einen ferritischen Stahl mit 18 % Chrom liegt die Bildungsdauer während einer Glühung um 550°C bei etwa 10^3 h bis 10^4 h. Mit steigenden Chromgehalten ist die Entstehung der σ-Phase zu kürzeren Zeiten verschoben. Die Bildung der σ-Phase erfolgt in einem Temperaturintervall von 650°C bis 850°C und kann durch Glühen über 900°C mit anschließender rascher Abkühlung wieder beseitigt werden. Bei Auftreten der σ-Phase nach einer 200stündigen Glühung bei 600°C wurde an einem ferritischen Chromstahl des Typs X 8 CrMo 17 eine verstärkte Flächenkorrosion in siedender Salpetersäure nachgewiesen [6-20].

Bei der schweißtechnischen Verarbeitung der rein ferritischen Stähle und Schweißgüter ist wegen der kurzen Verweilzeiten bei hohen Temperaturen nicht mit dem Auftreten der σ-Phase zu rechnen.

6.4.2 Austenitische und ferritisch-austenitische Chrom-Nickel-Stähle

6.4.2.1 Karbidausscheidung

Unstabilisierte austenitische Stähle neigen ebenso wie die unstabilisierten ferritischen Stähle zur Chromkarbidausscheidung auf den Korngrenzen. Allerdings sind bei den austenitischen nichtrostenden Stählen längere Glühzeiten zur Ausscheidungsbildung notwendig. Die Chromkarbidausscheidung erfolgt in einem Temperaturintervall von 450°C bis 870°C, wobei die größte Ausscheidungsgeschwindigkeit zwischen 600°C und 700°C zu verzeichnen ist [6-21]. Besonders durch höhere Siliciumgehalte können Seigerungen im Schweißgut auftreten, die zu einem beschleunigten Kornzerfall führen [6-22].

Bei stickstofflegierten ferritisch-austenitischen Stählen (Duplex-Stählen) wurde festgestellt, dass sich schon nach zweiminütiger Glühung bei 800°C Cr_2N auf den Ferrit-Austenit-Korngrenzen ausscheidet und nur geringe Mengen des Karbids $M_{23}C_6$ gebildet werden. In einem Temperaturbereich von 300°C bis 1000°C konnte selbst bei Glühzeiten von 30 Stunden keine IK-Anfälligkeit bei diesen Stählen nachgewiesen werden. Dagegen zeigen stickstoffarme Duplex-Stähle ein beschleunigtes Ausscheiden der Chromkarbide, so dass bei derartigen Stählen mit einer erhöhten IK-Anfälligkeit gerechnet werden muss.

6.4.2.2 σ-Phase

Die in austenitischen Stählen und Schweißgütern entstehende σ-Phase weist die gleiche stöchiometrische Zusammensetzung auf wie in den ferritischen Chromstählen (siehe Abschnitt 6.4.1.4). Da die metastabilen austenitischen Werkstoffe immer gewisse Anteile an δ-Ferrit (um 10 %) besitzen, wandelt aufgrund der begünstigten Diffusion erst der ferritische Gefügeanteil in σ-Phase um. Bei δ-Ferritanteilen von bis zu 10 % in austenitischem Grundgefüge ist die hieraus entstehende Menge an σ-Phase jedoch klein und führt zu keiner nennenswerten Versprödung des metastabilen Austenits. Bild 6-26 zeigt das Existenzgebiet der σ-Phase in Eisen-Chrom-Nickel-Legierungen für verschiedene Temperaturen.

Der Bereich der σ-Phase wird durch steigende Nickelgehalte im Stahl stark eingeschnürt, wohingegen Molybdän, Silicium- und Niobanteile die Bildung dieser versprödenden Phase beschleunigen.

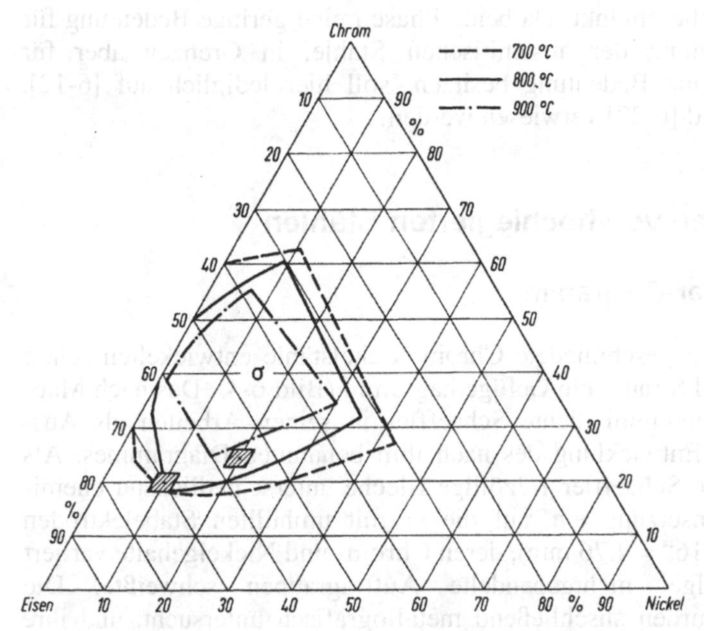

Bild 6-26. Existenzgebiet der σ-Phase im ternären System Eisen-Chrom-Nickel bei 700°C, 800°C und 900°C [6-23].

Eine besondere Problematik stellt die σ-Phasen-Ausscheidung bei Duplex-Stählen dar, da hier schon bei kurzen Wärmebehandlungen von 10 min die Bildung der σ-Phase nachgewiesen wurde. Dabei ist die versprödende Wirkung bei Duplex-Stählen aufgrund ihres erhöhten Ferritanteiles im Gefüge wesentlich größer als in austenitischen Stählen. Nach [6-24] bewirkt ein Anteil von 1 % σ-Phase im Gefüge schon eine Halbierung der Kerbschlagarbeit, und eine vollständige Versprödung ist bei einem Gefügeanteil von 10 % festzustellen. Beim Schweißen mit den üblichen Lichtbogenverfahren ist nicht mit der Ausscheidung der σ-Phase zu rechnen, da die Abkühlgeschwindigkeiten zu groß sind, jedoch sollten

Wärmebehandlungen unterhalb der Lösungsglühtemperatur wegen der σ-Phasenbildung und der 475°-Versprödung vermieden werden.

6.4.2.3 Chi-Phase und Laves-Phase

In molybdänlegierten austenitischen Stählen und Schweißgütern können neben den o. g. Phasen und Ausscheidungen auch noch Chi- und Laves-Phasen entstehen. Die Laves-Phase (auch η-Phase genannt) entspricht einer Zusammensetzung Fe_2Mo und die Chi-Phase der Zusammensetzung $Fe_{36}Cr_{12}Mo_{10}$. Die Bildung dieser Phasen ist oft auf hohe Temperaturen von über 900°C beschränkt. Da beide Phasen eine geringe Bedeutung für die Schweißeignung der austenitischen Stähle, in Grenzen aber für Duplex-Stähle eine Bedeutung besitzen, soll hier lediglich auf [6-12], [6-25], [6-26] und [6-27] verwiesen werden.

6.5 Schweißen von hochlegierten Stählen

6.5.1 Schaeffler-Diagramm

Für gewalzte und geschmiedete Chrom-Nickelstähle entwickelten schon 1920 Maurer und Strauss ein Gefügediagramm (Bild 6-4). Das nach Maurer benannte Diagramm diente Schaeffler in seinen Arbeiten als Ausgangspunkt zur Entwicklung des nach ihm benannten Diagrammes. Als Werkstoffe setzte Schaeffler 1/2zöllige Bleche unterschiedlichster chemischer Zusammensetzung ein, auf die er mit umhüllten Stabelektroden (Durchmesser 3/16“ = 4,76 mm), deren Chrom- und Nickelgehalte variiert wurden, einlagige, nichtgependelte Auftragraupen schweißte. Die Schweißgüter wurden anschließend metallografisch untersucht, und ihre chemische Zusammensetzung wurde bestimmt. Im Gegensatz zu Maurer und Strauss trug Schaeffler die Gefügebefunde nicht in Abhängigkeit von ihren Chrom- und Nickelgehalten auf, sondern definierte für die austenitstabilisierenden Legierungselemente ein Nickeläquivalent und ein entsprechendes Chromäquivalent für die ferritstabilisierenden Elemente. Nach einigen Korrekturen veröffentlichte er die endgültigen Gleichungen für das Chrom- und Nickeläquivalent im Jahre 1949 [6-28]:

Cr-Äquivalent = % Cr + 1,5 * % Si + % Mo + 0,5 * % Nb,
Ni-Äquivalent = % Ni + 0,5 * % Mn + 30 * % C.

Schaeffler nahm bei der Ermittlung seiner Äquivalente eine Gewichtung der einzelnen Legierungselemente vor. So stellte sich heraus, dass Kohlenstoff eine 30mal stärkere austenitstabilisierende Wirkung besitzt als Nickel, hingegen Mangan nur die Hälfte der Wirkung des Nickels. Ähnliche Faktoren konnte Schaeffler für die ferritbildenden Elemente Si, Mo und Nb feststellen. Aus diesen Gleichungen und den Ergebnissen der Gefügeuntersuchungen ergab sich das heute immer noch häufig genutzte Schaeffler-Diagramm (Bild 6-27).

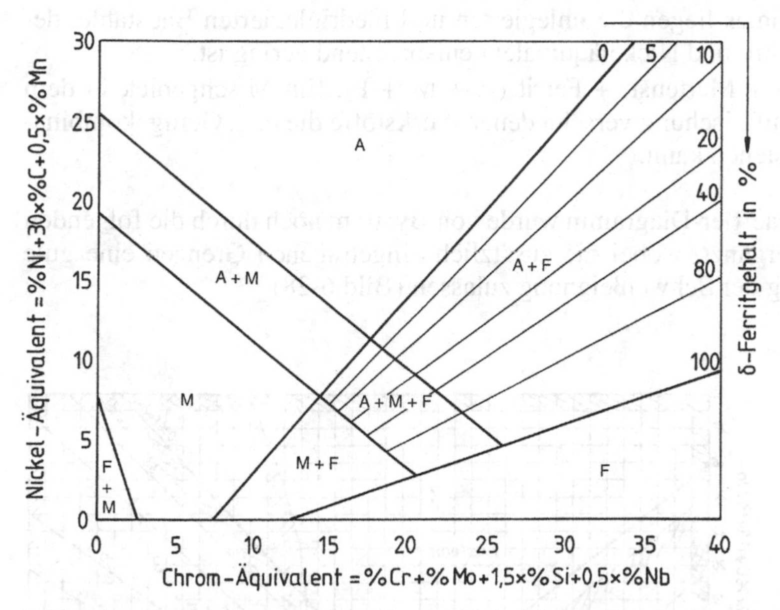

Bild 6-27. Gefügediagramm für Chrom-Nickel-Schweißgut nach Schaeffler (Schaeffler-Diagramm).

In dem Schaeffler-Diagramm sind folgende Existenzbereiche der Gefüge eingetragen:

- Austenit (A). In diesem Feld liegen stabile austenitische Stähle vor. Das vollaustenitische Schweißgut entsteht z. B. beim Verschweißen einer Elektrode mit 25 % Chrom und 20 % Nickel.
- Austenit + Ferrit (A + F). Dieser Bereich stellt das Gebiet der metastabilen austenitischen Stähle dar. Ein typischer Vertreter der metastabilen austenitischen Stähle ist ein Stahl mit 18 % Chrom und 9 % Nickel.
- Martensit (M) und die Mischgefüge (A + M), (M + F). Rein martensitisches Gefüge entsteht vorwiegend beim Verschweißen der martensitischen Chromstähle, dagegen ist ein austenitisch-martensitisches Gefüge (A + M) beim Aufschweißen einer Elektrode mit 18 % Chrom und 9 % Nickel auf einen niedriglegierten Baustahl zu erwarten. Das ferritisch-

martensitische Gefüge (M + F) entsteht bei hochlegierten Chromstählen mit 14 % Chrom und etwa 0,1 % Kohlenstoff.

- Ferrit (F). In diesem Gebiet sind die rein ferritischen Chromstähle mit hohen Chromgehalten und niedrigen Kohlenstoffkonzentrationen wiederzufinden.
- Ferrit + Martensit (F + M). Im unteren linken Bereich des Schaeffler-Diagrammes liegen die unlegierten und niedriglegierten Baustähle, deren Chrom- und Nickeläquivalent entsprechend gering ist.
- Austenit + Martensit + Ferrit (A + M + F). Ein Mischgebiet, in dem durch Aufmischung verschiedener Werkstoffe die o. g. Gefügekombination entstehen kann.

Das Schaeffler-Diagramm wurde von Bystram noch durch die folgenden Bereiche ergänzt, wobei die zusätzlich eingetragenen Grenzen eine gute Beurteilung der Schweißeignung zulassen (Bild 6-28).

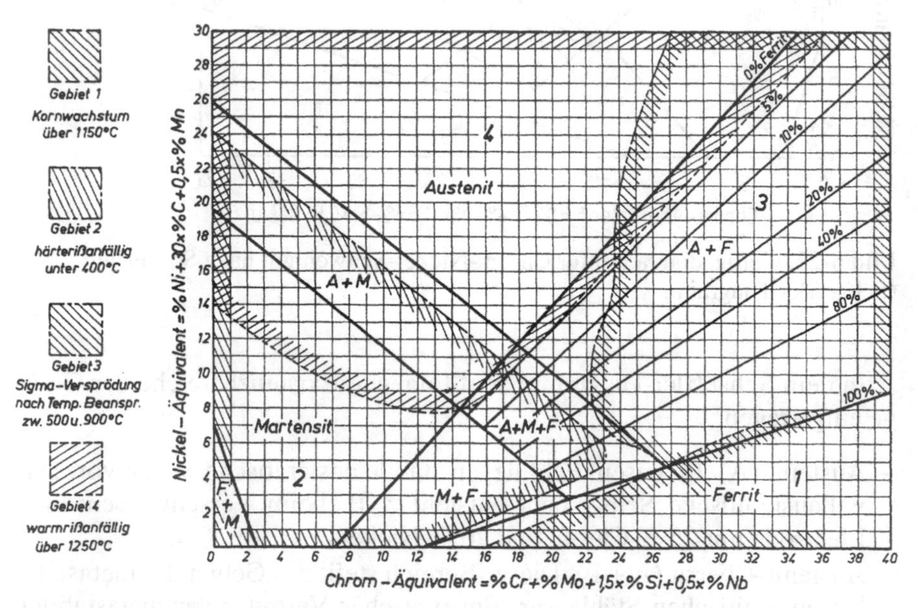

Bild 6-28. Schaeffler-Diagramm mit dem Grenzlinien für die Gefährdung des Schweißgutes durch Kornwachstum, Kaltrissanfälligkeit, σ-Versprödung bei Wärmebehandlung und Heißrissanfälligkeit [6-29].

Die einzelnen Bereiche, die Bystram im Schaeffler-Diagramm markierte, und die hieraus resultierenden Gefahren für das Schweißgut sind aus den vorherigen Abschnitten bekannt:

- *Gebiet 1*: Kornwachstum über 1150°C für die ferritischen Chromstähle und hieraus resultierend eine Verschlechterung der Zähigkeitswerte durch Grobkornbildung in der WEZ.
- *Gebiet 2*: Härterissanfälligkeit unter 400°C für alle Chromstähle mit erhöhtem Kohlenstoffgehalt, Vergütungsstähle, verschleißfeste Auftragschweißungen usw.
- *Gebiet 3*: Sigmaphasenversprödung zwischen 500°C und 900°C bei chromreichen ferritischen Stählen und Austeniten mit Ferritgehalten über 10 %.
- *Gebiet 4*: Heißrissanfälligkeit über 1250°C. Das Gebiet der Heißrissanfälligkeit umfasst den Bereich der vollaustenitischen oder stabilaustenitischen Stähle vollständig und ragt bis zu den martensitischen Gefügen.

Aus den Grenzlinien nach Bystram ergibt sich nun ein kleiner, s-förmiger Bereich in der Mitte des Schaeffler-Diagrammes, in dem die entstehenden Mischgefüge aus Austenit, Martensit und Ferrit ein, in Bezug auf Risse und Versprödungen unempfindliches Schweißgut ergeben. Die eingezeichneten Grenzlinien nach Bystram sind jedoch nur als ungefähre Hinweise zu verstehen. So bleibt bei der Betrachtung dieser Grenzlinien völlig unberücksichtigt, dass z. B. Molybdän die σ-Phasen-Versprödung beschleunigt, dass bei identischer Lage im Schaeffler-Diagramm das Schweißgut einer RB-Elektrode wesentlich heißrissunempfindlicher ist, als das einer Rutilelektrode oder dass ein niobstabilisiertes Schweißgut heißrissanfälliger ist als ein unstabilisiertes mit weniger als 0,03 % Kohlenstoff.

Auch Schaeffler wies schon in seinen Veröffentlichungen darauf hin, dass die Begrenzungsgebiete der Gefüge nicht als scharfe Trennstriche zu betrachten sind, sondern mit Streuungen behaftet sind, was insbesondere für die Angaben der Ferritgehalte zutrifft.

6.5.2 De-Long-Diagramm

Im Bereich der metastabilen 18/8-Chrom-Nickel-Stähle ist die Genauigkeit der Ferritangaben im Schaeffler-Diagramm am größten und beträgt dort nach Angaben von Schaeffler ± 4 % Ferrit. Bei höheren Ferritgehalten ist die Ungenauigkeit der Ferritangaben größer. Jedoch ist auch bei niedrigen Ferritgehalten einzusehen, dass bei Verarbeitungsvorschriften, in denen ein δ-Ferritgehalt von 5 % bis 10 % im Schweißgut gefordert wird, eine Toleranz von ± 4 % Ferrit im Schaeffler-Diagramm zu groß ist. Dies liegt daran, dass das Schaeffler-Diagramm kein Gleichgewichtsschaubild ist und der gebildete δ-Ferritanteil von der Abkühlgeschwindigkeit stark abhängt.

De Long schlug eine Messmethode vor, bei der die Abreißkraft eines definierten Permanentmagneten gemessen wird, um die ferromagnetischen δ-Ferritanteile zu bestimmen. Die Abreißkraft nimmt mit steigendem δ-Ferritanteil zu, da alle anderen Gefügebestandteile wie Ausscheidungen, Austenit und σ-Phase paramagnetisch sind. Mit den heutigen Messmethoden ist es überaus schwierig, den Ferritanteil im Stahl zuverlässig und reproduzierbar zu ermitteln. Aus diesem Grund führte De Long ein neues Messverfahren zur Bestimmung des Ferrits ein, in dem der Ferritgehalt in Ferritnummern (FN = Ferrite Number) angegeben wird. Eine Eichung des Permanentmagneten erfolgt an einer Probe aus unlegiertem Stahl. Die Abreißkraft des Magneten wird durch das Unterlegen von Kupferplättchen unterschiedlicher Dicke variiert, so dass mit zunehmender Wanddicke der Plättchen die Abreißkraft sinkt. Die gemessene Abreißkraft bei einem Kupferplättchen mit der Dicke von 1,778 mm entspricht dabei einer Ferritnummer von FN = 3, bei 1,194 mm einer Ferritnummer von 5, usw. Dabei müssen die ermittelten Ferritnummern nicht mit den realen Ferritgehalten in Prozent übereinstimmen (Bild 6-29). Detailliertere Hinweise zur Bestimmung der Ferritnummer und weitere Schrifttumsangaben zu diesem Thema sind in [6-12] aufgeführt.

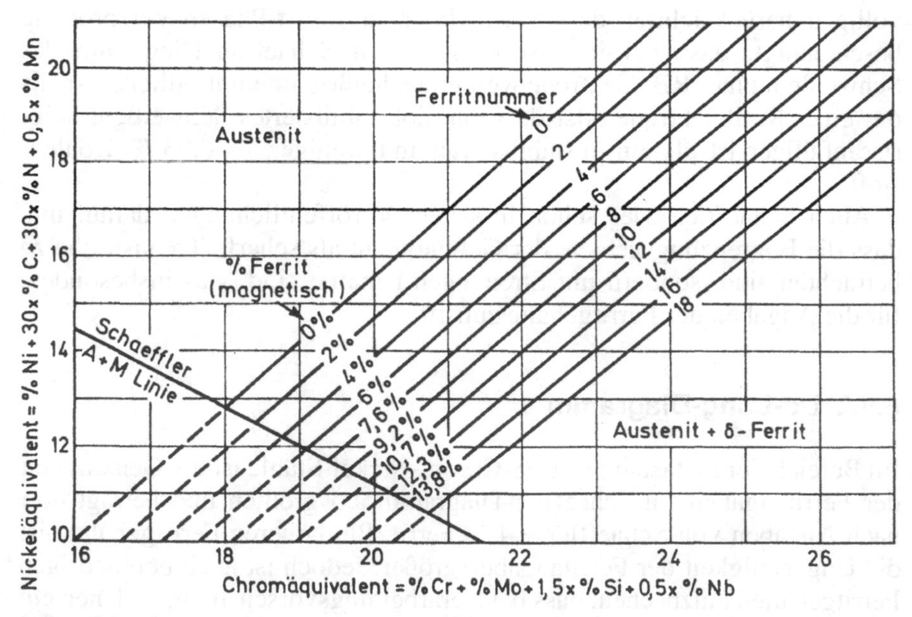

Bild 6-29. De-Long-Diagramm mit Angaben der Ferritzahl oder Ferritnummer FN in austenitischem Schweißgut [6-30].

De Long berücksichtigte in seinem erweiterten Diagramm zusätzlich die stark austenitstabilisierende Wirkung des Stickstoffes. In seiner Gleichung des Nickeläquivalentes addiert er den Faktor 30 * %N zu der ansonsten unveränderten Gleichung des Ni-Äquivalentes nach Schaeffler.

6.5.3 Schweißeignung und schweißtechnische Verarbeitung der korrosionsbeständigen Stähle

Werden korrosionsbeständige Stähle oder auch andere Werkstoffe mit besonderen Eigenschaften miteinander verschweißt, so sind an das Schweißgut die gleichen Anforderungen zu stellen wie an den Grundwerkstoff. Speziell bei den korrosionsbeständigen Stählen werden besondere Anforderungen an die Resistenz gegen aggressive Medien gestellt. Die Schweißzusatzwerkstoffe sind für Nickel und Nickelzusätze in DIN EN ISO 1412, zum Auftragschweißen in DIN 8555 und für das Schweißen nichtrostender und hitzebeständiger Stähle in DIN EN 1599 genormt.

6.5.3.1 Ferritische Chromstähle

Ein Grundtyp dieser Stähle ist der Stahl X 6 Cr 17, der jedoch kein rein ferritisches Grundgefüge aufweist, sondern geringe Anteile an Martensit (0 % bis 20 %) enthalten kann. Dies bedeutet, da solche Stähle nicht vollständig umwandlungsfrei sind, dass beim Schweißen mit geringen Anteilen an Martensit im Gefüge der WEZ zu rechnen ist, dessen Härte und Menge jedoch keine kritischen Werte erreichen sollte. Die ferritischen Chromstähle weisen daher eine zufriedenstellende Schweißeignung auf, wenngleich sie nicht so gut schweißgeeignet sind wie die austenitischen Chrom-Nickelstähle.

Rein ferritische Stähle zeigen keine Umwandlung mehr, d. h., die Gefügeumwandlung von Ferrit zu Austenit beim Erwärmen und eine Umwandlung von Austenit zu Martensit, Bainit oder Perlit bei der anschließenden Abkühlung tritt nicht mehr auf. Eine Änderung der Korngröße ist also wie bei den unlegierten und niedriglegierten Stählen bei rein ferritischen Stählen durch eine Wärmebehandlung nicht möglich. Hat sich im Gefüge des rein ferritischen Stahles einmal ein grobes Korn gebildet, so kann dieses nur durch eine Verformung mit anschließender Glühung (Rekristallisationsglühung) oder eine Warmumformung wieder in einen feinkörnigeren Zustand überführt werden.

Beim Schweißen von rein ferritischen Stähle besteht die Gefahr der Grobkornbildung, da das ferritische Gefüge einen sehr großen Diffusionskoeffizienten besitzt, der den des Austenits um das 100- bis 1000fache übertrifft [6-31].

Der größere Diffusionskoeffizient für das krz-Gitter (Ferrit) resultiert aus der geringeren Packungsdichte des Kristalls (64 %) gegenüber dem kfz-Gitter (Austenit) mit einer Packungsdichte von rund 74 %. Dies führt zu einer erhöhten Wachstumsgeschwindigkeit der Körner in ferritischen Chromstählen während der Wärmeeinwirkung durch den Schweißprozess (vgl. Bild 6-24). Wie bereits erläutert, ist ein grobkörniges Gefüge sprödbruchempfindlicher als ein feines. Da der gebildete Ferrit aufgrund seiner eingeschränkten Anzahl an Gleitebenen im Kerbschlagbiegeversuch schon eine erhebliche Sprödbruchanfälligkeit aufweist (die Übergangstemperatur liegt oftmals im Bereich der Raumtemperatur), wird dieser Effekt durch die Grobkornbildung beim Schweißen zusätzlich verstärkt.

Aus dem großen Diffusionskoeffizienten für das ferritische Gefüge resultiert ein weiterer Nachteil beim Schweißen der ferritischen Chromstähle. Da Kohlenstoff im Ferritgitter sehr beweglich ist, kann er aus thermodynamischen Gründen sehr schnell zu den Korngrenzen diffundieren und dort mit Chrom ein Karbid der Zusammensetzung $M_{23}C_6$ bilden. Chrom wird also an den Korngrenzen als Karbid ausgeschieden, was zur Folge hat, dass es an diesen zu einem Korrosionsangriff kommen kann, wenn hier die Konzentration an reinem Chrom unter 12 % sinkt (interkristalline Korrosion). Um das Ausscheiden von Chromkarbiden zu unterbinden, werden vielen korrosionsbeständigen Stählen Titan, Niob oder Tantal in definierten Mengen zulegiert. Diese Elemente besitzen eine noch höhere Affinität zu Kohlenstoff und eine wesentlich geringere Löslichkeit im Eisen-Chrom-Gitter, so dass sich bei Anwesenheit dieser Elemente bevorzugt Titan- und Niobkarbide ausscheiden und Chrom weiterhin im Gitter gelöst bleibt und somit eine Korrosion verhindert wird. Stähle die mit den o. g. Legierungselementen versehen sind, werden als stabilisiert bezeichnet.

In der Regel sind stabilisierte ferritische Chromstähle im geschweißten Zustand unempfindlich gegen interkristalline Korrosion. 17 %ige Chromstähle mit Titanstabilisierung stellen hier jedoch eine Ausnahme dar. Durch die Schweißwärme gehen Niob- und Titankarbide direkt neben der Schweißnaht in Lösung, und das Ferritgitter wird stark übersättigt. Bei der Abkühlung der Schweißnaht scheidet sich ein zusammenhängendes Netzwerk von Niob- und Titankarbiden auf den Korngrenzen aus. Das Titankarbid ist nicht beständig gegen stark oxidierende Medien, z. B. siedende Salpetersäure, so dass das Titankarbid in ein Titanoxid umwandelt und chemisch aufgelöst wird. Das Niobkarbid bleibt unter den genannten Bedingungen stabil und wird nicht angegriffen [6-32].

Eine weitere Möglichkeit, die interkristalline Korrosion zu unterbinden, führte zu der Entwicklung der Chromstähle mit extrem niedrigen Kohlenstoffgehalten. Zusätzlich wird bei diesen Stählen der Stickstoffgehalt reduziert, da bei erhöhten Stickstoffkonzentrationen Chrom in Form eines Nitrides ausscheidet, was ebenfalls zur IK-Anfälligkeit des ferritischen Stahles beitragen kann.

Durch metallurgische Maßnahmen gelang es, die Summe der Gehalte an Stickstoff und Kohlenstoff unter 0,015 % zu senken. Diese Stähle werden auch als Superferrite bezeichnet. Durch Anheben des Chromgehaltes auf 28 % und Zugabe von bis zu 5 % Molybdän wird die Korrosionsbeständigkeit in chloridhaltigen Medien weiter verbessert. Ferritische Stähle sind sowohl gegen interkristalline als auch transkristalline Spannungsrisskorrosion in chloridhaltigen Medien beständig. Da Austenite in solchen Medien zur transkristallinen Spannungsrisskorrosion und zur Lochkorrosion neigen, werden unter diesen Bedingungen ferritische Chromstähle eingesetzt.

Beim Schweißen der Superferrite ist auf die Auswahl eines geeigneten Schweißverfahrens zu achten. Durch Schweißen mit einer umhüllten Stabelektrode würde der Kohlenstoffgehalt des Stahls angehoben, was wiederum zur IK-Anfälligkeit führt. Besonders geeignet sind Schutzgasschweißverfahren, z. B. das WIG-Schweißen. Aber auch hier ist der Zutritt von Stickstoff aus der Umgebungsatmosphäre, z. B. beim Wurzelschweißen, zu vermeiden, da hierdurch sofort Chromnitridausscheidungen auf den Korngrenzen und im Korninneren gebildet würden.

6.5.3.2 Ferritisch-martensitische Chromstähle

Die Schweißeignung der ferritisch-martensitischen Chromstähle ist wegen ihrer erhöhten Kohlenstoffgehalte gering. Durch die Kohlenstoffkonzentrationen ist die Gefahr der Martensitbildung und somit der Entstehung von Kaltrissen groß. Wird ein Bauteil aus dieser Werkstoffgruppe mit artgleichem Zusatzwerkstoff geschweißt, so sind die Bauteile in Abhängigkeit ihrer Dicke zwischen 200°C und 350°C vorzuwärmen, wobei die Zwischenlagentemperatur die Vorwärmtemperatur nicht unterschreiten darf. Nach Beendigung der Schweißung ist das Werkstück wegen der noch vorhandenen Restaustenitgehalte langsam auf 80°C bis 150°C abzukühlen. Ist auch die Umwandlung dieser Restaustenite zu Martensit erfolgt, ist im Temperaturbereich zwischen 700°C und 760°C eine Anlassbehandlung vorzunehmen [6-15]. Nach DIN 17440 wird ein artfremder austenitischer Schweißzusatzwerkstoff empfohlen, da dieser die entstehenden Schrumpfspannungen durch plastische Verformung besser auffangen kann. Für die Decklagen werden wiederum artähnliche Zusatzwerkstoffe empfohlen, da sich ein austenitischer Schweißzusatzwerkstoff vom ferritisch-martensitischen Grundwerkstoff farblich deutlich abheben würde.

Bei 13 %igen Chromstählen besteht für die Wärmeeinflusszone und das Schweißgut eine erhöhte Gefahr der wasserstoffbegünstigten Rissbildung, da das Gefüge in beiden Bereichen zu etwa 70% aus Martensit besteht. Daher empfiehlt sich der Einsatz von basischen Stabelektroden oder von

UP-Schweißpulvern, die vor dem Einsatz bei über 300°C rückgetrocknet werden.

Da die ferritisch-martensitischen Stähle aufgrund ihrer Neigung zur Kaltrissbildung nur unter größten Vorsichtsmaßnahmen zu schweißen sind, wurde ein Teil des Kohlenstoffes im Stahl durch Nickel ersetzt, was zur Entwicklung der nickelmartensitischen Stähle führte. Die Vergütungsfähigkeit des Stahles wird durch Nickel nicht negativ beeinflusst, die Durchvergütbarkeit bei dickwandigen Bauteilen wird sogar gesteigert. Durch Nickelzugabe und Kohlenstoffreduktion wird die Aufhärtung beim Schweißen vermindert, so dass die Gefahr von Kaltrissen sinkt. Mit steigendem Nickelgehalt (bis 4 %) nimmt der ferritische Gefügeanteil bei Lösungsglühtemperatur ab und wird zunehmend durch Austenit ersetzt. Nach dem Abschrecken wandelt der Austenitanteil zu Martensit um, was zu einem Härteanstieg des Stahles führt.

Stähle mit 17 % Chrom weisen einen Ferritanteil von 50 % bis 80 % im Gefüge der Wärmeeinflusszone oder des Schweißgutes auf. In diesen Bereichen muss mit einer verstärkten Grobkornbildung gerechnet werden, was zu einem weiteren Zähigkeitsverlust der Schweißnaht führt.

6.5.3.3 Martensitische Chromstähle

Die Schweißeignung der martensitischen Chromstähle ist schlecht. Dies ist hauptsächlich auf den hohen Kohlenstoffgehalt und auf die Umwandlung des Austenits zu Martensit bei geringen Abkühlgeschwindigkeiten (Lufthärtung der Stähle) zurückzuführen. Aus diesem Grund enthält die Wärmeeinflusszone dieser Stähle große Anteile von Martensit, was naturgemäß die Kaltrissanfälligkeit der Schweißverbindung drastisch erhöht. Zusätzlich ist eine verstärkte Chromkarbidausscheidung im Temperaturbereich von 600°C bis 700°C zu berücksichtigen.

Bei einem Lufthärter wie dem Stahl X 22 CrMoV 12 1 ist für eine rissfreie Schweißung das sogenannte isotherme Schweißen mit hoher Vorwärmtemperatur ohne Zulassen einer Zwischenabkühlung erforderlich. Die Vorwärmtemperatur liegt etwas oberhalb M_S im Bereich zwischen 300°C und 350°C. Nach dem Schweißen erfolgt eine Zwischenabkühlung auf 150°C bis 200 °C, so dass der Austenit teilweise in Martensit umwandelt. Im Anschluss hieran ist ein Anlassen im Temperaturintervall von 650°C bis 750°C vorzunehmen, damit der im Gefüge noch vorhandene Restaustenit in ein perlitisches Gefüge umwandeln kann.

Eine weitere Möglichkeit zum Schweißen der martensitischen Chromstähle besteht in der Pufferlagentechnik. Hierbei werden auf die Nahtflanken duktile Pufferschichten aus austenitischen Zusatzwerkstoffen oder Ni-Basis-Legierungen aufgetragen. Anschließend werden diese Zonen wärmebehandelt und dann fertiggeschweißt. Die Rissgefahr wird durch diese

Technik gesenkt, da das sehr duktile Schweißgut entstehende Schrumpfkräfte gut abbauen kann und die Aufmischung zwischen Grundwerkstoff und Schweißzusatzwerkstoff sehr viel geringer ausfällt.

Gemäß DIN 17440 werden austenitische Zusatzwerkstoffe nach DIN EN 22063 und für Stähle mit noch höherem Kohlenstoffgehalt Nickel-Basis-Legierungen nach DIN EN ISO 14172 (ehemals DIN 1736) zum Schweißen der martensitischen Chromstähle empfohlen. Nur für Decklagen, wenn Farbgleichheit mit dem Grundwerkstoff gefordert wird, und zu Reparaturzwecken sind artgleiche Zusatzwerkstoffe einzusetzen. Auf eine geringe Wasserstoffeinbringung durch den Schweißprozess ist in allen Fällen zu achten, da sonst eine Kaltrissbildung unvermeidlich ist.

6.5.3.4 Ferritisch-austenitische Stähle (Duplex-Stähle)

Die Duplex-Stähle weisen eine wesentlich bessere Schweißeignung auf als die ferritischen und martensitischen Chromstähle, und sie besitzen im geglühten Zustand ein Gefüge aus etwa 50 % Ferrit und 50 % Austenit. Bei stickstofflegierten Duplex-Stählen ist bei richtiger Abstimmung von Schweißzusatzwerkstoff und Grundwerkstoff nicht mit Grobkornbildung zu rechnen. Diese Stähle weisen ebenfalls eine gute Heiß- und Kaltrisssicherheit auf.

Diese günstigen Eigenschaften sind jedoch nur bei korrekter Ausführung der Schweißarbeiten zu erzielen. Im Gegensatz zu den anderen korrosionsbeständigen Werkstoffen ist eine Verschiebung des thermodynamischen Gleichgewichtes bei hoher, kurzzeitiger Erwärmung und schneller Abkühlung möglich, so dass in der Wärmeeinflusszone ein höherer Ferritanteil (bis 90 %) entsteht. Dies ist beim Schweißen der Fall, wenn Temperaturen über 1300°C zu einer vollständigen Umwandlung der Austenitanteile zu Ferrit führen, d. h., oberhalb 1300°C besteht das Gefüge des Duplex-Stahles zu 100 % aus Ferrit. Bei der anschließenden Abkühlung wandelt der Ferrit durch Diffusionsvorgänge teilweise wieder zu Austenit um, im Idealfall entsteht wieder ein Duplex-Gefüge aus 50 % Ferrit und 50 % Austenit. Je schneller die Abkühlung erfolgt, desto stärker sind die Diffusionsvorgänge behindert, und die Umwandlung von Ferrit in Austenit wird nahezu vollständig unterdrückt. Die Folge kann ein ungünstiges Ferrit-Austenit-Verhältnis von bis zu 90:10 sein. Eine beschleunigte Abkühlung des Schweißgutes ist also beim Schweißen von Duplex-Stählen unbedingt zu vermeiden. Die Abkühlung der Schweißnaht kann über eine Vorwärmung und gezielte Wahl der Schweißparameter (z. B. Streckenenergie für Duplex-Stähle E ≈ 7-15 kJ/cm) so gesteuert werden, dass sich ein gewünschtes Ferrit-/ Austenit-Verhältnis einstellt.

Die Zusatzwerkstoffe zum Schweißen der Duplex-Stähle enthalten oft höhere Nickelanteile (etwa 9 % Ni) als der Grundwerkstoff (etwa 5 % Ni).

Aus den unterschiedlichen Nickelgehalten von Schweißgut und Grundwerkstoff resultiert eine Verschiebung der Ferrit- und Austenitanteile innerhalb einer Duplex-Schweißnaht. Während das Schweißgut (drei Lagen, Blechdicke 8 mm) meist zwischen 30 % und 35 % Ferrit enthält, sind in der Wärmeeinflusszone Ferritgehalte um 70% nachzuweisen [6-34].

Der Ferritgehalt des Schweißgutes sollte nicht wesentlich über 50 % liegen, da sonst verminderte Zähigkeitswerte und eine erhöhte Rissgefahr in der Schweißnaht zu erwarten sind. 30% Ferrit im Schweißgut ergeben besonders günstige Zähigkeitswerte in Verbindung mit guter Lochfraß- und Spannungsrisskorrosionsbeständigkeit [6-33]. Wärmebehandlungen nach dem Schweißen im Temperaturbereich von 350°C bis 1000°C sollten vermieden werden, da in diesem Temperaturintervall mit einer schnellen Ausscheidung der Chi- und σ-Phase und der 475°-Versprödung gerechnet werden muss. Die Chi-Phase besitzt eine verminderte Korrosionsbeständigkeit im Huey-Test. Die Einsatztemperatur der Duplex-Stähle liegt bei max. 280°C.

Abschließend lassen sich folgende Regeln zum Schweißen der stickstofflegierten Duplex-Stähle festhalten:

- Verwendung von artähnlichem Zusatzwerkstoff mit Begrenzung des Ferritanteiles im Schweißgut auf max. 50 %.
- Unterdrückung der übermäßigen Ferritbildung im Schweißgut durch den Einsatz von Zusatzwerkstoff mit höheren Nickelgehalten zur Stabilisierung der Austenitphase.
- Rücktrocknung von Stabelektroden und UP-Schweißpulvern zur Minimierung der Wasserstoffeinbringung.
- Vorwärmung des Grundwerkstoffes kann normalerweise entfallen, jedoch ist eine Vorwärmung notwendig, wenn die Abkühlgeschwindigkeit zu groß wird. Zur Vermeidung der übermäßigen Ferritbildung ist dann eine Vorwärmung bis 150°C und/oder Erhöhung der Streckenenergie zu empfehlen. Die $t_{12/8}$-Zeit sollte nach Einstellung der Schweißparameter bei ca. 15 s liegen.
- Zwischenlagentemperatur sollte nicht über 150°C liegen und eine sinnvolle Beschränkung der Streckenenergie zur Vermeidung der Grobkornbildung ist anzustreben.

6.5.3.5 Stabile und metastabile austenitische Chrom-Nickel-Stähle

Austenitische Chrom-Nickel-Stähle können mit allen Strahl- und Lichtbogenschweißverfahren sowie mit den meisten Pressschweißverfahren geschweißt werden. Die Zusammensetzung der Schweißzusatzwerkstoffe ist meist artgleich bis artähnlich. Für metallurgisch anspruchsvolle Anwendungsfälle (z. B. Schwarz-Weiß-Verbindungen) werden auch Nickel-Basis- oder ferritisch-austenitische- Zusatzwerkstoffe eingesetzt. Beim WIG- bzw. MSG-Schweißen korrosionsbeständiger Stähle können hochargonhaltige Schutzgase (oft auch als Wurzelschutz) verwendet werden.

Für das MSG-Schweißen der austenitischen Stähle werden häufig Schutzgase mit aktiven Komponenten (O_2 und CO_2) eingesetzt, um die Schweißeignung dieser Stähle zu verbessern. Durch Sauerstoff wird die Lichtbogenstabilität erhöht und gleichzeitig die Viskosität des Schmelzbades herabgesetzt, was eine glattere Nahtoberfläche zur Folge hat. Jedoch ist mit steigendem O_2-Anteil im Schutzgas eine verstärkte Oxidbildung im Bereich der Schweißnaht festzustellen. Diese Oxide sind nicht korrosionsbeständig und müssen in einem Säurebad (Beize) entfernt werden, um die Korrosionsbeständigkeit des austenitischen Chrom-Nickel-Stahles wieder herzustellen.

Ein Abbrand der Legierungselemente Nb, Ni, Cr, Si und Mn durch Sauerstoff und CO_2 findet nach einer Untersuchung von Geipl und Pomaska nicht statt oder ist vernachlässigbar klein [6-35]. Ebenso ist die Kohlenstoffaufnahme des Schweißgutes durch CO_2-haltige Schutzgase sehr gering. Bei einem Schutzgas mit 5 % CO_2, 4 % O_2 und dem Rest Ar konnte lediglich eine C-Zunahme des Schweißgutes von 0,01 % beobachtet werden [6-35]. Bei einem Schutzgas aus Argon mit 18 % CO_2, betrug die Aufkohlung im Schweißgut 0,023 % und unter 100 % CO_2 stieg der C-Gehalt um 0,049 % an.

Da heute hergestellte Schweißzusatzwerkstoffe für austenitische Chrom-Nickel-Stähle etwa 0,01 % bis 0,02 % C enthalten, kann also nur durch Verwendung hoch CO_2-haltiger Schutzgase die sogenannte ELC-Grenze (extra low carbon) von 0,03 % C überschritten werden. Aber selbst wenn die ELC-Grenze überschritten werden sollte, so ist immer noch eine Wärmebehandlung (meist Spannungsarmglühen) des Stahles erforderlich, um eine IK-Anfälligkeit hervorzurufen (Bild 6-30). Um unter nahezu allen Schweißbedingungen und Wärmebehandlungen die Oberflächenoxidation und IK-Anfälligkeit in Grenzen zu halten, enthalten Schutzgase zum MAGM-Schweißen der hochlegierten Stähle 1 % bis 3 % O_2 und etwa 3 % bis 5 % CO_2.

Wegen der um etwa 30 % höheren Wärmeausdehnung und der etwa 50 % niedrigeren Wärmeleitfähigkeit austenitischer Schmelzen gegenüber dem dünnflüssigeren Schweißgut unlegierter Stahlqualitäten sollen die Beanspruchungen während des Aufheiz- und Abkühlzyklus möglichst gering sein. Wegen der höheren Wärmeausdehnung und geringeren Wärmeleitfähigkeit verformen sich austenitische Bleche durch den Schweißvorgang wesentlich leichter als unlegierte. Der Verzug kann durch eine höhere Anzahl an Heftstellen reduziert werden. Zusätzlich sollten Schweißnähte eher mit vielen kleinen Auftragraupen aufgefüllt werden statt mit wenigen dicken.

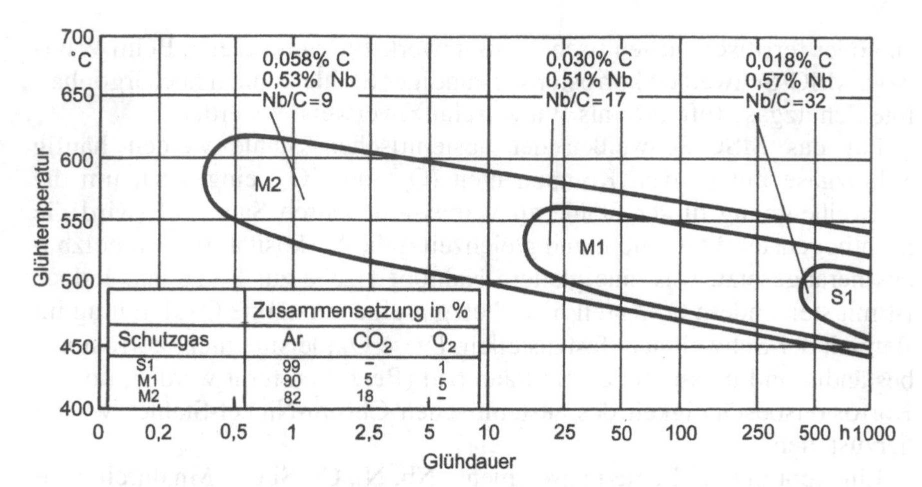

Bild 6-30. Gefahr der interkristallinen Korrosion durch den Einsatz von CO_2-Schutzgasen beim Schweißen eines stabilisierenden austenitischen Chrom-Nickel-Stahles.

Austenitische Werkstoffe, insbesondere aber vollaustenitisches Schweißgut, neigen zur Heißrissbildung, weil sich die Restschmelze mit unerwünschten Stahlbegleitern wie Schwefel und Phosphor anreichert. Austenitisches Gefüge kann nur geringste Mengen dieser Elemente lösen, so dass sich bei einer Erstarrung von Austenit aus der Schmelze (primär austenitische Erstarrung) eine weitere Anreicherung der Restschmelze ergibt. Bildet sich bei der Erstarrung des Schweißgutes primär δ-Ferrit (primär ferritische Erstarrung), können erheblich größere Mengen an Schwefel und Phosphor im Ferrit gelöst werden. Da δ-Ferrit ein höheres Lösungsvermögen für diese Schadstoffe besitzt, wirken sich Anteile von 4 % bis 10 % Ferrit im Schweißgut heißrissmindernd aus. Bei der Zusatzwerkstoffauswahl muss auf die Bildung von δ-Ferritanteilen im Schweißgut geachtet werden. Zu große δ-Ferritanteile (ab 10%) setzen jedoch die Verformungsfähigkeit herab.

Schweißdrähte sind vorzugsweise Nb-stabilisiert, weil Titan in der Lichtbogen-Schutzgasatmosphäre leicht abbrennt. Aber auch bei Nb-stabilisiertem Chrom-Nickel-Stahl kann es durch das Schweißen bei nachfolgender Wärmebehandlung (z. B. Spannungsarmglühen) zu Problemen kommen. Unmittelbar neben der Schmelzlinie gehen in einem schmalen Bereich entlang der Schweißnaht selbst die hochschmelzenden Niobkarbide in Lösung, was zu einer Kohlenstoffanreicherung des Austenits führt. Dabei bleibt der Kohlenstoff nach schneller Abkühlung der Schweißnaht im Austenit zwangsgelöst, scheidet sich dann aber bei einer Spannungsarmglühung wieder als Chrom- und nicht als Niobkarbid aus. Dies ist auf das Überangebot von Chrom zurückzuführen, was dazu führt, dass die mittleren Abstände zwischen den Chrom- und den Kohlenstoffatomen deutlich geringer sind als die zwischen den Niob- und den Kohlenstoffatomen. Die sehr kurzen Diffusionswege bewirken also eine erneute Ausscheidung von Chromkarbiden. Die Folge ist ein Kornzerfall entlang einer sehr schmalen Linie der Schweißnaht. Der Vergleich mit einer „wie mit dem Messer geschnittenen Linie“ führte zu dem Begriff der Messerlinienkorrosion. Abhilfe schafft eine deutliche Überstabilisierung solcher Stähle (Nb : C = 12 : 1) und die Absenkung des Kohlenstoffgehaltes auf unter 0,04 %.

Bei einer Überstabilisierung mit Niob ist ab Konzentrationen über 1 % mit einer deutlichen Zunahme der Heißrissbildung zu rechnen. Die unstabilisierten Zusatzwerkstoffe weisen also hinsichtlich der Heißrissneigung bessere Eigenschaften auf. Zusätzlich ist der Werkstoffübergang ruhiger und die Spritzerbildung wird erheblich reduziert.

Zusammenfassend ist die Schweißbarkeit von Bauteilen aus Chrom-Nickel-Stählen durch geringes Wärmeeinbringen, schnelle Abkühlung unter Vermeidung zu großer Eigenspannungen (Strichraupentechnik, schweißgerechte Gestaltung) und die korrekte Zusatzwerkstoffwahl (Desoxidation, Kornfeinung, δ-Ferrit) weitgehend problemlos.

6.5.3.6 Austenit-Ferrit-Verbindungen (Schwarz-Weiß-Verbindungen)

Unter Austenit-Ferrit-Verbindungen werden Schweißverbindungen zwischen hochlegierten nichtrostenden sowie unlegierten und niedriglegierten Stählen verstanden.

In der Praxis werden diese Verbindungen auch Schwarz-Weiß-Verbindungen genannt. Der Begriff leitet sich aus dem äußeren Erscheinungsbild der Werkstoffe ab. Während die hochlegierten, nichtrostenden Stähle in der Regel im blanken, gebeizten Zustand geliefert werden und ein silbergraues Aussehen haben, liegen die unlegierten und niedriglegierten Stähle meistens mit einer Oberfläche vor, die mit einer dunklen Walzhaut behaftet ist.

Das Anwendungsgebiet der Austenit-Ferrit-Verbindungen ist weitgehend mit dem der hochlegierten, nichtrostenden Stählen identisch, da überall dort auf unlegierte und niedriglegierte preisgünstigere Stähle zurückgegriffen wird, wo deren Eigenschaften ausreichen.

Im Chemieapparatebau, in der Petrochemie und für Apparate, Behälter und Rohrleitungen in der Nahrungsmittel- und pharmazeutischen Industrie werden nichtrostende Stähle wegen ihrer besonderen Korrosions- und Hitzebeständigkeit eingesetzt. Für Konstruktionen, die mit den betreffenden Produkten und Medien nicht in Berührung kommen, können dagegen in vielen Fällen unlegierte und niedriglegierte Stähle eingesetzt werden. Das bedeutet, dass Schweißverbindungen zwischen den unterschiedlichen Werkstoffen hergestellt werden müssen. So werden z. B.:

- Stutzen aus unlegiertem Stahl in Behälter aus Chrom-Nickel-Stählen eingeschweißt,
- Stützen, Verstärkungen und Flansche an Chrom-Nickel-Behälter angeschweißt sowie
- Rohrleitungen aus verschiedenen Werkstoffen miteinander verbunden.

Darüber hinaus werden in einem breiten Anwendungsgebiet

- hochlegierte Schweißplattierungen auf unlegierte und niedriglegierte Trägerwerkstoffe aufgebracht und
- plattierte Werkstoffe miteinander verbunden.

Die einfachste Art, Austenit-Ferrit-Schweißverbindungen herzustellen, wäre der Einsatz von Zusatzwerkstoffen, die von der Zusammensetzung dem hochlegierten, austenitischen oder aber dem unlegierten, ferritischen Grundwerkstoff entsprechen würden. Diese Möglichkeiten sind in dieser Form jedoch nicht durchführbar, da wegen der Vermischung der unlegierten und hochlegierten Grund- und Zusatzwerkstoffe ein sprödes, rissempfindliches martensitisches Gefüge entstehen würde. Der unlegierte Zusatzwerkstoff stellt diese Mikrostruktur in der Nähe der austenitischen Grundwerkstoffseite, der dem Austenit artgleiche Zusatzwerkstoff auf der ferritischen Grundwerkstoffseite ein. Die Versprödungserscheinungen können zu Rissbildungen führen, die oft nur sehr schwer zu erkennen sind.

Deshalb sind Zusatzwerkstoffe auszuwählen, die genau auf die austenitischen und ferritischen Grundwerkstoffe unter Berücksichtigung der jeweiligen Aufmischungen infolge der unterschiedlich eingesetzten Schweißverfahren abgestimmt sind, d.h., die Schweißzusätze müssen überlegiert sein, um ein problemloses Schweißgut zu garantieren.

Forderungen, die an Austenit-Ferrit-Verbindungen gestellt werden, sind im Wesentlichen:

- die einwandfreie metallurgische Ausbildung der Verbindung ohne Risse, Poren und spröde Phasen sowie
- ausreichende Festigkeitseigenschaften.

Unter diesen Gesichtspunkten wird dann vom Schweißgut verlangt, dass es

- gute Verformungsfähigkeiten und auch bei hohen Betriebstemperaturen keine Versprödung des Gefüges (z. B. Sigmaphasenbildung) aufweist und

– eine Aufmischung aus beiden Grundwerkstoffen verträgt, ohne die Verformungs- und Festigkeitseigenschaften zu verlieren und insbesondere ohne heißrissanfällig zu sein.

6.5.3.6.1 Einteilung in unterschiedliche Beanspruchungsgruppen

Aufgrund der an sie gestellten Anforderungen können Austenit-Ferrit-Verbindungen grob in drei Beanspruchungsgruppen aufgeteilt werden (Bild 6-31):

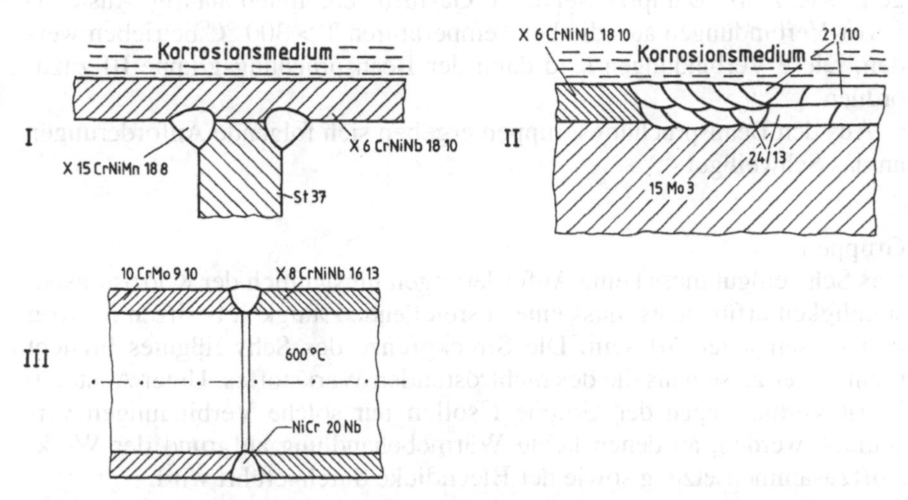

Bild 6-31. Unterschiede in den Anforderungen an das Schweißgut von Schwarz-Weiß-Verbindungen und hieraus resultierende Beanspruchungsgruppen I bis III.

Beanspruchungsgruppe I

Nichtrostende Stähle werden im Apparate-, Behälter- und Rohrleitungsbau aufgrund ihrer besonderen Korrosionsbeständigkeit eingesetzt. In den Bereichen der Konstruktion, zu denen das korrosive Medium keinen Zugang hat, können in den meisten Fällen unlegierte und niedriglegierte Stähle eingesetzt werden, insbesondere dann, wenn Betriebstemperaturen T < 300°C vorliegen. Als Beispiele hierfür können Flanschringe, Halterungen und Traggerüste genannt werden.

Beanspruchungsgruppe II

Bei Austenit-Ferrit-Verbindungen in Form von Stumpf- und Kehlnähten können an das Schweißgut keine höheren Ansprüche hinsichtlich der Korrosionsbeständigkeit gestellt werden, da der unlegierte bzw. niedriglegierte

Stahl diese Anforderungen nicht erfüllen könnte. Eine besondere Korrosionsbeständigkeit des Schweißgutes ist daher nur über Planierungen niedriglegierter Stähle mit nichtrostendem Schweißgut und beim Verbinden walzplattierter Werkstoffe erforderlich. Diese Verbindungen der Beanspruchungsgruppe II treten in der chemischen Industrie und in kraftwerktechnischen Anlagen in vielfältiger Form auf.

Beanspruchungsgruppe III
In der chemischen und petrochemischen Industrie sowie bei Energieanlagen, wie z. B. Dampfkessel oder Gasturbinen, treten häufig Austenit-Ferrit-Verbindungen auf, die bei Temperaturen T > 300 °C betrieben werden. Diese Verbindungen sind dann der Beanspruchungsgruppe III zuzuordnen.

Aus den Beanspruchungsgruppen ergeben sich folgende Anforderungen an das Schweißgut:

Gruppe I
Das Schweißgut muss keine Anforderungen hinsichtlich der Korrosionsbeständigkeit erfüllen, es muss eine ausreichende Zähigkeit besitzen und frei von Rissen jeder Art sein. Die Streckgrenze des Schweißgutes braucht nicht höher zu sein als die des nichtrostenden Werkstoffes. Unter Austenit-Ferrit-Verbindungen der Gruppe I sollen nur solche Verbindungen verstanden werden, an denen keine Wärmebehandlung aufgrund der Werkstoffzusammensetzung sowie der Blechdicke durchgeführt wird.

Gruppe II
In der Beanspruchungsgruppe II muss das Schweißgut neben ausreichender Zähigkeit und der Rissfreiheit (wie in der Gruppe I) auch noch eine dem hochlegierten Planierungswerkstoff (walz- bzw. sprengplattiert) vergleichbare Korrosionsbeständigkeit besitzen. Für die Beständigkeit gegenüber Allgemeinem Korrosionsabtrag, Lochfraß, Spannungsrisskorrosion und interkristalliner Korrosion ist die chemische Zusammensetzung des Schweißgutes hinsichtlich der Gehalte an C, Ti, Nb und Cr wichtig. Darüber hinaus ist bei Mehrlagenschweißungen die Wärmeführung hinsichtlich der Arbeitstemperatur und der Zwischenlagentemperatur sowie eine eventuelle Wärmenachbehandlung mit Verlust der IK-Korrosionsbeständigkeit zu beachten.

Gruppe III
Die Anforderungen an das Schweißgut der Austenit-Ferrit-Verbindungen in Gruppe III sind ausreichend hohe Streckgrenzen und Warmfestigkeiten.

Darüber hinaus ist die Kohlenstoffdiffusion vom niedrig- zum hochlegierten Werkstoff und die Entstehung eines Karbidsaumes zu beachten. Diese Erscheinung kann nach dem Spannungsarmglühen oder nach entsprechender Betriebszeit bei hohen Temperaturen auftreten. Ein weiteres Problem besteht darin, dass die unterschiedliche thermische Ausdehnung der ferritischen und austenitischen Werkstoffe zu unterschiedlich hohen Eigenspannungen im Bereich der Schweißnaht führen kann. Schweißverbindungen der Gruppe I mit Wärmenachbehandlung oder Beanspruchung bei hohen bzw. tiefen Temperaturen können ebenfalls in Gruppe III fallen.

6.5.3.6.2 Schweißen von Schwarz-Weiß-Verbindungen

Die chemische Zusammensetzung des Schweißgutes bei Austenit-Ferrit-Verbindungen kann durch die Auswahl des Schweißzusatzwerkstoffes und des Schweißverfahrens in weiten Grenzen verändert werden. Dabei stellt das Schaeffler-Diagramm eine wertvolle praktische Hilfe dar. Vor dem Schweißen muss das Zielgebiet im Schaeffler-Diagramm genau festgelegt werden (Bild 6-32, siehe auch Abschnitt 6.5.3.6.3):

- Die Anforderungen der Gruppe I werden von vollaustenitischem Schweißgut mit mehr als 5 % Mangan erfüllt. Weniger als 3,5 % Mangan sind dabei im austenitischen Schweißgut nicht zulässig, weil dann die Heißrissgefahr steigt. Begrenzt wird das Gebiet durch die Linien zum Austenit + Martensit- sowie zum Austenitgebiet. Daneben werden diese Anforderungen auch von niedriglegiertem Schweißgut mit $< 0{,}05$ % Kohlenstoff und < 3 % Chrom erfüllt. Diese Grenzen sind genau einzuhalten, was in vielen Fällen große Schwierigkeiten bereitet.
- Für Beanspruchungsgruppe II ist ein chemisch beständiges Schweißgut mit der Begrenzung der Heißrisslinie zum Austenit und etwa der 12 %-δ-Ferrit-Marke, bei deren Überschreitung Korrosion und Ferritzerfall drohen, erforderlich. Die Kohlenstoff- und Niob-Gehalte sind genau zu beachten, da sonst mit interkristalliner Korrosion nach einem Spannungsarmglühen zu rechnen ist.
- Schweißzusätze auf Nickelbasis mit resultierendem Nickelgehalt im reinem Schweißgut von etwa 70 % bis 80 % werden in der Regel für Austenit-Ferrit-Verbindungen der Beanspruchungsgruppe 111 verwendet. Jedoch ist im besonderen Maße die starke Heißrissneigung im Bereich von 30 % bis 40 % Nickel zu beachten. Aus diesem Grund ist eine ausreichende Durchmischung des Schweißgutes bei nicht zu hoher Aufmischung durch den Grundwerkstoff zu gewährleisten.

Die Wahl von Schweißverfahren und Schweißparametern hat bei Austenit-Ferrit-Verbindungen eine weit größere Bedeutung als bei artgleichen Verbindungen. Durch die Aufmischung mit den Grundwerkstoffen kann sich die Zusammensetzung des entstehenden Schweißgutes in weiten Grenzen verändern. Die Einhaltung der im Schaeffler-Diagramm definierten Zielgebiete erfordert die exakte Einhaltung der Aufmischungen beim Schweißen.

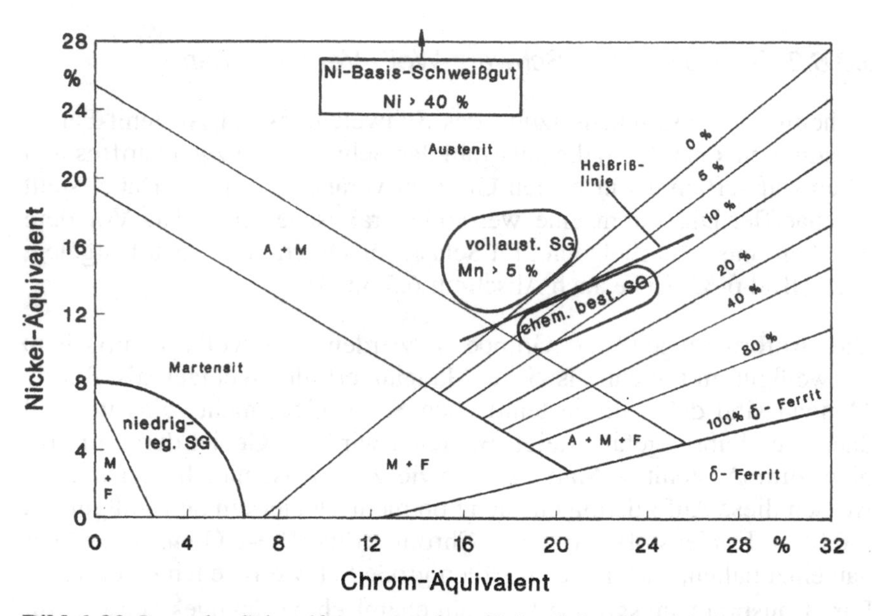

Bild 6-32. Lage der Schweißzusatzwerkstoffe im Schaeffler-Diagramm.

Im Bild 6-33 ist schematisch dargestellt, wie die endgültige Schweißgutzusammensetzung in Bezug auf jedes beliebige Element X zustande kommt.

Der Gehalt des Schweißzusatzes in Bezug auf das Element X wird zunächst durch metallurgische Reaktionen mit dem Schutzgas oder mit der Schlacke in Form eines Zu- oder Abbrandes von Elementen verändert. Der in das Schweißgut übergehende Metalltropfen hat bezüglich aller Elemente die Zusammensetzung des reinen Schweißgutes. Die Zusammensetzung des aktuellen Schweißgutes entsteht dann durch Vermischen dieser Tropfen mit den aufgeschmolzenen Anteilen beider Grundwerkstoffe.

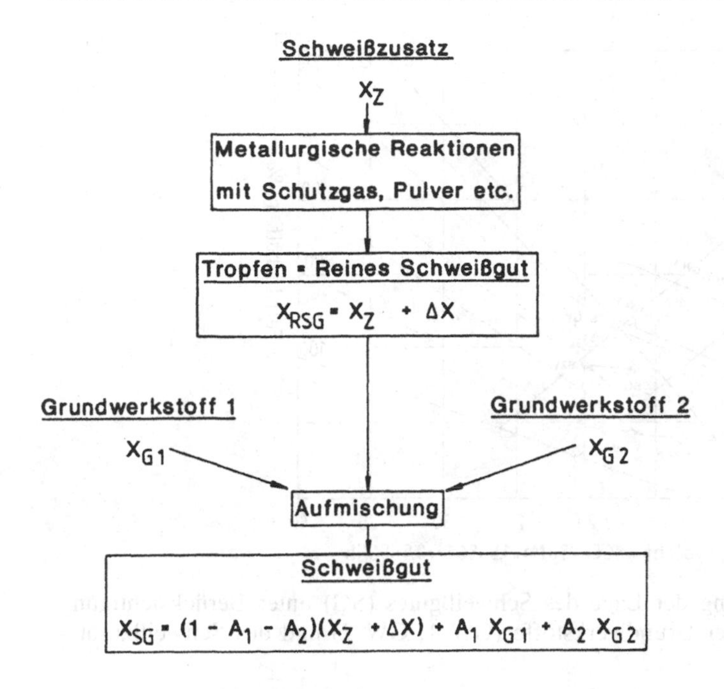

G Grundwerkstoffanteil

Z Zusatzwerkstoffanteil

A Aufschmelzgrad, $A = A_1 + A_2$

Bild 6-33. Entstehung der Schweißgutzusammensetzung.

6.5.3.6.3 Ausgewählte Beispiele zur Anwendung des Schaeffler-Diagrammes

Die Vorgehensweise zur Ermittlung der Schweißgutzusammensetzung im Schaeffler-Diagramm ist wie folgt:

Werden zwei Stähle miteinander verschweißt, so müssen erst die Chrom- und Nickeläquivalente beider Grundwerkstoffe (GW 1 und GW 2) und des Schweißzusatzwerkstoffes (SZW) errechnet und die Positionen im Schaeffler-Diagramm eingezeichnet werden (Bild 6-34).

Alle möglichen Mischungen der beiden Grundwerkstoffe liegen auf der geraden Verbindungslinie der beiden Werkstoffe GW 1 – GW 2. Bei gleichem Anteil beider Grundwerkstoffe im Schmelzbad (50 % GW 1 / 50 % GW 2) liegt die sich nur durch Vermischung der Grundwerkstoffe ergebende Legierung in der Mitte zwischen GW 1 und GW 2 (X 1) (Bild 6-35). Soll aufgrund einer asymmetrischen Nahtvorbereitung das Schmelzbad zu 70 % aus GW 1 und 30 % GW 2 bestehen, so ergibt sich Punkt X 2, wobei die Stecken X 2 – GW 2 und X 2 – GW 1 den Anteilen der Grundwerkstoffe am Schmelzbad entsprechen.

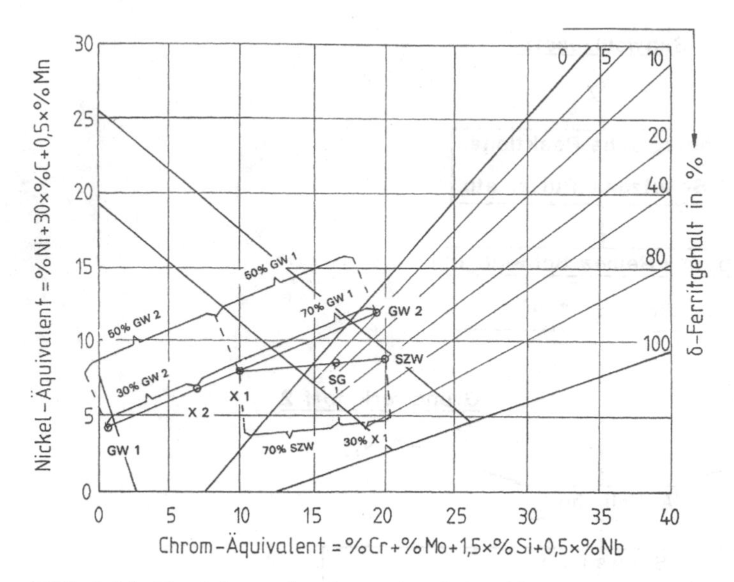

Bild 6-34. Ermittlung der Lage des Schweißgutes (SG) unter Berücksichtigung der Aufmischung der Grundwerkstoffe (GW 1, GW 2) und des Schweißzusatzwerkstoffes (SZW).

Im Fall der gleichmäßigen Aufschmelzung der Grundwerkstoffe ist anschließend der Punkt X 1 mit dem Punkt des Schweißzusatzwerkstoffes (SZW) zu verbinden (Berechnung der Lage von SZW durch Nickel- und Chromäquivalent). Unter Berücksichtigung des Aufschmelzungsgrades von 30 % beim Schweißen mit einer basischen Stabelektrode ergibt sich eine bestimmte Schweißgutzusammensetzung (SG). Der Aufschmelzungsgrad von 30 % bedeutet dabei, dass das Schweißgut aus 70 % Schweißzusatzwerkstoff und 30 % X 1 (50 % GW 1 und 50 % GW 2) besteht. Anhand der sich ergebenden Lage des Schweißgutes (SG) kann nun abgeschätzt werden, ob und welche Gefährdung des Schweißgutes vorliegt.

Beispiel aus Gruppe I:
Vom Schweißgut sind keine besonderen Korrosionseigenschaften zu fordern, weil der niedriglegierte Werkstoff diese auch nicht erfüllen würde. Das Schweißgut muss lediglich frei von Heiß- und Härterissen sein und eine ausreichende Zähigkeit besitzen. Streckgrenze und Zugfestigkeit brauchen nicht höher zu sein, als die des hochlegierten Stahles.

Schweißverbindung aus S 255 J2G3/X 6 CrNiNb 18 10 (= 1.4550) (Bild 6-35). Die beiden Grundwerkstoffe sollen zu gleichen Anteilen aufgeschmolzen werden, so dass sich Punkt $A_1 = A_2$ für das Schmelzbad der beiden Grundwerkstoffe ergibt. Vergleichend sind im Bild 6-35 verschiedene mögliche Schweißzusatzwerkstoffe dargestellt, deren Vor- und Nachteile kurz beschrieben werden (RSG = Reines Schweißgut, 1. Ziffer = % Cr, 2. Ziffer = % Ni, 3. Ziffer = % Mo).

Aus der Lage der Schweißgüter im Schaeffler-Diagramm lassen sich folgende Rückschlüsse ziehen:

- 18 8 Mn keine Heißrisse, Aufmischung unter 40 % halten, insbesondere geringe Aufmischung mit S 255, Schweißen mit Stabelektrode oder MIG/ MAG;
- 20 10 3 chemisch beständig, Aufmischung unter 40 % halten, Heißrissgefahr gering wegen δ-Ferritanteil;
- 29 9 abzuraten, da zu großer δ-Ferritanteil, der bei zu geringer Aufmischung nicht absinkt, deshalb nur bei hohen Aufmischungsgraden, nicht für Mehrlagenschweißen geeignet wegen des Ferritzerfalls in der Sigma-Phase;
- 24 12 UP-Draht und Pulver, Pulvervektor durch Chromzubrand (RSG), Aufmischung unter 50 % halten;
- 20 16 3 Mn hochnickelhaltig oder Zusatz auf Nickel-Basis zu teuer und für Beanspruchung nicht notwendig.

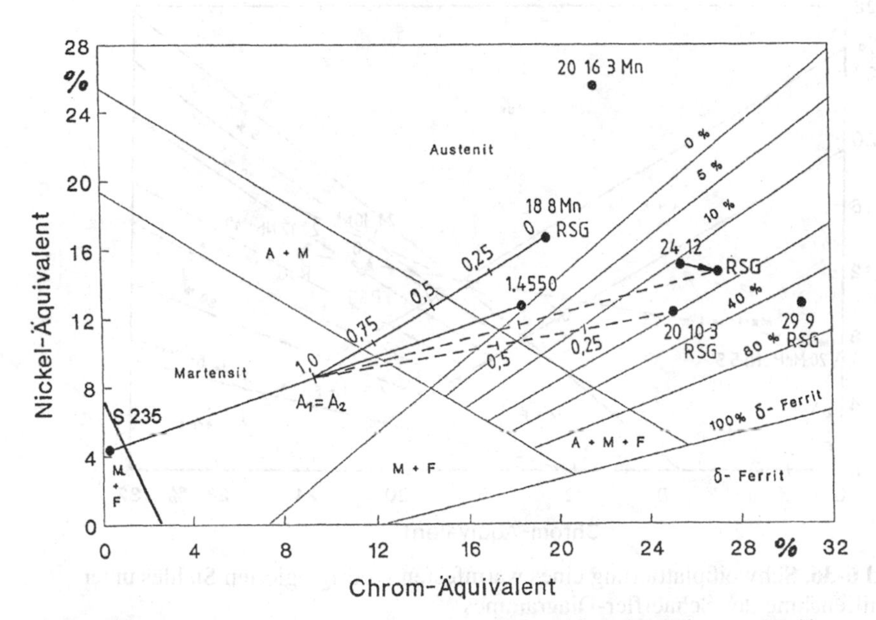

Bild 6-35. Lage der Schweißgüter beim Verschweißen der Schwarz-Weiß-Verbindung S 255 J2G3 mit X 6 CrNiNb 18 10 (1.4550) mit verschiedenen Schweißzusatzwerkstoffen.

Beispiel aus Gruppe II:
Vom Schweißgut wird verlangt, dass es korrosionsbeständig ist und eine eventuelle Wärmenachbehandlung wie das Spannungsarmglühen erlaubt. Da der unlegierte Werkstoff keine den austenitischen Werkstoffen vergleichbare Korrosionsbeständigkeit besitzt, können Verbindungen dieser Gruppe nur aus Plattierungen bestehen. In diesem Beispiel soll der warmfeste Stahl 20 MnMoNi 5 5 mit austenitischem Schweißgut plattiert werden (Bild 6-36). Als Schweißverfahren soll das UP-Bandplattieren eingesetzt werden.

Das Zielgebiet für das einzustellende Schweißgut ist zu höheren Ni-Äquivalenten durch die Heißrisslinie, zu niedrigeren Ni-Äquivalenten und höheren Cr-Äquivalenten durch die mögliche Bildung eines δ-Ferrit-Netzwerkes begrenzt. Aus diesem Grund muss die 1. Lage mit dem überlegierten Zusatzwerkstoff 23 12 Nb geschweißt werden. Die maximale Aufmischung muss zwischen 10 % bis 15 % liegen, so dass sich im Schweißgut ein δ-Ferritgehalt von 5 % bis 10% einstellt. Die 2. Lage kann dann mit dem Zusatzwerkstoff 21 10 Nb aufgetragen werden, um eine fehlerfreie Auftragschweißung zu erstellen.

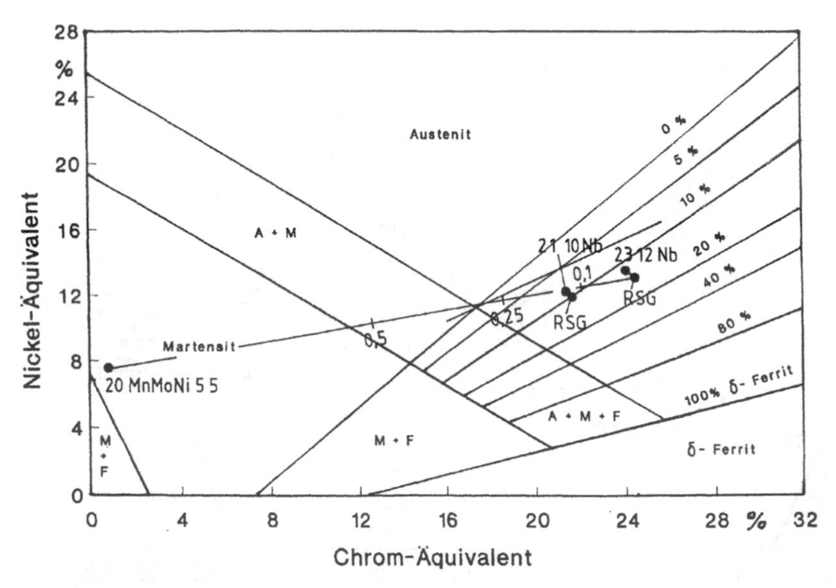

Bild 6-36. Schweißplattierung eines warmfesten niedriglegierten Stahles unter Zuhilfenahme des Schaeffler-Diagrammes.

Die Einteilung von Austenit-Ferrit-Verbindungen nach der Beanspruchung des Schweißgutes in drei Gruppen ergibt eine klare Übersicht über die Zusammenhänge beim Herstellen dieser Schweißverbindungen. Dadurch erhält der Anwender Hinweise auf den zu empfehlenden Schweißzusatzwerkstoff. Gleichzeitig ergibt sich daraus das Zielgebiet für das Schweißgut im Schaeffler-Diagramm mit seinen zu beachtenden Grenzen für die chemische Zusammensetzung.

Unter Berücksichtigung aller entscheidender Einflussgrößen, ist eine Ausführung ausschließlich anhand der Normenangaben und Standardparameter nicht machbar. Vielmehr ist eine sichere Beherrschung dieser Verbindungen nur durch sorgfältige Berechnung der voraussichtlichen Schweißgutanalyse unter Berücksichtigung der aktuellen Werkstoffanalysen und der realen Aufmischungsverhältnisse möglich.

Dazu werden von den Schweißgutherstellern zunehmend Computerprogramme angeboten, mit denen das Erfassen der verwendeten Werkstoffchargen und ihrer Analysen, das Abschätzen der voraussichtlichen Aufmischungen sowie das Rechnen und Zeichnen in wesentlich kürzerer Zeit als bisher durchführbar sind.

7 Schweißen von Gusswerkstoffen auf Eisenbasis

7.1 Bedeutung des Schweißens für die Bearbeitung von Gusswerkstoffen

In den vorherigen Abschnitten wurden Stähle behandelt, die im gewalzten und oft wärmebehandelten Zustand Ausgangsprodukte für die spätere schweißtechnische Fertigung von Bauteilen darstellen. Im Gegensatz dazu wird beim Gießen (mit Ausnahme des Stranggießens) die Herstellung eines Bauteiles angestrebt, dessen oftmals komplizierte Formen direkt und möglichst ohne weitere aufwendige Bearbeitung aus dem Gießprozess resultieren. Neben der endkonturnahen Herstellung des Gussstückes zur Minimierung der Produktionskosten kommt der Vermeidung von Gießfehlern wie Rissen oder Poren eine große Bedeutung zu. Des weiteren sind Gussstücke so auszulegen und zu fertigen, dass ein Versagen im späteren Betrieb nicht zu erwarten ist. Diese drei Bedingungen sind jedoch nicht immer zu erfüllen, so dass die unterschiedlichen Schweißarbeiten, die an einem Gussstück auszuführen sind, wie folgt eingeteilt werden:

- *Konstruktionsschweißen.* Hierunter ist das schweißtechnische Fügen von Gussstücken miteinander oder das Fügen von Gussstücken und Stahl (z. B. Walzstahl) zu einer baulichen Einheit zu verstehen.
- *Fertigungsschweißen.* Unter diesem Begriff werden Ausbesserungsarbeiten von Gieß- oder Bearbeitungsfehlern zusammengefasst. Gießfehler sind häufig Risse oder Lunker, die die Betriebssicherheit des Gussstückes erheblich beeinträchtigen, so dass durch eine Fertigungsschweißung die für den Verwendungszweck notwendige Gussstückbeschaffenheit hergestellt wird. Zusätzlich dient die Fertigungsschweißung der Entfernung von Gießhilfen, z. B. Kernstützen während der Fertigung des Gussstücks [7-1]. Die Fertigungsschweißung findet ausschließlich beim Hersteller statt.
- *Reparatur- oder Instandsetzungsschweißen.* Wie bereits aus dem Namen hervorgeht, ist das Reparaturschweißen auf die Ausbesserung von Schäden im späteren Betrieb des Gussstückes ausgerichtet. Zu den Schäden, die an einem Gussstück auftreten können, ist auch der Verschleiß zu

Tabelle 7-1. Gesamtaufbau der Bezeichnung von Gusseisenwerkstoffen durch

Position 1 obligatorisch, außer 4.2.2	Position 2 obligatorisch		Position 3 wahlfrei		Position 4 wahlfrei	
Vorsilbe	Metallart		Graphitstruktur		Mikro- oder Makrostruktur	
		Zeichen		Zeichen		Zeichen
EN-	Gusseisen	GJ	lamellar	L	Austenit	A
			kugelig	S	Ferrit	F
			Temperkohle 1)	M	Perlit	P
			vermikular	V	Martensit	M
					Ledeburit	L
			graphitfrei, (Hartguss) ledeburitisch	N	abgeschreckt	Q
					vergütet	T
					schwarz 2)	B
					weiß 3)	W
			Sonderstruktur, in der jeweiligen Werkstoffnorm ausgewiesen	Y		

1) Einschließlich entkohlend geglühter Temperguss

2) Nur für Temperguss

ANMERKUNG: Die freie Kombination der einzelnen Merkmale in diesem Anhang ist nicht für jedes Gusseisen möglich.

Kurzzeichen nach DIN EN 1560 [7-23].

Position 5 obligatorisch, a) oder b) ist zu wählen				Position 6 wahlfrei	
a) mechanische Eigenschaften	Zeichen	b) chemische Zusammensetzung	Zeichen	Zusätzliche Anforderungen	Zeichen
aa) Zugfestigkeit: 3- oder 4-stellige Zahl für den Mindestwert in Newton je Quadratmillimeter	z.B. 350	ba) Buchstabensymbol, das Bezeichnung durch chemische Zusammensetzung anzeigt	X	Rohrgussstück	D
				wärmebehandeltes Gussstück	H
				Schweißneigung für Verbindungsschweißungen	W
ab) Dehnung: Bindestrich und 1- oder 2-stellige Zahl für den Mindestwert in Prozent	z.B.-19	bb) Kohlenstoffgehalt in Prozent x 100, jedoch nur, wenn der Kohlenstoffgehalt signifikant ist	z.B. 300		
			z.B. Cr	Zusätzliche Anforderungen, in der Bestellung festgelegt	Z
ac) 1 Buchstabe für die Probenstückherstellung:		bc) chemisches Symbol der Legierungselemente			
- getrennt gegossenes Probenstück	S				
- angegossenes Probenstück	U	bd) Prozentsatz der Legierungselemente, durch Bindestriche voneinander getrennt	z.B. 9-5-2		
- einem Gussstück entnommenes Probenstück	C				
ad) Härte: 2 Buchstaben und 2- oder 3stellige Zahl für die Härte	z.B. HB 155				
ae) Schlagzähigkeit: Bindestrich und 2 Buchstaben für die Prüftemperatur					
- Raumtemperatur	-RT				
- Tieftemperatur	-LT				

zählen, der durch ein geeignetes Schweißverfahren wieder korrigiert werden kann. Im Normalfall werden Reparatur- oder Instandsetzungsschweißungen vom Betreiber oder einem beauftragten Unternehmen durchgeführt.

Fertigungsschweißungen an Gussstücken wurden früher vielfach als nicht zulässig angesehen und waren oftmals mit einer Wertminderung des Gussstückes verbunden. Dieser Standpunkt hatte durchaus seine Berechtigung, da die fachgerechte Ausbesserung durch eine richtige Auswahl des Schweißverfahrens, des Zusatzwerkstoffes und der Wärmebehandlung oft nicht gegeben war. Heute hat sich diese Situation grundlegend gewandelt, so dass die Beseitigung von Gussfehlern ohne Einbußen der Güte des Gussstückes als selbstverständlich angesehen wird.

7.2 Bezeichnungen der wichtigsten Gusswerkstoffe

Gusseisenwerkstoffe werden entweder durch Werkstoffkurzzeichen oder durch Werkstoffnummern bezeichnet. Das Bezeichnungssystem durch Kurzzeichen ist sowohl für genormte als auch für nichtgenormte Gusseisenwerkstoffe anwendbar. Das Bezeichnungssystem durch Werkstoffnummern ist hingegen nur für genormte Gusseisenwerkstoffe zu verwenden.

7.2.1 Bezeichnung von Gusseisenwerkstoffen durch Werkstoffkurzzeichen

Die Bezeichnung durch Werkstoffkurzzeichen umfasst sechs Positionen, wobei nicht alle zwingend erforderlich sind. Das Bezeichnungssystem wird exemplarisch anhand Tabelle 7-1 und eines Beispiels erläutert.

Beispiel:

EN – GJ L F - 150

Hierbei handelt es sich um einen genormten Gusseisenwerkstoff mit einer lamellaren Graphit- und einer ferritischen Mikrostruktur, der eine Zugfestigkeit von 150 N/mm^2 aufweist.

In Position 5 können die Gusswerkstoffe entweder nach ihren mechanischen Eigenschaften oder nach ihrer chemischen Zusammensetzung bezeichnet werden.

Im Gegensatz hierzu werden in den Kurznamen der hochlegierten, korrosionsbeständigen Eisengusswerkstoffe nicht die mechanischen Eigenschaften der Werkstoffe aufgeführt, sondern ihre chemische Zusammensetzung. Als Beispiele seien hier der EN-GJLA-XN NiMn 13-7 (austenitisches Gusseisen mit Lamellengraphit und 13 % Ni, 7 % Mn) [7-29] oder der hochlegierte Stahlguss GX 5 CrNi 19 10 mit ca. 19 % Chrom und 10 % Nickel genannt [7-17]. Der Kohlenstoffgehalt unterscheidet sich bei den beiden oben genannten Gusswerkstoffen erheblich.

Während das austenitische Gusseisen etwa 3 % Kohlenstoff enthält, liegt dieser Gehalt bei dem hochlegierten Stahlguss nur bei etwa 0,10 %.

Nahezu alle Gusswerkstoffe weisen einen wesentlich höheren Kohlenstoffgehalt auf als die konventionellen Feinkorn- und Baustähle. Lediglich der Stahlguss ist in seinem Kohlenstoffgehalt mit den gewalzten Stahlprodukten vergleichbar. Die Unterschiede zwischen den Eisengusswerkstoffen und den Stählen lassen sich am besten anhand des Eisen-Kohlenstoff-Diagrammes verdeutlichen (siehe Kapitel 2). Aufgrund der großen Spannweite der Kohlenstoffkonzentrationen und Wärmebehandlungen der Eisengusswerkstoffe ergeben sich hieraus die im Bild 7-1 dargestellten Gefüge, mit der Einteilung in duktile und nicht duktile Gusssorten [7-6].

Tabelle 7-2 gibt exemplarisch mechanisch-technologische Eigenschaften und die chemische Zusammensetzung einiger Gusswerkstoffe an.

Tabelle 7-2. Mechanisch-technologische Eigenschaften und chemische Zusammensetzung einiger Eisengusswerkstoffe.

Eisengusswerkstoffe	Mechanische Eigenschaften			Chemische Analyse				
	$R_{p0,2}$	R_m	A	C	Si	Mn	P	S
	N/mm^2	N/mm^2	%	%	%	%	%	%
EN-GJL-300		300		≈ 2,8	≈ 1,4	≈ 1,0	< 0,2	< 0,12
EN-GJS-400-15	250	400	15	≈ 3,7	≈ 2,2	≈ 0,5	≈ 0,05	≈ 0,01
EN-GJMW-400-15	200	380	12	≈ 3,2	≈ 0,5	≈ 0,3	< 0,12	≈ 0,25
GS 38	190	380	25	0,15	0,47	0,35	0,045	0,054

7.2.2 Bezeichnung von Gusseisenwerkstoffen durch Nummern

Die Bezeichnung nach Werkstoffnummern ist wie folgt exemplarisch dargestellt aufgebaut.

EN – J L 1271

Position 1: es handelt sich um einen Werkstoff gemäß der europäischen Norm

Position 2: hier ist immer der Buchstabe J zu verwenden.

Position 3: hier ist die Graphitstruktur des Werkstoffes gemäß Tabelle 7-3 anzugeben:

Tabelle 7-3. Graphitstruktur.

L	lamellar
S	kugelig
M	Temperkohle
V	vermikular
N	graphitfrei (Hartguss), ledeburitisch
Y	Sonderstruktur, in der jeweiligen Werkstoffnorm angegeben

Position 4: es ist eine einstellige Zahl gemäß Tabelle 7-4 anzugeben, die das Hauptmerkmal des Gusseisenwerkstoffes symbolisiert.

Tabelle 7-4. Hauptmerkmal des Gusseisenwerkstoffes.

0	Reserve
1	Zugfestigkeit
2	Härte
3	Chemische Zusammensetzung
4-9	Reserve

Position 5: hier wird eine zweistellige Zahl eingesetzt, die den einzelnen Werkstoff darstellt.

Position 6: hier wird eine einstellige Zahl gemäß Tabelle 7-5 eingesetzt, die besondere Anforderungen für den einzelnen Werkstoff darstellt.

Tabelle 7-5. Besondere Anforderungen für den einzelnen Werkstoff.

0	keine besonderen Anforderungen
1	getrennt gegossenes Probestück
2	angegossenes Probestück
3	einem Gussstück entnommenes Probestück
4	Schlagzähigkeit bei Raumtemperatur
5	Schlagzähigkeit bei tiefer Temperatur
6	festgelegte Schweißeignung
7	Rohgussstück
8	wärmebehandeltes Gussstück

In der Praxis werden im Wesentlichen die folgenden vier Grundtypen der Gusswerkstoffe auf Eisenbasis unterscheiden:

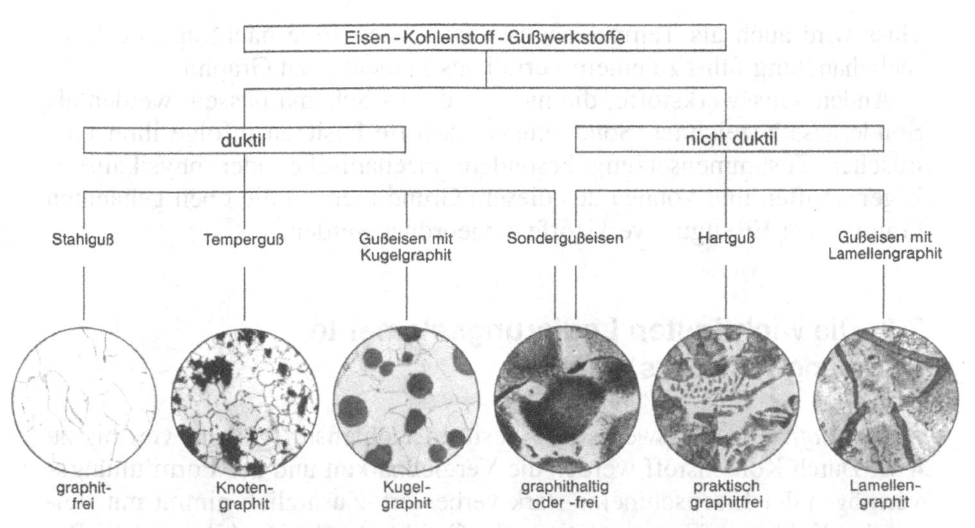

Bild 7-1. Gefügeübersicht der verschiedenen Eisengusswerkstoffe und daraus resultierende Einteilung in die duktilen und die nicht duktilen Gusssorten [7-6].

Gusseisen mit Lamellen- oder Kugelgraphit weist Kohlenstoffgehalte zwischen 2,8 % und 4,5 % auf. Durch gezielte Zugabe entsprechender Legierungselemente, vorwiegend Silicium, erstarren diese Werkstoffe nach dem stabilen Eisen-Kohlenstoff-Diagramm. Dies bedeutet, dass der Kohlenstoff nicht in Form von Karbid (Fe_3C), sondern als Graphit ausgeschieden wird. Die Graphitausscheidung bewirkt ein gräuliches Schimmern des Metalls, weshalb die Erstarrung nach dem stabilen System auch als graue Erstarrung bezeichnet wird. Wegen ihres hohen Kohlenstoffgehaltes und unter der Anwesenheit von Silicium erstarren untereutektische Gusswerkstoffe (links von Punkt C', Bild 2-11) primär austenitisch, wobei die Restschmelze eutektisch umwandelt. Übereutektischer Guss scheidet während der Erstarrung zuerst Graphit aus, bevor dann die Restschmelze eutektisch umwandelt.

Stahlguss besitzt nur Kohlenstoffgehalte bis maximal 2 %, wobei dieser nicht in Form des Graphits, sondern als Zementit (Eisenkarbid Fe_3C) in der Eisenmatrix ausgeschieden wird. Da der Werkstoff keinen Graphit ausscheidet, besitzt er einen metallisch hellen Glanz, was zu der Bezeichnung der weißen Erstarrung führte.

Eine weitere Gruppe der Gusswerkstoffe ist der Temperguss. Hierbei handelt es sich um einen Werkstoff mit etwa 1,5 % bis 3 % Kohlenstoff, der rein weiß, d. h. ledeburitisch, erstarrt (siehe Bild 2-11). Ledeburit besteht aus Zementit und Austenit und kann von dem Erscheinungsbild her mit Perlit (Ferrit und Zementit) verglichen werden. Der ledeburitische

Guss wird auch als Temperrohguss bezeichnet. Eine nachfolgende Wärmebehandlung führt zu einem Zerfall des Zementits zu Graphit.

Andere Gusswerkstoffe, die nicht in dieses Schema passen, werden als Sonderguss bezeichnet. Sondergusswerkstoffe besitzen infolge ihrer chemischen Zusammensetzung besondere mechanische oder physikalische Eigenschaften und können aus diesem Grund nicht in die oben genannten Gruppen der Eisengusswerkstoffe eingeordnet werden.

7.3 Die wichtigsten Legierungselemente in Eisengusswerkstoffen

Kohlenstoff. Die Gusswerkstoffe besitzen Kohlenstoffgehalte von bis zu 4 %. Durch Kohlenstoff werden die Vergießbarkeit und das Formfüllungsvermögen der Eisenschmelze stark verbessert. Zusätzlich nimmt mit steigender Kohlenstoffkonzentration die Gefahr der Lunkerbildung ab. Bei größeren Gussstücken kann durch Kohlenstoff die Entstehung von Rissen unterdrückt werden. Die Vermeidung von Rissen und Lunkern ist von der Erstarrungsmorphologie abhängig. Erstarrt der Gusskörper nach dem metastabilen System, so scheidet sich Eisenkarbid aus, welches ein geringeres spezifisches Volumen besitzt als Graphit. Je nach Menge des gebildeten Graphits kann das Volumendefizit durch die Erstarrung/Abkühlung wieder ausgeglichen werden, die resultierenden Eigenspannungen werden minimiert, die Gefahr der Riss- und Lunkerbildung reduziert.

Silicium. Dieses Legierungselement begünstigt die graue Erstarrung des Gusswerkstoffes. Dies bedeutet, dass Silicium die Graphitausscheidung fördert, indem es den Zerfall von Eisenkarbid herbeiführt. Mit steigendem Siliciumgehalt nimmt die gebildete Graphitmenge zu, da die Löslichkeit des Eisens für Kohlenstoff sinkt [7-8]. Der Siliciumgehalt übersteigt selten Konzentrationen über 2,5 %, jedoch sind bei Sondergusswerkstoffen auch Gehalte bis zu 20 % möglich, um z. B. eine Beständigkeit gegenüber einigen Säuren zu erzielen. Es darf in diesem Zusammenhang jedoch nicht unerwähnt bleiben, dass durch die vermehrte Ausscheidung von Graphit die Härte des Gussstückes sinkt und Bruchdehnung und -einschnürung abnehmen.

Magnesium. Durch Magnesium wird eine globulitische Erstarrung des Gusseisens erzielt. Zusätzlich kann auch Cer zur globulitischen Erstarrung eingesetzt werden.

Phosphor. Hierdurch wird die Schmelztemperatur des Eisens gesenkt und somit werden die Vergießbarkeit und das Formfüllungsvermögen des Gusswerkstoffes erheblich verbessert. Zusätzlich wird der Verschleißwiderstand und die Korrosionsbeständigkeit des Gussstückes gegen Wasser erhöht. Im Normalfall liegen die Phosphorgehalte der Gusswerkstoffe zwischen 0,4 % und 0,6 %. Wesentliche Nachteile der Legierung mit Phosphor sind eine zunehmende Porigkeit des Gussstückes oberhalb 1 % Phosphor und die Entstehung von Mikrolunkern. Durch Phosphor ist ein Anwachsen der Graphitlamellen festzustellen. Des weiteren versprödet der Werkstoff durch steigende Phosphorgehalte zusehends.

Schwefel. Die Schwefelgehalte der heute üblichen Gusswerkstoffe liegen zwischen 0,04 % und 0,1 %. Grundsätzlich hat Schwefel nur nachteilige Auswirkungen auf das Gusseisen. Hierzu zählen die begünstigte karbidische Erstarrung des Gusses, die wiederum eine Erhöhung des Schwindungsmaßes zur Folge hat (Rissgefahr). Die Bildung von Eisen- und Mangansulfid wirkt korrosionsfördernd, und durch Schwefel wird die Schmelze zähflüssiger.

7.4 Einsatzgebiete und schweißtechnische Verarbeitung der Gusswerkstoffe

7.4.1 Stahlguss

7.4.1.1 Eigenschaften und Einsatzgebiete

Als Stahlguss werden Eisen-Kohlenstoff-Legierungen mit einem C-Gehalt bis maximal 2 % bezeichnet. In Abhängigkeit ihrer chemischen Zusammensetzung werden unlegierter Stahlguss (DIN 1681, z. B. GS-38), niedriglegierte, warmfeste, vergütbare Stahlqualitäten (DIN EN 10213-1 z. B. G17 CrMo 9 10) sowie hochlegierter, ferritischer, martensitischer und austenitischer Stahlguss (DIN EN 10295 und DIN EN 10283) unterschieden. Hinsichtlich ihrer mechanisch-technologischen Eigenschaften und Einsatzgebiete gibt es prinzipiell keine Unterschiede zu artgleichen Walz- und Schmiedestählen. Weiterhin sind die Mikrogefüge der gegossenen Stähle vergleichbar mit denen der gewalzten (Bild 7-2).

Im Pressen- und Walzenständerbau sowie bei der Fertigung von Lagerböcken und Getriebegehäusen wird Stahlguss bevorzugt eingesetzt. Aufgrund der einfachen Formgebung besitzt Stahlguss erhebliche Kostenvorteile gegenüber geschweißten Stahlkonstruktionen. Nachteilig wirken sich das hohe Schwindmaß (Spannungsrisse beim Abkühlen!) und die gegenüber Eisengusslegierungen schlechtere Vergießbarkeit aus, so dass vor allem großvolumige bzw. dickwandige Erzeugnisse aus Stahlguss hergestellt werden. Häufig wird Stahlguss wegen der artähnlichen chemischen Zusammensetzung und Verarbeitungsrichtlinien für geschweißte Verbundkonstruktionen mit Stahl eingesetzt (z. B. Apparatebau).

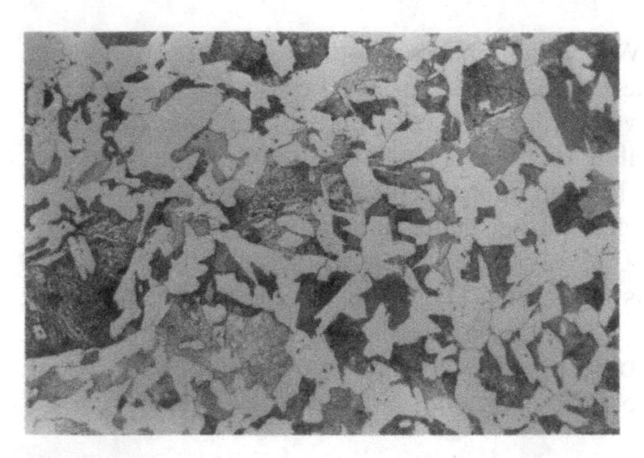

Bild 7-2. Mikrogefüge eines niedriglegierten Gussstahles aus Ferrit und Perlit (normalisiert).

7.4.1.2 Schweißeignung und schweißtechnische Verarbeitung

Die Schweißeignung von Stahlguss unterscheidet sich grundsätzlich nicht von der entsprechender Stahlwerkstoffe. Zur Beurteilung der Schweißeignung wird bei unlegierten und niedriglegierten Gusswerkstoffen der Kohlenstoffgehalt bzw. das Kohlenstoffäquivalent herangezogen, um die Gefahr einer Aufhärtung abzuschätzen. Wegen der großen Abkühlgeschwindigkeit der meist dickwandigen Gussstücke wird zur Vermeidung von Härterissen in der Praxis bereits ab C-Gehalten von 0,15 % vorgewärmt. In [7-9] werden Vorwärmtemperaturen gemäß Tabelle 7-6 empfohlen.

Tabelle 7-6. Empfohlene Vorwärmtemperatur für Stahlguss bei verschiedenen Kohlenstoffgehalten [7-9].

Kohlenstoffgehalt %	Vorwärmtemperatur °C
0,2 bis 0,3	100 bis 150
0,3 bis 0,45	140 bis 280
0,45 bis 0,8	270 bis 430

Da im Gusszustand ein grobkörniges, stengeliges Widmannstätten-Gefüge mit verminderter Zähigkeit vorliegt, wirkt sich eine normalisierende Glühung (Einstellen eines feinkörnigen Ferrit-Perlit-Gefüges, siehe auch Bild 7-3) vor den Schweißarbeiten auf die Schweißeignung positiv aus. In der Wärmeeinflusszone stellen sich beim Schweißen die gleichen Gefügeänderungen ein, wie sie bei der Verarbeitung artähnlicher Walz- und Schmiedestähle entstehen. Zur Erzielung optimaler Festigkeits- und Zähigkeitseigenschaften sind entsprechende Wärmenachbehandlungen (Vergüten, Normalglühen, Spannungsarmglühen) erforderlich. Fertigungs-, Instandsetzungs- und Konstruktionsschweißungen werden meist mit manuellen bzw. teilmechanisierten Schweißverfahren, z. T. aber auch mit Hochleistungsfügeverfahren durchgeführt. Die eingesetzten Schweißverfahren erstrecken sich über das Lichtbogenhand-, das WIG-, das MSG- und das UP-Schweißen. Für besonders hohe Zähigkeitsanforderungen sind beim Lichtbogenhandschweißen Stabelektroden mit basischer Umhüllung zu empfehlen, für geringere Anforderungen werden aber auch rutilumhüllte Stabelektroden eingesetzt. Die Zusatzwerkstoffe sind, wie bei Stahl, artgleich bzw. artähnlich, bei erschwerter Schweißeignung bzw. zur Gewährleistung besonderer Zähigkeitseigenschaften kommen auch artfremde Materialien, in der Regel Nickel-Basis-Legierungen zum Einsatz.

Zur Beurteilung der Schweißeignung hochlegierter ferritischer bzw. austenitischer Stahlgusssorten, die meist im Gusszustand bzw. nach einer Glüh- und Abschreckbehandlung (Ausnahme: vergütbare Qualitäten) schweißtechnisch verarbeitet werden, kann zur Beurteilung des Schweißgutes das Schaeffler-Diagramm herangezogen werden. Wenn eine Korrosionsbeständigkeit der Gussstücke im späteren Einsatz verlangt wird, müssen unstabilisierte Werkstoffe nach dem Schweißen entsprechend nachbehandelt werden. Bei (ferritisch-) martensitischem Stahlguss ist ein Anlassen oder Vergüten, bei austenitischem Stahlguss ein Lösungsglühen und Abschrecken zur Einstellung der optimalen mechanischen Eigenschaften erforderlich. Insgesamt gelten auch hier für die Zusatzwerkstoffauswahl und die Verarbeitung die gleichen Richtlinien und Hinweise wie für die artgleichen gewalzten bzw. geschmiedeten hochlegierten Stahlwerkstoffe.

7.4.2 Temperguss

7.4.2.1 Gefüge, Eigenschaften und Einsatzgebiete

Tempergusswerkstoffe sind Eisen-Kohlenstoff-Legierungen mit C-Gehalten von 2,1 % bis 3,4 % und Legierungszusätzen an Mangan und Silicium, so dass im Rohguss eine Erstarrung nach dem metastabilen System ermöglicht wird. Im Rohguss liegt ein Gefüge vor, in dem der Kohlenstoff fast vollständig als Fe_3C abgebunden ist. Tempergusswerkstoffe werden gemäß DIN EN 1562 in zwei Gruppen eingeteilt, einerseits der entkohlend geglühte Temperguss (früher: weißer Temperguss) und andererseits der nichtentkohlend geglühte Temperguss (früher: schwarzer Temperguss). Die in DIN EN 1562 aufgeführten Gebrauchseigenschaften erhält der Temperrohguss erst nach einer Langzeitglühung (Tempern). Durch das Tempern zerfällt das Fe_3C zu Graphit und Eisen und lagert sich im Grundgefüge des Tempergusses in typischer Form ein.

Beide Tempergussgruppen enthalten freien Kohlenstoff in Form von Graphit, der auch als Temperkohle bezeichnet wird. Darüber hinaus umfassen beide Gruppen Werkstoffe mit ferritischen, perlitischen oder auch anderen Umwandlungsgefügen des Austenits.

Entkohlend geglühter Temperguss (z. B. EN-GJMW-350-4) wird nach 50 h bis 80 h Glühzeit bei 1050°C in oxidierender, also entkohlender Atmosphäre erzeugt. Zur Haltezeit auf Tempertemperatur muss jedoch noch die Aufheiz- und Abkühlphase hinzugerechnet werden, so dass der Tempervorgang bis zu mehrere Tage in Anspruch nehmen kann. Die entkohlende Wirkung der oxidierenden Glühung ist jedoch nur auf die oberflächennahen Bereiche des Tempergusses beschränkt. Nach dem Tempern ergibt sich eine Gefügeausbildung, die von der Wanddicke des Bauteiles abhängig ist (Bild 7-3).

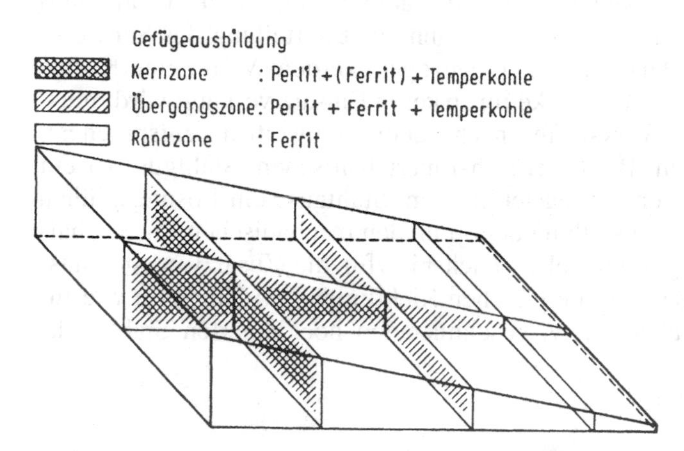

Bild 7-3. Einfluss der entkohlenden Glühung auf die Verteilung und die Ausbildung der Gefüge in entkohlend geglühten Temperguss [7-10].

In den äußeren Randzonen des Gussstückes entsteht dabei nach Abkühlung ein ferritisches, kohlenstoffarmes Gefüge, der Kernbereich ist vorwiegend perlitisch mit ausgeschiedenem Graphit (Temperkohle). Bild 7-4 zeigt Mikroschliffe der unterschiedlichen Zonen des entkohlend geglühten Tempergusses. In der Übergangszone ist das Grundgefüge ferritisch, mit geringen Mengen an Perlit [7-6].

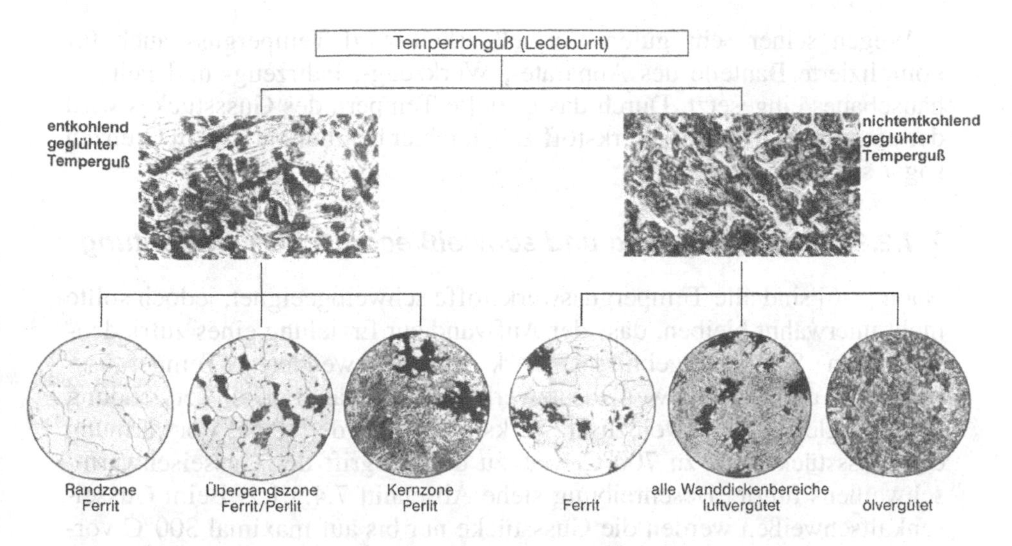

Bild 7-4. Mikroschliffe von entkohlend und nichtentkohlend geglühtem Temperguss in unterschiedlichen Bereichen des Gussstückes [7-6].

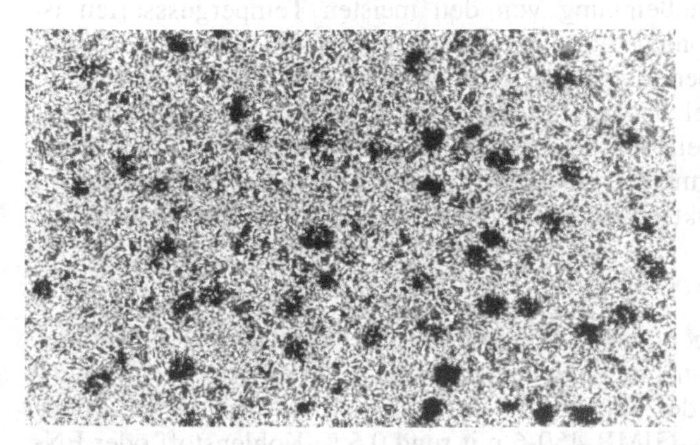

Bild 7-5. Nichtentkohlend geglühter Temperguss EN-GJMB-450-6 mit den Gefügebestandteilen Ferrit (hell), Perlit (grau) und Temperkohle (große schwarze Flecken).

Nichtentkohlend geglühter Temperguss wird durch Glühen in neutralem Medium (bis zu 100 h bei 950°C) hergestellt mit dem Resultat eines gleichmäßigen ferritischen, perlitischen oder ferritisch-perlitischen Gefüges mit eingelagertem, flockenförmigem Graphit (Temperkohle) (Bild 7-4). Bild 7-5 zeigt das ferritisch-perlitische Tempergussgefüge des EN-GJMB-450-6 im Mikroschliff.

Wegen seiner sehr guten Vergießbarkeit wird Temperguss auch für komplizierte Bauteile des Apparate-, Werkzeug-, Fahrzeug- und Feingehäusebaues eingesetzt. Durch das gezielte Tempern des Gussstückes wird der ursprünglich spröde Werkstoff zäh, leichter bearbeitbar und in Grenzen sogar schmiedbar.

7.4.2.2 Schweißeignung und schweißtechnische Verarbeitung

Nach [7-6] sind alle Tempergusswerkstoffe schweißgeeignet, jedoch sollte nicht unerwähnt bleiben, dass der Aufwand zur Erzielung eines zufriedenstellenden Schweißergebnisses stark vom verwendeten Tempergusswerkstoff und des Schweißzusatzwerkstoffes abhängt. Die Verwendung eines artgleichen Schweißzusatzwerkstoffes erfordert eine Vorwärmung des Gussstückes bis zu 700°C, was zu dem Begriff des Gusseisenwarmschweißens führte, Beschreibung siehe Abschnitt 7.4.3.1.2. Beim Gusseisenkaltschweißen werden die Gussstücke nur bis auf maximal 300°C vorgewärmt, da ein Großteil der Spannungen von dem duktilen, artfremden Schweißzusatzwerkstoff aufgenommen wird, Beschreibung siehe Abschnitt 7.4.3.1.1.

Die Schmelzschweißeignung von den meisten Tempergusssorten ist wegen des hohen Kohlenstoffgehaltes stark eingeschränkt. Bei den üblichen Schweiß-Temperatur-Zyklen wird in der WEZ Graphit wieder in Lösung gebracht; bei der anschließenden Abkühlung entstehen spröde, teils ledeburitische, teils martensitische Gefüge hoher Härte, so dass Rissbildung kaum zu vermeiden ist. Selbst Verfahren wie das Reibschweißen oder Widerstandspunktschweißen sind nur sehr eingeschränkt einsetzbar.

7.4.2.2.1 Nichtentkohlend geglühter Temperguss

An nichtentkohlend geglühtem Temperguss sind Konstruktionsschweißungen bei niedriger Beanspruchung des Bauteiles und Fertigungsschweißungen möglich. Neben der Temperkohle erhöht auch das perlitische Grundgefüge der Sorten EN-GJMB-450-6 mit rund 0,6 % Kohlenstoff oder EN-GJMB-700-2 mit rund 0,7 % Kohlenstoff die Gefahr der Härterissbildung durch Ledeburit und Martensit. Die Rücklösung der Temperkohle in die metallische Grundmatrix kann durch Schweißen mit geringer Streckenenergie minimiert werden [7-6]. Aufhärtungen durch Martensit können durch eine Anlassbehandlung bei 600°C bis 700°C beseitigt werden. Bei der Bildung von Ledeburit muss die vollständige Wärmebehandlung des Tempergusses wiederholt werden, um zufriedenstellende Eigenschaften in der WEZ zu erzielen.

7.4.2.2.2 Entkohlend geglühter Temperguss

Entkohlend geglühter Temperguss ist besser zum Schweißen geeignet als der nichtentkohlend geglühte Gusswerkstoff. Bei dickwandigeren Bauteilen sind im Kern des entkohlend geglühten Tempergusses kaum noch Gefügeunterschiede zum perlitischen nichtentkohlend geglühten Temperguss festzustellen, so dass auch hier mit der Bildung von Martensit- und Ledeburitphasen gerechnet werden muss. In diesem Fall sind die gleichen Wärmebehandlungen wie beim nichtentkohlend geglühten Temperguss vorzunehmen. Erst bei Wanddicken unterhalb 15 mm entsteht kein ledeburitisches Gefüge nach dem Schweißvorgang mehr, so dass ein Glühen nach erfolgter Schweißung bei 650°C bis 700°C oft ausreicht.

7.4.2.3 Schweißverfahren für Temperguss

Als Schweißverfahren haben sich insbesondere die Lichtbogenverfahren zur schweißtechnischen Verarbeitung der Tempergusswerkstoffe durchgesetzt. Bei Konstruktionsschweißungen mit geringer Stückzahl hat sich das Lichtbogenhandschweißen mit umhüllter Elektrode bewährt, bei größeren Produktionszahlen wird aufgrund der Automatisierbarkeit das MSG-Verfahren eingesetzt, wobei sowohl Mischgase als auch reines CO_2 als Schutzgase Verwendung finden. Konstruktionsschweißungen zwischen schweißbarem Temperguss und Stahl (S 255 oder 17 Mn 5) werden in der Automobilindustrie mit dem MSG-Verfahren in millionenfacher Auflage erstellt (z. B. Lenksäule). Für beide Lichtbogenverfahren gilt, dass die eingebrachte Wärme in das Gussstück möglichst klein gehalten werden soll.

Mit Hilfe des Abbrennstumpfschweißens werden in der Automobilindustrie vorwiegend Verbindungen zwischen entkohlend geglühtem Temperguss und Stahlprofilen hergestellt. Schweißverbindungen aus Werkstoffen des Typs nichtentkohlend geglühten Temperguss mit Stahl sind mit diesem Verfahren nicht möglich, da die Schmelzpunkte der beiden Werkstoffe zu weit auseinander liegen.

Als weiteres Verfahren für Konstruktionsschweißungen ist das Reibschweißen zu nennen, das wegen der guten Automatisierbarkeit vielfältig zum Schweißen von Guss und von Guss-Stahl-Konstruktionen genutzt wird.

Im Gegensatz zu den oben aufgeführten Schweißverfahren ist das Gasschweißen zum Verbinden von Stahl und Temperguss nur bedingt geeignet. Aufgrund der wesentlich höheren Wärmeeinbringung durch dieses Verfahren ist mit einer ausgedehnten WEZ im Gusswerkstoff zu rechnen, in der entsprechend schlechte mechanische Eigenschaften erzielt werden.

7.4.3 Gusseisen mit Kugel- oder Lamellengraphit

Beim Gusseisen mit Kugel- oder Lamellengraphit handelt es sich um Eisen-Kohlenstoff-Legierungen mit C-Gehalten zwischen 2,2 % und 4,5 %, die aufgrund erhöhter Silicium- und Phosphorzugaben bei langsamer Abkühlung nach dem stabilen System erstarren. Bei schneller Abkühlung können die Legierungen auch metastabil unter Ausbildung von harten Gefügebestandteilen (Ledeburit) erstarren. Je nach Abkühlgeschwindigkeit werden die nicht schweißgeeigneten Gusseisensorten „weißes" (Hartguss) und „meliertes Gusseisen" (Schalenhartguss) erzeugt. In der Regel wird aber eine Grauerstarrung (Grauguss) angestrebt. Nach dem Grundgefüge und der Form der Kohlenstoffausscheidung sind folgende Gusseisenwerkstoffe zu unterscheiden:

- Gusseisen mit Lamellengraphit (DIN EN 1561, z. B. EN-GJL-300),
- Gusseisen mit Kugelgraphit (DIN EN 1563, z. B. EN-GJS-400-15) und
- austenitisches Gusseisen (DIN EN 13835, z. B. EN-GJSA-X NiCr 20-2).

Die mechanischen und physikalischen Eigenschaften des Gusseisens lassen sich durch Wärmebehandlungen und Legierungszusätze variieren. Sie werden jedoch im Wesentlichen durch das Gefüge und die Graphitform bestimmt. Gegenüber Stahl besitzt Gusseisen eine hohe Dämpfungsfähigkeit, Druckfestigkeit, gute Gleiteigenschaft und einen niedrigen E-Modul. Hauptanwendungsbereiche sind der Maschinenbau (Gehäuse, Maschinenbetten) und der Motorenbau (Laufbuchsen, Zylinderköpfe, Kurbelwellen). Gute Zähigkeit besitzen Gusseisenwerkstoffe mit Kugelgraphit und austenitisches Gusseisen, während Gusseisenwerkstoffe mit Lamel-

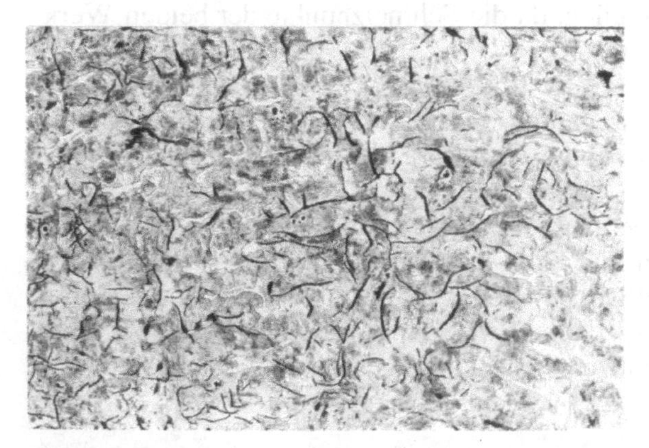

Bild 7-6. Gefüge von Gusseisen mit Lamellengraphit.

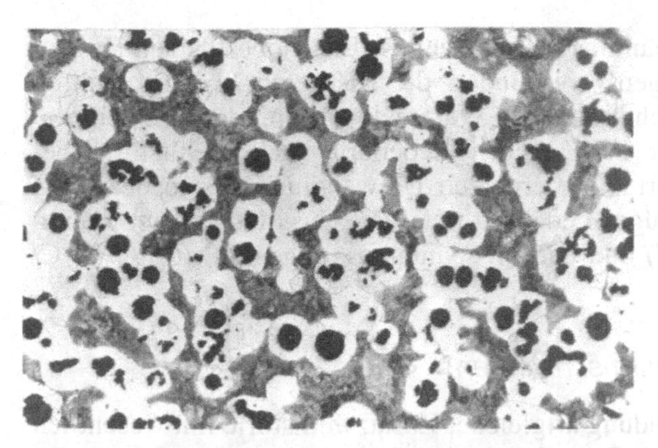

Bild 7-7. Gefüge von Gusseisen mit Kugelgraphit.

lengraphit aufgrund der inneren Kerbwirkung der lamellaren Graphitform eher sprödes Verhalten zeigen (Bilder 7-6 und 7-7).

7.4.3.1 Schweißtechnische Verarbeitung

Da die unlegierten Gusseisenwerkstoffe ein sehr schlechtes Verformungsvermögen aufweisen (Bruchdehnung etwa 1 % bis 15 %) und zudem beim schnellen Aufheizen und Abkühlen, wie beim Schweißen ohne Vorwärmung üblich, harte spröde Gefüge bilden, werden in der Regel keine Konstruktionsschweißungen durchgeführt. Selbst beim Reibschweißen sind hier Probleme zu erwarten. Schmelzschweißverfahren werden nur unter großen Schwierigkeiten zur Ausbesserung von Gießfehlern und zur Reparatur gebrochener bzw. verschlissener Gusswerkstücke eingesetzt. Dabei kommen in der Regel zwei unterschiedliche Arbeitstechniken zum Einsatz, die nicht nur beim Schweißen von Gusseisenwerkstoffen mit Kugel- oder Lamellengraphit, sondern auch beim Schweißen von Temperguss verwendet werden.

7.4.3.1.1 Gusseisenkaltschweißen

Die Fügestelle muss durch Schleifen, Meißeln, Bohren oder eventuell auch durch Fugenhobeln sorgfältig präpariert werden. Brennschneiden ist wegen der Rissgefahr nicht möglich. Geschweißt wird entweder ohne Vorwärmen oder bei gleichbleibenden Arbeitstemperaturen von 200°C bis 300°C. Meist werden artfremde Zusatzwerkstoffe (austenitische CrNi- bzw. Ni- oder Ni-Basis-Elektroden) bei manuellen Techniken (Stabelektrode, MSG, WIG) und Anwendung der Mehrlagentechnik sowie geringer Streckenenergie eingesetzt. Entstehende Spannungen werden durch Plastifizieren des zähen und weichen Zusatzwerkstoffes teilweise aufgefangen.

Ein zusätzliches Warmhämmern der einzelnen Lagenoberflächen (Erzeugen von Druckspannungen!) vermindert die Rissgefahr weiter. Bedingt durch den Kohlenstoffgehalt und die Wärmeeinwirkung des Schweißprozesses entstehen in der WEZ neben Ledeburit auch vielfach Ni-Fe-Martensit mit hoher Härte. Zur erneuten Umwandlung des in der WEZ entstandenen harten Gefüges Ledeburit muss das Gussstück zuerst graphitisiert (z. B. 2 h/ 900°C) und danach spannungsarmgeglüht (6 h/ 700°C/ Luft) werden.

7.4.3.1.2 Gusseisenwarmschweißen

Dabei wird unter Verwendung artgleicher Zusatzwerkstoffe mit wesentlich höherer Erwärmung (600°C, örtlich bis zu 700°C) vorgegangen. Wegen des dünnflüssigen Schmelzbades muss die Schweißstelle durch Formkohletrennstücke seitlich begrenzt werden (Bild 7-8).

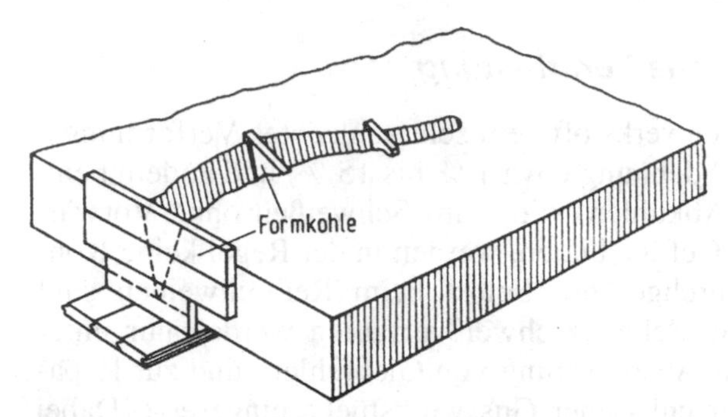

Bild 7-8. Schmelzbadabsicherung durch Formkohleplatten beim Gusseisenwarmschweißen [7-10].

Sowohl das Aufheizen des Schweißbereiches oder des kompletten Gussstückes als auch das Abkühlen müssen sehr langsam erfolgen, um geringe Spannungen im Bauteil sowie eine Grauerstarrung des Gefüges der WEZ und bei Graugusselektroden (hochsiliciumlegiert) auch des Schweißgutes zu erreichen. Je nach Werkstückdicke und Abmessung des Bauteiles kann die Abkühlphase mehrere Stunden betragen.

7.4.3.1.3 Steppnahtschweißen

Das Steppnahtschweißen wird ausführlich anhand von Beispielen in [7-13] vorgestellt. Diese Schweißtechnik ist im Prinzip dem Gusseisenkaltschweißen zuzuordnen, da die Vorwärmtemperatur des Gussstückes um 250°C liegt. Das besondere am Steppnahtschweißen ist die Unterteilung des Risses in kleinere Segmente mit Hilfe von Steppnähten. Die Vorgehensweise beim Steppnahtschweißen soll kurz anhand von Bild 7-9 erklärt werden:

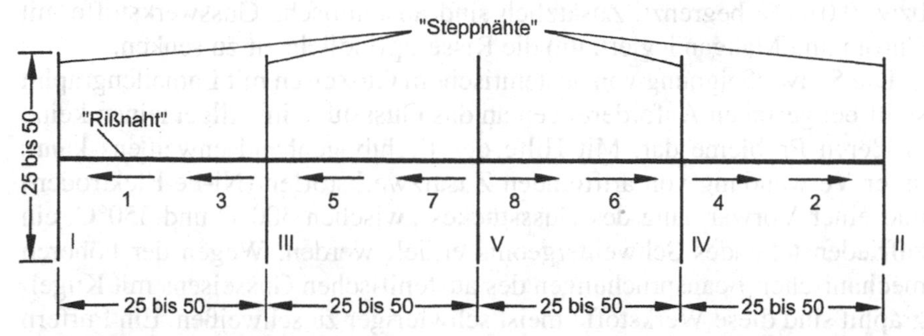

Bild 7-9. Prinzipielle Darstellung des Steppnahtschweißens mit Einteilung des Risses in vier Teilbereiche durch das Schweißen der Steppnähte I bis V.

Die angegebene Schweißfolge wird als Pilgerschrittverfahren bezeichnet (Pfeile 1 bis 8).

Um die Spannungsspitzen vor den Rissenden zu verringern, werden diese ausgebohrt und wird die Schweißnaht im Riss und in der Steppnaht entsprechend Bild 7-9 vorbereitet. Die Steppnähte sollten dabei einen Abstand von 25 mm bis 50 mm zueinander haben und die Fugentiefe sollte maximal dreiviertel der Wanddicke betragen. Nach Vorwärmung auf etwa 250°C werden die Steppnähte in der angegebenen Reihenfolge geschweißt und nach jeder Lage gehämmert. Im in Bild 7-9 dargestellten Beispiel wird der Riss in acht Pilgerschritten geschweißt. Auch hierbei ist jede einzelne Lage zu hämmern. Abschließend erfolgt eine Wärmebehandlung der Schweißung bzw. des ganzen Gussstückes.

7.4.4 Austenitisches Gusseisen mit Kugel- oder Lamellengraphit

7.4.4.1 Einsatzgebiete und Schweißeignung

Austenitisches Gusseisen (Ni-Resist-Werkstoffe) ist wegen des hohen Nickelgehaltes korrosionsbeständig sowie warmfest und tieftemperaturzäh, so dass sich vielseitige Verwendungsmöglichkeiten auch im Chemieanlagenbau und für Off-Shore-Konstruktionen ergeben.

Bei austenitischem Gusseisen ist die Härterissgefahr wegen des umwandlungsfreien Grundgefüges geringer. Jedoch besteht bei diesen Werkstoffen das Risiko zur Heißrissbildung in der Wärmeeinflusszone und im Schweißgut bei mehrlagigen Verbindungen. Dies ist ebenso wie bei den hochlegierten austenitischen Stählen auf die Entstehung niedrigschmelzender Eutektika (Schwefel, Phosphor) zurückzuführen. Aus diesem Grund wird der Gehalt von Phosphor und Schwefel auf 0,03 % bzw. 0,015 % begrenzt. Zusätzlich sind austenitische Gusswerkstoffe mit Chrom und Mangan legiert, um die Rissempfindlichkeit zu senken.

Die Schweißeignung von austenitischem Gusseisen mit Lamellengraphit stellt bei geringen Anforderungen an das Gussstück im Allgemeinen keine größeren Probleme dar. Mit Hilfe des Lichtbogenhandschweißens kann, unter Verwendung von artfremden Zusatzwerkstoffen (Ni-Fe-Elektroden) und einer Vorwärmung des Gussstückes zwischen 300°C und 350°C, ein zufriedenstellendes Schweißergebnis erzielt werden. Wegen der höheren mechanischen Beanspruchungen des austenitischen Gusseisens mit Kugelgraphit sind diese Werkstoffe meist schwieriger zu schweißen. Ein Puffern der Nahtflanken ist oftmals empfehlenswert, um eine Rissbildung zu vermeiden. Bei großen Gussstücken mit hohen Eigenspannungszuständen sind diese im Bereich zwischen 150°C und 600°C vorzuwärmen. Grundsätzlich soll bei allen Gussschweißungen mit geringer Wärmeeinbringung gearbeitet werden, was z. B. durch Verwendung einer Elektrode mit kleinem Kernstabdurchmesser erfolgen kann. Nähere Details zum Schweißen der austenitischen Gusswerkstoffe sind in [7-14] zu finden.

8 Schweißen von Aluminiumwerkstoffen

8.1 Grundlegende Eigenschaften von Aluminium

8.1.1 Einleitung

Bei Aluminium handelt es sich im Vergleich zu Stahl um einen noch relativ jungen Konstruktionswerkstoff. Noch bis zu Beginn des 19. Jahrhunderts war das Metall Aluminium unbekannt. Erst gegen Ende des 19. Jahrhunderts wurde es möglich, Aluminium auf elektrolytischem Weg in größeren Mengen zu erzeugen. Voraussetzung hierfür war die Bereitstellung großer Mengen elektrischer Energie. Als Konstruktionswerkstoff gewann Aluminium an Bedeutung, als mit der Entwicklung des Flugzeugbaues, der Fahrzeugindustrie und des Bauwesens der Ruf nach leichten und dabei hochfesten, isotropen Werkstoffen immer lauter wurde.

8.1.2 Aufbau und Eigenschaften von Aluminium

In Tabelle 8-1 sind grundlegende physikalische Eigenschaften von Eisen und Aluminium gegenübergestellt. Neben dem verschiedenen mechanischen Verhalten sind für das Schweißen von Aluminium folgende Unterschiede von Bedeutung:

- erheblich geringerer Schmelzpunkt,
- dreimal größere Wärmeleitfähigkeit,
- erheblich geringerer elektrischer Widerstand,
- doppelt so großer Ausdehnungskoeffizient und
- Schmelzpunkt von Al_2O_3 ist erheblich höher als von Aluminium, bei Eisen schmelzen Metall und Oxide bei etwa gleicher Temperatur.

Auffällig bei Aluminium ist das Vorhandensein nur eines Oxides, während Stahl in verschiedenen Oxidationsstufen vorliegen kann. Al_2O_3 schmilzt erst bei sehr hohen Temperaturen und bildet sich auf der metallisch blanken Aluminiumoberfläche bei Raumtemperatur selbständig innerhalb kürzester Zeit wieder neu. Einerseits verbessert die recht dünne

Oxidschicht den Korrosionswiderstand des Aluminiums, andererseits vermindert diese elektrisch nicht leitende Schicht die Schweißeignung des Werkstoffes und sollte vor dem Schweißprozess entfernt werden.

Tabelle 8-1. Vergleich der wichtigsten physikalischen Größen von Aluminium und Eisen [8-1].

		Al	Fe
Atommasse	g/mol	26,9	55,84
Dichte	g/cm^3	2,7	7,87
Kristallgitter		kfz	krz
Elastizitätsmodul	N/mm^2	$71 * 10^3$	$210 * 10^3$
$R_{p0,2}$	N/mm^2	10	100
R_m	N/mm^2	50	200
spezifische Wärmekapazität	J/(g * K)	0,88	0,53
Schmelzpunkt	°C	660	1539
Wärmeleitfähigkeit	W/(cm * K)	2,30	0,75
spezifischer elektrischer Widerstand	μΩ * m	28 bis 29	97
Ausdehnungskoeffizient	1/K	$24 * 10^{-6}$	$12 * 10^{-6}$
Oxide		Al_2O_3	FeO
			Fe_3O_4
			Fe_2O_3
Schmelzpunkt der Oxide	°C	2050	1400
			1600
			(1455)

Bild 8-1 vergleicht die mechanischen Eigenschaften von Stahl mit denen einiger Leichtmetalle. Wesentlichste Vorteile der Leichtmetalle gegenüber Stahl zeigen sich hier vor allem im rechten Teilbild. Gleiche Steifigkeit zugrunde gelegt, hat der Aluminiumträger zwar den 1,44fachen Querschnitt des Stahlträgers, dafür aber nur etwa die halbe Masse. Aluminiumgerechte Konstruktionen weisen oft einen großen Trägerquerschnitt auf, um hierdurch ein möglichst großes Flächenträgheitsmoment zu erzielen und die resultierende Durchbiegung zu reduzieren.

Mit Ausnahme des Reinstaluminiums werden fast ausschließlich legierte Aluminiumwerkstoffe technisch eingesetzt. Wichtigste Legierungselemente sind Kupfer, Silicium, Magnesium, Zink und Mangan. In Spuren

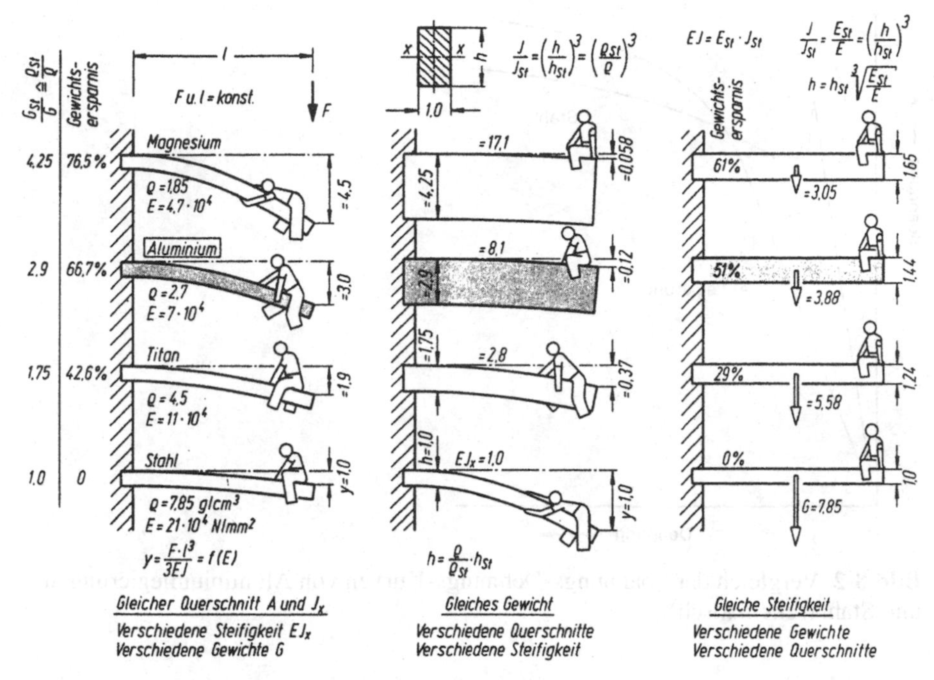

Bild 8-1. Durchbiegung und Gewichte von Kragträgern aus unterschiedlichen Werkstoffen unter konstanter Belastung [8-1].

können Beryllium, Bor, Natrium und Strontium in Aluminium enthalten sein. Für Aluminium existiert kein Element, das eine ähnliche Wirkung wie der Kohlenstoff bei Stahl hat. Im Gegensatz zum Stahl liegt Aluminium bei Raumtemperatur im kfz-Gitter vor. Aluminium zeigt keine Gitterumwandlung, wie dies bei unlegierten und niedriglegierten Stählen zu beobachten ist. Es ist also mit den umwandlungsfreien Aluminiumwerkstoffen nicht möglich, ein Abschreckgefüge wie Martensit zu erzeugen. Im Spannungs-Dehnungs-Diagramm kann aufgrund der kubisch flächenzentrierten Gitterstruktur auch keine ausgeprägte Streckgrenze nachgewiesen werden, wie sie für das krz-Gitter typisch ist (Bild 8-2).

Da Aluminium während der Abkühlung keine Gitterumwandlung erfährt, besteht bei diesem Werkstoff keine Aufhärtungsgefahr in der WEZ. Dieses Verhalten geht einher mit sehr guten Zähigkeiten, die auch bei extrem tiefen Temperaturen erhalten bleiben. Aluminium wird daher auch sehr häufig im Tieftemperaturbereich eingesetzt, z. B. für Flüssiggastanks.

Tabelle 8-2 zeigt in einer Übersicht die am häufigsten eingesetzten Aluminiumlegierungen, deren Einsatzbereiche und die zugehörigen Schweißzusatzwerkstoffe. Aluminiumwerkstoffe werden oft artgleich verschweißt, jedoch erfolgt häufig ein leichtes Überlegieren des Zusatzwerk

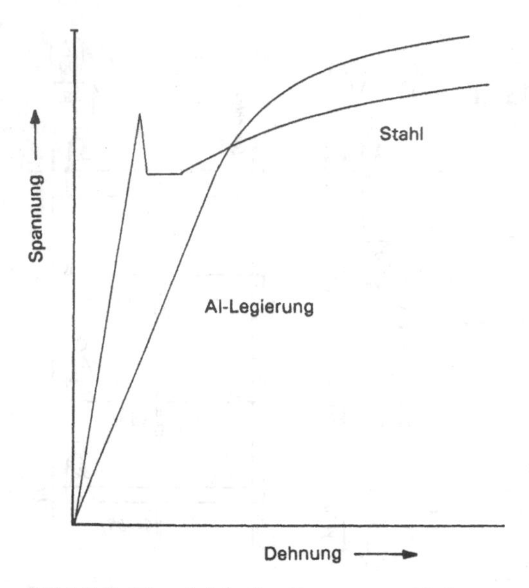

Bild 8-2. Vergleich der Spannungs-Dehnungs-Kurven von Aluminiumlegierungen und Stahl (schematisch).

Tabelle 8-2. Verwendungszweck und Zusatzwerkstoffe für Aluminiumlegierungen.

Al-Legierung	typischer Verwendungszweck	Verwendete Zusatzstoffe
Al 99,5	Elektrotechnik	1Al 99,8; 4 AlSi 5
AlCuMg 1	Ingenieur- und Maschienenbau, und Nahrungsmittelindustrie	S-AlMg 4,5 Mn
AlMgSi 0,5	Bauwesen, Elektrotechnik und Eloxalqualität	S-AlMg 3; S-AlMg 5; S-AlMg 4,5 Mn
AlSi 5	Bauwesen und Eloxalqualität	S-AlSi 5
AlMg 3	Bauwesen, Apparate-, Fahrzeug-, Schiff-, Ingenieurbau und Möbelindustrie	2 AlMn; S-AlMg 3; S-AlMg 5; S-AlMg 4,5 Mn
AlMgMn	Apparate-, Geräte-, Fahrzeug-, und Schiffbau	2 AlMn; S-AlMg 3; S-AlMg 4,5 Mn
AlMn	Apparate-, Fahrzeugbau und Lebensmittelindustrie	2 AlMn; S-AlMg 3; S-AlMg 5

Grundwerkstoff Aluminium,
Prozentsatz der Legierungselemente ohne Faktor.

stoffes, um Abbrandverluste, insbesondere von Magnesium und Zink, zu kompensieren und somit die mechanischen Eigenschaften des Grundwerkstoffes auch in der Schweißnaht zu gewährleisten.

8.1.3 Metallkundliche Mechanismen bei der thermischen und mechanischen Behandlung von Aluminium

8.1.3.1 Erholung und Rekristallisation

Werden Aluminiumwerkstoffe im kalten Zustand verfestigt, so steigen Streckgrenze, Zugfestigkeit und Härte an, bei gleichzeitiger Abnahme der Bruchdehnung und -einschnürung. Die Verfestigung spielt eine besondere Rolle bei den Aluminium-Knetwerkstoffen. Um bei diesen Werkstoffen die gute Verformbarkeit wieder zu erlangen, können die Ausgangswerte durch eine Glühbehandlung teilweise oder vollständig wiederhergestellt werden. Erfolgt die Glühung oberhalb der Rekristallisationstemperatur, so findet eine vollständige Entfestigung bis auf den Ausgangszustand statt, unterhalb dieser Temperaturschwelle ist nur eine Teilentfestigung des Werkstoffes möglich. Im ersten Fall wird von der Rekristallisation gesprochen, im zweiten Fall wird der Vorgang als Erholung bezeichnet.

Bei der Erholung wird ein Festigkeitsabbau durch einen Abbau der Versetzungsdichte im Metall erzielt. Platzwechselvorgänge von Atomen und Leerstellen führen zu einem Ausheilen der Versetzungen. Die Festigkeit des Aluminiums nimmt ohne sichtbare Veränderung des Gefüges ab. Im Gegensatz hierzu ist die Rekristallisation mit einer völligen Neubildung des Gefüges verbunden. In den Bereichen größter Verformung des Kristallgitters bilden sich aufgrund der thermischen Aktivierung Kristallkeime, die solange in das verformte Gefüge hineinwachsen, bis sie an Korngrenzen eines benachbarten Kristallisationskeimes stoßen. Entscheidend für den Verlauf einer Rekristallisation sind der Grad der eingebrachten Verformung, die Höhe der Rekristallisationstemperatur und die Dauer der Glühung. Unter gleichen Glühbedingungen gilt, dass mit steigendem Verformungsgrad dic Anzahl an Kristallisationskeimen im Kristallgitter zunimmt und damit das neue Gefüge feinkörniger wird.

8.1.3.2 Aushärtung

Eine der wichtigsten Eigenschaft des Aluminiums ist die Aushärtbarkeit durch gezielte Zugabe von Legierungselementen. Bild 8-3 zeigt die wichtigsten Legierungselemente des Aluminiums und ihre möglichen Kombinationen. Hieraus resultiert eine grundsätzliche Einteilung der Aluminiumwerkstoffe in aushärtbare und nicht aushärtbare Al-Legierungen.

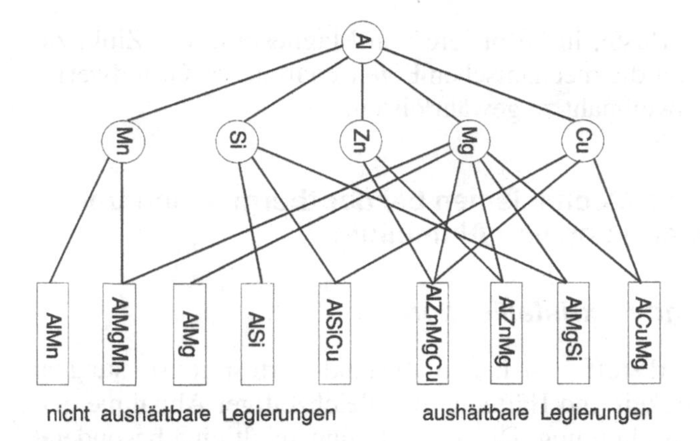

Bild 8-3. Einteilung des Aluminiums in aushärtbare und nicht aushärtbare Werkstoffe.

Neben den Legierungselementen ist eine gezielte Wärmebehandlung des Aluminiums wichtig für die Aushärtung des Werkstoffes. Das Aushärten lässt sich in drei Arbeitsgänge unterteilen, in denen unterschiedliche metallkundliche Mechanismen ablaufen. Der Temperaturverlauf für eine Wärmebehandlung ist anhand eines binären Systems im Bild 8-4 dargestellt:

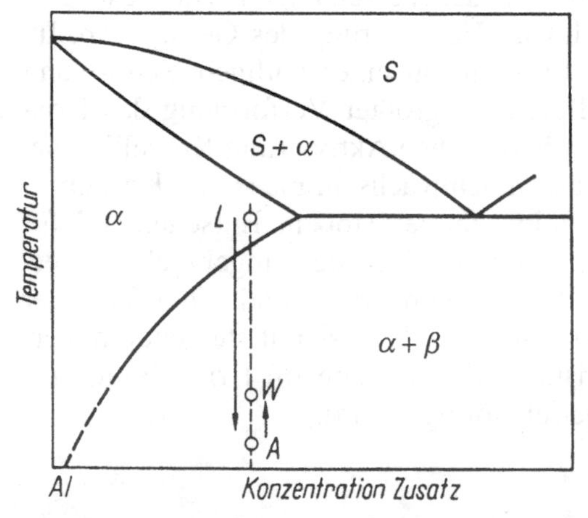

Bild 8-4. Binäres System eines aushärtbaren Aluminiumwerkstoffes und zugehörige Wärmebehandlung zur Aushärtung [8-2].

1. Durch eine Glühung bei hohen Temperaturen werden die zur Aushärtung benötigten Legierungselemente im Aluminiumgitter vollständig ge-

löst. Nach hinreichend langer Glühbehandlung liegt nur noch ein einphasiges Gefüge vor (Bild 8-4, Punkt L). Dieser Vorgang wird auch als Lösungsglühen bezeichnet und ist durchaus mit dem Lösungsglühen von Kohlenstoff in hochlegierten austenitischen Cr-Ni-Stählen zu vergleichen.

2. Durch schnelles Abkühlen des Aluminiums werden die gelösten Legierungselemente im Al-Gitter eingefroren, d. h., beim Erreichen des Punktes A im Bild 8-4 liegt ein an Legierungselementen übersättigter Mischkristall vor (α). Bei sehr langsamer Abkühlung, d. h. gleichgewichtsnaher Abkühlung, müsste sich entsprechend dem binären System im Bild 8-4 ein zweiphasiges Gefüge ausbilden (α+ß). Infolge der sehr schnellen Abkühlung ist die Bildung der zweiten Phase (ß) jedoch unterdrückt, so dass sich der α-Mischkristall aufgrund seiner Übersättigung im thermodynamischen Ungleichgewicht befindet. Nach [8-2] ist beim Abschrecken des Werkstoffes auf eine beschleunigte Abkühlung zwischen Lösungsglühtemperatur und 200°C zu achten, um eine vorzeitige Ausscheidung der gelösten Legierungselemente zu vermeiden.
3. Während einer Auslagerung des übersättigten Mischkristalls bei Raumtemperatur oder auch bei erhöhter Temperatur (Punkt W) erfolgt die Ausscheidung der zweiten Phase (ß); der Kristall ist durch die Ausscheidung bestrebt, das thermodynamische Gleichgewicht zur erreichen. Die Ausscheidungen haben eine Steigerung der Zugfestigkeit, Streckgrenze und Härte zur Folge, ohne die Zähigkeitswerte erheblich zu verringern. Die Bewegung von Versetzungen wird durch Ausscheidungen bzw. die dadurch erzeugten Spannungsfelder stark behindert, woraus die Änderungen der oben genannten mechanischen Kennwerte resultieren. Mit zunehmender Dichte und Feinheit der Ausscheidungen ist ein Anstieg der mechanischen Kennwerte zu beobachten.

Je nach Höhe der Auslagerungstemperatur werden die Aluminiumwerkstoffe in kaltaushärtende und warmaushärtende Werkstoffe unterteilt. Eine Kaltaushärtung des Aluminiums erfolgt in der Regel bei Raumtemperatur, hingegen wird von einer Warmaushärtung des Aluminiums bei erhöhten Temperaturen gesprochen. Die Auslagerungstemperatur hat einen entscheidenden Einfluss auf die Form und die Verteilung der Ausscheidungen. So bilden sich bei einer Kaltauslagerung kohärente Teilchen, deren chemische Zusammensetzung von der Matrix abweicht, die jedoch annähernd die gleiche Gitterstruktur besitzen (Bild 8-5). Wegen der großen Ähnlichkeit der beiden Gitterstrukturen ist die zur Keimbildung (der Ausscheidung) erforderliche Energie sehr klein, wodurch die Bildung der kohärenten Ausscheidungen bei niedrigen Temperaturen verständlich wird.

Mit zunehmender Auslagerungstemperatur sind auch teilkohärente Ausscheidungen zu beobachten, die mit einer Grenzfläche der Matrix kohärent sind (Bild 8-5). Dabei muss die Struktur der Ausscheidung nicht mit der Struktur der Matrix übereinstimmen. Aufgrund der größeren Grenzflächenenergie (es ist zusätzlich eine Arbeit für die Bildung einer neuen Oberfläche aufzubringen), ist die Keimbildungsarbeit bei teilkohärenten Phasen größer als bei kohärenten Ausscheidungen.

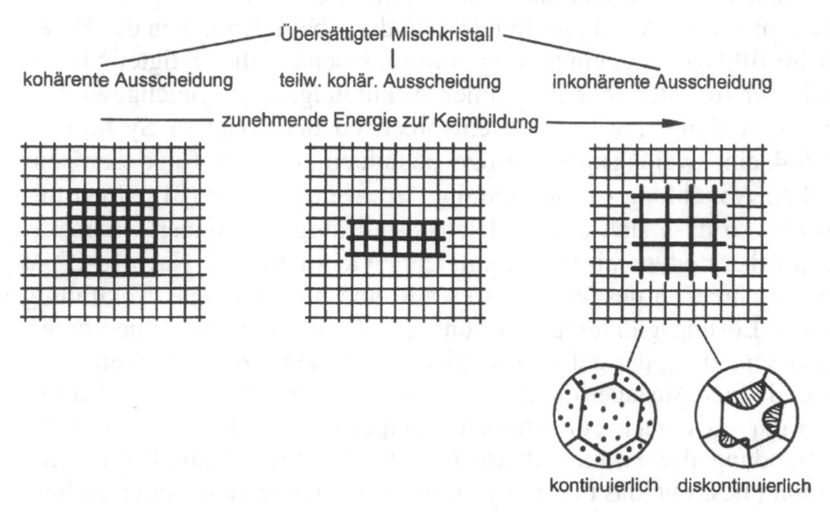

Bild 8-5. Ausscheidungsformen eines übersättigten Aluminium-Mischkristalls. Aus: Böhm H.: Einführung in die Metallkunde. B.I.-Hochschultaschenbücher. Band 196. Mannheim 1968, S. 194.

Als letzte Stufe der Ausscheidungen bilden sich bei stark erhöhten Temperaturen inkohärente Ausscheidungen. Bei diesem Ausscheidungstyp weicht die Gitterstruktur vollständig von der Struktur der Grundmatrix ab und erfordert folglich die größte Keimbildungsarbeit (Bild 8-5). Durch thermische Aktivierung ist es auch möglich, dass bei Raumtemperatur gebildete kohärente Ausscheidungen durch Diffusionsvorgänge in teilkohärente und inkohärente Ausscheidungen umwandeln.

Die Ausscheidungsform hat einen entscheidenden Einfluss auf die mechanischen Eigenschaften. Die größte Gitterverspannung und somit die höchsten Festigkeitswerte sind durch Ausscheidung kohärenter Teilchen zu erzielen. Bei einer plastischen Verformung des Werkstoffes müssen sich Versetzungslinien durch das Metallgitter bewegen, wobei die Ausscheidungen als Hindernisse fungieren (Bild 8-6). Die Versetzungen können diese Hindernisse nur durch ein Schneiden (Kelly und Fine) oder Umgehen unter Zurücklassung eines Versetzungsringes (Orowan-Mechanismus) überwinden. Die hierzu benötigte Spannung ist genau dann am größten, wenn ein Schneiden der Teilchen mit der gleichen Wahrscheinlichkeit geschieht, wie ein Umgehen, siehe auch Abschnitt 5.4.1.

Der im Bild 8-6 schematisch dargestellte Verformungsmechanismus des Schneidens ist vorwiegend in Legierungen mit kleinem Teilchenabstand, wie dies bei den kohärenten Ausscheidungen oft der Fall ist, zu beobachten. Der Orowan-Mechanismus tritt besonders stark bei grob verteilten Teilchen auf, die überwiegend bei inkohärenter Ausscheidung der Phasen entstehen.

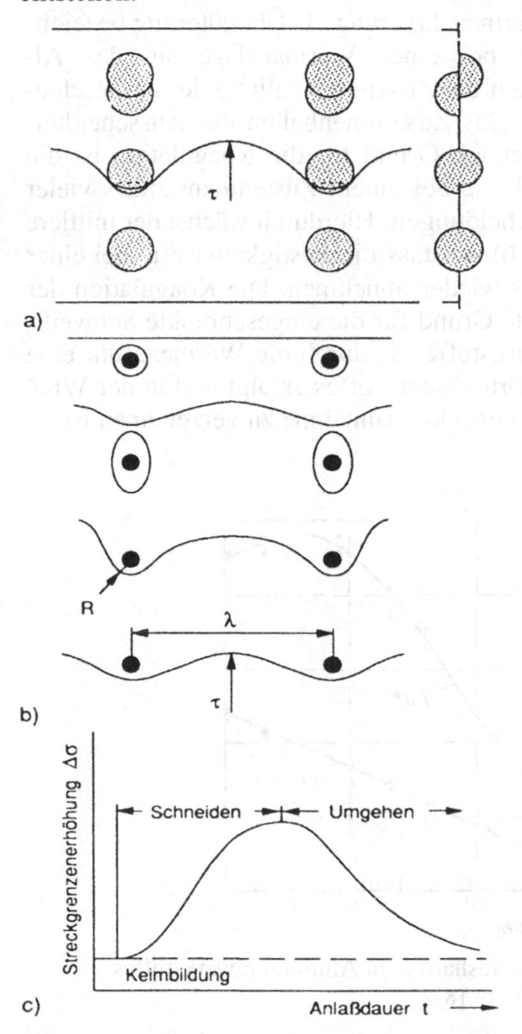

Bild 8-6. Versetzungsbewegung in ausscheidungshärtenden Legierungen.
a) Schneidmechanismus (nach Kelly und Fine);
b) Orowan-Mechanismus;
c) Streckgrenzenerhöhung durch Schneiden und Umgehen von Ausscheidungen.
Aus: Schulze G., Krafka, H., u. P. Neumann: Schweißtechnik, Werstoffe – Konstruieren – Prüfen. Düsseldorf: VDI-Verlag 1992.

Im Bild 8-7 sind die unterschiedlichen Streckgrenzen der Legierung AlZnMg 1 für eine Kalt- und Warmauslagerung abgebildet. Die Festigkeitszunahme erfolgt bei einer Warmauslagerung wegen der begünstigten Diffusion erheblich schneller als bei einer Auslagerung bei Raumtemperatur. Jedoch wird bald ein Festigkeitsmaximum erreicht, danach ist ein deutlicher Festigkeitsabfall bei zu langen Glühzeiten zu erkennen. Dieser Festigkeitsabfall wird bei der Warmauslagerung als Überalterung bezeichnet. Die Überalterung ist nur bei einer Warmauslagerung des Al-Werkstoffes zu beobachten und auf die Zusammenballung der ausgeschiedenen Teilchen zurückzuführen. Das Zusammenballen der Ausscheidungen wird als Koagulation bezeichnet. Grund für die Koagulation ist die Verringerung der Teilchenoberfläche bei einem Zusammenschluss vieler kleiner zu wenigen großen Ausscheidungen. Hierdurch wächst der mittlere Teilchenabstand λ (siehe Bild 8-6), so dass die Festigkeitswerte bei einer Überalterung des Al-Werkstoffes wieder abnehmen. Die Koagulation der Ausscheidungen ist der wichtigste Grund für die eingeschränkte Schweißeignung der aushärtbaren Al-Werkstoffe, da durch die Wärmezufuhr eine unkontrollierte Erwärmung des Grundwerkstoffes erfolgt und in der WEZ dieser Werkstoffe eine deutliche Festigkeitsabnahme zu verzeichnen ist.

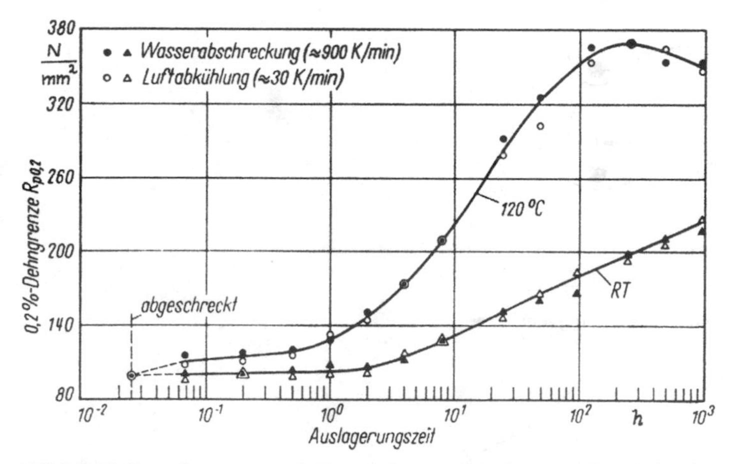

Bild 8-7. Streckgrenzenerhöhung des aushärtbaren Aluminiumwerkstoffes AlZnMg 1 bei Warm- und Kaltauslagern [8-2].

Aus Bild 8-7 wird eine weitere Besonderheit des Aushärtungsvorganges deutlich. Aus dem einphasigen Gefüge wird aufgrund der thermodynamischen Instabilität eine zweite Phase ausgeschieden. Damit dieser Vorgang ablaufen kann, müssen zuerst Keime der zweiten Phase gebildet werden.

Bis zum Beginn der Keimbildung ist aber eine gewisse Zeit erforderlich, die auch als Inkubationszeit bezeichnet wird. Nach Bildung der ersten Ausscheidungskeime ist ein deutlicher Festigkeitsanstieg des Al-Werkstoffes festzustellen.

Die Auslagerungstemperatur beeinflusst zusätzlich Höhe und Lage des Festigkeitsmaximums. Prinzipiell gilt, dass mit steigenden Auslagerungstemperaturen das Festigkeitsmaximum zu geringeren Zeiten verschoben ist, jedoch die erzielbare Festigkeit mit steigender Temperatur abnimmt. Hieraus lässt sich ableiten, dass die höchsten Festigkeitswerte bei einer Kaltaushärtung des Werkstoffes zu erzielen sind, jedoch ist das Maximum der Festigkeit erst nach sehr langen Auslagerungszeiten zu erreichen. Im Bild 8-8 ist dieser Sachverhalt nochmals anhand der aushärtbaren Al-Legierung AlCuSiMn dargestellt. Es ist zu erkennen, dass selbst bei einer Auslagerungstemperatur von 110°C das Maximum der Streckgrenze erst nach über einem Jahr (10^4 h) erreicht wird, die erzielte Streckgrenzenerhöhung jedoch deutlich über der einer Aushärtung bei 260°C liegt.

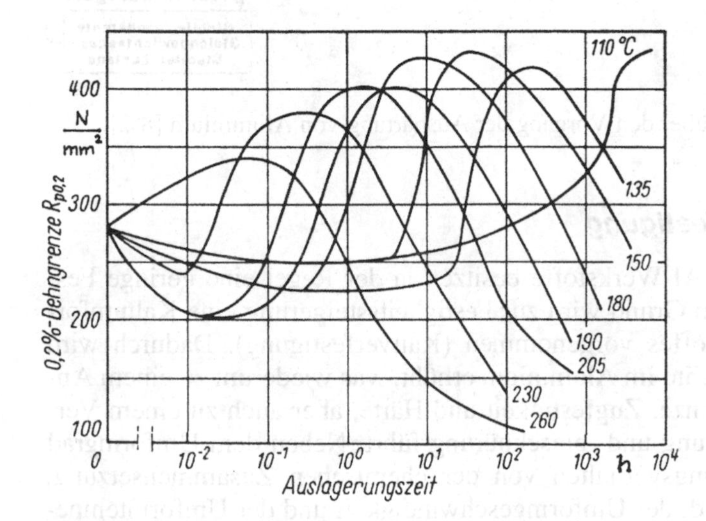

Bild 8-8. Einfluss der Auslagerungstemperatur auf den zeitlichen Verlauf der Aushärtung und erzielbare Festigkeitssteigerung einer AlCuSiMn-Legierung [8-2].

Bild 8-9 zeigt abschließend noch einmal einen vollständigen Überblick über die einzelnen Schritte zur Aushärtung von Al-Werkstoffen.

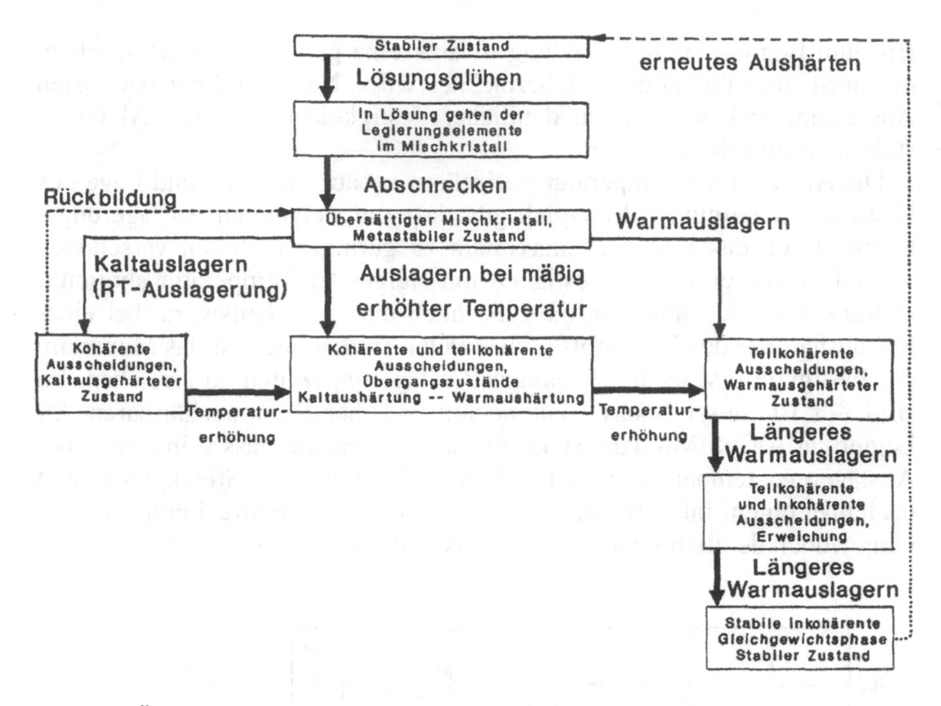

Bild 8-9. Überblick über den Vorgang der Aushärtung von Aluminium [8-2].

8.1.3.3 Kaltverfestigung

Nicht aushärtbare Al-Werkstoffe besitzen in der Regel eine geringe Festigkeit. Aus diesem Grund wird zur Festigkeitssteigerung eine Kaltumformung des Werkstoffes vorgenommen (Kaltverfestigung). Dadurch wird die Versetzungsdichte im Aluminium erhöht, was wiederum zu einem Anstieg der Streckgrenze, Zugfestigkeit und Härte, aber auch zu einem Verlust an Bruchdehnung und -einschnürung führt. Neben dem Umformgrad ist das Verfestigungsverhalten von der chemischen Zusammensetzung, dem Gefügezustand, der Umformgeschwindigkeit und der Umformtemperatur abhängig.

Im Bild 8-10 ist die Auswirkung einer Kaltverformung auf die Festigkeit von nicht aushärtbaren Al-Werkstoffen dargestellt. Deutlich erkennbar ist auch der Einfluss der Legierungselemente auf die Festigkeitssteigerung. Der Effekt der Festigkeitssteigerung durch Zugabe anderer Elemente wird auch als Mischkristallverfestigung bezeichnet.

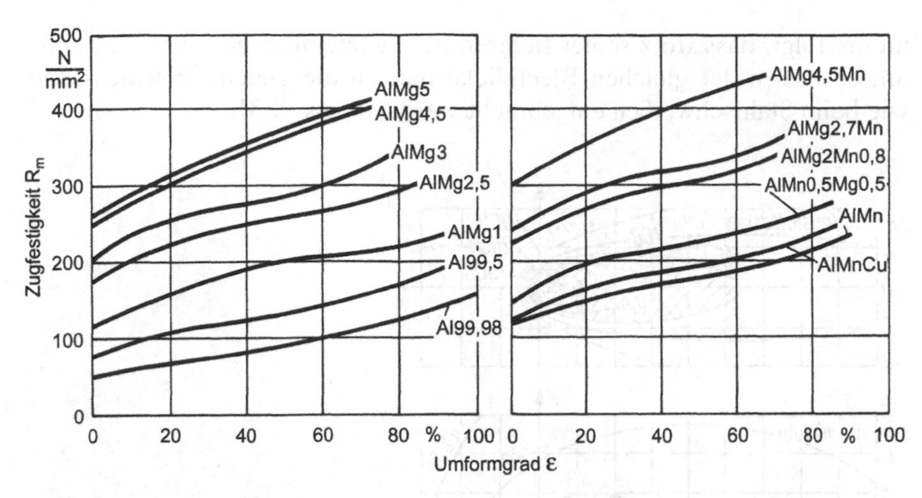

Bild 8-10. Kaltverfestigung von Aluminiumwerkstoffen in Abhängigkeit vom Umformgrad [8-1].

8.2 Schweißen von Aluminium

8.2.1 Einleitung

Das Schweißen der Aluminiumwerkstoffe weist einige Besonderheiten auf, die aus den besonderen physikalischen Eigenschaften des Aluminiums resultieren. Häufig werden die physikalischen Eigenschaften denen des Stahles gegenübergestellt, um daran die Unterschiede bei der schweißtechnischen Verarbeitung der beiden Werkstoffe zu erklären. Da Aluminium vorwiegend mit dem WIG- oder MSG-Verfahren geschweißt wird, sollen die Probleme, die hierbei auftreten können, in den folgenden Abschnitten unter besonderer Beachtung dieser beiden Schweißverfahren erläutert werden.

8.2.2 Auswirkungen der Wärmeausdehnung und -ableitung auf das Schweißergebnis

Die wesentlich höhere Wärmeleitfähigkeit des Aluminiums gegenüber der von Stahl hat einen entscheidenden Einfluss auf die Ausbildung der Isothermenfelder beim Schweißen (Bild 8-11). In Aluminium ist der Temperaturgradient um die Schweißstelle erheblich kleiner als beim Stahl. Obwohl die Spitzentemperatur beim Aluminiumschweißen rund 900 K tiefer liegt als beim Stahlschweißen, hat das Isothermenfeld um die Schweißstelle eine erheblich größere Ausdehnung. Aus dieser Eigenschaft des Aluminiums folgt, dass trotz seiner tieferen Schmelztemperatur beim Aluminiumschweißen der gleichen Blechdicke nahezu die gleiche Wärmemenge wie beim Stahlschweißen eingebracht werden muss [8-3].

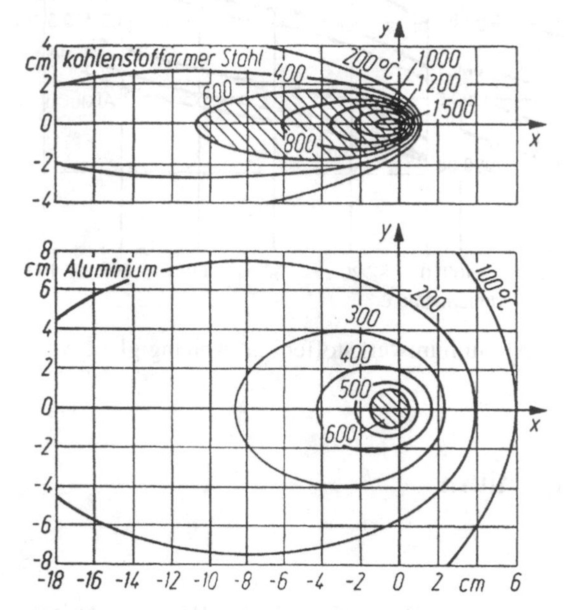

Bild 8-11. Isothermenfelder beim Schweißen von Stahl und von Aluminium.

Durch die große thermische Dehnung des Aluminiums und die relativ große Wärmeeinflusszone kommt es bei paralleler Schweißspalteinstellung zu einem starken Verzug der verschweißten Teile. Um diesen Verzug zu minimieren, muss den Teilen vor dem Verschweißen ein entsprechender Winkel vorgegeben werden. Zusätzlich ist zu berücksichtigen, dass bei Schrumpfungsbehinderung durch eine feste Einspannung der Bleche eine erhöhte Rissgefahr besteht.

8.2.3 Schweißen von ausgehärteten und kaltverfestigten Aluminiumlegierungen

Nicht aushärtbare Aluminiumlegierungen werden oftmals kaltverfestigt. Dabei werden die Werkstoffe je nach Umformgrad in den Anlieferungszustand „weich", „halbhart", „dreiviertelhart" und „hart" unterteilt. Durch den Schweißvorgang ist insbesondere bei den stärker verfestigten Güten mit einer erheblichen Beeinflussung der mechanischen Eigenschaften zu rechnen. In den Bereichen hoher Wärmeeinbringung ist bei harten und dreiviertelharten Aluminiumgüten ein starker Festigkeits- und Härteabfall zu verzeichnen (Bild 8-12).

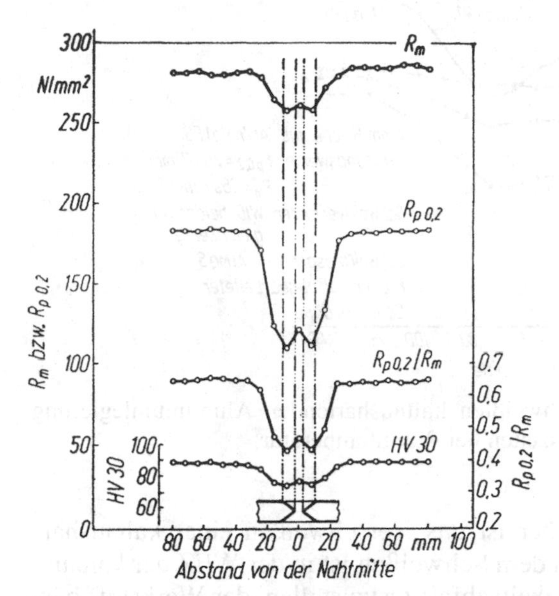

Bild 8-12. Härte- und Festigkeitsabfall in der WEZ einer kaltverfestigten Aluminiumlegierung.

Infolge der beim Schweißen eingebrachten Wärme wird die Versetzungsverfestigung im Bereich der Schweißnaht aufgehoben (Erholung), darüber hinaus wird in der WEZ eine Kornvergrößerung einsetzen, was zusätzlich zu einer Verschlechterung der mechanischen Eigenschaften führt. Dies hat zur Folge, dass Streckgrenze und Zugfestigkeit im Bereich von Schweißnaht und der WEZ stark verringert werden. Die Höhe des Festigkeitsverlustes ist im Wesentlichen von der gewählten Streckenenergie und der Anzahl der geschweißten Lagen abhängig. Während sich die Festigkeit der Schweißnaht durch die Wahl der Legierung des Schweißzusatzes beeinflussen lässt, ist der Festigkeitsverlust durch den Schweißvorgang in der WEZ irreversibel.

Ähnlich den kaltverfestigten Aluminiumlegierungen ist ein Abfall der Festigkeits- und Härtewerte auch bei den aushärtenden Legierungstypen festzustellen (Bild 8-13). Als Folge der Schweißwärme kommt es zu einem Lösungsglühen der Ausscheidungen und somit zu einem Abfall der Festigkeitswerte im Bereich der Schweißnaht. Handelt es sich bei dem verschweißten Aluminiumwerkstoff um eine warmaushärtende Legierung, so ist der Festigkeitsabfall nur durch die im Abschnitt 8.1.3.2 beschriebene Wärmebehandlung wieder aufzuheben.

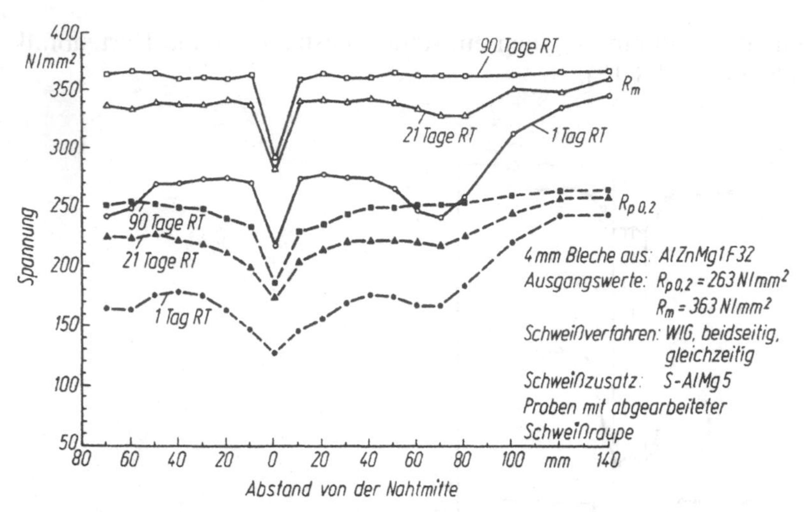

Bild 8-13. Festigkeit einer geschweißten kaltaushärtenden Aluminiumlegierung nach verschiedenen Auslagerungszeiten bei Raumtemperatur.

Wesentlich unproblematischer ist das Verschweißen einer kaltaushärtenden Legierung. Direkt nach dem Schweißen ist in der WEZ der kaltaushärtenden Legierung ein Festigkeitsabfall festzustellen, der Werkstoff härtet bei Raumtemperatur selbständig aus. Beim Schweißen muss darauf geachtet werden, dass beim Abkühlen das Temperaturintervall zwischen 300°C und 200°C schnell durchlaufen wird.

Verweilzeiten länger als 1 min setzen die Fähigkeit des Wiederaushärtens bei Raumtemperatur stark herab. Sollten die Verweilzeiten im oben genannten Temperaturintervall eine Wiederaushärtung des Werkstoffes verhindern, so kann nur durch eine nochmalige Wärmebehandlung aus Lösungsglühen, Abschrecken und Auslagern die Endfestigkeit des Werkstoffes wiederhergestellt werden.

8.2.4 Beeinflussung des Schweißergebnisses durch die Al-Oxidschicht

Als Folge der hohen Affinität des Aluminiums zum Sauerstoff entsteht an Luft sehr schnell eine dünne Oxidschicht auf der Werkstückoberfläche. Das Oxid der Zusammensetzung Al_2O_3 bildet eine dichte, festhaftende, elektrisch nicht leitende Schicht, die eine weitere, tiefergehende Oxidation des Aluminiums verhindert. Der Schmelzpunkt des Oxids liegt bei rund 2050°C und weicht somit erheblich vom Schmelzpunkt der Aluminiumlegierungen ab, die in einem Temperaturbereich von 550°C bis 650°C schmelzen. Beim Schweißen verhindert die Oxidschicht ein Zusammenlaufen des Schmelzbades, so dass eine unvollständige Bindung zwischen den Fugenflanken entsteht. Um dies zu vermeiden, werden die Oxidschichten an den Nahtflanken mechanisch oder chemisch entfernt. Eine mechanische Entfernung der Oxidschichten erfolgt beim Schutzgasschweißen am besten mit Hilfe einer Edelstahlbürste, Feile, o. ä. Beim Gasschweißen werden vorwiegend Flussmittel zur chemischen Entfernung der Deckschicht eingesetzt. Direkt nach der mechanischen Entfernung der Oxidschicht bildet sich diese zwar sofort wieder neu, jedoch ist sie zum einen sehr dünn, und zum anderen besitzt sie über die Länge der Nahtflanke eine gleichmäßige Dicke.

Als weiterer wichtiger Punkt zur Zerstörung der Oxidschicht ist die richtige Polung der Elektrode oder die Verwendung eines geeigneten Schutzgases beim WIG/MSG-Schweißen zu nennen. Durch eine positive Polung der Elektrode wird die Oxidhaut während des Schweißens zerstört; dieser Effekt wird auch als kathodischer Reinigungseffekt bezeichnet.

8.2.5 Heißrisse in Aluminiumlegierungen

Aluminiumlegierungen besitzen häufig ein großes Erstarrungsintervall und sind aus diesem Grund heißrissgefährdet. Durch die Bildung von niedrigschmelzenden Korngrenzeneutektika sind die aushärtbaren Aluminiumlegierungen am stärksten heißrissgefährdet. Kupfergehalte über 0,3 % erhöhen die Heißrissempfindlichkeit, Zirkon senkt hingegen die Rissneigung stark ab [8-4]. Deswegen müssen diese Werkstoffe mit einem Zusatzwerkstoff verschweißt werden, der nicht heißrissempfindlich ist. Dabei muss allerdings in Kauf genommen werden, dass der Zusatzwerkstoff ggf. nicht aushärtet.

Eine zusätzliche Möglichkeit zur Vermeidung der Heißrisse besteht im Vorwärmen des Werkstoffes (Bild 8-14). Es ist zu erkennen, dass mit zunehmender Vorwärmtemperatur der Anteil der gerissenen Schweißverbindungen zurückgeht. Das unterschiedliche Verhalten der drei eingetragenen Legierungen erklärt sich aus dem rechten Teilbild. Hier ist zu erkennen, dass der Magnesiumgehalt wesentlichen Einfluss auf die Heißrissigkeit hat. Das Maximum dieser Heißrissanfälligkeit liegt bei rund 1 % Mg (entsprechend Legierung 1). Mit steigendem Magnesiumgehalt nimmt die Heißrissneigung stark ab (vgl. auch Legierung 2 und 3, linkes Teilbild).

Zur Vermeidung von Heißrissen werden für die unterschiedlichen Legierungen z. T. sehr verschiedene Vorwärmtemperaturen empfohlen. Zschötge schlug vor, die Vorwärmtemperaturen zu berechnen, indem die Wärmeableitungsbedingungen der Aluminiumlegierung mit denen eines unlegierten Kohlenstoffstahls mit 0,2 % C verglichen werden [8-6]. Bild 8-15 zeigt das Ergebnis dieser Berechnung, in der Bildlegende steht die

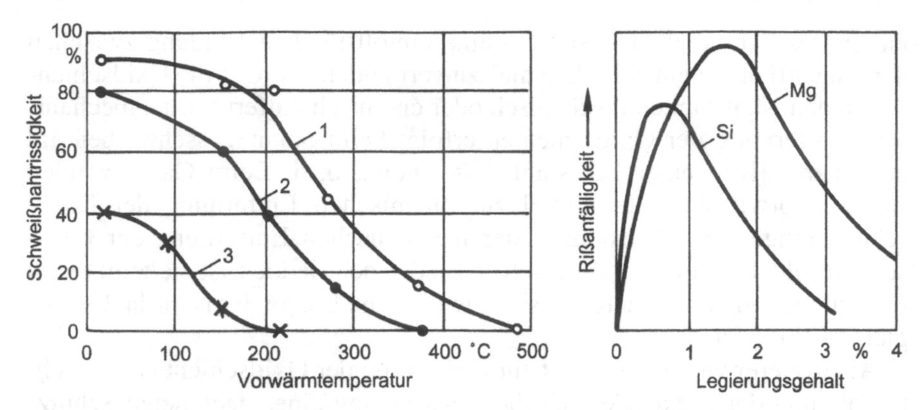

Bild 8-14. Risshäufigkeit in einer Aluminiumschweißnaht in Abhängigkeit von der Vorwärmtemperatur [8-5].
Kurve 1: AlMgMn; Kurve 2: AlMg 2,5; Kurve 3: AlMg 3,5.

entsprechende Formel. Diese Ergebnisse sind nur als Näherung zu betrachten, im Einzelfall richtet sich die Vorwärmtemperatur nach den Herstellerangaben.

$$T_{Vorw} = T_S - \frac{745}{\lambda_{Al-Leg}};$$

T_{Vorw} Vorwärmtemperatur in °C;
T_S Temperatur des Schmelzbeginns (Solidustemperatur) in °C;
$\lambda_{Al\text{-}Leg}$ Wärmeleitfähigkeit in J / (cm * s * K).

Bei kaltaushärtenden Legierungen entstehen Heißrisse häufig in den Endkratern der Schweißnaht. Nach [8-4] ist dies auf die unterschiedliche Erstarrungstemperatur von Grundwerkstoff und Oxidhaut zurückzuführen. Wird mit hohen Lichtbogenspannungen geschweißt, so wird das Schmelzbad im Endkrater durch den Lichtbogendruck verdrängt, es entsteht ein tiefer Endkrater. Um den tiefen Endkrater aufzufüllen, sind niedrige Lichtbogenspannungen erforderlich, die jedoch eine beschleunigte Erstarrung des Schmelzbades und somit Erstarrungsrisse verursachen. Vor dem Überschweißen eines Endkraters sollten die Risse ausgeschliffen werden, da sonst eine Rissfortpflanzung innerhalb der Schweißnaht möglich ist, die bis zur völligen Zerstörung des Bauteiles führen kann. Nach [8-4] ist der Umfang der sich bildenden Endkraterrisse sehr stark von den handwerklichen Fähigkeiten des Schweißers abhängig. Eine vollständige Vermeidung dieser Risserscheinung ist nicht immer möglich.

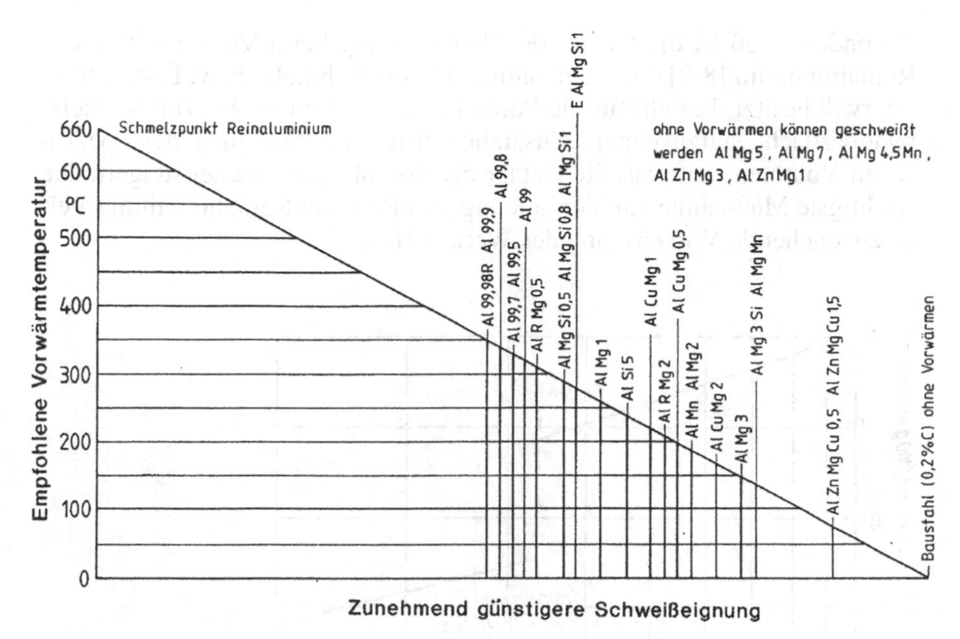

Bild 8-15. Richtwerte für das Vorwärmen von Aluminiumlegierungen, bezogen auf ohne Vorwärmung geschweißten Baustahl [8-5].

8.2.6 Porenbildung beim Schweißen von Aluminium

Eine weitere Problematik des Aluminiumschweißens ist die auftretende Porosität der Schweißnähte. Sie wird durch das Zusammenwirken verschiedener Besonderheiten von Aluminium hervorgerufen und ist schwierig zu vermeiden.

Die Poren entstehen im Aluminium zumeist durch Wasserstoff, der bei der Erstarrung aus der Schmelze ausgeschieden wird. Die Löslichkeit von Wasserstoff im Aluminium ändert sich am Phasenübergang Schmelze-Kristall sprunghaft, d. h., die Schmelze kann bei gleicher Temperatur im Vergleich zum sich bildenden Kristall ein Mehrfaches an Wasserstoff lösen (Bild 8-16).

Dies bedeutet, dass es bei der Erstarrung als Folge der Kristallisation zu einem Wasserstoffüberschuss in der Schmelze kommt. Dieser Überschuss scheidet sich als Gasblase an der Erstarrungsfront aus. Da Aluminium einen sehr niedrigen Schmelzpunkt und eine sehr hohe Wärmeleitfähigkeit aufweist, ist die Erstarrungsgeschwindigkeit relativ hoch, so dass ausgetriebene Gasblasen oft keine Möglichkeit haben, in der Schmelze bis an die Oberfläche aufzusteigen. Statt dessen werden die Blasen von der Erstarrungsfront „überholt" und verbleiben als Poren in der Schweißnaht. Dieser Vorgang wird auch als metallurgische Porenbildung bezeichnet.

Besonders groß ist die Gefahr der Porenbildung beim Verschweißen von Reinaluminium [8-7]. Da Reinaluminium kein Schmelz- bzw. Erstarrungsintervall besitzt, besteht für die Poren keine Möglichkeit bis zur Schmelzbadoberfläche aufzusteigen. Zusätzlich tritt eine Änderung des spezifischen Volumens auf, was die Gefahr der Porenbildung weiter steigert. Die wichtigste Maßnahme zur Vermeidung von Poren in Reinaluminium ist eine ausreichende Vorwärmung des Werkstoffes.

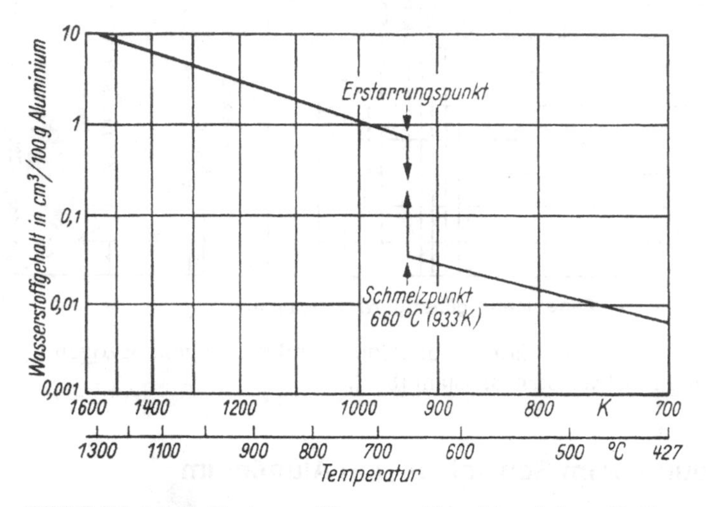

Bild 8-16. Löslichkeit von Wasserstoff in Aluminium [8-8].

Des Weiteren ist zur Vermeidung von Poren grundsätzlich das Wasserstoffangebot in der Schmelze zu minimieren. Bild 8-17 zeigt die Wasserstoffquellen beim MSG-Schweißen von Aluminium.

Als wesentliche Wasserstoffquellen sind eine falsche Brenneranstellung zum Werkstück und daraus resultierende Turbulenzen im Schutzgasstrom, Turbulenzen durch Düsenansätze und wasserstoffhaltige Schweißzusatzwerkstoffe zu nennen. Öle und Fette auf der Blechoberfläche erhöhen ebenfalls den Wasserstoffgehalt im Schweißgut und somit die Porenhäufigkeit. Eine oftmals nicht beachtete Wasserstoffquelle stellt das Schlauchpaket beim Schutzgasschweißen dar. Die Luftfeuchtigkeit der Umgebungsluft kann aufgrund des großen H_2O-Partialdruckunterschiedes sehr leicht in das Schlauchpaket eindringen und von dort mit dem Schutzgasstrom in den Lichtbogen transportiert werden. Die Aufspaltung des Wassers in seine atomaren Bestandteile im Lichtbogen führt zu zahlreichen Poren im Aluminiumschweißgut.

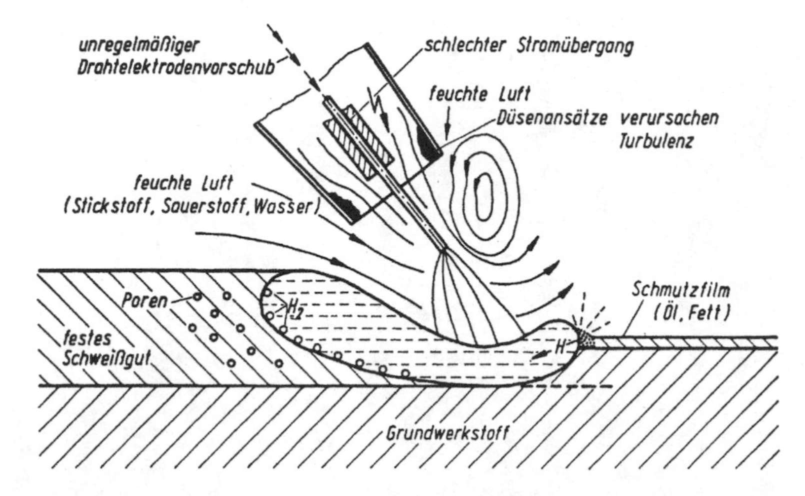

Bild 8-17. Mögliche Wasserstoffquellen beim MSG-Schweißen von Aluminium-Werkstoffen [8-8].

9 Wärmebehandlung der Stähle vor dem Schweißen, während des Schweißens und nach dem Schweißen

9.1 Technische Wärmebehandlung und ihre Ziele

Die Wärmebehandlung von metallischen Werkstoffen wird entsprechend DIN EN 10052 als ein Vorgang bezeichnet, bei dem durch gezielte Temperatur-Zeit-Folgen ein Gefüge oder eine Eigenschaft eingestellt wird, die auf den Einsatzzweck abgestimmt ist [9-5]. Dabei können neben der aufgeprägten Temperatur-Zeit-Folge auch noch physikalische und/oder chemische Behandlungen zur Erzielung der geforderten Kennwerte eingesetzt werden. Da in der o. g. Definition der Wärmebehandlung das Gefüge des Stahles als entscheidendes Kriterium für die Eigenschaften des Werkstoffs betrachtet wird, ergeben sich nach [9-2] drei Gruppen von Wärmebehandlungen, mit denen das Gefüge im Stahl eingestellt wird:

1. Umwandlungen von Gefügebestandteilen bei denen das Gleichgewicht oder Ungleichgewicht angestrebt wird,
2. Änderung der geometrischen Anordnung der Gefügebestandteile, d. h. Korngröße, Form und Anordnung, jedoch nicht der Gefügeart,
3. Abbau von Spannungen im Werkstoff und Veränderung ihrer Verteilung.

Die Temperatur-Zeit-Folgen einer Wärmebehandlung lassen sich wiederum in mehrere Teilschritte untergliedern (Bild 9-1).

Prinzipiell lassen sich die im Bild 9-1 eingetragenen Teilschritte unter den drei Begriffen Erwärmen (auf Solltemperatur), Halten (auf Solltemperatur) und Abkühlen zusammenfassen. Während der Erwärmung treten Temperaturgradienten zwischen Werkstückoberfläche und -kern auf, deren Ausmaß im Wesentlichen von der Dicke, der Aufheizgeschwindigkeit und der Wärmeleitfähigkeit des Werkstoffes bestimmt wird. Aus den Temperaturgradienten entstehen wiederum Spannungen, die bei zu hohen Aufheizgeschwindigkeiten zur Zerstörung des Bauteiles führen können. Aus diesem Grund muss die Aufheizgeschwindigkeit auf die Werkstückdicke und den Werkstoff abgestimmt sein, gleiches gilt auch für die Abkühlgeschwindigkeit (Abkühldauer).

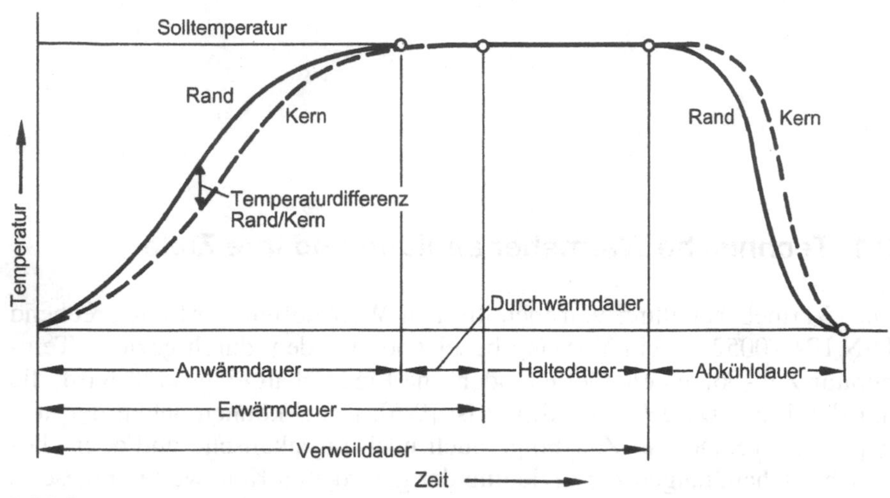

Bild 9-1. Unterteilung der Temperatur-Zeit-Folge von Wärmebehandlungen und Kennzeichen der wichtigsten Teilschritte nach [9-3].

Bild 9-2 zeigt die Bereiche unterschiedlicher Wärmebehandlungsverfahren im Eisen-Kohlenstoff-Diagramm. Hieraus kann entnommen werden, dass die Glühtemperatur bei der Wärmebehandlung vom Kohlenstoffgehalt (aber auch von anderen Legierungselementen) abhängig ist. Des weiteren wird mit steigendem Kohlenstoffgehalt der Beginn der Martensitumwandlung (M_S-Linie) zu tieferen Temperaturen verschoben, was z. B. für das Härten der Stähle von großer Bedeutung ist.

Da das Eisen-Kohlenstoff-Diagramm nur den Temperaturbereich, nicht aber den Zeitverlauf der Wärmebehandlung erfasst, sind anhand von Bild 9-2 keine Aussagen über die Aufheiz- und Abkühlgeschwindigkeiten möglich. Deshalb werden in den folgenden Abschnitten die wichtigsten Wärmebehandlungsverfahren anhand ihrer typischen Temperatur-Zeit-Verläufe eingehender erklärt und ihre Auswirkungen auf den Werkstoff dargestellt. Im Besonderen werden Wärmebehandlungsverfahren vorgestellt, die für die Schweißtechnik von Bedeutung sind.

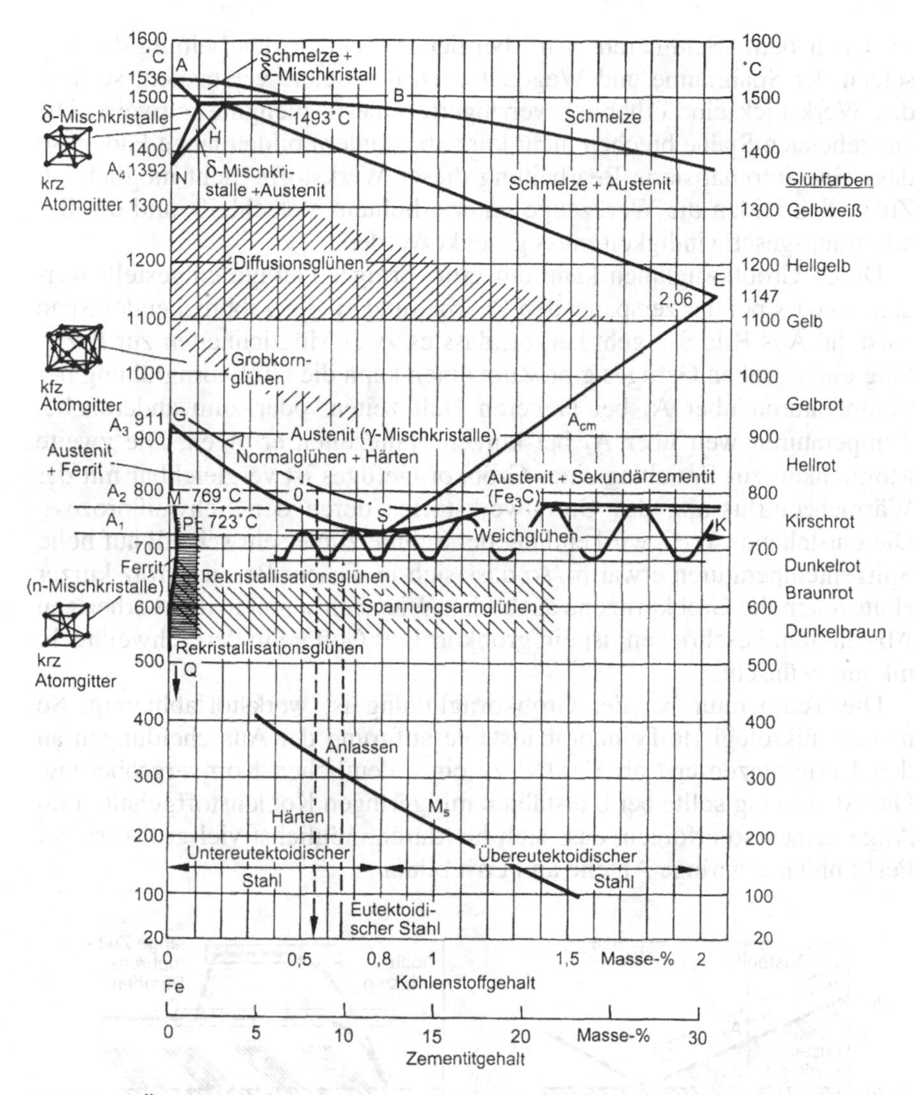

Bild 9-2. Übersicht über die Wärmebehandlungen und Bereiche der Solltemperatur im Eisen-Kohlenstoff-Diagramm.

9.2 Wärmebehandlung der Stähle vor und nach dem Schweißen

9.2.1 Grobkornglühen

Die gezielte Wärmebehandlung durch das Grobkornglühen ist besonders für „schmierende" Stähle mit Kohlenstoffgehalten unter 0,4 % von Interesse. Unter dem „Schmieren" wird bei der spanenden Bearbeitung das Zusetzen der Spanräume und Wegquetschen der Späne verstanden, so dass das Werkstück eine erheblich verringerte Oberflächengüte aufweist. Die entstehenden Späne brechen nicht kurz ab, sondern bilden lange Fäden, so dass eine automatisierte Bearbeitung dieser Werkstoffe nicht möglich ist. Zusätzlich leiden die Werkzeuge unter erhöhtem Verschleiß, und die Bearbeitungsgeschwindigkeit muss gesenkt werden.

Durch Grobkornglühen kann ein grobkörniges Gefüge eingestellt werden, so dass bei der zerspanenden Bearbeitung ein kurzabbrechender Span entsteht. Aus Bild 9-3 geht hervor, dass es zwei Möglichkeiten zur Erzielung eines groben Gefüges gibt. Zum einen kann die Grobkornglühung bei Temperaturen über A_3 bei längeren Haltezeiten, oder zum anderen bei Temperaturen weit über A_3 bei kurzen Haltezeiten erfolgen. Die zweite Möglichkeit zur Erzielung eines Grobkorngefüges ist vergleichbar mit der Wärmebeeinflussung des Grundwerkstoffes durch den Schweißprozess. Die entstehende WEZ wird entlang der Schmelzlinie sehr schnell auf hohe Spitzentemperaturen erwärmt, so dass sich in diesem Bereich trotz kurzer Haltezeiten die Grobkornzone ausbildet. Wie auch schon in den vorherigen Abschnitten beschrieben, ist ein grobkörniges Gefüge in der Schweißtechnik unerwünscht.

Die Temperatur bei der Grobkornglühung ist werkstoffabhängig. So neigen mikrolegierte Feinkornbaustähle aufgrund der Ausscheidungen an den Korngrenzen erst ab 1200°C zu einer deutlichen Kornvergröberung. Die Abkühlung sollte bei Baustählen mit geringen Kohlenstoffgehalten im Allgemeinen so erfolgen, dass sich hierdurch möglichst viel grobkörniger Perlit und nur geringe Anteile an Ferrit bilden.

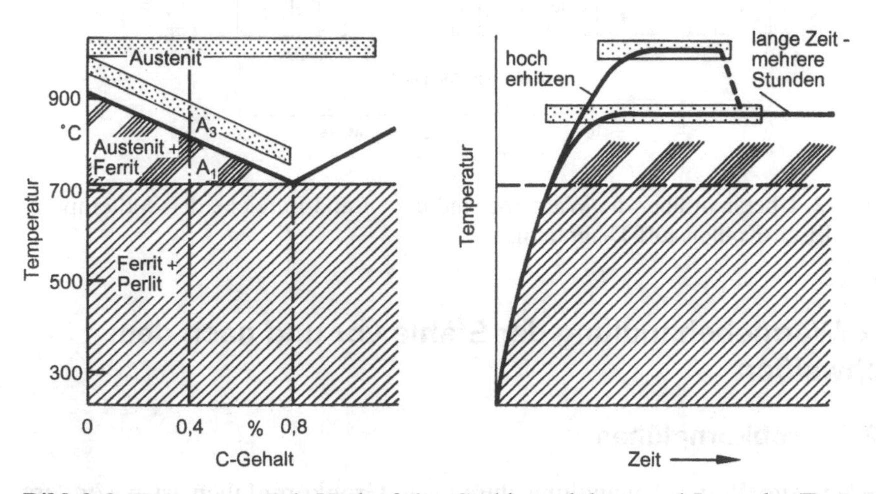

Bild 9-3. Temperatur-Zeit-Verlauf des Grobkornglühens und Lage der Temperaturfelder im Eisen-Kohlenstoff-Diagramm.

9.2.2 Normalglühen

Der Vorgang des Normalglühens, auch oft als „Normalisieren“ bezeichnet, dient der Einstellung eines feinkörnigen ferritisch-perlitischen Gefüges im Stahl. Das entstehende Gefüge wird auch als „normal“ bezeichnet. Aus Bild 9-4 geht hervor, dass die Temperaturen beim Normalisieren nur wenig über A_3 liegen, in der Regel zwischen 30°C und 50°C. Zur Erzielung eines kleinen Austenitkorns muss eine möglichst hohe Aufheizgeschwindigkeit gewählt werden. Die Haltedauer ist abhängig von der Blechdicke (etwa 1 min je Millimeter Wanddicke) und so einzustellen, dass sich ein homogener Austenit bildet; zu langes Halten auf Solltemperatur würde das Austenitkorn vergröbern. Anschließend muss eine schnelle Abkühlung erfolgen, um einen möglichst feinstreifigen Perlit und ein insgesamt sehr feinkörniges, normalisiertes Gefüge zu erhalten. In der Regel ist ein Abkühlen an ruhen der Luft ausreichend, bei größeren Wanddicken des Bauteiles kann eine Druckluftkühlung oder Wasserdusche erforderlich sein.

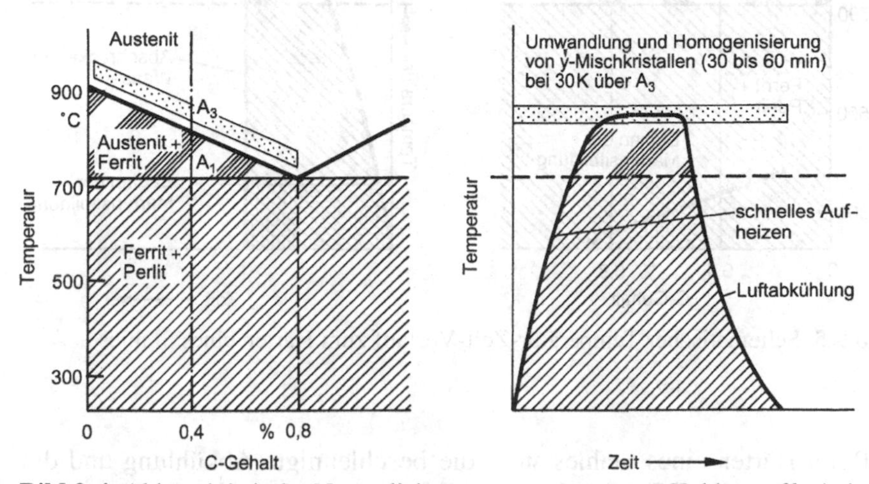

Bild 9-4. Abhängigkeit der Normalisierungstemperatur vom Kohlenstoffgehalt und Temperatur-Zeit-Verlauf beim Normalglühen.

In der Schweißtechnik kann die Normalglühung zur Beseitigung der WEZ eingesetzt werden. Dabei ist primär die Umwandlung der Grobkornzone in ein feinkörniges Ferrit-Perlit-Gefüge das Ziel. Das Erstarrungsgefüge der Schweißnaht selbst, welches häufig mit einem Gussgefüge verglichen wird, kann zur Erzielung besserer mechanischer Eigenschaften ebenfalls normalisiert werden.

9.2.3 Härten

Um einen Stahl zu härten, wird dieser oberhalb A_3 austenitisiert und homogenisiert (bis zu diesem Zeitpunkt gleicher Temperatur-Zeit-Zyklus wie beim Normalisieren). Es gilt auch hier, das Austenitkorn so klein wie möglich zu halten. Die nun anschließende Abkühlung erfolgt nicht mehr an ruhender Luft, sondern in Salz-, Öl-, oder Wasserbädern. Hierdurch wird der Stahl bis tief unter seine M_S-Temperatur abgekühlt, um hierdurch eine vollständige Martensitumwandlung zu erzielen (Bild 9-5).

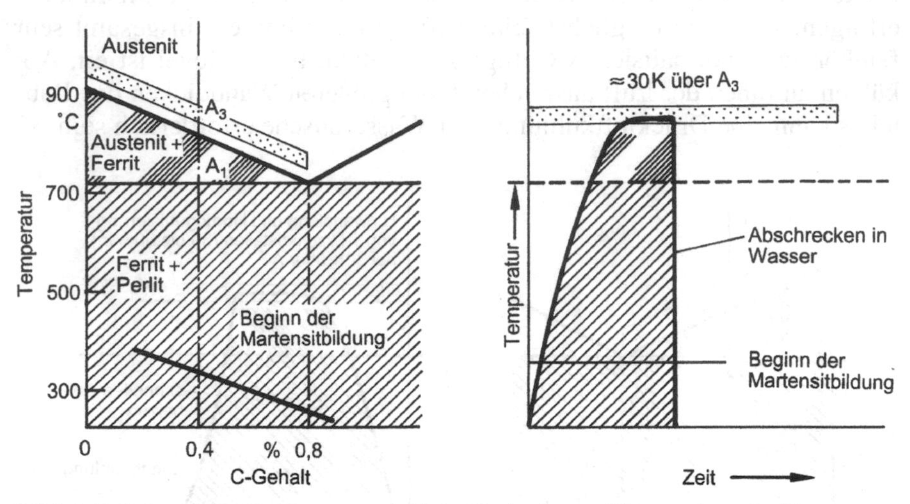

Bild 9.5. Schematischer Temperatur-Zeit-Verlauf zum Härten eines Stahles.

Beim Härten eines Stahles stellt die beschleunigte Abkühlung und die damit verbundene Gefahr der Rissbildung, ausgelöst durch thermische Spannungen, immer wieder ein Problem dar. Daher gibt es Verfahrensvarianten des Härtens, bei denen die thermischen Spannungen infolge geringerer Abkühlgeschwindigkeiten vermindert sind und trotzdem eine vollständig martensitische Umwandlung stattfindet (Bild 9-6, Kurven 3 und 4). Technisch wird dies erreicht, indem das Werkstück zuerst in Wasser abgeschreckt, mit Erreichen einer bestimmten Temperatur dem Wasserbad entnommen und in ein milderes Abkühlmedium, z. B. Öl, getaucht wird. Durch längeres Halten bei erhöhter Temperatur werden auch Umwandlungen in der Bainitstufe durchgeführt (Bild 9-6, Kurven 5 und 6).

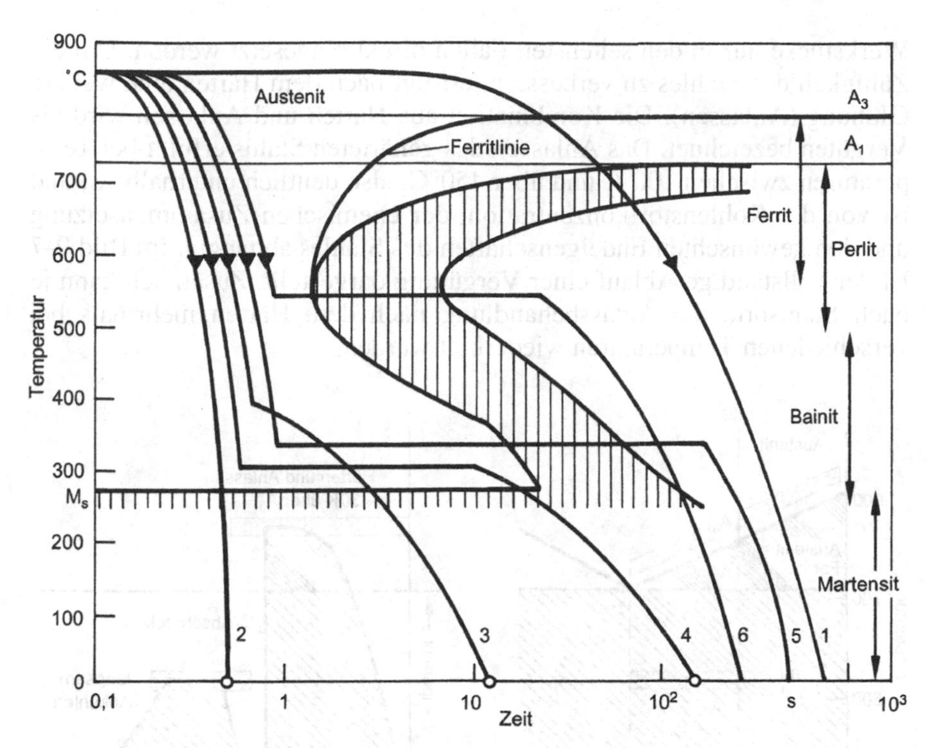

Bild 9-6. ZTU-Schaubild zur Verdeutlichung der Temperatur-Zeit-Verläufe verschiedener Wärmebehandlungen.

Beim Schweißen von Stählen ist im Prinzip der gleiche Vorgang in der WEZ zu beobachten, wenn dickere Bleche bei niedrigen Temperaturen geschweißt werden oder bei Elektronenstrahl- bzw. Laserstrahlschweißungen mit ihren schmalen Wärmeeinflusszonen und extrem hohen Temperaturgradienten. In diesen Bereichen der Schweißnähte findet dann eine vollständige Martensitumwandlung statt, die dem hier besprochenen Vorganges des Härtens entspricht. Wie bereits im Abschnitt 5 eingehend erklärt, ist die vollständige martensitische Umwandlung in der WEZ beim Schweißen unerwünscht, da durch das extrem harte martensitische Gefüge Härterisse entstehen können.

9.2.4 Vergüten

Eine Härtung des Stahles ist mit einer drastischen Abnahme der Zähigkeitswerte verbunden. Ursache hierfür ist das Entstehen des Martensits, der zwar hohe Härten, aber verringerte Zähigkeitswerte aufweist. Verbunden mit der gestiegenen Kaltrissgefahr können vollständig martensitische

Werkstücke nur in den seltensten Fällen direkt eingesetzt werden. Um die Zähigkeit des Stahles zu verbessern, erfolgt nach dem Härten eine weitere Glühung (Anlassen). Die Kombination aus Härten und Anlassen wird als Vergüten bezeichnet. Das Anlassen des gehärteten Stahls erfolgt bei Temperaturen zwischen 100°C und über 450°C, also deutlich unterhalb A_1, und ist von der Kohlenstoffkonzentration, der chemischen Zusammensetzung und den gewünschten Endeigenschaften des Stahles abhängig. Im Bild 9-7 ist der vollständige Ablauf einer Vergütung dargestellt. Zusätzlich kann je nach Stahlsorte die Anlassbehandlung nach dem Härten mehrmals bei verschiedenen Temperaturen wiederholt werden.

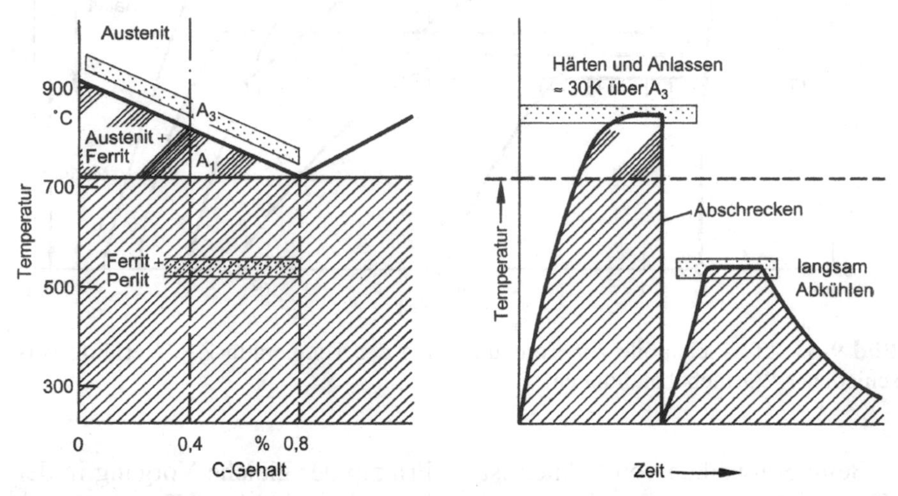

Bild 9-7. Wärmebehandlung zum Vergüten eines Stahles (schematisch).

Das martensitische Gefüge ist thermisch instabil, d. h., der Kohlenstoff ist im stark verzerren Metallgitter des Martensits eingefroren (übersättigter Mischkristall). Durch den Anlassvorgang scheidet sich der Kohlenstoff in Form von Eisenkarbiden unterschiedlicher stöchiometrischer Zusammensetzung aus. Hierdurch nehmen Zugfestigkeit, Streckgrenze und Härte des Martensits ab, Brucheinschnürung, Bruchdehnung und Kerbschlagarbeit nehmen deutlich zu. Ist das martensitische Gefüge zusätzlich noch sehr feinkörnig, so besitzt der Stahl in der Regel sehr gute mechanische Eigenschaften hinsichtlich Festigkeit und Zähigkeit.

Die Vergütung des Grundwerkstoffes ist vergleichbar mit dem Mehrlagenschweißen. Entsteht während des Schweißens der ersten Lage ein martensitisches Gefüge in der WEZ, so wird dieser Bereich durch das Schweißen der zweiten Lage einer Anlassbehandlung unterzogen. Das Problem in der Schweißtechnik ergibt sich daraus, dass das martensitische Gefüge in der Grobkornzone der WEZ liegt, so dass auch nach kurzzeitiger Erwärmung durch das Schweißen der nächsten Lage ein grobkörniger und spröder Martensit in der WEZ vorliegt.

9.2.5 Spannungsarmglühen

Das Spannungsarmglühen wird bei Temperaturen unterhalb A_1 durchgeführt, gefolgt von einer langsamen Abkühlung des Bauteils mit dem Ziel, eingebrachte Spannungen durch den Bearbeitungsprozess zu reduzieren. Bei unlegierten und niedriglegierten Stählen liegt die günstigste Temperatur zum Spannungsarmglühen bei 450°C bis 650°C bei einer Haltedauer von 1 bis 2 h. Bei Vergütungsstählen muss die Spannungsarmglühtemperatur unter der Anlasstemperatur liegen. Der Temperatur-Zeit-Verlauf des Spannungsarmglühens ist schematisch im Bild 9-8 dargestellt.

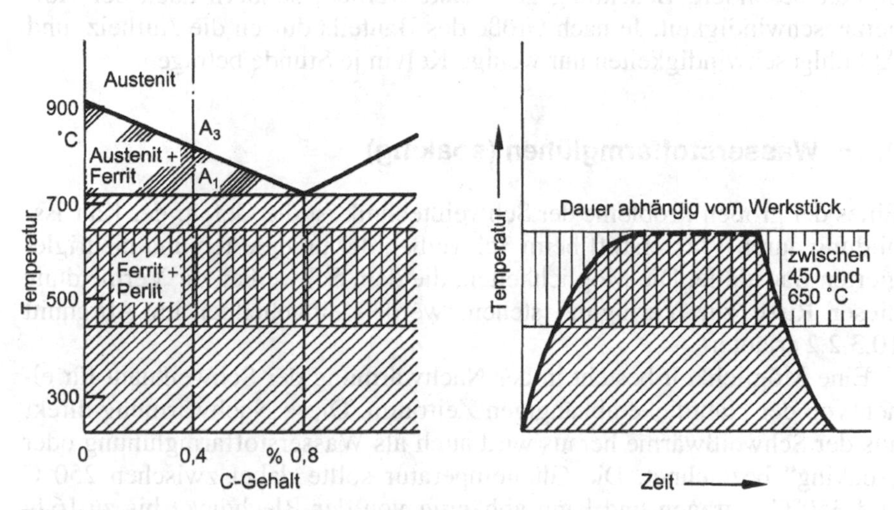

Bild 9-8. Temperatur-Zeit-Verlauf beim Spannungsarmglühen.

Innere Spannungen können durch ungleichmäßiges Erwärmen oder Abkühlen eines Bauteiles erzeugt werden, wie dies beim Schweißen der Fall ist. Aber auch Erstarrungsvorgänge (Schrumpfspannungen), Umwandlungen und Kaltverformungen bewirken einen Aufbau von Eigenspannungen. Ein Spannungsabbau kann nur erfolgen, wenn den Versetzungen eine Möglichkeit gegeben wird, sich zu bewegen, was in der Praxis bedeutet, dass plastische Verformungen im Mikrobereich ablaufen müssen. Beim Spannungsarmglühen wird sich die Eigenschaft metallischer Werkstoffe zunutze gemacht, dass ihre Streckgrenzen mit steigenden Temperaturen sinken (Warmstreckgrenzen). Da die Streckgrenze des Werkstoffes bei Raumtemperatur wesentlich höher liegt als bei den üblichen Spannungsarmglühtemperaturen, werden alle Eigenspannungen, die über der Warmstreckgrenze des Werkstoffes liegen, durch plastische Deformation abgebaut. Aus den Vorgängen beim Spannungsabbau geht aber auch hervor, dass die Spannungen im Bauteil nicht unter das Niveau der Warmstreckgrenze abfallen können. Beim anschließenden Abkühlen auf Raumtemperatur liegen die Eigenspannungen nur noch auf dem Niveau der Warmstreckgrenze, aber nur unter der Randbedingung, dass keine neuen Eigenspannungen durch zu schnelles oder ungleichmäßiges Abkühlen in das Bauteil eingebracht wurden. Da durch Spannungsarmglühen die Eigenspannungen im Bauteil nur reduziert, nicht aber vollständig beseitigt werden können, ist der früher häufig benutzte Begriff des „Spannungsfreiglühens" inhaltlich falsch und heute auch nicht mehr gebräuchlich.

Beim Spannungsarmglühen muss aber nicht nur der Abkühlgeschwindigkeit besondere Beachtung geschenkt werden, sondern auch der Aufheizgeschwindigkeit. Je nach Größe des Bauteils dürfen die Aufheiz- und Abkühlgeschwindigkeiten nur wenige Kelvin je Stunde betragen.

9.2.6 Wasserstoffarmglühen (soaking)

Eines der großen Probleme der Schweißtechnik ist die Gefahr der Kaltrissbildung durch Wasserstoff beim Schweißen der unlegierten und niedriglegierten Baustähle. Die Möglichkeiten, die dem Schweißer zur Vermeidung dieser Risse zur Verfügung stehen, werden eingehender im Abschnitt 10.3.2.2 erläutert.

Eine Möglichkeit besteht in der Nachwärmung der Schweißnaht für einen von der Nahtdicke abhängigen Zeitraum. Diese Nachwärmung direkt aus der Schweißwärme heraus wird auch als Wasserstoffarmglühung oder „soaking" bezeichnet. Die Glühtemperatur sollte dabei zwischen 250°C und 350°C betragen und kann abhängig von der Blechdicke bis zu 16 h dauern. Ziel des „soakens" ist eine Begünstigung der Wasserstoffentgasung (Effusion) aus der Schweißnaht, so dass die Wasserstoffkonzentration unter einen kritischen Wert sinkt und Kaltrisse vermieden werden können.

Bild 9-9 zeigt ein Diagramm, mit dessen Hilfe es möglich ist, Streckenenergie, Vorwärmtemperatur und Art der Wärmenachbehandlung zu bestimmen. Als Beispiel zur Verwendung dieses Diagramms soll hier ein Naxtra 70 (Feinkornbaustahl mit einer Streckgrenze von 690 N/mm^2) mit einer Blechdicke von 20 mm verschweißt werden. Aus Bild 9-9 lassen sich folgende Werte entnehmen:

- minimale Streckenenergie etwa 6,9 kJ/cm,
- maximale Streckenenergie rund 18 kJ/cm,

- Vorwärmtemperatur etwa 110°C und
- nach dem Schweißen ist eine Wasserstoffarmglühung („soaking") der Naht erforderlich.

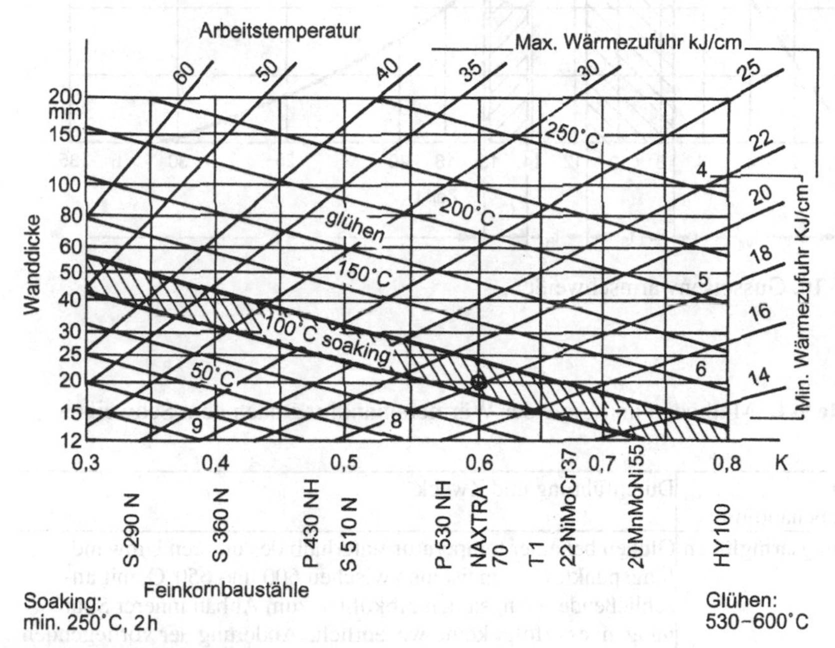

Bild 9-9. Wärmeführung beim Schweißen von Feinkornbaustählen unter Berücksichtigung des Wasserstoffarmglühens.

Stähle, die im schraffierten Bereich des Diagramms liegen, müssen also nach der Schweißung einer Wasserstoffarmglühung („soaking") unterzogen werden. Oberhalb dieses Bereiches erfolgt nach Beendigung des Schweißvorganges eine Spannungsarmglühung die selbstverständlich ebenfalls mit einer Wasserstoffentgasung verbunden ist, unterhalb des Bereiches ist keine Wärmebehandlung erforderlich.

9.2.7 Gusseisenwarmschweißen

Das Gusseisenwarmschweißen wurde vom Ablauf schon im Abschnitt 7 erklärt und soll hier wegen seiner Kombination aus Vorwärmung und Nachwärmung nochmals als Wärmebehandlungsverfahren erwähnt werden. Im Bild 9-10 ist der Temperatur-Zeit-Verlauf für dieses Schweißverfahren dargestellt.

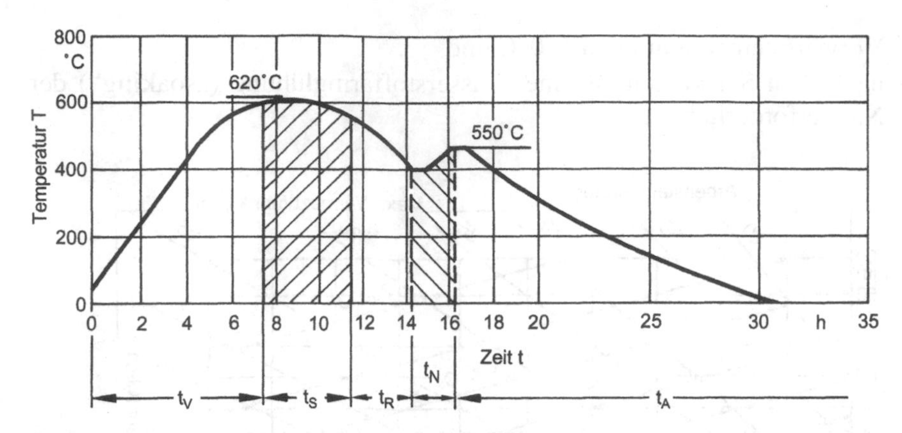

Bild 9-10. Gusseisenwarmschweißen.

Tabelle 9-1. Methoden und Ziele der Wärmebehandlung nach dem Schweißen [3-1].

Art der Wärmebehandlung	Durchführung und Zweck
Spannungsarmglühen	Glühen bei einer temperatur unterhalb des unteren Umwandlungspunktes A_1, meistens zwischen 600 und 650°C, mit anschließendem langsamen Abkühlen zum Abbau innerer Spannungen; es erfolgt keine wesentliche Änderung der vorliegenden Eigenschaften.
Normalglühen (Normalisieren)	Erwärmen auf eine Temperatur nur wenig über dem oberen Umwandlungspunkt A_3 (bei übereutektoiden Stählen über dem unteren Umwandlungspunkt A_1) mit anschließendem Abkühlen in ruhender Atmosphäre.
Härten (Abschreckhärten)	Abkühlen von einer Temperatur oberhalb des Umwandlungspunktes A_3 bzw. A_1 mit solcher Geschwindigkeit, dass oberflächlich oder durchgreifend eine erhebliche Härtesteigerung, in der Regel durch Martensitbildung, eintritt.
Vergüten	Wärmebehandlung zum Erzielen hoher Zähigkeit bei bestimmter Zugfestigkeit durch Härten und anschließendes Anlassen (meistens auf höhere Temperatur).
Lösungs- oder Abschreckglühen	Rasches Abkühlen eines Bauteils. Auch das rasche Abkühlen austenitischer Stähle von hohen Temperaturen (meist über 1000°C), um ein möglichst homogenes Gefüge hoher Zähigkeit zu erziele, wird als „Abschreckglühen“ bezeichnet.
Anlassen	Erwärmen nach vorangegangenem Härten, Kaltverformen oder Schweißen auf eine Temperatur zwischen Raumtemperatur und dem unteren Umwandlungspunkt A_1; Halten bei dieser Temperatur und nachfolgendes, zweckentsprechendes Abkühlen.

Die in diesem Bild aufgeführte Vorwärmtemperatur ist nicht zwingend für jedes Gussstück erforderlich, sie kann in einem Temperaturbereich von 500°C bis 650 °C in Abhängigkeit von der Größe des Bauteiles schwanken. Die Vorwärmzeit kann mehrere Stunden betragen, da schon beim Erwärmen thermische Spannungen vermieden werden müssen. Die dem Schweißvorgang folgende Wiedererwärmung auf 550°C dient einem besseren Temperaturausgleich im Werkstück. Wiederum abhängig von der Größe des Gussstückes kann sich die Abkühlzeit über mehrere Tage erstrecken.

Zusammenfassend werden in Tabelle 9-1 nochmals die nach einer Schweißung möglichen Wärmebehandlungen aufgelistet.

9.3 Wärmebehandlungen in Verbindung mit dem Schweißen

Viele Werkstoffe sind nur bedingt schweißbar, d. h., sie sind ohne besondere Vorkehrungen nicht fehlerfrei durch ein Schweißverfahren zu verbinden. Einerseits führt die eingebrachte Wärme mit anschließender schneller Abkühlung bei Baustählen oftmals zu Härterissen (Kaltrisse), andererseits kann zu langsames Abkühlen beim Schweißen unstabilisierter austenitischer Cr-Ni-Stähle zu Korrosionserscheinungen führen. Aus diesen beiden Beispielen wird deutlich, dass die Art der Wärmeeinbringung den Werkstoff schädigen kann. Treten keine irreversiblen Schäden, z. B. Risse in der Schweißnaht, auf, so ist es durchaus möglich, die gewünschten physikalischen und mechanischen Kennwerte durch eine Wärmebehandlung auch bei weniger schweißgeeigneten Stählen sicherzustellen.

Bild 9-11 gibt einen Überblick über die Wärmebehandlungen in Verbindung mit dem Schweißen. Die beiden Gruppen der Wärmebehandlungen vor und nach dem Schweißen wurden schon im vorherigen Abschnitt beschrieben, so dass nun eingehendere Erläuterungen zu den das Schweißen begleitenden Wärmebehandlungen folgen sollen.

9.3.1 Wärmebehandlung des Werkstoffes durch das Schweißen

Im Gegensatz zu den konventionellen Wärmebehandlungen, bei denen der Werkstoff einem gezielten Zeit-Temperatur-Verlauf unterworfen wird, um bestimmte Eigenschaften und Gefüge im Stahl einzustellen, ist das Schweißen eine eigentlich ungewollte, aber unvermeidbare Wärmebehandlung des Werkstoffes. Aus diesem Grund kann das Schweißen durchaus als eine Wärmebehandlung aufgefasst werden, obwohl hieraus im Allgemeinen eine Verschlechterung der mechanischen Eigenschaften der Wärmeeinflusszone resultiert.

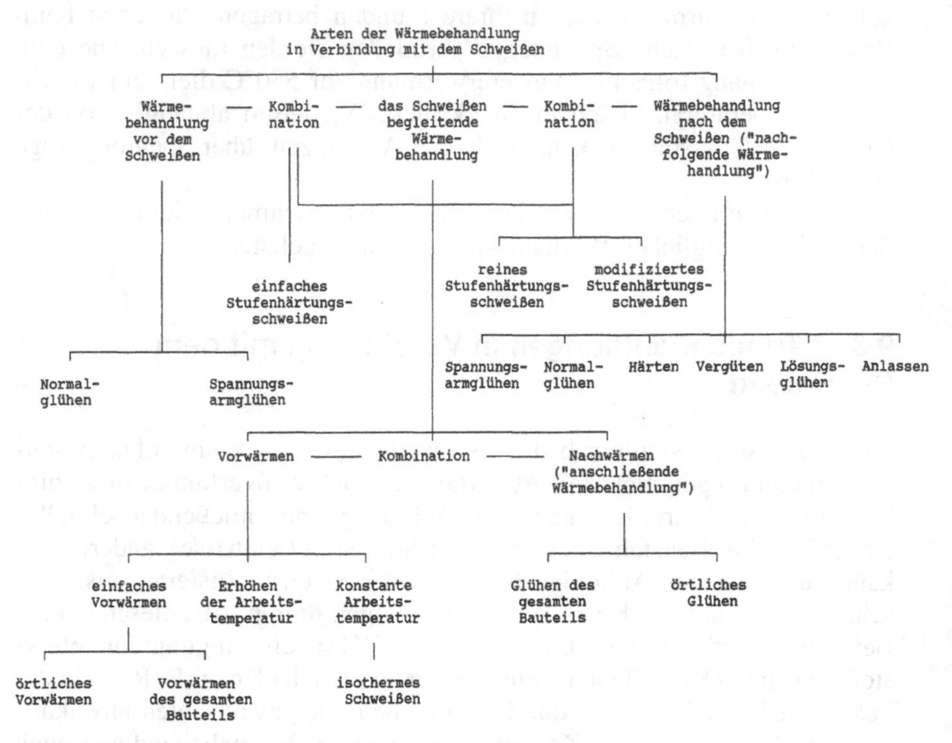

Bild 9-11. Wärmebehandlungen beim Schweißen

Im Bild 9-12 ist der Temperatur-Zeit-Verlauf des Schweißens mit und ohne Vorwärmung anhand eines ZTU-Schaubildes schematisch dargestellt. Ohne Vorwärmung kann sich ein Abkühlungsverlauf im Werkstück einstellen, bei dem sich nur noch das Härtegefüge Martensit bildet (Bild 9-12, Kurve 1). Durch eine einfache Vorwärmung wird die Abkühlgeschwindigkeit verringert (Kurve 2), so dass sowohl der Anteil an martensitischem Gefüge als auch die Härte des Stahles sinkt. Wird das Werkstück während des Schweißens durch eine weitere Wärmequelle auf Temperaturen oberhalb gehalten, so kann die Martensitbildung vollständig unterdrückt werden (Kurve 3).

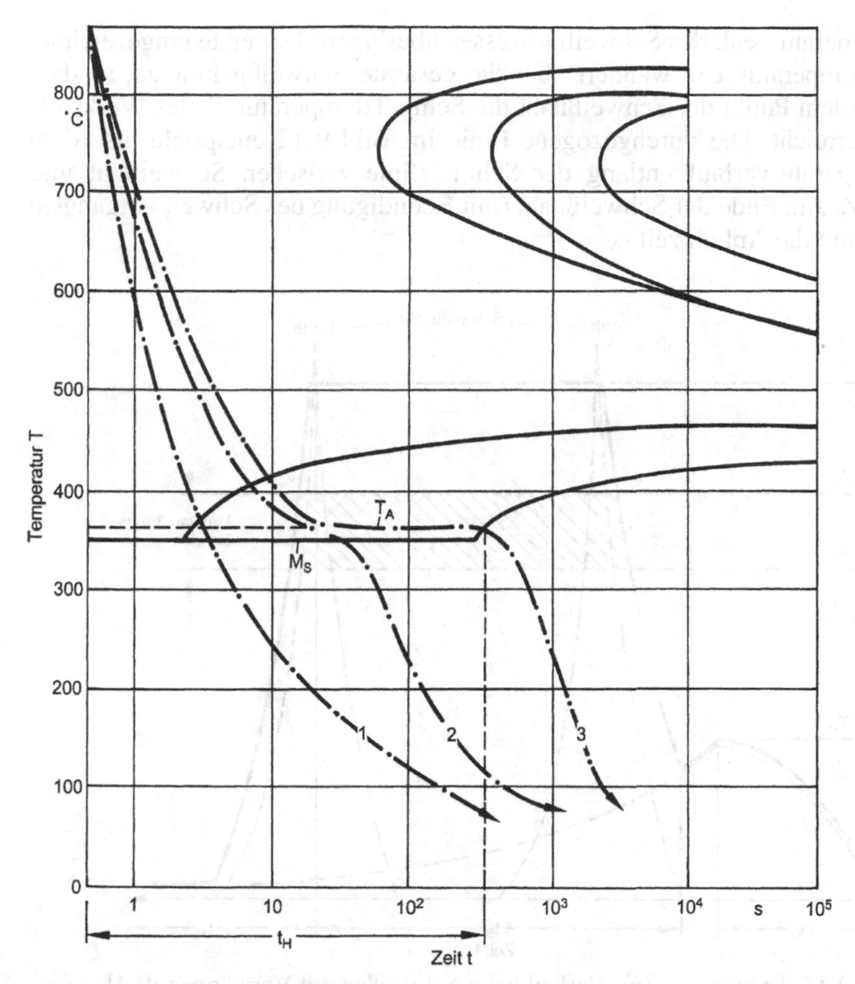

Bild 9-12. ZTU-Schaubild für verschiedene Schweißbedingungen [9-4].

9.3.2 Schweißen mit Vorwärmung

Der einfachste Fall einer Wärmebehandlung in Verbindung mit dem Schweißprozess ist die Vorwärmung. Dabei kann das gesamte Bauteil oder aber auch nur der Nahtbereich auf die gewünschte Temperatur vorgewärmt werden.

Der typische Temperatur-Zeit-Verlauf in der WEZ bei einer Vorwärmung des Stahles ist im Bild 9-13 dargestellt. Nachdem innerhalb des Zeitraumes t_v das Werkstück auf die Vorwärmtemperatur T_v vorgewärmt wurde, wird die Wärmequelle entfernt, und das Werkstück beginnt abzukühlen. Die Vorwärmung wird bei Beginn der Schweißarbeiten durch den

Temperaturpeak des Schweißprozesses überlagert. Der erste eingezeichnete Temperaturpeak wandert über die gesamte Schweißnahtlänge, so dass an jedem Punkt der Schweißnaht die Schmelztemperatur T_s des Werkstoffes erreicht. Die durchgezogene Linie im Bild 9-12 entspricht also dem Temperaturverlauf entlang der Schmelzlinie zwischen Schweißgut und WEZ. Am Ende der Schweißnaht (mit Beendigung des Schweißvorganges) beginnt die Abkühlzeit t_A.

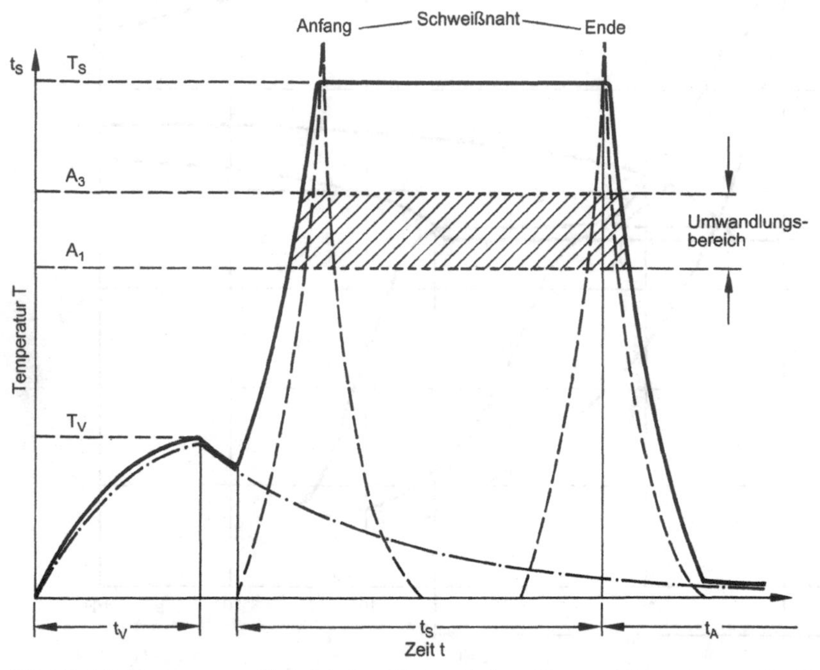

Bild 9-13. Temperatur-Zeit-Verlauf beim Schweißen mit Vorwärmen [9-4].

Eine weitere Möglichkeit zur Vermeidung kritischer Abkühlgeschwindigkeiten ist das Mehrlagenschweißen. Durch ein in rascher Folge durchgeführtes Mehrlagenschweißen entsteht im Bauteil ein Wärmestau, so dass die Temperatur in der WEZ ständig mit der Anzahl der geschweißten Lagen ansteigt (Bild 9-14). Bei dieser Methode des Schweißens ist es besonders wichtig, dass die M_S-Temperatur während der Abkühlung der 1. Lage und dem Schweißen der 2. Lage nicht unterschritten wird. Das Bauteil hat nach dem Schweißen der 4. Lage soviel Wärme durch den Schweißprozess aufgenommen, so dass die Temperatur in der WEZ nur langsam sinkt und die kritische Abkühlgeschwindigkeit nicht erreicht wird.

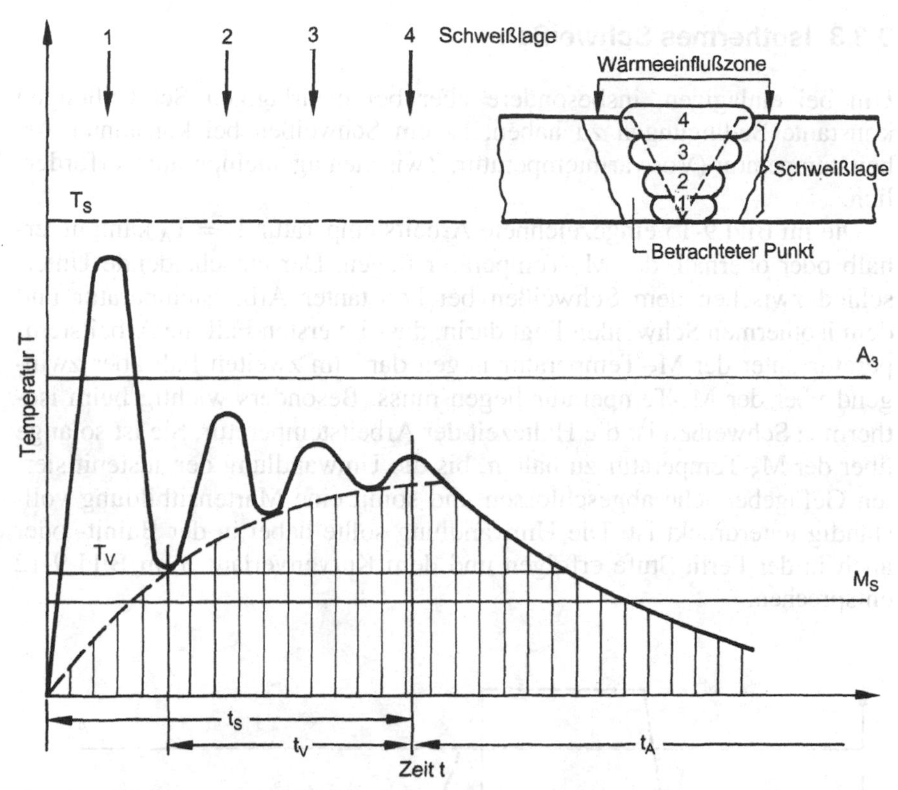

Bild 9-14. Anstieg der Temperatur in der WEZ durch die Wärmeeinbringung des Mehrlagenschweißens [9-4]

Besonders günstig wirkt sich beim Mehrlagenschweißen das Überschweißen der unteren Lagen aus. Jede weitere Lage erwärmt die vorherige über die Rekristallisationstemperatur und ermöglicht somit eine Umkristallisation von Schweißnaht und WEZ. Die in der Grobkornzone besonders schlechten Zähigkeitseigenschaften treten daher nur beim Schweißen der letzten Lage auf. Zum Erzielen optimaler Gütewerte in Mehrlagenschweißungen wird die Schweißung daher nicht wie im Bild 9-14 dargestellt durchgeführt. Da in der Regel für das Schweißen eines Stahles für alle Lagen die gleichen Abkühlbedingungen vorliegen sollten und die $t_{8/5}$-Zeiten eingehalten werden müssen, kann mit dem Schweißen der nächsten Lage erst wieder bei Erreichen der geforderten Zwischenlagentemperatur begonnen werden. Zusätzlich wird hierdurch eine zu starke Aufheizung des Werkstoffes vermieden, was z.B. eine übermäßige Erweichung oder Ausdehnung der WEZ zur Folge haben könnte.

9.3.3 Isothermes Schweißen

Um bei einlagigen, insbesondere aber bei mehrlagigen Schweißungen konstante Bedingungen zu haben, ist ein Schweißen bei konstanter Arbeitstemperatur (Vorwärmtemperatur, Zwischenlagentemperatur) erforderlich.

Die im Bild 9-15 eingezeichnete Arbeitstemperatur $T_v = T_A$ kann unterhalb oder oberhalb der M_S-Temperatur liegen. Der entscheidende Unterschied zwischen dem Schweißen bei konstanter Arbeitstemperatur und dem isothermen Schweißen liegt darin, dass im ersten Fall die Arbeitstemperatur unter der M_S-Temperatur liegen darf, im zweiten Fall aber zwingend über der M_S-Temperatur liegen muss. Besonders wichtig beim isothermen Schweißen ist die Haltezeit der Arbeitstemperatur. Sie ist solange über der M_S-Temperatur zu halten, bis die Umwandlung der austenitisierten Gefügebereiche abgeschlossen und somit eine Martensitbildung vollständig unterdrückt ist. Die Umwandlung sollte dabei in der Bainit- oder auch in der Perlit-Stufe erfolgen und dem Kurvenverlauf 3 im Bild 9-12 entsprechen.

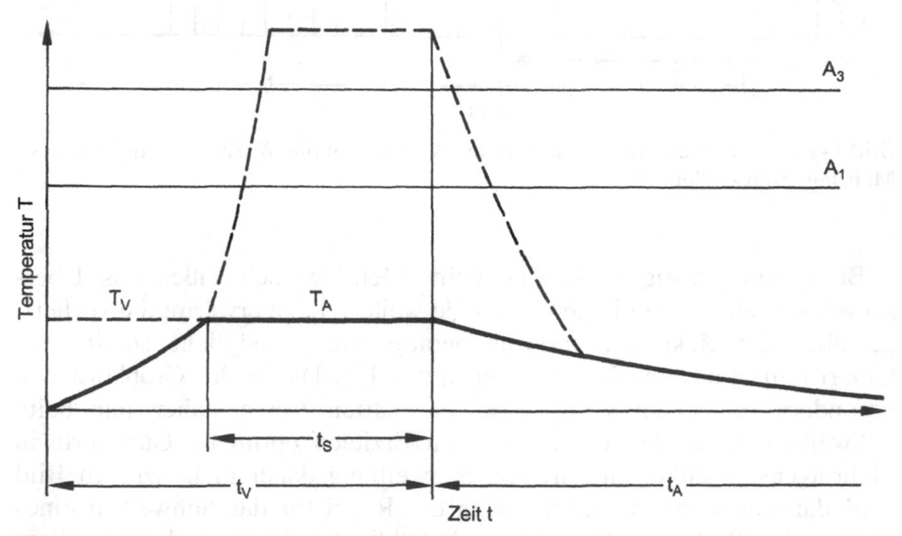

Bild 9-15. Schweißen mit Vorwärmung und Halten auf Arbeitstemperatur (isothermes Schweißen) [9-4].

9.3.4 Stufenhärtungsschweißen

Das Stufenhärtungsschweißen bietet sich zur schweißtechnischen Verarbeitung von umwandlungsträgen Werkstoffen an. Dabei wird die Umwandlungsträgheit ausgenutzt, die der Austenit oftmals in einem Temperaturbereich zwischen der Perlit- und Bainitstufe besitzt. Diese sehr umwandlungsträgen Stähle sind meist Werkzeugstähle, die schon an ruhender Luft härten und deswegen auch als Lufthärter bezeichnet werden.

Das Stufenhärtungsschweißen wird je nach Aufwand der Wärmebehandlung in das einfache, reine und modifizierte Stufenhärtungsschweißen eingeteilt. Im Bild 9-16 ist der Temperatur-Zeit-Verlauf für das aufwendigste der drei Wärmebehandlungsverfahren, das modifizierte Stufenhärtungsschweißen, abgebildet.

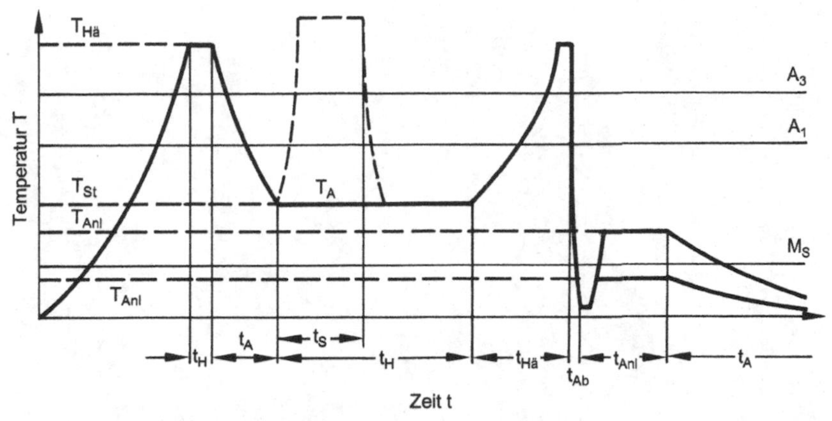

Bild 9-16. Modifiziertes Stufenhärtungsschweißen [9-4].

Beim modifizierten Stufenhärtungsschweißen wird der Werkstoff auf Härtungstemperatur $T_{Hä}$ erwärmt und anschließend auf Stufenhärtungstemperatur T_{St} abgekühlt. Auf Stufenhärtungstemperatur liegt wegen der Umwandlungsträgheit des Stahles ein austenitisches Gefüge vor, das auch während des Schweißvorganges im austenitischen Zustand verbleibt. Nach dem Schweißen erfolgt wiederum eine Erwärmung auf Härtetemperatur mit anschließendem Abschrecken und Anlassen. Beim reinen Stufenhärtungsschweißen wird nach dem gleichen Temperatur-Zeit-Verlauf geschweißt, jedoch folgt hierbei dem Schweißen keine Wiedererwärmung auf Härtetemperatur, sondern direkt ein Abschrecken und Anlassen. Beim einfachen Stufenhärtungsschweißen unterliegt der Werkstoff keiner Wärmebehandlung mehr und wird direkt nach dem Schweißen abgekühlt.

Wasserstoffträgheit ausgenutzt, die der Austenit [illegible] als in einem Ferrit [illegible] zwischen der Ferrit- und [illegible] besetzt. Diese sehr [illegible] Weld [illegible] stabile, die schon [illegible] führender [illegible] auch als [illegible] bezeichnet werden.

[illegible] Aufwand der Wärmebehandlung [illegible] Stufenhärtungsschweißen [illegible] Temperatur-Zeit-Verlauf für das [illegible] Wärmebehandlung [illegible]

Bild [illegible] Stufenhärtungsschweißen [illegible]

Beim modifizierten Stufenhärtungsschweißen wird der Werkstoff auf Härtetemperatur [illegible] erwärmt und anschließend auf Stufenhärtungstemperatur [illegible] abgekühlt. Die Stufenhärtungstemperatur liegt [illegible] der Umwandlungstemperatur [illegible] austenitisches Gefüge vor, das [illegible] während des Schweißvorganges [illegible] Anschließend [illegible] eine Erwärmung [illegible] Härtetemperatur [illegible] Abschrecken auf Anlasstemperatur [illegible] schweißt [illegible] jedoch [illegible] Schweißen [illegible] Wiedererwärmung auf Härtetemperatur [illegible] Beim einfachen Stufenhärtungsschweißen [illegible] Werkstück [illegible] Wärmebehandlung mehr [illegible] direkt nach dem Schweißen [illegible]

10 Fehler und Schäden an Schweißverbindungen

10.1 Einleitung

Wie bei anderen Fertigungsverfahren kann auch beim Schweißen eine Vielzahl von Fehlern auftreten. Die Ursachen hierfür sind häufig unsachgemäße Schweißnahtvorbereitung, falsche Auswahl der Zusatzwerkstoffe, Nichtbeachtung des Werkstoffverhaltens während des Schweißens, fehlerhafte Ausführung oder nicht vorhergesehener Einsatz des Bauteiles im späteren Betrieb.

In DIN 8524 werden nahezu alle Ausbildungsformen von Fehlern an Schmelz- bzw. Pressschweißverbindungen aufgeführt. In dieser Norm finden Art, Geometrie und Lage der Fehler Berücksichtigung, unberücksichtigt bleiben ihre Entstehungsursachen. Neben der sicheren Identifikation eines Fehlers ist die Kenntnis der Fehlerursachen zur Fehlervermeidung von entscheidender Bedeutung. Deswegen sollen im Folgenden die primären Schadensursachen eingehender erläutert werden.

10.2 Fehler durch unsachgemäße Fertigung

Die meisten Schweißfehler sind auf eine unsachgemäße Fertigung zurückzuführen, die zum Teil schon vor dem eigentlichen Schweißvorgang liegt. Hierzu gehören Ungenauigkeiten bei der Nahtvorbereitung unzureichende Säuberung der Fügeteile oder die nicht fachgerechte Ausführung der Schweißnaht. Je nach ihrer Lage relativ zur Nahtoberfläche lassen sich „innere“ und „äußere“ Fehler unterscheiden.

10.2.1 Äußere Nahtfehler

10.2.1.1 Schweißspritzer und Zündstellen

Als Schweißspritzer werden meist kugelige, kleine Anschmelzstellen auf der Werkstückoberfläche oder der Schweißnaht bezeichnet, welche von Metalltröpfchen herrühren, die aus dem Schmelzbad heraus- oder vom flüssigen Elektrodenende weggeschleudert werden (Bild 10-1). Ihre

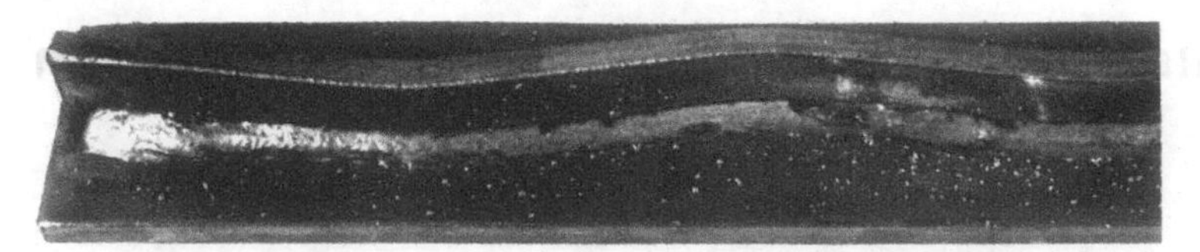

Bild 10-1. Schweißspritzer, verursacht an einer Schutzgas-Doppeldraht-Schweißung aus S 235.

Entstehung wird in erster Linie durch die Wahl des falschen Verfahrens, des falschen Schweißzusatzes, des falschen Gases, falscher Schweißparameter, wie z. B. eines zu langem Lichtbogen beim MSG- und E-Handschweißen, oder magnetischer Blaswirkung begünstigt.

Eine nahezu vollständige Vermeidung von Schweißspritzern ist heute durch die Anwendung der automatisierten Impulslichtbogen- oder Sprühlichtbogentechnik beim MSG-Schweißen möglich.

Im Allgemeinen werden Schweißspritzer als unschädlich angesehen, sollten jedoch aus Kostengründen -Nacharbeit der Werkstückoberfläche, Beschädigung und Reinigung der Schutzgasdüse- vermieden werden, Schweißspritzer können im Einzelfall die Nahtqualität mindern, wenn sie zu örtlichen Gefüge- und Spannungsänderungen (z. B. Härtespitzen bei Feinkornbaustählen) oder zu Eigenschaftsänderungen (z. B. Verminderung der Korrosionsbeständigkeit bei Cr-Ni-Stählen) führen.

Die oben genannten negativen Auswirkungen durch Schweißspritzer gelten auch für Zündstellen außerhalb der Naht, die durch ein Kontaktieren der Elektrode mit der Werkstückoberfläche oder durch Lichtbogenüberschläge aufgrund eines unzureichend kontaktierten Masseanschlusses entstehen. Durch Zündstellen außerhalb der Schweißnaht können hohe Aufhärtungen verursacht werden, die insbesondere bei hochfesten Feinkornbaustählen Ausgangspunkte für Härterisse sein können. Eine Vermeidung dieser Fehler ist nur durch die Beherrschung und korrekte Anwendung des Schweißverfahrens möglich.

DIN EN ISO 5817 (früher DIN 8563) nennt die Mindestanforderungen und Bewertungsgruppen zur Beurteilung der inneren und äußeren Schweißnahtqualität [10-22]. Danach sind Schweißspritzer und Zündstellen außerhalb der Naht unzulässig, wenn Werkstoffschädigungen zu erwarten sind. Sie müssen für die Bewertungsgruppen AS und BS (S = Stumpfnaht) bzw. AK und BK (K = Kehlnaht) durch Schleifen entfernt werden.

10.2.1.2 Einbrand- und Randkerben

Unter Einbrand- und Randkerben werden rinnenförmige, oft schlackegefüllte Vertiefungen am Übergang zwischen angeschmolzenem Grundwerkstoff und Schweißgut verstanden (Bild 10-2). Zu hohe Schweißspannung, falsche Anstellung der Elektroden oder überhöhte Schweißgeschwindigkeiten sind die häufigsten Ursachen für die Entstehung von Kerben. Bei dynamischer Beanspruchung der Naht wird durch diese Fehler infolge Querschnittsminderung und Kerbwirkung das Auftreten von Rissen und das Versagen des Bauteils begünstigt.

Aus diesem Grund sind Kerben bei hohen Nahtgüteanforderungen unzulässig oder nur örtlich begrenzt mit geringer Tiefe (< 0,5 mm) tolerierbar. Entspricht die Naht nicht der geforderten Güte, so müssen die betreffenden Stellen ausgeschliffen und nachgeschweißt werden.

Kerben lassen sich nur durch fachgerechte Handhabung der Schweißverfahren und eine sorgfältige Nahtvorbereitung vermeiden.

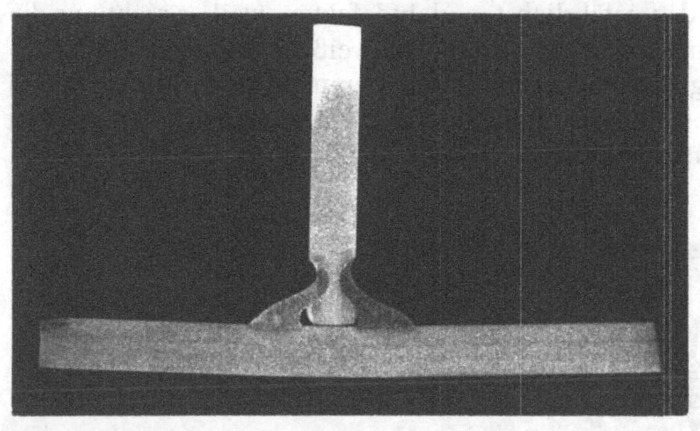

Bild 10-2. Einbrandkerben an einem T-Stoß, UP-Doppeldraht-Schweißung, Grundwerkstoff S 235.

10.2.1.3 Andere Nahtformfehler

Für äußere Fehler, wie Nahtüberhöhung, Decklagenunterwölbung, Wurzeldurchhang oder -rückfall, Kantenversatz und offene Nahtendkrater, werden in DIN EN ISO 5817 ebenfalls Grenzwerte in Abhängigkeit von Nahtbreite und Blechdicke genannt, die eine Einordnung in die verschiedenen Bewertungsgruppen ermöglichen. Eine nicht durchgeschweißte Wurzel ist in den meisten Fällen unzulässig. Die Sicherheit des geschweißten Bauteiles wird hierbei insbesondere durch Kerbwirkung und Querschnittsminderung der Schweißnaht gefährdet. Des weiteren ist bei Kontakt mit korrosiven Medien eine erhöhte Anfälligkeit gegen Spaltkorrosion gegeben. Aus diesen Gründen sollten Schweißnähte generell in der Lage-Gegenlage-Technik verschweißt werden.

10.2.2 Innere Nahtfehler

Während äußere Nahtfehler schon bei einer Sichtkontrolle auffallen und relativ leicht auszubessern sind, können innere Nahtdefekte nur mit den im Abschnitt 11 beschriebenen Prüfverfahren (Ultraschall-, Magnetpulver-, Röntgenprüfung usw.) erkannt werden.

10.2.2.1 Bindefehler und unverschweißte Stellen

Bindefehler sind unverschweißte Stellen, häufig auch als „Kaltstellen" bezeichnet, zwischen Grundwerkstoff und Schweißgut oder zwischen einzelnen Schweißlagen (Bild 10-3).

Je nach Lage in der Naht ist zwischen Flanken-, Wurzel- und Lagenbindefehlern zu unterscheiden. Dieser rein fertigungsbedingte Fehlertyp zählt nach den Rissen zu den gefährlichsten Nahtdefekten, weil er nicht nur die statische und dynamische Festigkeit von Schweißverbindungen stark verringert, sondern wegen seiner geringen volumenmäßigen Ausdehnung und Lage in der Naht bei Durchstrahlungs- oder Ultraschallprüfungen meist nur schwer zu identifizieren ist.

Bild 10-3. Bindefehler zwischen dem Schweißgut und dem Grundwerkstoff an einem Stahl X 8 Ni 9.

Bindefehler werden häufig durch das Überschweißen von Schlackenresten oder ein vorlaufendes Schmelzbad verursacht. Eine zu hohe Stromstärke, d. h. zu hohe Streckenenergie, erhöht die Gefahr des Schmelzbadvorlaufes, so dass der Lichtbogen nur auf dem Schmelzbad, nicht aber auf dem Grundwerkstoff brennt. Da die Nahtflanken von der vorlaufenden Schmelze nicht mehr sicher aufgeschmolzen werden, können an solchen

Stellen Bindefehler entstehen. Diese Art der Fehlerentstehung ist oftmals bei nicht fachgerechter Anwendung des MSG-Schweißens zu beobachten. Aber auch bei einer zu geringen Streckenenergie, also zu hoher Schweißgeschwindigkeit können Bindefehler wegen unzureichender Aufschmelzung des Grundwerkstoffes auftreten. Des weiteren führen magnetische Blaswirkung, Zunder- und Oxidschichten auf der Fugenflanke häufig zu Bindefehlern.

Für die Vermeidung solcher Fehler ist neben der sorgfältigen Fügeteilvorbereitung und -reinigung die Handfertigkeit des Schweißers entscheidend, der ein Gefühl für die richtige Wahl der Stromstärke und der Schweißgeschwindigkeit besitzen muss.

10.2.2.2 Schlacken- und andere Feststoffeinschlüsse

Schlackeneinschlüsse sind nichtmetallische Feststoffeinschlüsse im Schweißgut, die sich trotz ihrer geringen Dichte nicht auf der Nahtoberfläche ablagern konnten (Bild 10-4).

Nach Form und Verteilung der Schlackeneinschlüsse wird dabei zwischen Einzelschlacken, Schlackenzeilen und Schlackennestern unterschieden. Schlacken entstehen beim Aufschmelzen der Umhüllung von Stabelektroden und des Pulvers beim UP-Schweißen, aber auch beim Metall-Schutzgasschweißen durch metallurgische Reaktionen innerhalb des flüssigen Schmelzbades.

Gegenmaßnahmen müssen bereits bei der Blech- bzw. Nahtvorbereitung ansetzen, denn durch eine dicke Walzhaut des Grundbleches, Rost, Fett usw. kann Schlacke in die Naht gelangen. Saubere und glatte Kanten der Schweißfuge sind deshalb erste Voraussetzungen für eine schlackenfreie Schweißnaht.

Bild 10-4. Schlackeneinschlüsse im Schweißgut einer Lichtbogenhandschweißung mit einer rutilumhüllten Elektrode, Grundwerkstoff Stahl S 460 NL.

Aber auch während des Schweißens kann durch falsche Elektrodenhaltung, Pendelung, Blaswirkung und Verwendung von Elektroden zu großen Durchmessers Schlacke vorlaufen und nach einer Überschweißung zu Einschlüssen führen. Diese Erscheinung kann noch begünstigt werden, wenn das Schweißgut infolge zu geringer Stromstärke nicht dünnflüssig genug ist. Besonders bei Mehrlagenschweißungen muss die Schlackenschicht der darunter liegenden Naht sorgfältig entfernt werden. Dabei ist vor allem darauf zu achten, ob sich durch Einbrandkerben oder zu starke Nahtüberwölbung seitlich der Naht Schlackentaschen gebildet haben, die später leicht überschweißt werden. Bei geringen Schlackenmengen kann jedoch davon ausgegangen werden, dass diese durch die nachfolgende Schweißung aufgeschmolzen und an die Oberfläche geschwemmt werden.

Andere Feststoffeinschlüsse meist metallischer Art, wie Wolfram beim WIG-Schweißen oder Kupfer beim MSG-Schweißen, sind auf unsachgemäße Handhabung von Elektrode oder Brenner zurückzuführen. Feststoffeinschlüsse sind nur bei vereinzeltem Auftreten nach den Bewertungsgruppen B und C nach DIN EN ISO 5817 zulässig. Bei korrosiver Betriebsbeanspruchung müssen sie, abhängig von ihrer Größe, Lage und Verteilung im Verhältnis zur Blechdicke, ausgeschliffen werden.

10.2.2.3 Mechanische Porenbildung

Nach dem Bildungsmechanismus im Schweißgut werden mechanische und metallurgische Poren unterschieden. Letztere entstehen durch die unterschiedliche Löslichkeit von Gasen in Metallen in der festen und der flüssigen Phase. Sie werden als werkstoffverursacht eingestuft und in dem entsprechenden Abschnitt behandelt.

Bei der mechanischen Porenbildung werden infolge der Schweißwärme expandierende Gase von der schnell erstarrenden Schmelze eingeschlossen. Die hieraus entstehenden Poren treten als einzelne Kugel- oder Schlauchporen, als Porennester, -zeilen und -ketten in Erscheinung und werden entsprechend ihrer Größe, Ausdehnung und Verteilung nach DIN EN ISO 5817 unterschiedlich bewertet.

Ursache für die mechanische Porenbildung kann das Überschweißen von luftgefüllten Hohlräumen, z. B. beim Doppelkehlnahtanschluss von Stegen, oder von Kondenswasser, Fetten, Ölen und anderen Verunreinigungen auf der Fügefläche sein. Häufig sind Fertigungsbeschichtungen der Werkstückoberfläche, wie Anstriche oder Zinküberzüge, Ursache für die Porenbildung (Bild 10-5).

Besonders bei Schutzgasschweißungen können durch Gasturbulenzen oder Injektorwirkung Luftporen in das Schweißgut eingebracht werden (Bild 10-6). Diese Poren lassen sich nur durch eine korrekte Schutzgasströmung, Brenneranstellung und Schutzgasmenge vermeiden.

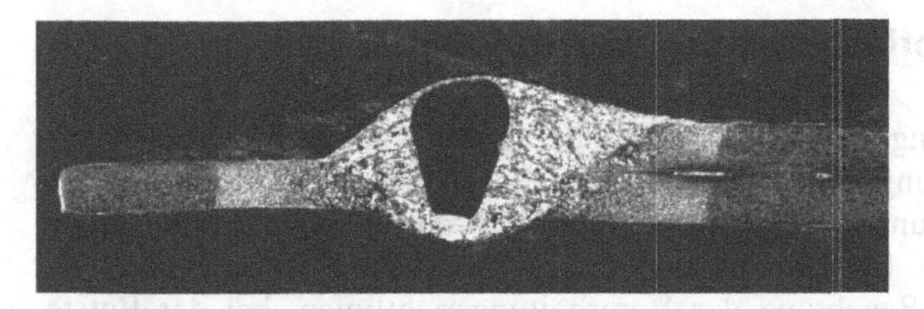

Bild 10-5. Mechanische Porenbildung beim MSG-Schweißen verzinkter Karosseriebleche im Überlappstoß.

Im Allgemeinen gilt, dass durch die Schaffung besserer Entgasungsmöglichkeiten, eine leichte Erhöhung der Schmelzbadtemperatur oder die Entfernung von Oberflächenverunreinigungen und Deckschichten die Gefahr der mechanischen Porenbildung stark verringert wird. Unter Umständen muss auch eine andere Nahtform gewählt werden, z. B. Stumpfnaht statt Überlappnaht. Eine ernstzunehmende Fehlerquelle bei porenempfindlichen Werkstoffen sind auch die in Schleifriefen eingepressten Partikeln kunstharzgebundener Schleifscheiben.

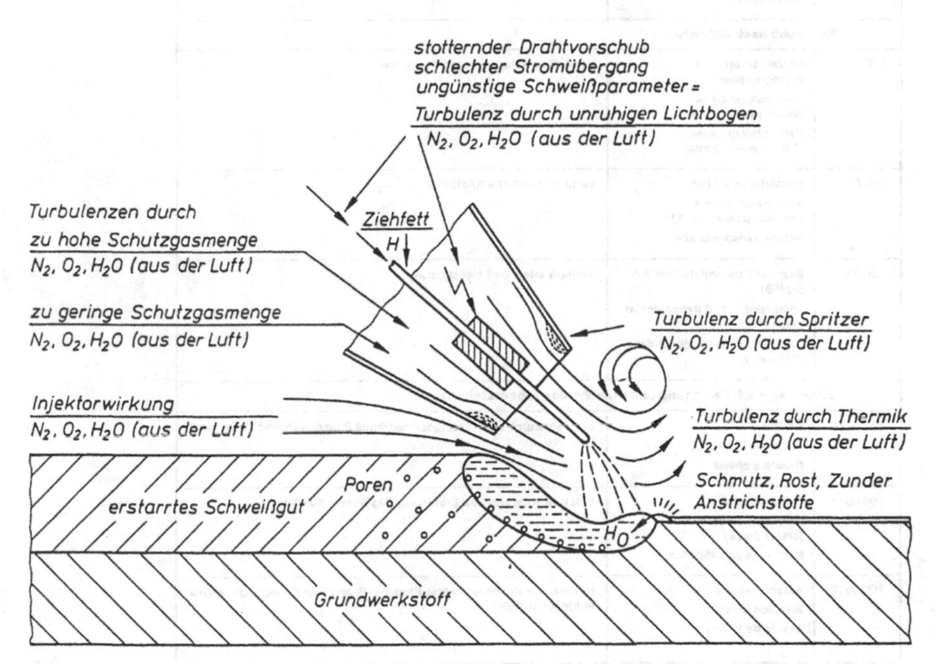

Bild 10-6 Mechanische und metallurgische Porenbildung beim MSG-Schweißen.

10.3 Werkstoffverursachte Schweißfehler

Werkstofftrennungen im Schweißgut oder in der Wärmeeinflusszone einer Schweißverbindung werden durch die Eigenschaften des Werkstoffes, des Zusatzmaterials und die Einwirkung von Schweißwärme und Spannungen erzeugt. Darüber hinaus spielen Fertigungsaspekte, wie Sauberkeit der Fügestelle oder Beachtung der Verarbeitungsrichtlinien, bei der Entstehung einiger Fehlerarten eine wichtige Rolle.

Tabelle 10-1. Einteilung werkstoffbedingter Schweißnahtfehler [10-2].

Ordnungs-nummer	Benennung	Erklärung
100	Riß [1]) *crack* *fissure*	Begrenzte Werkstofftrennung mit überwiegend zweidimensionaler Ausdehnung (siehe DIN 8524 Blatt 1 und Teil 2)
Einteilung nach Rißgröße [2])		
1001	Mikroriß *micro-crack* *micro-fissure*	Riß, nur bei einer Vergrößerung über 6fach erkennbar
1002	Makroriß *macro-crack* *macro-fissure*	Riß, erkennbar mit normalsichtigem Auge (Bezugssehweite 250 mm) oder bei einer Vergrößerung bis 6fach
Einteilung nach Rißverlauf [3])		
10001	interkristalliner Riß (Korngrenzenriß) *intergranular crack (intercrystalline crack)* *fissure intergranulaire (fissure entre grains)*	Verläuft entlang der Kristallitgrenzen
10002	transkristalliner Riß *transgranular crack (transcrystalline crack)* *fissure transgranulaire*	Verläuft durch die Kristallite
10003	Inter- und transkristalliner Riß (i-t-Riß) *intergranular and transgranular crack (i-t-crack)* *fissure inter- et transgranulaire (fissure-i-t)*	Verläuft inter- und transkristallin
Einteilung nach Bedingung und Ursache des Rißentstehens		
1000010	Heißriß [4]) *hot crack* *fissure à chaud*	Entsteht durch eine niedrigschmelzende Phase, während diese flüssig ist
1000011	Erstarrungsriß *solidification crack (crater crack)* *fissure de solidification*	Entsteht während des Erstarrens des Schweißbades
1000012	Aufschmelzungsriß *liquation crack* *fissure de fusion*	Nur die niedrigschmelzende Phase, z. B. an einer Korngrenze, wurde aufgeschmolzen

[1]) Wenn die Rißflächen nicht auseinanderklaffen, spricht man auch von Haarriß (*hairline crack; fissure capillaire*).
[2]) Hilfsmittel zum Erkennen eines Risses kann ein zerstörungsfreies Prüfverfahren sein.
[3]) Der interkristalline und der transkristalline Rißverlauf können auch durch die Zusatzbuchstaben i und t gekennzeichnet werden, z. B. 1001 i.
[4]) Wenn die niedrigschmelzende Phase metallisch ist, spricht man von Lotriß (*crack caused by low fusion point metallic phase; fissure déclenchée par une phase métallique à bas point de fusion*).

Tabelle 10-1. (Fortsetzung)

Ordnungs-nummer	Benennung	Erklärung
100 0020	Kaltriß *cold crack* *fissure à froid*	Entsteht im festen Zustand des Werkstoffs durch Überschreiten seines Formänderungsvermögens
100 0021	Sprödriß *ductility-dip crack (brittle crack)* *fissure déclenchée à l'état de basse tenacité*	Entsteht während der Werkstoff ein temperaturabhängiges Zähigkeits-minimum durchläuft
100 0022	Schrumpfriß *shrinkage crack* *fissure de retrait*	Entsteht durch Behindern des Schrumpfens; Gefügebestandteile geringer Verformbarkeit oder niedriger Festigkeit begünstigen seine Bildung
100 0023	Wasserstoffriß *hydrogen induced crack (delayed crack)* *fissure induite par hydrogène*	Entsteht durch Erhöhen des Eigenspannungszustands infolge aus dem Gitter ausgeschiedenen Wasserstoffs, der aufgrund von Gefügeände-rungen nicht aus dem Werkstoff effundieren kann
100 0024	Aufhärtungsriß *age-hardening crack* *fissure par suite de durcissement*	Entsteht durch Gefügeveränderung; dadurch hervorgerufene Volumen-änderungen erzeugen Spannungen
100 0025	Kerbriß *toe-crack* *fissure par entaille*	Entsteht an Stellen hoher Spannungskonzentration (geometrische Kerben) bei gleichzeitig vorhandener metallurgischer Kerbe
100 0026	Alterungsriß *ageing induced crack (nitrogen diffusion crack)* *fissure par suite de vieillissement*	Entsteht durch Alterungsvorgänge
100 0027	Ausscheidungsriß *precipitation induced crack* *fissure par suite de durcissement structural*	Entsteht durch Ausscheiden spröder Phasen während des Schweißens oder beim nachfolgenden Erwärmen
100 0028	Lamellenriß *lamellar tearing* *fissuration lamellaire*	Entsteht durch Aufreißen von parallel verlaufenden Seigerungszonen mit langgestreckten nichtmetallischen Einschlüssen bei Beanspruchung eines Werkstücks in Dickenrichtung

In Tabelle 10-1 sind die wichtigsten Schweißnahtfehler, die primär werkstoffverursacht sind, mit ihren wichtigsten Unterscheidungskriterien zusammengefasst. Bild 10-7 zeigt die für diese Risse typischen Entstehungstemperaturen und -zeiten.

10.3.1 Heißrisse

Als Heißrisse werden interkristallin oder interdendritisch verlaufende Werkstofftrennungen bezeichnet, die in einem Erstarrungsintervall zwischen Solidus- und Liquidustemperatur entstehen. Nach ihrer Entstehungsursache wird zwischen den Erstarrungs- und den Aufschmelzungsrissen unterschieden.

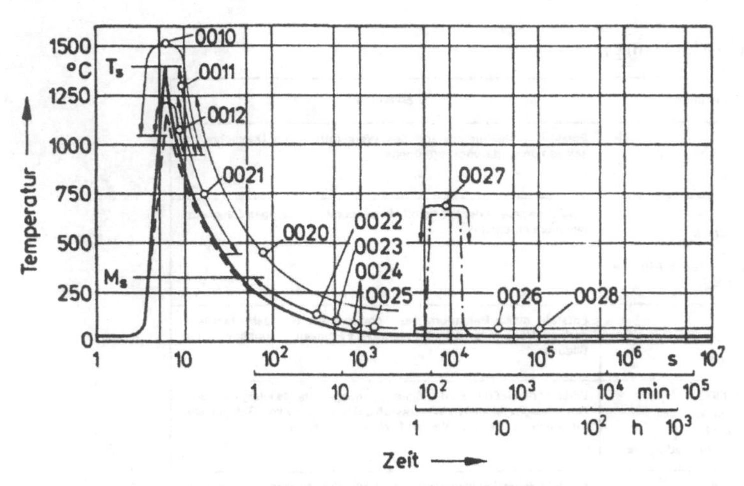

—— Temperaturverlauf an der Schmelzgrenze beim MIG-Schweißen (1-Lagen-Naht, Blechdicke: 3 mm, M_s: 325 °C)

--- Temperaturverlauf beim MIG-Schweißen, etwa 0,3 mm neben der Schmelzgrenze (Daten w. o.)

-·- Spannungsarmglühen (650 °C, 2 h/Luft)

T_s Schmelztemperatur

M_s Martensitbildungstemperatur

0010 Bereich der Heißrißbildung
0011 Erstarrungsriß
0012 Aufschmelzungsriß
0020 Bereich der Kaltrißbildung
0021 Sprödriß
0022 Schrumpfriß
0023 Wasserstoffriß
0024 Aufhärtungsriß
0025 Kerbriß
0026 Alterungsriß
0027 Ausscheidungsriß
0028 Lamellenriß

Bild 10-7. Entstehungstemperaturen und -zeiten von Rissen.

10.3.1.1 Erstarrungsrisse

Der Mechanismus der Erstarrungsrissbildung ist schematisch im Bild 10-8 wiedergegeben: Während der Erstarrung des Schweißgutes wird vor der Kristallisationsfront eine Restschmelze hergeschoben, die sich mit Begleitelementen stark angereichert hat und eine niedrigere Erstarrungstemperatur als die Dendriten aufweist. Gegen Ende des Erstarrungsvorganges können Risse auftreten, weil die zwischen den Dendriten eingeschlossene Restschmelze die auch bei diesen Temperaturen schon auftretenden Schrumpfkräfte der Dendritenstruktur nicht aufnehmen kann.

Die Entstehung der niedrigschmelzenden Phase zwischen den Dendriten soll mit Hilfe des Bildes 10-9 erläutert werden. Im einfachsten Fall eines Zweistoffsystems A-B (binäres System) werden die Bedingungen einer gleichgewichtsnahen und einer technischen Erstarrung dargestellt. Für die technische Erstarrung soll die Annahme gelten, dass in der Schmelze vor der Erstarrungsfront ein vollständiger Konzentrationsausgleich erfolgt, im Kristall dagegen keine Diffusion stattfindet.

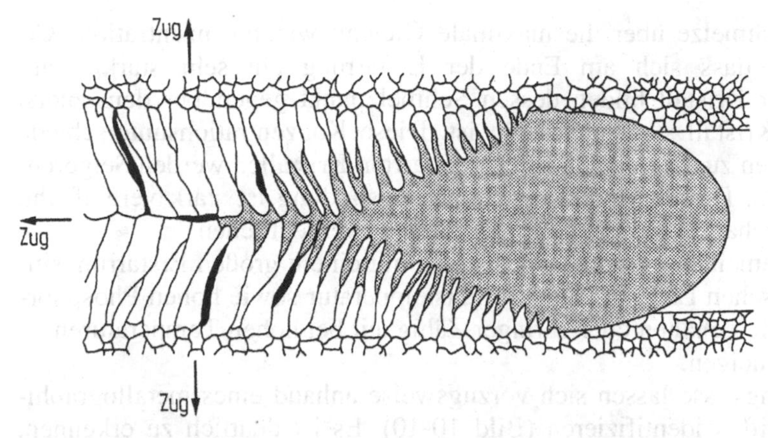

Bild 10-8. Entstehung eines Erstarrungsrisses [10-3].

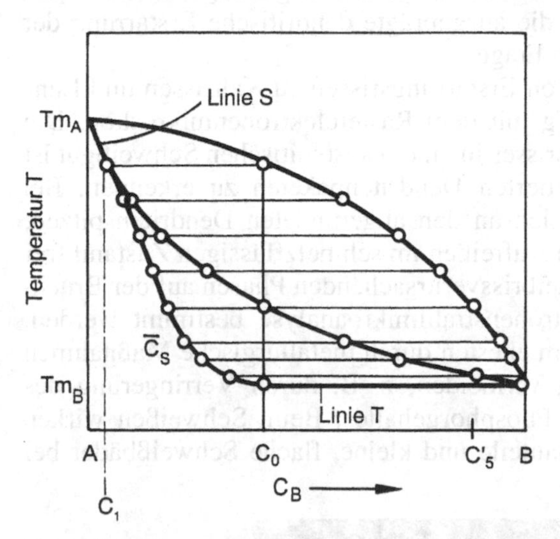

Bild 10-9. Unterschied zwischen der gleichgewichtsnahen und der technischen Abkühlung bei der Entstehung von Heißrissen.

Bei der Abkühlung einer Schmelze der Zusammensetzung C_0 erfolgt beim Erreichen der Liquiduslinie die Erstarrung eines Kristalls (C_1), dessen Konzentration auf der Soliduslinie abgelesen werden kann. Im Verlauf der folgenden technischen Erstarrung reichert sich die Restschmelze entsprechend der Liquiduslinie mit Legierungselementen an. Da nach der o. g. Voraussetzung keine Legierungselemente in die zuerst erstarrten Bereiche nachdiffundieren, reichern sich die Kristalle erheblich langsamer mit Legierungselementen (Linie T) an als bei einer gleichgewichtsnahen Erstarrung des binären Systems (Linie S). Als Folge davon läuft die Konzentration der Schmelze über die maximale Gleichgewichtskonzentration (C_5) hinaus, so dass sich am Ende der Erstarrung ein sehr stark B-angereicherter Kristall bildet, dessen Schmelzpunkt gegenüber dem zuerst erstarrten Kristall stark abgesenkt ist. Diese Konzentrationsunterschiede zwischen den zuerst und den zuletzt erstarrten Kristallen werden Seigerungen genannt. Dieses Modell der Seigerungsbildung ist stark vereinfacht, um den Mechanismus der Heißrissbildung zu verdeutlichen.

Im Allgemeinen gilt, dass Werkstoffe mit einem großen Erstarrungsintervall zwischen Liquidus- und Solidustemperatur sowie hohen Phosphor- und Schwefelgehalten oder geringer Zähigkeit bei hohen Temperaturen zu Heißrissen neigen.

Erstarrungsrisse lassen sich vorzugsweise anhand eines metallographischen Schliffes identifizieren (Bild 10-10). Es ist deutlich zu erkennen, dass der Riss an der Dendritenstoßfront, also genau in Nahtmitte, verläuft. Als Rissursachen kommen hierbei die insgesamt ungünstige, weil tonnenförmige Nahtausbildung und die ausgeprägte dendritische Erstarrung der Elektroschlackeschweißung in Frage.

Eine bessere Abgrenzung von Erstarrungsrissen zu Kaltrissen und Lunkern bietet eine Untersuchung mit dem Rasterelektronenmikroskop. Die Bruchfläche eines Erstarrungsrisses in einem austenitischen Schweißgut ist an den unterschiedlich orientierten Dendritenpaketen zu erkennen. Bei höherer Vergrößerung zeigt sich an den abgerundeten Dendritenspitzen, dass die Oberfläche nach dem Aufreißen im schmelzflüssigen Zustand frei erstarrt ist (Bild 10-11). Die heißrissverursachenden Phasen auf der Bruchfläche können mit der Elektronenstrahlmikroanalyse bestimmt werden. Erstarrungsrisse lassen sich am ehesten durch metallurgische Maßnahmen bei der Werkstoffherstellung vermeiden, z. B. durch Verringerung des Kohlenstoff-, Schwefel- und Phosphorgehaltes. Beim Schweißen wirken sich eine Vorwärmung der Bauteile und kleine, flache Schweißbäder bei

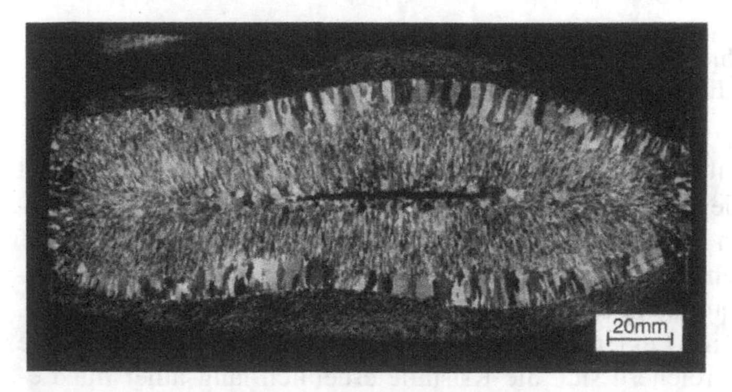

Bild 10-10. Erstarrungsriss in einer RES-Schnellschweißung mit deutlich erkennbarere Erstarrungsrichtung zum Zentrum der Schweißnaht.

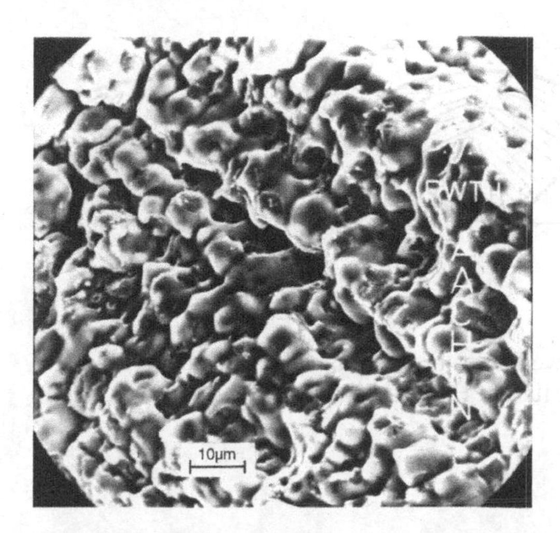

Bild 10-11. Frei erstarrte Dendriten an der Oberfläche eines Erstarrungsrisses.

Anwendung der Mehrlagentechnik günstig aus. Dabei werden zum einen geringere Eigenspannungen aufgebaut, und zum anderen wird eine ausgeprägte dendritische Erstarrung des Schmelzbades vermieden.

Hochlegierte austenitische Stähle neigen häufig bei primär austenitischer Erstarrung zu Heißrissen (vgl. Bild 6-28). Eine Primärausscheidung von δ-Ferrit zwischen 5 % und 10% vermindert die Heißrissneigung dieser Stähle.

Dies ist zum einen dadurch begründet, dass der weiche δ-Ferrit entstehende Eigenspannungen durch plastische Verformung abbauen kann, bevor Heißrisse entstehen. Zum anderen fördert der δ-Ferrit als Kristallisationskeim eine feinkörnige Erstarrung des Schweißgutes. Ein feinkörniges Gefüge vermindert die Heißrissgefahr, da sich die heißrissverursachende Restschmelze auf einer größeren Korngrenzenfläche verteilt und somit einen dünneren Schmelzenfilm auf den Korngrenzen bildet als bei einem grobkörnigen Gefüge. Außerdem besitzt das krz-Gitter des δ-Ferrits eine größere Löslichkeit für Verunreinigungen als der Austenit und kann damit die Ausscheidung von Verunreinigungen auf den Korngrenzen verringern.

Neben den metallurgischen Maßnahmen zur Vermeidung von Heißrissen kann durch günstige geometrische Ausbildung der Schweißnaht die Gefahr des Erstarrungsrisses verringert werden. Bei schmalen, tiefen Nähten erfolgt die Kristallisation von allen Seiten der Raupe, so dass die Restschmelze in der Nahtmitte eingeschlossen wird. Eine flache Ausbildung der Raupe begünstigt die Erstarrung der Restschmelze an der Oberfläche der Schweißnaht. Ein Einschluss der heißrissfördernden Schmelze wird somit verhindert. Zur Vermeidung von Heißrissen wird ein Breiten-Tiefenverhältnis (b/t) größer als 1 empfohlen (Bild 10-12).

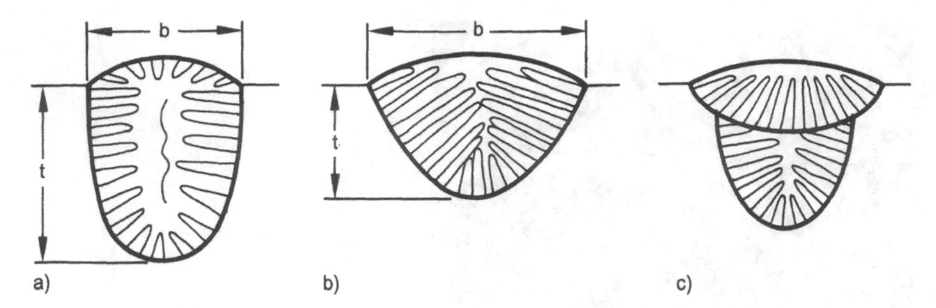

Bild 10-12. Kristallisation des Schweißgutes bei verschiedenen Raupenformen und hieraus resultierende Gefahren für die Heißrissbildung.
a) ungünstige Raupenform, b/t < 1
b) günstige Raupenform, b/t > 1
c) ungünstige Raupenform.

Der im Bild 10-12 c dargestellte Fall einer Schweißung ist ebenfalls ungünstig, da hier beim Schweißen der zweiten Lage die Seigerungszone der ersten Lagen aufgeschmolzen und ein bereits bestehender Riss sich in die obere Lage fortsetzen wird.

10.3.1.2 Aufschmelzungsrisse

Während Erstarrungsrisse meist genau in Nahtmitte oder zwischen Dendriten liegen und oft bis zur Nahtoberfläche reichen, können Aufschmelzungsrisse sowohl im Grundwerkstoff als auch in den unteren Lagen von mehrlagig geschweißten Verbindungen im Bereich der Schmelzlinie auftreten.

Der Mechanismus solcher Aufschmelzungsrisse ist im Bild 10-13 dargestellt. Während der Aufheizphase beim Schweißen wird nahe der Schmelzlinie zum Grundwerkstoff eine Temperatur erreicht, bei der auf den Korngrenzen liegende Ausscheidungen aufschmelzen und durch thermische Ausdehnung und Kornwachstum die Kornflächen benetzen. Unter der Einwirkung von Zugeigenspannungen in der Abkühlphase des Schweißgutes reißt der Werkstoff entlang des entstandenen flüssigen Korngrenzenfilmes auf.

Am Beispiel einer WIG-Schweißung eines hochlegierten vollaustenitischen Nickelbasiswerkstoffes zeigt sich der für diese Rissform typische interkristalline Verlauf (Bild 10-14). Ursache dieses Mikrorisses war das Aufschmelzen von angehäuften Titan- und Niobkarbiden auf den Korngrenzen, am typischen parallelen Verlauf der beiden Risskanten deutlich zu identifizieren.

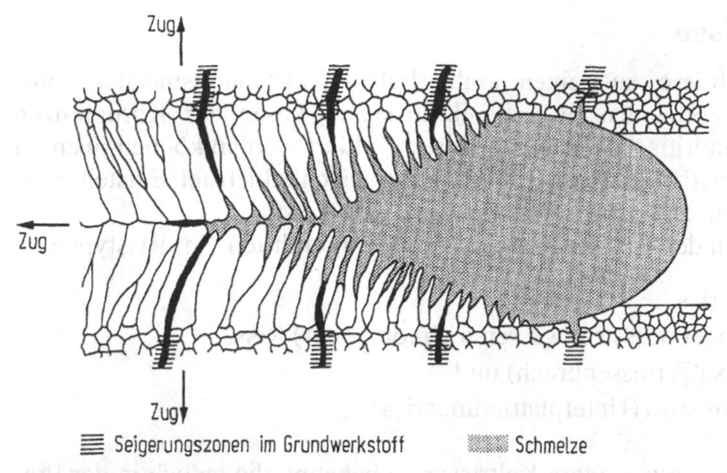

Bild 10-13. Mechanismus der Aufschmelzungsrissbildung [10-3].

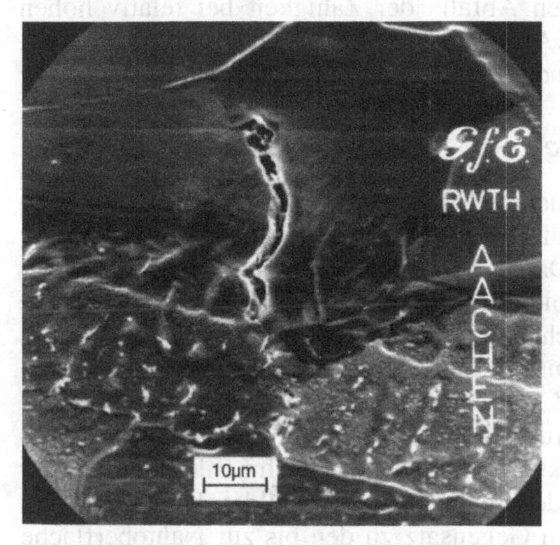

Bild 10-14. Aufschmelzungsriss entlang der Korngrenzen in einem Nickelbasiswerkstoff, WIG-Schweißung.

Aufschmelzungsrisse lassen sich nur bedingt durch eine Verbesserung der Gefüge- und Ausscheidungsstruktur der Grundwerkstoffe vermeiden. Dies kann z. B. durch eine schweißgerechte Wärmebehandlung geschehen, die eine homogenere Verteilung solcher Ausscheidungsprodukte bewirkt und örtliche Seigerungen auf den Korngrenzen reduziert. Die Heißrissgefahr lässt sich beim Schweißen aber auch durch die Verringerung der Wärmeeinbringung unter Anwendung der Strichraupen- und Mehrlagentechnik vermindern.

10.3.2 Kaltrisse

Während Heißrisse auf einen einheitlichen Entstehungsmechanismus, nämlich das Vorhandensein schmelzflüssiger Phasen auf Korngrenzen oder in interdendritischen Räumen, zurückgeführt werden können, werden unter dem Begriff „Kaltriss" Fehlerarten unterschiedlichster Entstehungsursachen und Erscheinungsformen zusammengefasst.

Neben den in den folgenden Abschnitten aufgeführten vier Risstypen

- Aufhärtungsriss,
- wasserstoffbeeinflusster (wasserstoffreduzierter) Riss,
- Lamellenriss (Terrassenbruch) und
- Ausscheidungsriss (Unterplattierungsriss)

sind aus der Literatur weitere Kaltrissarten bekannt, die jedoch in der Praxis von untergeordneter Bedeutung sind. Dazu zählen Sprödrisse, die infolge eines werkstoffbedingten Abfalls der Zähigkeit bei relativ hohen Temperaturen entstehen, oder Alterungsrisse, deren Hauptursache die Ausscheidung versprödend wirkender Phasen ist.

10.3.2.1 Aufhärtungsrisse

Beim Schweißen legierter und niedriglegierter Stähle führen sehr hohe Abkühlgeschwindigkeiten häufig zu einer martensitischen Ausbildung der Wärmeeinflusszone (WEZ). Da das harte und spröde martensitische Gefüge nur eine geringe Verformungsfähigkeit besitzt, können entstehende Schweißeigenspannungen nicht mehr durch eine plastische Verformung abgebaut werden. Die hierdurch gebildeten Aufhärtungsrisse verlaufen transkristallin durch die WEZ und enden häufig im Grundwerkstoff. Solche irreparablen, werkstoffverursachten Fehler werden oftmals durch Kerben, die als Rissausgangspunkte dienen, verursacht. Im Bild 10-15 ist der Aufhärtungsriss in der WEZ des Stahles C 45 abgebildet. Die Oberfläche des frischen Bruches zeigt, im Gegensatz zu den bis zur Nahtoberfläche reichende Heißrissen, keinen oxidischen Belag. Hieran ist zu erkennen, dass Kaltrisse bei erheblich niedrigeren Temperaturen, in der Regel unter M_S-Temperatur, entstehen. Überkritische Härtewerte, charakteristisch für diese verformungslose Werkstofftrennung, können durch die Begrenzung des Kohlenstoffgehaltes auf maximal 0,22 % bzw. des Kohlenstoffäquivalentes auf maximal 0,44 vermieden werden. Bei Kohlenstoffäquivalenten über 0,44 oder bei dickwandigen Bauteilen muss auf eine ausreichende Vorwärmtemperatur zur Verringerung der Abkühlgeschwindigkeit geachtet werden.

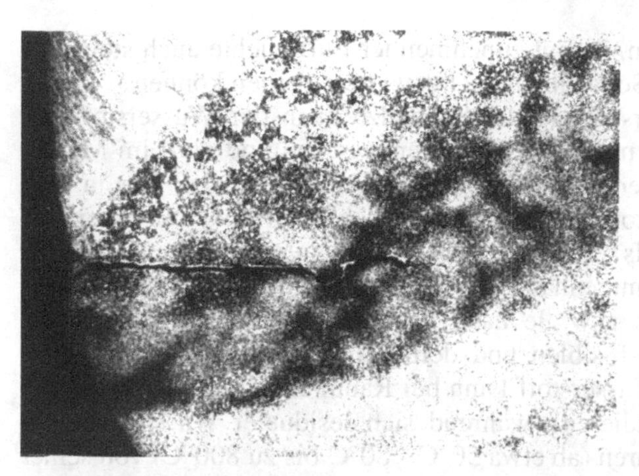

Bild 10-15. Aufhärtungsriss in der WEZ des Stahles C 45.

Für Feinkornbaustähle, aber auch für andere Werkstoffgruppen sind deswegen besondere Vorschriften zur schweißtechnischen Verarbeitung einzuhalten. Abhängig von Legierung, Blechdicke, Schweißverfahren und Streckenenergie kann der Schweißer aus entsprechenden Nomogrammen die Vorwärmtemperatur entnehmen, die notwendig ist, um kritische Abkühlzeiten in der Wärmeeinflusszone zu vermeiden. Neben der Vorwärmtemperatur ist auch die vorgegebene Zwischenlagentemperatur beim Mehrlagenschweißen einzuhalten.

Mit Hilfe einer Glühung bei etwa 600°C bis 650°C, auch Spannungsarmglühen genannt, können Eigenspannungen und somit die Gefahr der Bildung von Aufhärtungsrissen reduziert werden. Eine Wärmebehandlung ist jedoch sehr zeit- und kostenintensiv und nicht bei allen Werkstoffen durchführbar, die danach zur Ausscheidungsversprödung neigen.

10.3.2.2 Wasserstoffbeeinflusste Kaltrisse

Beim Schweißen gelangt Wasserstoff aus der Umgebungsatmosphäre, den Schweißzusatz- und Schweißhilfsstoffen in den Lichtbogenbereich und von dort in Schweißgut und Grundwerkstoff. Als wichtigste Wasserstoffquelle wird hierbei die in den Elektrodenumhüllungen und Schweißpulvern in verschiedener Form, z.B. als Konstitutions- und Kristallwasser, gespeicherte Feuchtigkeit angesehen. Im Lichtbogen wird das Wasser aufgespalten, und der hieraus entstandene Wasserstoff wird in atomarer oder ionisierter Form vom Schmelzbad gelöst. Rost, Öle, Ziehfette von Drähten und Farben werden in ähnlicher Weise im Lichtbogen aufgespalten. Neben diesen Faktoren darf die Luftfeuchtigkeit während des Schweißprozesses nicht unbeachtet bleiben, da mit zunehmender Luftfeuchte auch steigende Wasserstoffgehalte im Schweißgut nachgewiesen werden können.

Bei der schnellen Erstarrung der Schmelze kann der Wasserstoff aus dem Schmelzbad nicht mehr vollständig entweichen und wird im Metallgitter atomar gelöst oder molekular in Poren ausgeschieden. Der in dem Metall gelöste Wasserstoff steht in starker Wechselwirkung mit Gitterfehlstellen, welche auch als „Fallen" (traps) bezeichnet werden. Als Fallen gelten in diesem Zusammenhang Einschlüsse, verformte Gitterbereiche, Poren, Ausscheidungen usw. Je nach Bindungsenergie zu seiner Falle, wird zwischen dem diffusiblen und dem residualen Wasserstoff unterschieden. Diffusibler Wasserstoff kann bei Raumtemperatur aus dem Metall diffundieren (effundieren), während sich residualer Wasserstoff erst bei erhöhten Temperaturen (ab etwa 50°C - 80°C bis zu 800°C) von seiner Falle löst und anschließend effundiert. Im Allgemeinen wird nur der diffusible Wasserstoff als der wirklich rissverursachende Wasserstoffanteil betrachtet, jedoch kann residualer Wasserstoff auch wieder von seiner Falle (z. B. durch Erwärmen des Bauteiles) gelöst und hierdurch beweglich, also diffusibel werden. In der Schweißtechnik wird der Wasserstoff im Schweißgut nach DIN 8562, Teile 1 und 2, bei Raumtemperatur bestimmt [10-4], [10-5]. Es handelt sich also bei diesem Wasserstoff definitionsgemäß nur um den diffusiblen Anteil; der gemessene Wasserstoffanteil wird dabei in ml/100g Schweißgut bei einer Temperatur von T = 0°C und einem Druck von p = 1,013 bar angegeben.

Aufgrund der hohen Diffusionsgeschwindigkeit des Wasserstoffes in ferritischen unlegierten und niedriglegierten Stählen werden dessen Auswirkungen auf den Werkstoff in vorübergehende und bleibende Erscheinungen unterteilt. Unter den bleibenden Erscheinungen werden Porosität, Gefügeänderungen und Risse zusammengefasst. Wasserstoffrisse treten im Schweißgut und der WEZ von Schweißverbindungen auf und können sowohl interkristallin auch transkristallin verlaufen. Nach ihrer Lage wird zwischen Unternaht-, Wurzel-, Kerb- und Querrissen unterschieden (Bild 10-16).

Wasserstoffinduzierte Risse treten oftmals erst Tage nach dem Schweißen auf. Diese für Wasserstoff typische Rissentstehung wird auch als „verzögerte Rissbildung" bezeichnet. Neben der Wasserstoffkonzentration in der Schweißverbindung sind für die Entstehung dieser Risse der Eigenspannungszustand und das Gefüge in Schweißnaht und WEZ von großer Bedeutung. Wasserstoffbedingte Risse werden nur bei Anwesenheit von hohen Eigenspannungen, sprödem martensitischem Gefüge und Überschreiten einer kritischen Wasserstoffkonzentration ausgelöst (Bild 10-17).

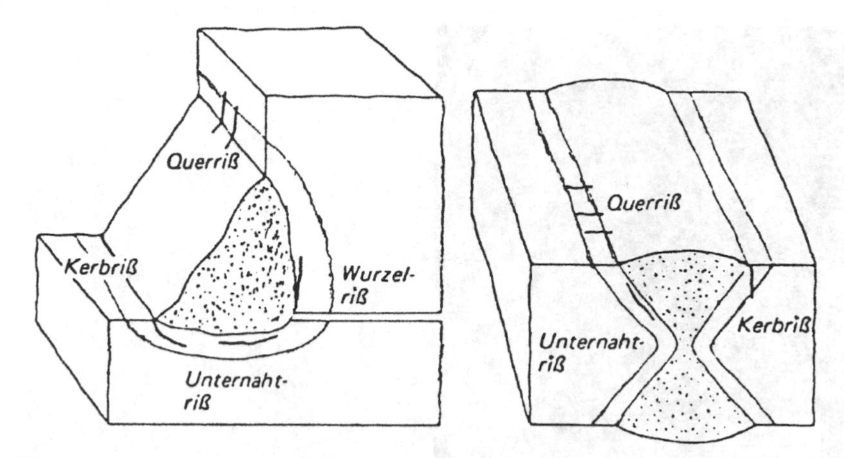

Bild 10-16. Lage von wasserstoffbegünstigten Rissen in Kehl- und Stumpfnähten [10-6].

Bild 10-17. Randbedingungen zur Bildung eines wasserstoffbegünstigten Risses.

Zu den vorübergehenden Erscheinungen zählen örtliche Versprödungen und Härtesteigerungen, die durch eine Wärmebehandlung nach dem Schweißen vermieden werden können. Nach [10-7] wird die Ausbildung von sogenannte Fischaugen ebenfalls zu den vorübergehenden Erscheinungen gezählt. Ihre Bildung wird häufig im Schweißgut beobachtet und setzt eine plastische Verformung des Werkstoffes voraus. Das im Bild 10-18 abgebildete Fischauge liegt in der Bruchfläche einer Zugprobe aus reinem Schweißgut (UP-Schweißung). In der vergrößerten Wiedergabe wird der fast kreisrunde wasserstoffversprödete Bereich um einen Sili-

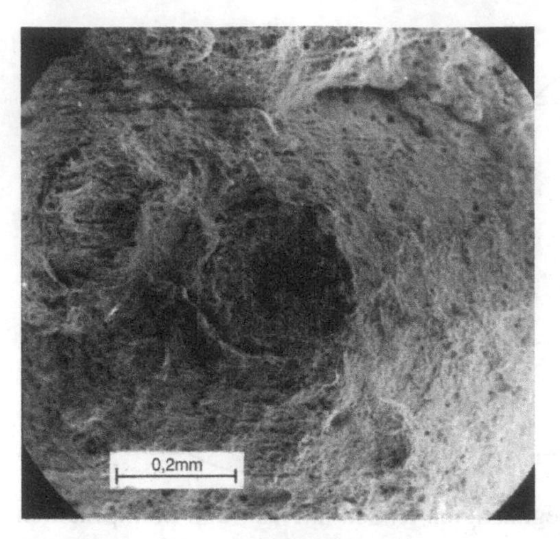

Bild 10-18. Fischauge im Schweißgut einer UP-Schweißung mit zentral im Fehler liegendem Schlackeeinschluss.

kateinschluss im Schweißgut erkennbar, der im Bruchbild zu der Ausbildung eines typischen Fischauges führte. Fischaugen sind in der Bruchfläche schon mit bloßem Auge an ihren metallisch blanken, glänzenden Flächen zu erkennen.

Die vorübergehende Versprödung des Werkstoffes ist von der Temperatur und der Belastungsgeschwindigkeit abhängig. Bei hohen Belastungsgeschwindigkeiten, wie beim Kerbschlagbiegeversuch, kann eine Versprödung im Allgemeinen nicht festgestellt werden. Bild 10-19 verdeutlicht, dass für jede Belastungsgeschwindigkeit auch ein temperaturabhängiges Versprödungsmaximum existiert.

Für die versprödende Wirkung des Wasserstoffes, die Entstehung von verzögerten Rissen und von Fischaugen wurden mehrere Theorien entwickelt, die aufgrund ihrer Vielzahl und Komplexität an dieser Stelle nicht vollständig ausgeführt werden sollen. Die älteste Theorie zur wasserstoffbegünstigten Rissbildung besagt, dass sich Wasserstoff in Hohlräumen ansammelt und dort unter hohem Druck eine Werkstofftrennung hervorruft. Diese Theorie ist mittlerweile durch zahlreiche Berechnungen widerlegt worden, wird aber immer noch in einigen Veröffentlichungen erwähnt.

Eine sehr gute Erklärung zur Entstehung der verzögerten Rissbildung liefert die Theorie nach Trojano [10-9]. Trojano stellte bei elektrolytisch mit Wasserstoff beladenen Drähten fest, dass in den Drähten unter Belastung nach einer bestimmten Inkubationszeit ein unstetiger Rissfortschritt einsetzt. Der diskontinuierliche Rissfortschritt wird mit der Wasserstoffdiffusion in aufgeweitete Gitterbereiche erklärt (Bild 10-20).

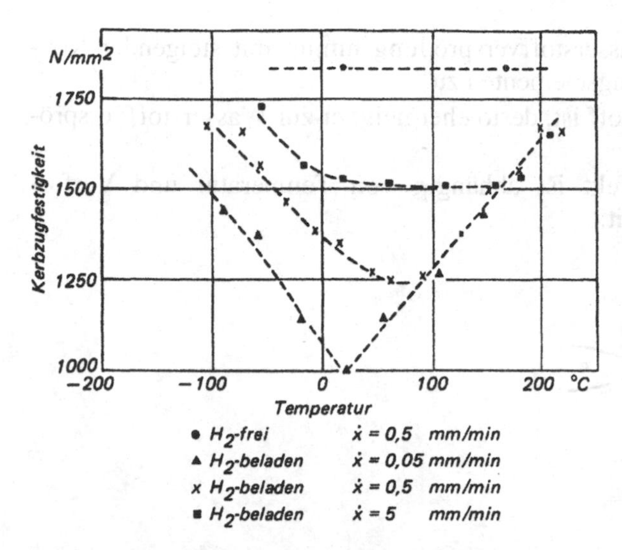

Bild 10-19. Abhängigkeit der Wasserstoffversprödung von der Belastungsgeschwindigkeit und der Temperatur [10-8].

Von verschiedenen Autoren wurde gezeigt, dass die Löslichkeit von Wasserstoff in verzerrten Metallgittern größer ist als im unbeeinflussten Gitter. Wird nun eine mechanische Spannung an den Werkstoff angelegt, so kommt es nach einer Inkubationszeit zur Bildung eines Anrisses infolge der Wasserstoffdiffusion in die verzerren Gitterbereiche. Die Inkubationszeit sinkt mit steigendem Wasserstoffgehalt bei gegebener Spannung. Der Anriss R (siehe Bild 10-20) wächst aber nicht weiter, da die hierfür erforderliche Wasserstoffkonzentration zu niedrig ist. Vor der Rissspitze R liegt jedoch die Zone maximalen dreiachsigen Spannungszustandes, so dass hier die größten Gitterverzerrungen vorliegen. Wasserstoff diffundiert nun erneut in die Zone hinein, überschreitet einen kritischen Wert und führt an dieser Stelle zur Ausbildung eines Mikrorisses MR (Bild 10-20). Mikroriss und Anriss wachsen zusammen und bilden einen vergrößerten Riss R*. Anschließend kann erneut die Wasserstoffdiffusion vor die Rissspitze erfolgen und eine Grenzkonzentration zur erneuten Mikrorissbildung überschreiten.

Einen umfassenden Überblick über die wasserstoffbeeinflussten Phänomene und deren Entstehung enthält [10-7].

Grundsätzlich sind folgende Einflüsse des Wasserstoffes auf die mechanischen Werkstoffeigenschaften festzuhalten:

- Wahre Bruchspannung, -dehnung und -einschnürung nehmen mit zunehmendem H_2-Gehalt ab.

- Die Neigung zur Wasserstoffversprödung nimmt mit steigender Konzentration an Legierungselementen zu.
- Je spröder ein Werkstoff ist, desto eher neigt er zur Wasserstoffversprödung.
- Der Versprödungseffekt ist abhängig von Temperatur und Verformungsgeschwindigkeit.

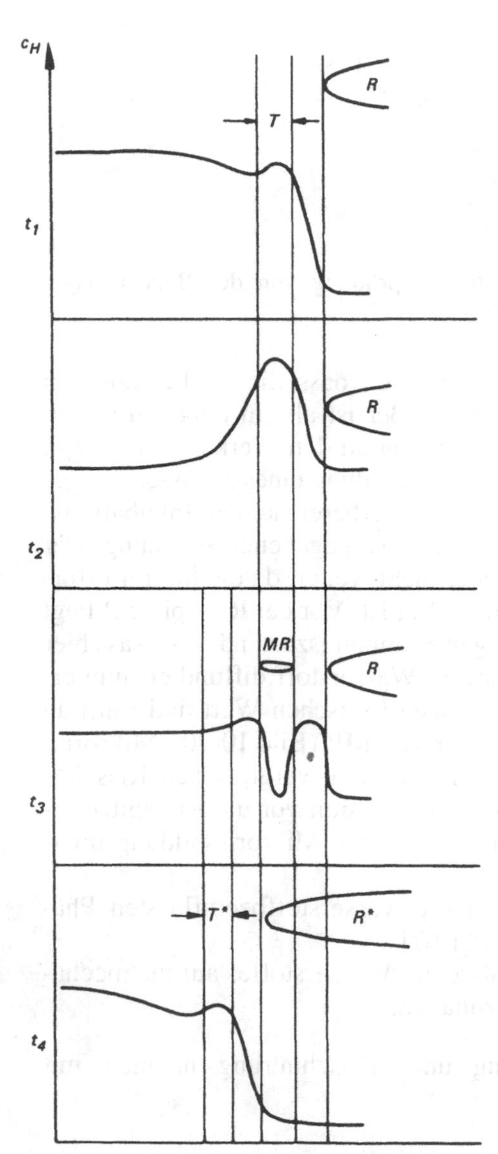

Bild 10-20. Entstehungsmechanismus der verzögerten Rissbildung und des unsteten Risswachstums nach Trojano [10-9].

Der Nachweis von wasserstoffinduzierten Schäden kann häufig nur durch eine rasterelektronenmikroskopische Untersuchung der Bruchoberflächen erfolgen. Typische Erscheinungsbilder des wasserstoffinduzierten Risses sind Krähenfüße auf Korngrenzen, Mikroporen, klaffende Korngrenzen, Flockenrisse und Fischaugen.

Wasserstoffinduzierte Risse, die besonders bei hochfesten Feinkornbaustählen auftreten, können häufig durch die Verwendung wasserstoffkontrollierter Elektroden und Schweißpulver oder den Einsatz des MSG-Schweißens mit geeigneter Wärmeführung während des Schweißens (Vorwärmung, Zwischenlagentemperatur) und eine sofort an den Schweißvorgang anschließende Wärmebehandlung („soaking" oder Spannungsarmglühen) vermieden werden. Eine verminderte Abkühlgeschwindigkeit durch Vorwärmen der Bleche begünstigt die Wasserstoffeffusion und reduziert die Aufhärtung des Werkstoffes (Bild 10-21).

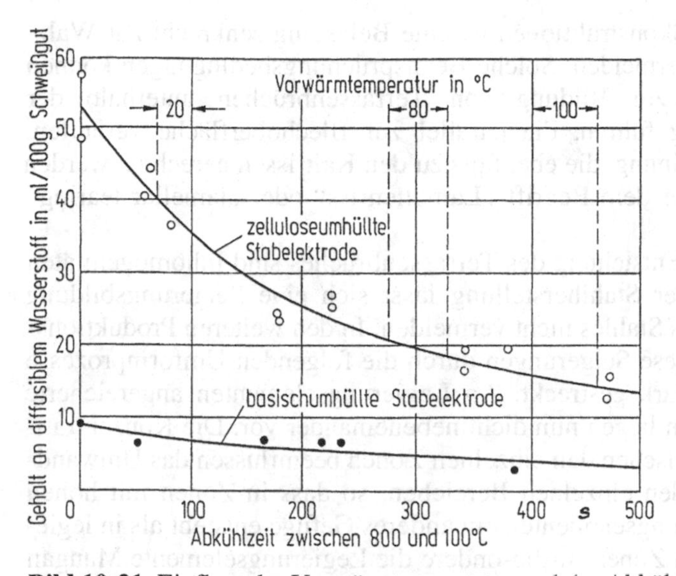

Bild 10-21. Einfluss der Vorwärmtemperatur und der Abkühlgeschwindigkeit auf den Wasserstoffgehalt des Schweißgutes beim Verschweißen einer basischumhüllten und einer zelluloseumhüllten Stabelektrode [10-10].

Die Wasserstoffkonzentration im Schweißgut der zelluloseumhüllten Elektrode ist zwar wesentlich höher als bei der basischen Elektrode, doch für beide Elektrodentypen ist die Tendenz gleich: mit steigenden Abkühlzeiten sinkt der Gehalt an diffusiblem Wasserstoff im Schweißgut. Eine Formel zur Bestimmung der Mindestvorwärmtemperatur ist in [10-11] vorgestellt worden (siehe Abschnitt 5.4.6.2).

Grundsätzlich sollten die verwendeten Elektroden oder Schweißpulver nach Herstellerangaben getrocknet werden, um den Wassergehalt in Umhüllungen bzw. Pulvern zu senken. Besonders wasserstoffarme Schweißzusatzwerkstoffe werden schon in luftdicht verschlossenen Spezialverpackungen geliefert. Auf Baustellen werden die Elektroden nach der Trocknung sofort in Warmhalteköcher gelegt und erst am Schweißplatz wieder entnommen, um eine Feuchtigkeitsaufnahme aus der Luft zu verhindern. Besonders geringe Wasserstoffgehalte unter 5 ml/100 g Schweißgut weisen getrocknete basische Elektroden auf. Dieser Elektrodentyp wird heute bevorzugt zum Schweißen hochfester Feinkornbaustähle verwendet. Der Vorbeugung von Rissen dient auch die Sauberkeit im Schweißfugenbereich und ein Entfetten oder Entrosten der Werkstückoberfläche oder des Zusatzwerkstoffes.

10.3.2.3 Terrassenbrüche

Bei vielen Schweißkonstruktionen ist eine Belastung senkrecht zur Walzrichtung nicht zu vermeiden. Solche Beanspruchungsbedingungen können unter Umständen zur Bildung von Terrassenbrüchen unterhalb der Schweißverbindung führen, die parallel zur Blechoberfläche verlaufen. Diese Fehlererscheinung, die ebenfalls zu den Kaltrissen gerechnet werden muss, ist auch unter dem Begriff „Lamellenriss" oder „lamellar tearing" bekannt.

Ursache für die Entstehung des Terrassenbruches sind Inhomogenitäten des Stahles. Bei der Stahlherstellung lässt sich eine Seigerungsbildung beim Vergießen des Stahles nicht vermeiden. In den weiteren Produktionsschritten werden diese Seigerungen durch die folgenden Umformprozesse in Walzrichtung stark gestreckt. An Legierungselementen angereicherte und verarmte Zonen liegen nun dicht nebeneinander vor. Die Konzentrationsunterschiede zwischen den einzelnen Zonen beeinflussen das Umwandlungsverhalten in den einzelnen Bereichen, so dass in Zonen mit hohen Gehalten an Legierungselementen ein anderes Gefüge entsteht als in legierungselementarmen Zonen. Insbesondere die Legierungselemente Mangan und Silicium erzeugen ein zeiliges Gefüge, weshalb in diesen Fällen auch von der Mangan- bzw. Siliciumzeiligkeit gesprochen wird. Stählen wird häufig Mangan zum Abbinden von Schwefel zulegiert, um die Entstehung von Heißrissen zu vermeiden. Die Zeiligkeit führt dazu, dass der Werkstoff senkrecht zur Walzrichtung die schlechtesten mechanischen Eigenschaften aufweist, da die entstandenen Gefügezeilen unterschiedliche mechanische Kennwerte besitzen. Bei einer Zugbeanspruchung längs und quer zur Walzrichtung können sich die Gefügezeilen gegenseitig stützen, so dass sich eine mittlere Festigkeit einstellt.

Senkrecht zur Walzrichtung setzt der Bruch in den Gefügebereichen mit geringer Festigkeit zuerst ein, ähnlich einer Kette unter Zugbelastung, bei der die schwächsten Kettenglieder zuerst versagen. Der entstandene Lamellenriss verläuft nicht vollständig durch eine Gefügezeile, sondern springt in unregelmäßigen Abständen in die nächste Zeile. Aus diesem Grund wird dieses Werkstoffversagen auch als Terrassenbruch bezeichnet. Neben der Gefügezeiligkeit können ausgewalzte Mangansulfideinschlüsse im Stahl einen Terrassenbruch begünstigen.

Bei Schweißverbindungen sind insbesondere T-Stöße von dieser Rissart gefährdet, da die auftretenden Eigenspannungen senkrecht zur Blechwalzrichtung liegen. Die auftretenden Schrumpfungen und Spannungen können jedoch je nach Schweißnahtvorbereitung stark variieren (Bild 10-22).

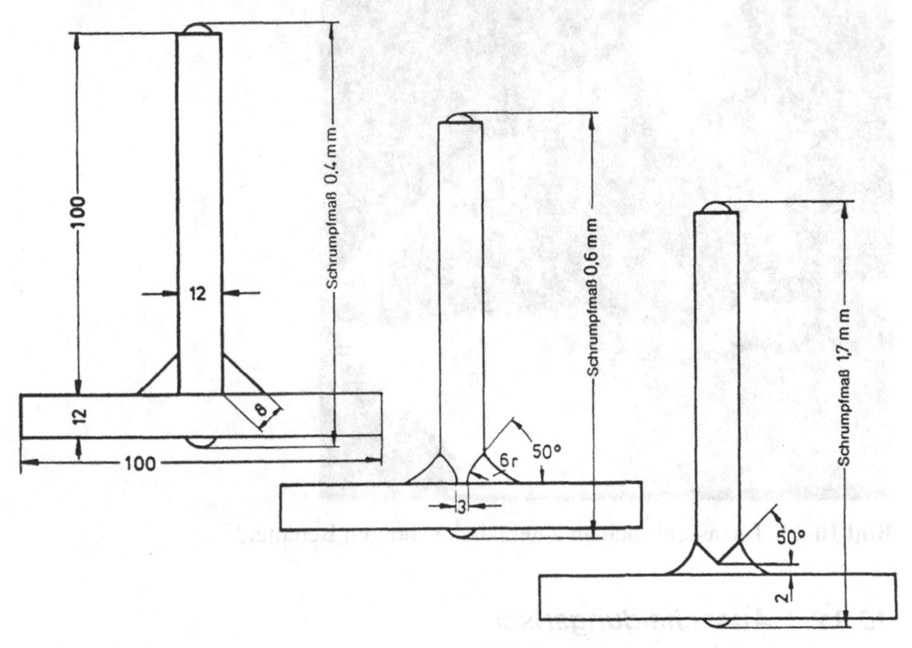

Bild 10-22. Schrumpfung an T-Stücken mit verschiedenen Nahtformen.

Bild 10-23 zeigt die terrassenförmige Rissausbreitung im Mikroschliff. Bei dieser Schweißverbindung handelt es sich um einen Stegblechanschluss an ein dickwandiges Behälterbauteil. Der Riss pflanzte sich, ausgehend von der WEZ und begünstigt durch Kerbwirkung, entlang den mikroskopisch erkennbaren Seigerungszonen in Sprüngen immer tiefer bis in den Grundwerkstoff fort.

Terrassenbrüche können durch den Einsatz von Stählen mit verbessertem Reinheitsgrad und garantierten Brucheinschnürungswerten in Dickenrichtung, sogenannte Z-Güten, vermieden werden. Stähle mit Z-Güten werden in die drei Güteklassen 1 bis 3 eingeteilt. Die garantierten Brucheinschnürungswerte in Blechdickenrichtung müssen mindestens 15 % für Güteklasse 1, 25 % für Klasse 2 und 35 % für die Güteklasse 3 betragen [10-12]. Zusätzlich sollten Schweißkonstruktionen auf möglichst geringe Spannungen senkrecht zur Walzrichtung ausgelegt werden. Neben konstruktiven Maßnahmen zur Vermeidung des Terrassenbruches kann durch das Schweißen einer verformungsfähigen Pufferlage auf das gefährdete Werkstück, das Einsetzen geschmiedeter Kreuzstücke oder durch einen stirnseitigen Vollanschluss der Bleche die Gefahr eines Risses vermindert werden.

Bild 10-23. Terrassenbruch an einem dickwandigen Behälter.

10.3.2.4 Ausscheidungsrisse

Nach DIN 8524, Teil 3, entstehen Ausscheidungsrisse durch die Ausscheidung spröder Phasen während des Schweißens oder bei einer folgenden Wärmebehandlung [10-2].

Dieser Kaltrisstyp trat in der Vergangenheit vor allem bei Verbindungsschweißungen und Plattierungen von Reaktordruckgefäßen aus wasservergüteten Feinkornbaustählen nach einer Spannungsarmglühbehandlung auf. Die sogenannten Nebennaht- oder Unterplattierungsrisse, auch Relaxationsrisse oder reheat cracking, stress relief cracking usw. genannten Fehler verlaufen meist interkristallin und bilden sich in der Grobkornzone nahe der Schmelzlinie in Gefügebereichen, in denen die Wärmeeinflusszone einer Schweißnaht der Plattierungsraupe von der Wärmeeinflusszone der benachbarten Naht oder Raupe überlappt wird (Bild 10-24).

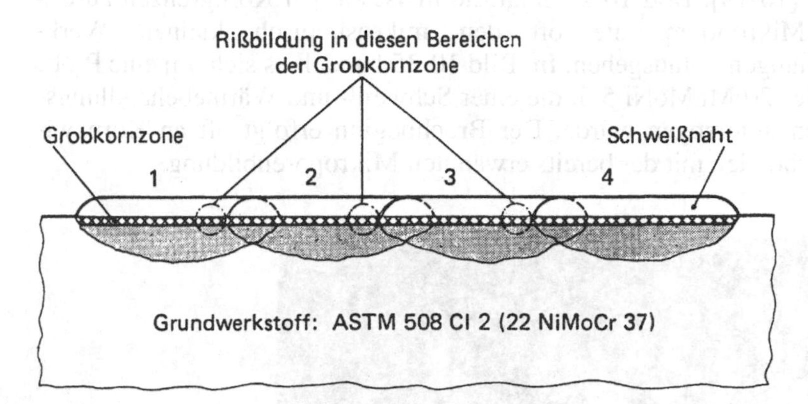

Bild 10-24. Zonen der Rissentstehung beim Unterplattierungsriss.

Besonders gefährdet sind hierbei Stähle, die aufgrund ihrer Legierungselemente zur Ausscheidungshärtung durch Karbide neigen. Hierzu sind Karbidbildner wie Titan, Niob und Vanadium zu zählen. Beim Schweißen dieser Stähle kommt es in der Nähe der Schmelzlinie zu einer Auflösung der Karbide. Während der folgenden Abkühlung können sich diese nicht mehr vollständig ausscheiden. Wird das Bauteil in diesem Zustand spannungsarm geglüht, so erfolgt eine Wiederausscheidung der Karbide. Für die Rissbildung bei Spannungsarmglühtemperaturen werden im Allgemeinen zwei Mechanismen verantwortlich gemacht:

- Zum einen erfolgt durch die Anreicherung von Begleit- und Spurenelementen eine Versprödung der Korngrenze. Der Riss entsteht, sobald die Korngrenzenfestigkeit durch anliegende Eigenspannungen überschritten wird.
- Zum anderen verfestigt sich das Korn selbst durch Bildung von Ausscheidungen beim Spannungsarmglühen. Neben den Ausscheidungen im Korn kann es entlang der Korngrenzen zur Bildung ausscheidungsfreier Zonen kommen, die gegenüber den verfestigten Kornbereichen einen erheblich geringeren Formänderungswiderstand aufweisen. Die beim Spannungsarmglühen ablaufenden plastischen Verformungen vollziehen sich dann fast ausschließlich in den Bereichen geringerer Festigkeit und führen dort zur Rissbildung.

Für die Bildung von Unterplattierungsrissen ist ein Zusammenwirken beider Mechanismen wahrscheinlich. Neben der interkristallinen Werkstofftrennung bei Unterplattierungsrissen können Mikroporen im Gefüge auftreten [10-13]. Bild 10-25 zeigt die meist an den Korngrenzen auftretenden Mikroporen, die oft den mikroskopisch kleinen Werkstofftrennungen vorausgehen. Im Bild 10-25 handelt es sich um eine Probe des Stahles 20 MnMoNi 5 5, die einer Schweiß- und Wärmebehandlungssimulation unterzogen wurde. Der Bruchbeginn erfolgt oft an Kornzwickeln, verbunden mit der bereits erwähnten Mikroporenbildung.

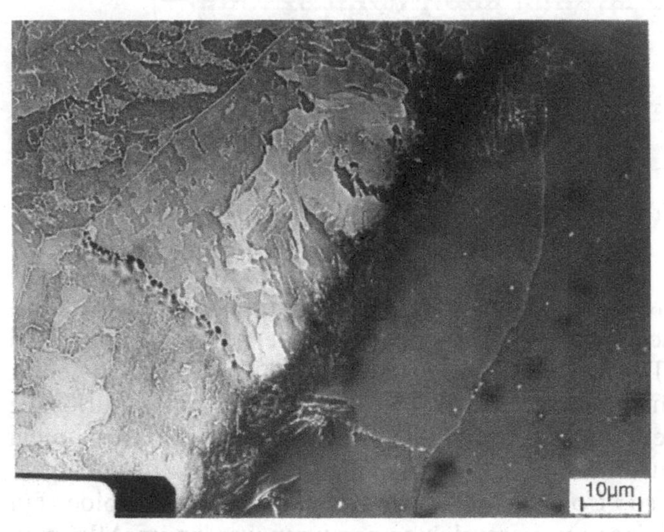

Bild 10-25. Mikroporen an der Korngrenze des Werkstoffes 20 MnMoNi 5 5.

Unterplattierungsrisse lassen sich häufig nur durch eine Umkörnung der gefährdeten Gefügebereiche vermeiden. Hierzu reicht das Aufschweißen einer zweiten, überlappenden Plattierungslage. Ein bainitisches Gefüge wirkt sich aufgrund der Ausscheidung von Sonderkarbiden rissmindernd aus. Der Temperaturbereich zwischen 450 C und 550°C wirkt besonders versprödend auf einige Werkstoffe und sollte beim Spannungsarmglühen durch hohe Aufheizgeschwindigkeiten schnell durchlaufen werden [10-14], [10-15]. Bei dickwandigen Bauteilen werden aber durch eine schnelle Erwärmung zusätzlich thermisch bedingte Eigenspannungen erzeugt, so dass die Aufheizgeschwindigkeit der Blechdicke angepasst werden muss und keine beliebig schnelle Erwärmung im kritischen Temperaturbereich von 450°C bis 550°C erfolgen kann. Für den Grundwerkstoff gilt, dass mit abnehmenden Kohlenstoffgehalten die Neigung zu Ausscheidungsrissen abnimmt [10-16], [10-17], [10-18]. Aber auch bei rissempfindlichen Stählen kann durch eine geeignete Wahl der Schweißparameter rissfrei geschweißt werden. Durch eine Vor- oder Nachwärmung kann die Abkühlzeit $t_{8/5}$ so verlängert werden, dass die Ausscheidung von Karbiden schon während der Abkühlphase beginnt und bei der folgenden Spannungsarmglühung Risse vermieden werden.

10.3.3 Hohlräume im Schweißgut

Neben den mechanisch gebildeten Poren können im Schweißgut andere Hohlräume während des Schweißens entstehen, die außer durch fertigungs- und verfahrensbedingte Mängel durch die Eigenschaften der Schmelze, wie Viskosität und Gaslösungsvermögen, hervorgerufen werden.

10.3.3.1 Metallurgische Porenbildung

Bei dieser Art der Fehlerentstehung werden gelöste Gase oder auch verdampftes Material als Kugel- oder Schlauchporen im Schweißgut eingeschlossen. Als wichtigste Porenbildner sind vor allem Wasserstoff und Stickstoff zu nennen. Durch das Auftreten von Kochreaktionen im Schweißbad bei unlegierten Baustählen kann es aber auch zur Bildung von CO-Poren als sogenannte Reaktionsporen im Schweißgut kommen. Diese Porenbildung geht meistens mit fertigungstechnischen Mängeln einher. Bei Anhäufung dieser Poren spricht man von Porenzeilen oder -nestern, die nach DIN EN ISO 5817 nicht zugelassen sind.

Im flüssigen Zustand können Metalle größere Mengen von Gasen lösen. Da die Löslichkeit von Gasen in Schmelzen beim Übergang vom flüssigen in den festen Zustand sprunghaft abnimmt, tritt bei hohem Gasgehalt der Metallschmelze im Augenblick der Erstarrung eine Entgasung auf. Im Regelfall sammeln sich die Gase vor der Kristallisationsfront und steigen zur Oberfläche des Schmelzbades auf (Bild 10-26 a).

Wenn bei starker Wärmeableitung, insbesondere bei kleinen Schweißbädern, die Erstarrung sehr schnell erfolgt, können die entstehenden Gase nicht mehr an die Badoberfläche gelangen, sondern werden von der Erstarrungsfront überholt und eingeschlossen (Bild 10-26 b). Damit für die Ausgasung genügend Zeit vorhanden ist, sollte das Schweißgut deshalb möglichst lange flüssig gehalten werden.

Speziell bei basisch umhüllten Elektroden ist jedoch eine besondere Elektrodenführung beim Zünden notwendig, weil infolge des noch kalten Werkstückes das übergehende Schweißgut sofort erstarrt, ohne dass genügend Zeit zur Ausgasung bleibt. Die basischen Elektroden werden deshalb ein kurzes Stück in Schweißrichtung versetzt gezündet, zum Nahtanfang zurückgeführt und dann verschweißt, so dass die Zündstelle mit den Porennestern nachträglich überschweißt und wieder aufgeschmolzen wird.

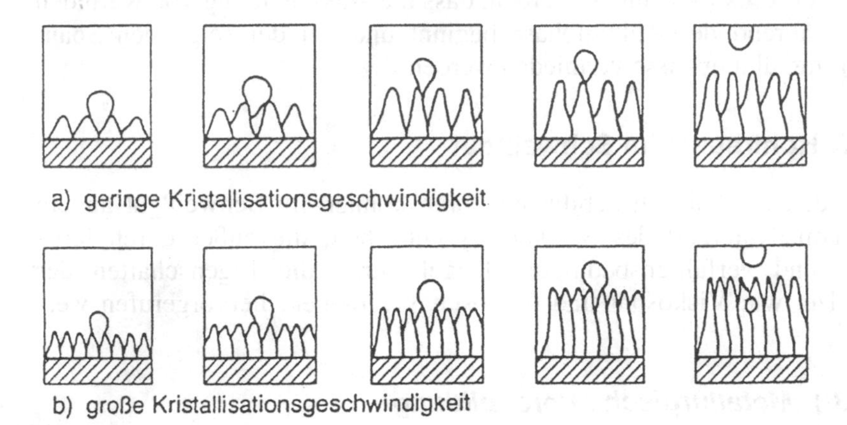

Bild 10-26. Wachstum und Loslösung von Gashohlräumen an der Phasengrenzfläche.

Die Forderung nach einem dünnflüssigen Schweißgut darf jedoch nicht zu einer beliebigen Steigerung der Schmelzbadtemperatur führen, weil hiermit auch das Lösungsvermögen des Schmelzbades für Gase zunimmt und im Moment der Erstarrung eine verstärkte Ausgasung einsetzt. Die von Elektrodenherstellern angegebenen maximalen Stromstärken sollten deshalb nicht überschritten werden. Ein ganz entscheidender Faktor, der zur Porenbildung führt, ist die Feuchtigkeit von Elektroden und Schweißpulvern bzw. die Feuchtigkeit auf dem Werkstück. Unter dem Einfluss der hohen Temperaturen spaltet sich die Feuchtigkeit in Sauerstoff und Wasserstoff auf, wobei letzterer bei einem Überangebot als einer der wichtigsten Porenbildner in der Schweißnaht gilt. Da besonders basische Elektroden und Schweißpulver stark hygroskopisch sind, sollen diese nur nach einer vom Hersteller empfohlenen Trocknung verwendet werden.

Metallurgisch gebildete Poren lassen sich vor allem durch das Vermeiden von Feuchtigkeit im Bereich der Schweißfuge und die Verhinderung des Luftzutrittes zum Schweißbad unterdrücken (Poren beim Schweißen von Al und Al-Legierungen, siehe Abschnitt 8.2.6). Neben größtmöglicher Sauberkeit im Nahtbereich ist auf eine ausreichende Schutzgasabschirmung der Schweißstelle bzw. die Verwendung gut vorgetrockneter Zusatzwerkstoffe und Schweißpulver zu achten. Tabelle 10-2 gibt eine umfassende Übersicht zur Porenentstehung und Vermeidung beim MSG-Schweißen.

Tabelle 10-2. Ursachen der metallurgischen Porenbildung und deren Vermeidung beim MSG-Schweißen [10-19].

Gas/gas-bildender Stoff	Ursachen	Vermeidung
Luft	Zu geringe Schutzgasmenge durch:	
-Stickstoff	- zu niedrige Einstellung	Einstellung korrigieren
-Wasserstoff	- undichte Leitung	Lecks suchen und beseitigen
	- zu kleine Kapillarenbohrung	richtige Zuordnung Kapillare-Druckminderer
	- zu geringen Vordruck für Druckminderer	Flaschen- oder Leitungsdruck muß erforderlichem Vordruck des Druckminderers entsprechen
	Unzureichender Gasschutz durch :	
	- offene Fenster, Türen, Gebläse etc.	Schweißstelle vor Zugluft schützen
	- ungenügende Gasmenge bei Schweißbeginn und Ende	Gas entsprechend lange vor- und nachströmen lassen
	- zu großer Gasdüsenabstand	Abstand verringern
	- exzentrischer Drahtelektrodenaustritt	Drahtelektrode richten, Kontaktrohr zentrisch anordnen
	- falsche Gasdüsenform	Gasdüsenform auf Nahtart abstimmen
	- falsche Gasdüsenstellung (bei dezentraler Gaszufuhr)	Gasdüse möglichst hinter Brenner anordnen
	Turbulenzen durch :	
	- zu hohe Schutzgasdurchflußmenge	Gasmenge reduzieren
	- Spritzer an Gasdüse oder Kontaktrohr	Gasdüse und Kontaktrohr reinigen
	- unruhigen Lichtbogen	Drahtförderstörungen beseitigen, Spannung erhöhen, wenn Drahtelektrode stottert, auf guten Stromübergang im Kontaktrohr achten, einwandfreier Masseanschluß, Schlacken von vorher geschweißten Raupen beseitigen
	Thermik - gegebenenfalls verstärkt durch Kaminwirkung bei einseitigem Schweißen	Auf Unterlage oder mit Wurzelgasschutz schweißen
	- durch zu hohe Schweißbadtemperatur	Schweißbadgröße reduzieren
	- durch zu hohe Werkstücktemperatur	Vorwärm- oder Zwischenlagentemperatur verringern
	Injektorwirkung	Brenner weniger neigen, Lecks in der Gasleitung abdichten, freiliegende Schlitze der Gasdüse vermeiden
Wasser	- undichten Brenner (bei wassergekühltem Typ)	Lecks suchen und beseitigen, Drahttransportschlauch trocknen, falls Wasser eingedrungen ist
Kohlenmonoxid	Anschmelzen von Seigerungszonen	Einbrand vermindern durch Senken der Lichtbogenleistung oder Erhöhen der Schweißgeschwindigkeit
	Anschmelzen von Rost oder Zunder	Schweißnahtbereich vor dem Schweißen reinigen

10.3.3.2 Lunkerbildung

Als Ursachen für die Bildung von Lunkern im Schweißgut gelten ein großes Schweißbadvolumen, eine dendritische, stark verzweigte Primärerstarrung sowie ein geringes Nachfließvermögen der Restschmelze, verbunden mit hohen Schrumpfbeträgen des Schweißgutes. Diese Bedingungen werden durch Geometrieeinflüsse, z. B. das Verhältnis von Nahtbreite zu Nahttiefe, beeinflusst.

Im Bild 10-27 ist die Lunkerbildung im Schweißgut einer elektroschlackegeschweißten Verbindung zu erkennen. Hierbei lässt sich bereits der Makrolunker lichtmikroskopisch sicher anhand der weichen, abgerundeten Ränder, die für eine frei erstarrte Oberfläche sprechen, identifizieren und gegenüber einem Heißriss abgrenzen.

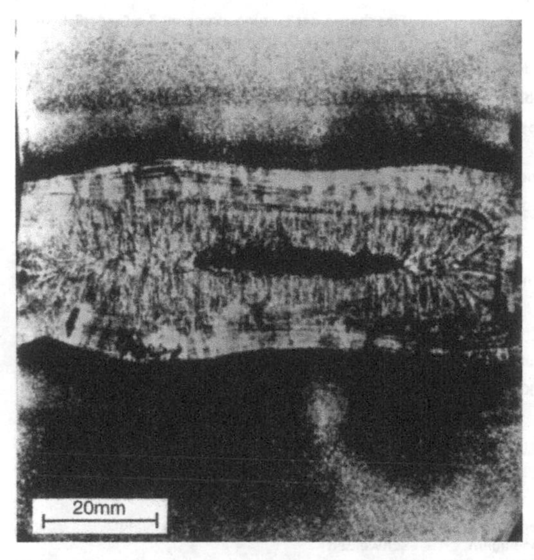

Bild 10-27. Makrolunker in einer RES-Schweißung.

Mikrolunker entstehen dagegen meist in den Zwickeln großer primärerstarrter Dendriten, in die keine Restschmelze gelangen konnte. Bild 10-28 zeigt solche Mikrolunker im Schweißgut einer Aluminiumschweißung. Die rasterelektronenoptische Aufnahme eines Mikroschliffes zeigt deutlich, dass die Oberflächen frei erstarrt sind und dass in diesem Fall keine Werkstofftrennung vorlag.

Zum Vermeiden der Lunkerbildung gibt es prinzipiell folgende Möglichkeiten:

- Erhöhung der Temperatur des Schweißbades durch Steigerung der Stromstärke,
- Herabsetzung der Oberflächenspannung der Schmelze, um ein besseres Fließverhalten zu erreichen und eine
- Veränderung der Schweißnahtgeometrie, um eine Veränderung der Erstarrungsmorphologie, insbesondere der Wachstumsrichtung der Dendriten zu erzielen.

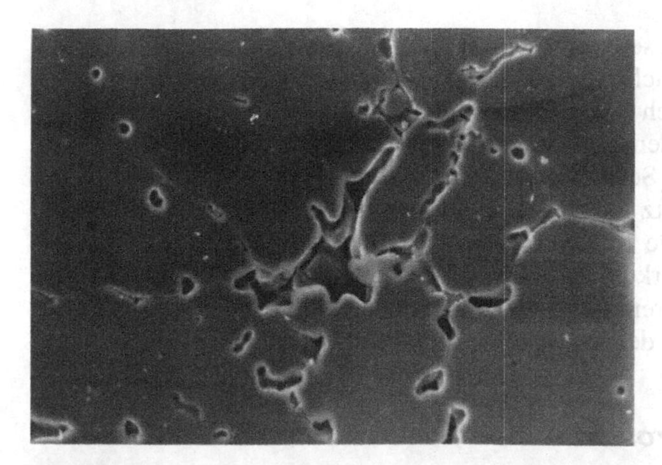

Bild 10-28. Mikrolunker im Schweißgut einer Aluminiumschweißung (WIG-Verfahren).

10.4 Korrosion

Mit Korrosion wird die Zerstörung eines Werkstoffes durch den Ablauf von chemischen bzw. elektrochemischen Wechselwirkungen zwischen seiner inneren oder äußeren Oberfläche mit gasförmigen, flüssigen oder festen Umgebungsmedien verstanden. Entscheidend für eine Bauteilschädigung sind das Ausmaß und die Geschwindigkeit einer inneren Werkstoffzerstörung, einer Legierungsreaktion an der Phasengrenzfläche Werkstoff-Medium oder eines bleibenden Gefügeschadens, besonders bei zusätzlich wirkenden inneren und äußeren Spannungen.

Im Folgenden werden die Grundlagen der chemischen bzw. elektrochemischen Korrosion als bekannt vorausgesetzt, da sie bereits im Abschnitt 6 eingehender erläutert wurden. In diesem Abschnitt sollen lediglich die durch den Schweißprozess hervorgerufenen Korrosionsarten beschrieben und dabei nicht mehr das Hauptgewicht auf die Korrosion der nichtrostenden Stähle gelegt werden.

10.4.1 Korrosion durch Schweißfertigungsfehler

10.4.1.1. Kontaktkorrosion

Die Verschweißung zweier unterschiedlicher Werkstoffe mit erheblichen Unterschieden ihrer chemischen Potentiale führt häufig zur sogenannten Kontaktkorrosion. Bei dem Kontakt beider Werkstoffe entsteht an der Verbindungsstelle ein galvanisches Element, und unter dem Einfluss eines korrosiven Mediums wird das unedlere Metall bevorzugt aufgelöst. Diese

Art der Korrosion ist sehr gut bei Kontakten zwischen Zink und Kupfer zu beobachten. Aber auch Reibschweißverbindungen zwischen Kupfer und Aluminium sind durch Kontaktkorrosion gefährdet.

In der Praxis finden sich immer wieder Schadensfälle, die durch eine Verwechslung von Schweißzusatzwerkstoffen verursacht wurden. Der versehentliche Einsatz unlegierter Elektroden zum Verschweißen korrosionsbeständiger Stähle für die Herstellung chemisch resistenter Apparate kann unter der Einwirkung korrosiver Medien zum Herauslösen von Teilen der Schweißnaht führen. In solchen Fällen kann eine Kontaktkorrosion nur durch das Abdecken der Verbindungsstelle mit einer Schutzschicht unterbunden werden.

10.4.1.2 Spaltkorrosion

Häufig entstehen Spalte durch eine ungenügende Durchschweißung eines I-Stoßes oder durch einseitiges Verschweißen einer Kehlnaht. Dringt in die durch Konstruktion und Fertigung bedingten Spalten ein korrosives Medium ein, führt dies zur sogenannten Spaltkorrosion. Diese Bauteilschädigung entsteht durch eine Sauerstoffverarmung im Spalt, wodurch sich die zur Passivierung nichtrostender Stähle notwendige Oxidschicht nicht oder nur unvollständig bilden kann. Die Folge ist ein lokaler, intensiver Korrosionsangriff, der zum Bruch der Schweißnaht führen kann. Die Spaltkorrosion kann nur durch ein einwandfreies Durchschweißen der Wurzel mit kerbfreien Nahtübergängen bzw. die Veränderung der Schweißkonstruktion, z. B. spaltfreies Rohreinschweißen, vermieden werden.

10.4.2 Selektive Korrosion an Schweißnähten

10.4.2.1 Interkristalline Korrosion (IK)

Beim Schweißen von unstabilisierten, austenitischen Cr-Ni-Stählen oder ferritischen Cr-Stählen kann es bei kritischen Zeit-Temperatur-Zyklen zur Ausscheidung von Chromkarbiden ($Cr_{23}C_6$) und -nitriden auf den Korngrenzen kommen. Das Abbinden von Chrom durch Kohlenstoff bewirkt eine starke Chromverarmung entlang der Korngrenzen, so dass die Resistenzgrenze von 12 % Chrom, die für eine Beständigkeit gegenüber korrosiven Medien mindestens notwendig ist, stark unterschritten wird. Die Folge ist ein interkristalliner Korrosionsangriff entlang der Korngrenzen in den chromverarmten Bereichen. Oftmals wird diese Form der Korrosion auch als „Kornzerfall“ bezeichnet, da die Korrosion nur entlang der Korngrenzen erfolgt und somit einzelne Körner aus dem Verbund herausgelöst werden (siehe auch Abschnitt 6.3.3.1). Bei höheren Temperaturen bzw. langen Glühzeiten besteht bei den meisten Cr-Ni-Stählen, die z. B. zur

Verringerung von Schweißeigenspannungen geglüht werden müssen, die Gefahr der Ausscheidung hochchromhaltiger, intermetallischer Phasen, die zu einem selektiven Korrosionsangriff auf die benachbarten chromverarmten Zonen führen können. Interkristalline Korrosionsangriffe können auch bei Ausscheidung von intermetallischen Phasen in Nickel- oder Aluminiumlegierungen erfolgen.

Bei mehrphasigen Werkstoffen (Duplex-Stähle), aber auch bei der Entstehung eines δ-Ferrit-Netzwerkes auf den Korngrenzen bei Cr-Ni-Stählen, kann es durch den Angriff bestimmter korrosiver Medien (Salpetersäure) zu einer partiellen Auflösung der ferritischen Gefügebestandteile kommen. Diese Erscheinungsform wird auch als „Ferritpfadkorrosion" bezeichnet. Bäumel [10-20] beobachtete diesen speziellen Typ der Korrosion an Unterpulver-Bandschweißungen unstabilisierten austenitischen Schweißgutes während einer Glühung. Voraussetzung für die Ferritpfadkorrosion war dabei aber ein zusammenhängendes Ferritnetzwerk auf den Korngrenzen und ein Ferritanteil von mindestens 12 % bis 15 % im austenitischen Schweißgut. In niobstabilisiertem Schweißgut trat die Ferritpfadkorrosion nicht auf [10-20]. Nach [10-21] ist mit einer Ferritpfadkorrosion nur bei Deltaferritgehalten über 12 % und einer viel zu geringen Abkühlgeschwindigkeit durch Vorwärmen oder Schweißen mit zu hoher Streckenenergie zu rechnen, so dass der Deltaferrit in σ-Phase und Austenit zerfällt. Im Betrieb erfolgt dann der selektive Angriff des zerfallenden δ-Ferrits.

10.4.2.2 Spannungsinduzierte Risskorrosion (SpRK)

Sowohl bei unlegierten als auch bei hochlegierten Stählen, mit Ausnahme der ferritischen Cr-Stähle, kann eine als Spannungsrisskorrosion bezeichnete Werkstoffschädigung auftreten. Die Rissausbreitung bei gleichzeitigem Korrosionsangriff kann dabei sehr schnell sowohl interkristallin als auch transkristallin ablaufen, ohne dass Korrosionsprodukte auf der spröden Bruchfläche nachgewiesen werden können. Interkristalline Spannungsrisskorrosion wird bei niedriglegierten Stählen durch Alkalilaugen, Nitrate und NH_4-Salze schwacher Säuren hervorgerufen, während die transkristalline SpRK bei austenitischen Stählen in chloridhaltigen Lösungen und Laugen bei erhöhten Temperaturen erfolgt. Als Ursache für die Spannungsrisskorrosion wird das Zusammenwirken folgender Bedingungen genannt:

- Medium: agressive, vor allem Chlorionen enthaltende Lösungen bei erhöhten Temperaturen;
- Werkstoff: Neigung zur Spannungsrisskorrosion, verstärkt durch eine partiell zerstörte Passivschicht;

– Spannungen: hohe Schweißeigenspannungen nach dem Schweißen, Gefügespannungen, Spannungsspitzen durch Kaltverformung, Kerbwirkung usw. bei zusätzlicher äußerer Zugspannung.

Da die Spannungsrisskorrosion prinzipiell bei fast allen Werkstoffen und unter den verschiedensten Betriebsbedingungen auftreten kann, im Fall der transkristallinen Spannungsrisskorrosion oftmals in Kombination mit Lochfraß, liegen allgemeine Regeln zu ihrer Vermeidung bei der konstruktiven Gestaltung von Schweißverbindungen und der genauen Festlegung der spannungsgünstigsten Schweißreihenfolge. Lediglich unlegierte Stähle können nach dem Schweißen wie üblich spannungsarmgeglüht werden. Bei austenitischen Cr-Ni-Stählen muss bei der Wahl der Glühtemperatur und -zeit das Ausscheidungsverhalten beachtet werden, da u. U. die Beständigkeit gegen interkristalline Korrosion beeinträchtigt wird.

11 Prüfung von Schweißverbindungen

11.1 Einleitung

Für den Konstrukteur ist die Kenntnis der mechanisch-technologischen Eigenschaften der verwendeten Werkstoffe von ausschlaggebender Bedeutung. Da eine komplexe Konstruktion aus vielen Einzelsegmenten aufgebaut wird, müssen auch die Grenzen der Belastbarkeit jeder einzelnen Fügestelle bekannt sein. Die Gesamtkonstruktion muss so bemessen sein, dass weder der Grundwerkstoff noch die Schweißnaht unter den im späteren Betrieb auftretenden Spannungen versagen.

Mechanisch-technologische Kennwerte wie Elastizitätsmodul, Zugfestigkeit und Streckgrenze sind physikalisch klar definierte Werkstoffeigenschaften, deren Zahlenwerte direkt als Grundlage für Festigkeitsberechnungen von Konstruktionsteilen dienen. Eine Prüfmethode wie z. B. der Kerbschlagbiegeversuch liefert dagegen keine Kennwerte zur Festigkeitsberechnung, sondern gibt nur die Arbeit an, die notwendig ist, um eine in ihren Abmessungen genau festgelegte Probe bei einer bestimmten Temperatur zu zerschlagen. Mit dieser Methode kann lediglich die Temperatur bestimmt werden, für die ein Werkstoff oder eine Schweißverbindung wegen der Gefahr des spröden Bruches nicht mehr verwendet werden kann. Alle ermittelten Kennwerte sind nur dann vergleichbar, wenn die Probenabmessungen und Prüfbedingungen identisch sind. Aus diesem Grund werden in den folgenden Abschnitten die wichtigsten Prüfverfahren erläutert und die zugehörigen Normen oder Empfehlungen angegeben.

11.2 Zugversuch

Der wichtigste und am häufigsten durchgeführte Versuch ist der Zugversuch. Er wird in der Regel an Rundzugproben DIN 50125 [11-1] oder an Flachzugproben (DIN 50120 [11-2], [11-3], NE-Metalle DIN EN 895 [11-23]) durchgeführt (Bild 11-1).

Bei Rundzugproben an Grundwerkstoffen stehen Durchmesser und Messlänge in einem festen Verhältnis zueinander. Die beiden zugelassenen Zugproben werden als kurzer Proportionalstab [Probenlänge (L_0) = 5 *

Probendurchmesser (d_0)] und langer Proportionalstab (L_0 = 10 * d_0) bezeichnet.

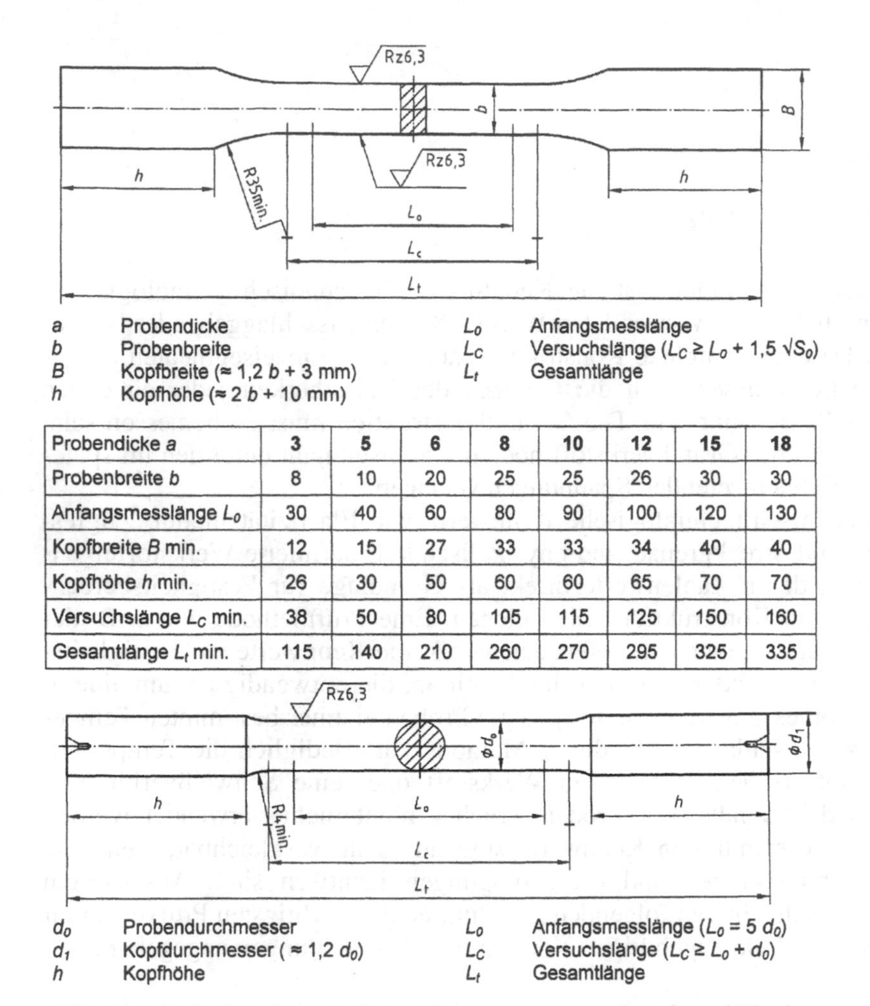

Probendicke *a*	3	5	6	8	10	12	15	18
Probenbreite *b*	8	10	20	25	25	26	30	30
Anfangsmesslänge L_0	30	40	60	80	90	100	120	130
Kopfbreite *B* min.	12	15	27	33	33	34	40	40
Kopfhöhe *h* min.	26	30	50	60	60	65	70	70
Versuchslänge L_C min.	38	50	80	105	115	125	150	160
Gesamtlänge L_t min.	115	140	210	260	270	295	325	335

Bild 11-1. Beispiele für mögliche Abmessungen von Rund- und Flachzugproben [11-4].

Die wichtigsten Versuchsparameter beim Zugversuch sind Dehngeschwindigkeit $\dot{\varepsilon}$ und die Temperatur. Für die meisten Versuche wird die Dehngeschwindigkeit konstant gehalten. Während die Probe in der Zugmaschine mit der vorgegebenen Geschwindigkeit belastet wird, können gleichzeitig die anliegende Kraft sowie die Verlängerung der Probe aufgezeichnet werden. Aus diesen Messwerten sind durch Umrechnung die Spannung (σ) und die Dehnung ε zu ermitteln. Wird die Spannung als

Funktion der Dehnung aufgetragen, so lässt sich das konventionelle Spannung-Dehnungs-Diagramm erstellen (Bild 11-2).

Bei der Prüfung eines niedriglegierten Stahles mit kubisch raumzentrierter Gitterstruktur (krz) ist häufig ein Kurvenverlauf mit ausgeprägter Streckgrenze gemäß Bild 11-2a messbar. Für Stähle mit kubisch flächenzentriertem Gitter (kfz) ergibt sich ein Diagramm ohne ausgeprägte Streckgrenze (Bild 11-2b).

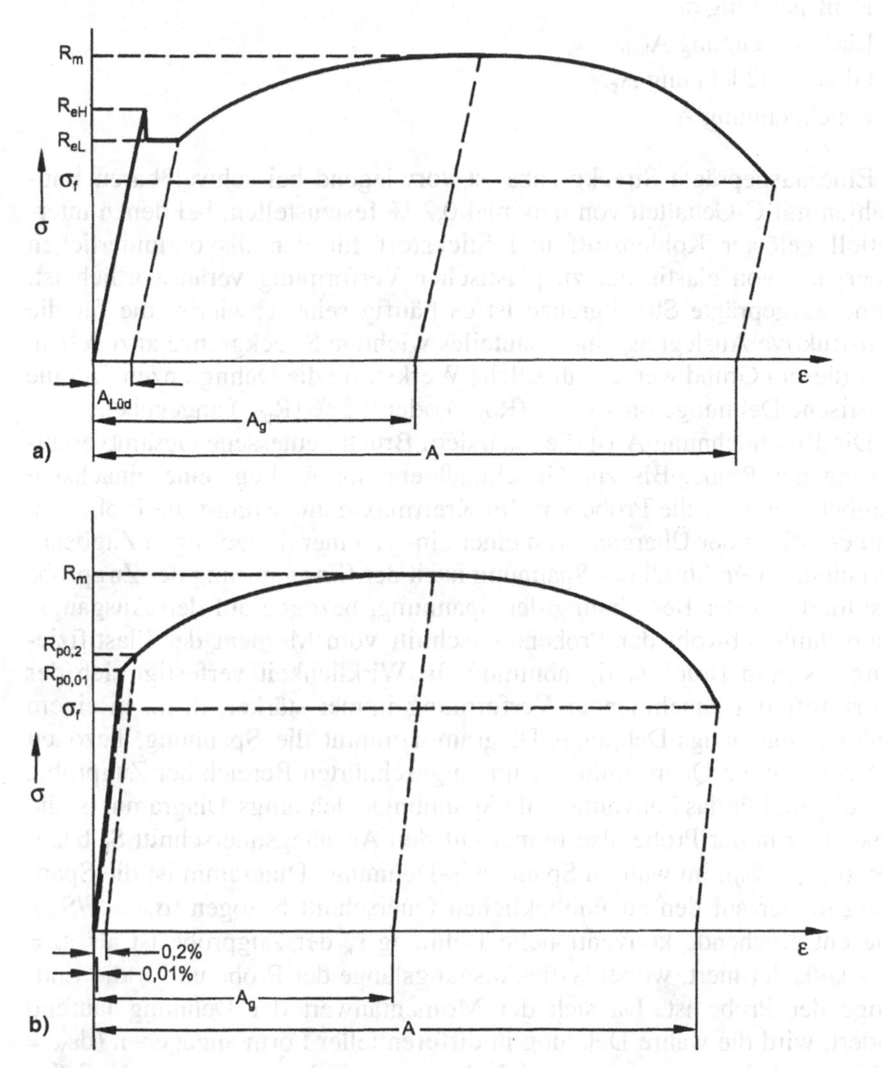

Bild 11-2. Spannungs-Dehnungs-Diagramm mit ausgeprägter **a)** (nur bei krz-Gitter) und ohne ausgeprägter Streckgrenze **b)** (kfz- und krz-Gitter).
Aus: Dahl, W., u.a.: Praktikum Werkstoffprüfung. Vorlesungsumdruck. Institut für Eisenhüttenkunde der RWTH Aachen, 1985.

Die wichtigsten Kennwerte für einen Zugversuch mit Rundzugprobe, die Bild 11-2 entnommen werden können, sind nach DIN EN 10002-1 [11-24]:

- obere Streckgrenze R_{eH},
- untere Streckgrenze R_{eL},
- Zugfestigkeit R_m,
- Reißspannung σ_f,
- Lüders-Dehnung $A_{lüd}$,
- Gleichmaßdehnung A_g,
- Bruchdehnung A.

Eine ausgeprägte Streckgrenze ist vorwiegend bei schweißbaren Baustählen mit C-Gehalten von maximal 0,2 % festzustellen, bei denen interstitiell gelöster Kohlenstoff und Stickstoff für den diskontinuierlichen Übergang von elastischer zu plastischer Verformung verantwortlich ist. Ohne ausgeprägte Streckgrenze ist es häufig sehr schwierig, die für die konstruktive Auslegung eines Bauteiles wichtige Streckgrenze anzugeben. Aus diesem Grund werden für solche Werkstoffe die Dehngrenzen für eine plastische Dehnung von 0,01 % ($R_{p0,01}$) oder 0,2 % ($R_{p0,2}$) angegeben.

Die Bruchdehnung A ist die nach dem Bruch gemessene Gesamtverlängerung der Probe. Bis zur Gleichmaßdehnung A_g liegt eine einachsige Zugbelastung für die Probe vor. Im Kraftmaximum schnürt die Probe ein, und es erfolgt der Übergang von einer ein- zu einer dreiachsigen Zugbeanspruchung. Der Abfall der Spannung nach der Einschnürung der Zugprobe resultiert aus der Berechnung der Spannung, bezogen auf den Ausgangsquerschnitt, obwohl der Probenquerschnitt vom Moment der Plastifizierung bis zum Bruch stetig abnimmt. In Wirklichkeit verfestigt sich der Werkstoff mit zunehmender Verformung immer stärker, d. h., in einem wahren Spannungs-Dehnungs-Diagramm nimmt die Spannung, bezogen auf den wahren Querschnitt A_W im eingeschnürten Bereich der Zugprobe, ständig zu. Für das konventionelle Spannungs-Dehnungs-Diagramm ist die Spannung in der Probe also immer auf den Ausgangsquerschnitt S_0 bezogen ($\sigma_k = F/S_0$), im wahren Spannungs-Dehnungs-Diagramm ist die Spannung immer auf den augenblicklichen Querschnitt bezogen ($\sigma_W = F/S_W$). Die entsprechende konventionelle Dehnung ε_k der Zugprobe ist als $\varepsilon_k = (l_1 - l_0)/l_0$ definiert, wobei l_0 die Ausgangslänge der Probe und l_1 die Endlänge der Probe ist. Da sich der Momentanwert der Dehnung laufend ändert, wird die wahre Dehnung in differentieller Form angegeben ($d\varepsilon_W = dl/l$). Durch Integration ergibt sich die wahre Dehnung zu $\varepsilon_W = \text{In}\ (l_l/l_0)$, wobei l_l der momentanen Länge der Zugprobe entspricht.

Im Bild 11-3 sind die wahre und die konventionelle Spannungs-Dehnungs-Kurve eines S 355 J2G3 dargestellt. Es ist deutlich erkennbar, dass die Berücksichtigung der Einschnürung einen kontinuierlichen Spannungsanstieg im eingeschnürten Bereich zur Folge hat, jedoch dem Lastmaximum kein markanter Punkt zugeordnet werden kann, wie dies im konventionellen Spannungs-Dehnungs-Diagramm der Fall ist.

Ein weiterer Kennwert ist die Brucheinschnürung Z, die dem Spannungs-Dehnungs-Diagramm nicht entnommen werden kann. Sie ist definiert als die prozentuale Querschnittsabnahme an der Bruchstelle und berechnet sich zu:

$$Z = (s_O - s_U) * 100\ \% / s_O;$$

s_U kleinster Probenquerschnitt nach dem Bruch in mm^2,
s_O Anfangsquerschnitt in mm^2.

Die Brucheinschnürung und -dehnung kennzeichnen das Formänderungsvermögen des Werkstoffes und geben durch ihre Größe Anhaltspunkte für die bei der Festigkeitsberechnung einzusetzende Sicherheit gegen Versagen.

In der Werkstoffprüfung für Schweißnähte findet die ungekerbte Flachzugprobe häufig Anwendung. Diese Probe dient zur Ermittlung der Festigkeitskennwerte der gesamten Schweißverbindung, während die gekerbte Flachzugprobe die Eigenschaften der Schweißnaht beschreibt, da der Bruch durch die Querschnittsschwächung in der Schweißnaht erzwungen wird.

Bild 11-3. Konventionelle und wahre Spannungs-Dehnungskurven eines Stahles S 355 J2G3 bei 20°C.
1 auf den Anfangsquerschnitt bezogene Kraft (konventionelle Spannung);
2 auf den jeweiligen (kleinsten) Querschnitt bezogene Kraft

Für Widerstandspunkt- und Buckelschweißungen, aber auch bei Schmelzschweißverbindungen im Überlapp- oder Parallelstoß, kommt der Scherzugversuch zur Anwendung. Die Schweißprobe wird im sogenannten freien Zugversuch, d. h. ohne Parallelführung der Probe, bis zum Versagen der Verbindung belastet.

11.3 Dauerschwingversuch

Rein statische Beanspruchungen von Maschinen oder Konstruktionen im Betrieb sind äußerst selten. Häufig setzen sich die Beanspruchungen aus einem statischen, periodischen bzw. nicht periodischen und dynamischen Anteil zusammen. Entstehen durch dynamische Beanspruchungen Brüche, so werden diese als Dauerschwingbrüche bezeichnet.

Zur Prüfung eines Bauteiles unter schwellender oder wechselnder Belastung ist in DIN 50100 der Dauerschwingversuch genormt. Je nach Belastung werden der Schwellbereich für Zug und Druck und der Wechselbereich unterschieden (Bild 11-4).

Die Ermittlung der Dauerfestigkeit erfolgt meistens nach dem Wöhler-Verfahren. Hierbei werden mehrere Proben, üblich sind 6 bis 10, einer schwingenden Beanspruchung unterworfen und die Anzahl der Schwingungen bis zum Bruch ermittelt. Der so gewonnene Wert wird als Bruchschwingspielzahl bezeichnet. Je nachdem, ob die Probe im Zugschwell-, Wechsel- oder im Druckschwellbereich beansprucht werden soll, wird die Mittelspannung σ_m oder die Unterspannung σ_u für eine Probenreihe konstant gehalten und die Spannungsamplitude σ_a oder die Oberspannung σ_o

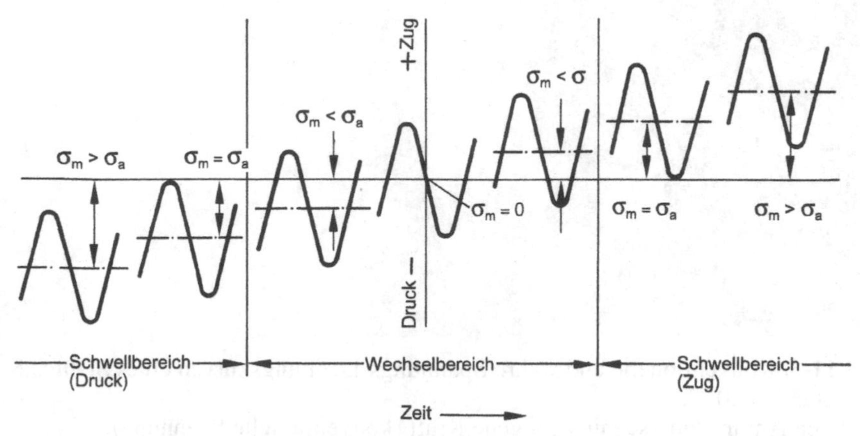

Bild 11-4. Prüfung im Dauerschwingversuch.

von Probe zu Probe erhöht. Auf diese Weise kann bei gegebener Mittelspannung σ_m die Spannungsamplitude bestimmt werden, die von der Probe „unendlich" oft ertragen werden kann. Die Versuchsergebnisse werden in Dauerfestigkeitsschaubildern nach Wöhler dargestellt (Bild 11-5). Die obere Linie, die sogenannte Wöhler-Linie, gibt an, nach wie vielen Lastspielen N der Bruch bei vorgegebenem Spannungsausschlag σ_a eintritt. Eine beginnende Werkstoffschädigung durch Anrisse wird durch die Schadenslinie dargestellt. Unterhalb dieser Linie tritt keine Werkstoffschädigung auf.

Häufig wird das Wöhler-Schaubild auch in die Bereiche der Zeit- und Dauerfestigkeit unterteilt (Bild 11-6). Als Zeitfestigkeit wird der Bereich bezeichnet, in dem ein Bruch der Probe mit abnehmender Spannung bei steigenden Lastspielzahlen erfolgt. Tritt kein Bruch mehr auf, so wird dieser Bereich als Dauerschwingfestigkeit oder kurz Dauerfestigkeit bezeichnet.

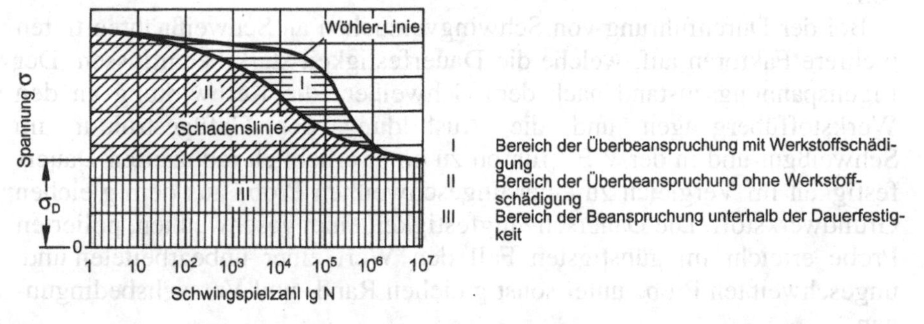

Bild 11-5. Bereiche der Schädigung des Werkstoffes im Wöhler-Diagramm.

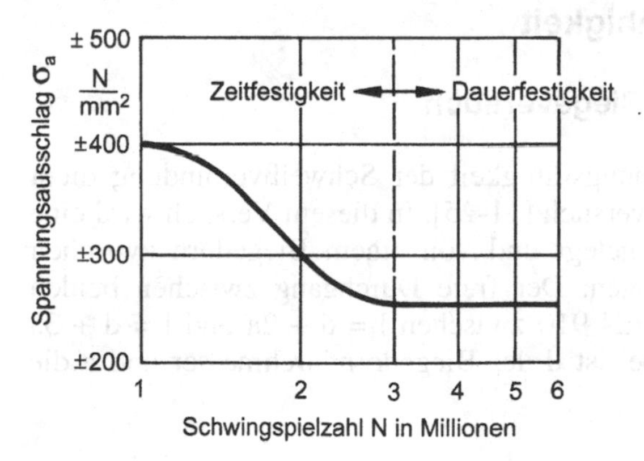

Bild 11-6. Bereiche der Zeitfestigkeit und der Dauerfestigkeit bei schwingender Beanspruchung.

Da in einer Versuchreihe die Proben nicht unendlich vielen Lastwechseln unterzogen werden können, wurde eine Grenz-Schwingspielzahl N_G eingeführt, ab der ein Werkstoff als dauerfest gilt. Die Grenz-Schwingspielzahl beträgt für:

- Stähle 10^7 Schwingspiele,
- Leichtmetalle 10^8 Schwingspiele,
- Kupferlegierungen $5*10^7$ Schwingspiele.

Um die Versuchreihen zu verkürzen, werden Grenz-Schwingspielzahlen oft auf $2 * 10^6$ Lastspiele für Stahl und auf 1 bis $5 * 10^7$ Lastspiele für Leichtmetalle reduziert. Aus diesem Grund sollen zu der ermittelten Dauerfestigkeit die entsprechenden Grenz-Schwingspielzahlen angegeben werden, z. B. $\sigma_{D(107)} = + 100 \pm 170$ N/mm^2.

Neben dem Dauerfestigkeitsschaubild nach Wöhler sind weitere Schaubilder entwickelt worden, auf die hier nicht weiter eingegangen werden soll.

Bei der Durchführung von Schwingversuchen an Schweißnähten treten mehrere Faktoren auf, welche die Dauerfestigkeit stark beeinflussen. Der Eigenspannungszustand nach dem Schweißen, die Kerbwirkung an den Werkstoffübergängen und die Ausbildung der Gefügestruktur im Schweißgut und in der WEZ führen zu einer erheblich reduzierten Dauerfestigkeit im Vergleich zu einer ungeschweißten Probe aus dem gleichen Grundwerkstoff. Die Dauerschwingfestigkeit einer geschweißten, polierten Probe erreicht im günstigsten Fall den Wert einer unbearbeiteten und ungeschweißten Probe unter sonst gleichen Rand- und Versuchsbedingungen.

11.4 Ermittlung der Zähigkeit

11.4.1 Technologischer Biegeversuch

Zur Ermittlung der Verformungsfähigkeit der Schweißverbindung dient nach DIN EN 910 der Biegeversuch [11-25]. In diesem Versuch wird eine Probe auf zwei Stützrollen gelegt und von einem Biegedorn zwischen diesen Auflagern durchgebogen. Der freie Durchgang zwischen beiden Stützrollen muss nach DIN EN 910 zwischen $l = d + 2a$ und $l = d + 3a$ liegen (vgl. Bild 11-7). Dabei ist d der Biegedorndurchmesser und a die Probendicke.

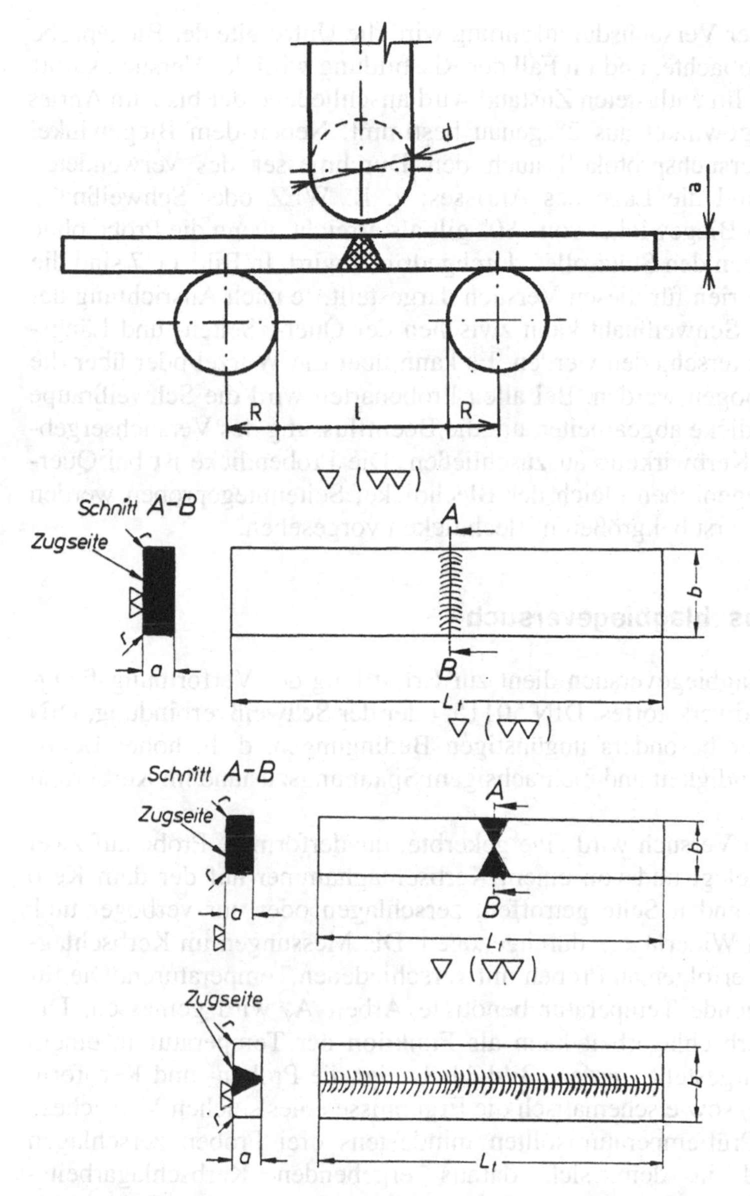

Bild 11-7. Anordnung der Stützrollen beim Biegeversuch und Bearbeitung und Bezeichnung der Abmessungen der Biegeproben an Schweißnähten nach [11-25].
a Probendicke;
R Stützrollenradius;
d Biegedorndurchmesser;
b Probenbreite;
l freier Durchgang zwischen den Stützrollen;
L_t Probenlänge.

Während der Versuchsdurchführung wird die Unterseite der Biegeprobe (Zugseite) beobachte, und im Fall der Rissbildung wird der Versuch sofort abgebrochen. Im entlasteten Zustand wird anschließend der bis zum Anriss erreichte Biegewinkel aus 2° genau bestimmt. Neben dem Biegewinkel muss das Versuchsprotokoll auch den Durchmesser des verwendeten Biegedorns und die Lage des Anrisses, z. B. WEZ oder Schweißnaht, enthalten. Ein Biegewinkel von 180° gilt als erreicht, wenn die Probe ohne Anriss zwischen den Stützrollen durchgedrückt wird. In Bild 11-7 sind die Probengeometrien für diesen Versuch dargestellt. Je nach Ausrichtung der zu biegenden Schweißnaht kann zwischen der Quer-, Seiten- und Längsbiegeprobe unterschieden werden. Es kann über die Wurzel oder über die Decklage gebogen werden. Bei allen Probenarten wird die Schweißraupe bis auf Blechdicke abgearbeitet, um die Beeinflussung des Versuchsergebnisses durch Kerbwirkung auszuschließen. Die Probendicke ist bei Quer- und Längsbiegeproben gleich der Blechdicke, Seitenbiegeproben werden üblicherweise erst bei größeren Blechdicken vorgesehen.

11.4.2 Kerbschlagbiegeversuch

Der Kerbschlagbiegeversuch dient zur Ermittlung der Verformungsfähigkeit des Grundwerkstoffes, DIN 50115, oder der Schweißverbindung, DIN EN 875, unter besonders ungünstigen Bedingungen, d. h. hoher Belastungsgeschwindigkeit und mehrachsigem Spannungszustand im Kerbgrund [11-7], [11-8].

Bei diesem Versuch wird eine gekerbte, quaderförmige Probe auf zwei Widerlager gelegt und von einem Kerbschlaghammer auf der dem Kerb gegenüberliegenden Seite getroffen, zerschlagen oder nur verbogen und zwischen den Widerlagern durchgezogen. Die Messungen im Kerbschlagbiegeversuch erfolgen an Proben mit verschiedenen Temperaturen. Die für die entsprechende Temperatur benötigte Arbeit A_v wird gemessen. Die ermittelte Kerbschlagarbeit kann als Funktion der Temperatur in einem Diagramm dargestellt werden. Bild 11-8 zeigt die Proben- und Kerbform (ISO-V-Kerb) sowie schematisch die Ergebnisse eines solchen Versuches.

Für jede Prüftemperatur sollten mindestens drei Proben zerschlagen werden, und in dem sich daraus ergebenden Kerbschlagarbeits-Temperatur-Diagramm, kurz A_v-T-Kurve, sollte neben den Mittelwerten der Kerbschlagarbeit auch die Breite der Streubänder angegeben werden.

In dieser Kurve können die Bereiche der Hochlage, d. h. zähes Werkstoffverhalten, und der Tieflage, d. h. spröder Bruch der Probe, unterschieden werden. Dem Übergangsbereich, also dem Steilabfall der Kerbschlagarbeit, wird eine Übergangstemperatur $T_{ü}$ zugeordnet, bei deren Überschreiten ein Übergang von sprödem zu zähem Bruchverhalten auftritt. Da sich der Steilabfall über einen gewissen Bereich erstreckt, kann der Übergangstemperatur kein eindeutiger Wert zugewiesen werden. Für die Übergangstemperatur sind drei gängige Definitionen festgelegt worden:

1. Die Übergangstemperatur wird als die Temperatur definiert, bei der nur noch die Hälfte der Kerbschlagarbeit der Hochlage benötigt wird. Kurzschreibweise: $T_{50\%}$ oder $T_{Av\text{-}max/2}$.
2. Als Übergangstemperatur wird diejenige Temperatur definiert, bei der die Kerbschlagarbeit einen bestimmten Wert erreicht. Für den Grundwerkstoff wird die Übergangstemperatur häufig bei 27 J (T_{27J}) und für Schweißzusatzwerkstoffe bei 28 J oder 47 J (T_{28J},T_{47J}) festgelegt.
3. Oftmals wird der Gleitbruchanteil als Kriterium für die Übergangstemperatur herangezogen. Beträgt der Gleitbruchanteil auf der Bruchfläche 50%, so kann dies als die Übergangstemperatur definiert werden (FATT 50: Fracture Appearence Transition Temperature).

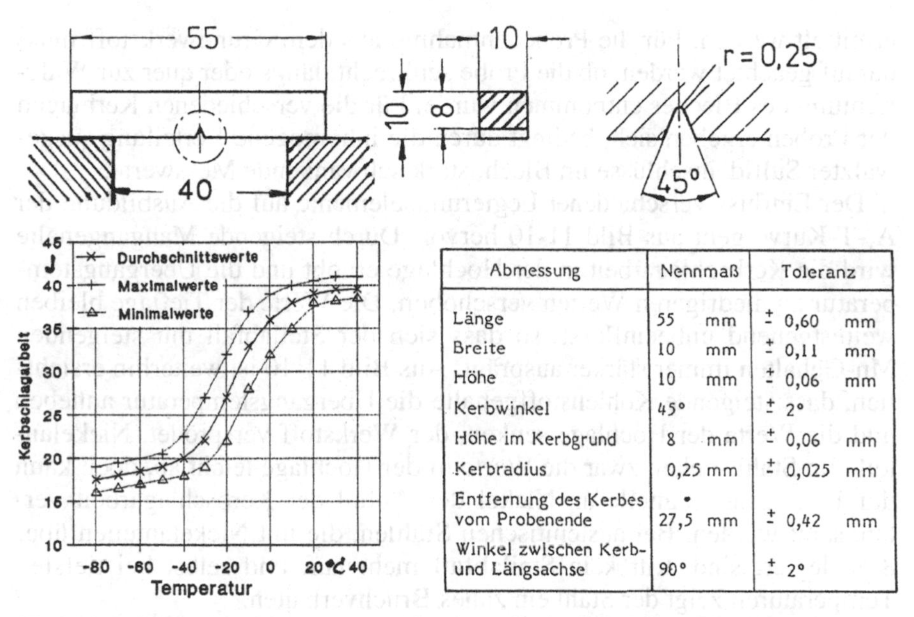

Abmessung	Nennmaß	Toleranz
Länge	55 mm	± 0,60 mm
Breite	10 mm	± 0,11 mm
Höhe	10 mm	± 0,06 mm
Kerbwinkel	45°	± 2°
Höhe im Kerbgrund	8 mm	± 0,06 mm
Kerbradius	0,25 mm	± 0,025 mm
Entfernung des Kerbes vom Probenende	27,5 mm	± 0,42 mm
Winkel zwischen Kerb- und Längsachse	90°	± 2°

Bild 11-8. Kerbschlagbiegeprobe und schematische Darstellung der Versuchsergebnisse in einer A_v-T-Kurve [11-8].

Im Bild 11-9 sind die für die Prüfung der Kerbschlagzähigkeit von Schweißverbindungen wichtigen Probenlagen dargestellt. Durch die Variation der Kerblage kann die Zähigkeit der einzelnen Schweißnahtbereiche, wie WEZ, Schmelzlinie, Schweißgut und Grundwerkstoff, recht genau

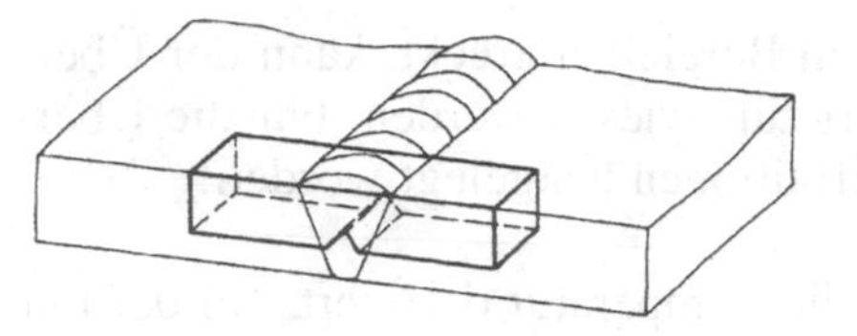

Parallele Innenlage des Kerbes (PI-Lage)

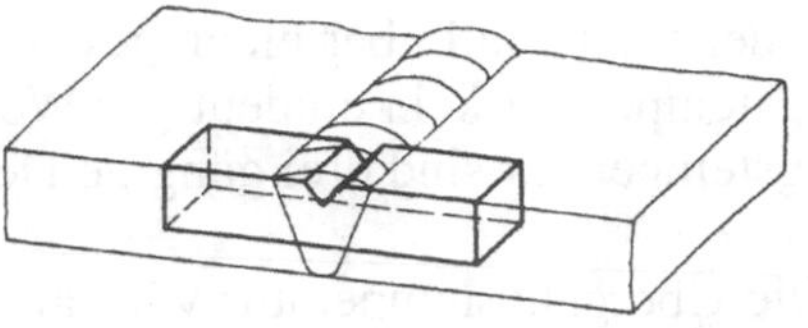

Parallele Oberflächenlage des Kerbes (PO-Lage)

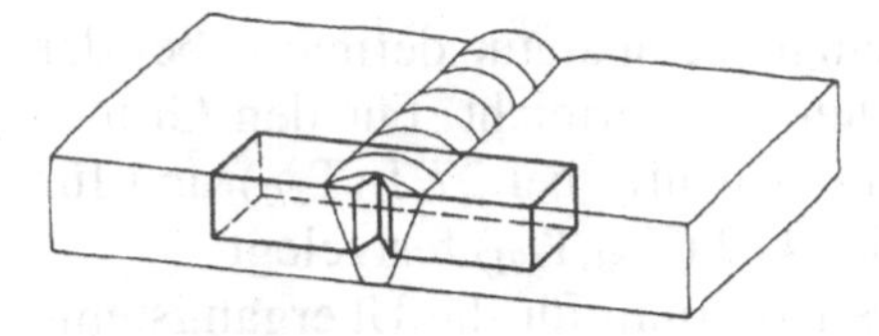

Senkrechte Lage des Kerbes (S-Lage)

Bild 11-9. Lage von Kerbschlagbiegeproben in schmelzgeschweißten Stumpfnähten nach [11-8].

ermittelt werden. Für die Probenentnahme aus dem Grundwerkstoff muss darauf geachtet werden, ob die Probe senkrecht, längs oder quer zur Walzrichtung des Bleches entnommen wurde. Für die verschiedenen Kerblagen der Proben ergeben sich, bedingt durch die inhomogene Verteilung ausgewalzter Sulfideinschlüsse im Blech, stark schwankende Messwerte.

Der Einfluss verschiedener Legierungselemente auf die Ausbildung der A_v-T-Kurve geht aus Bild 11-10 hervor. Durch steigende Mangangehalte wird die Kerbschlagarbeit in der Hochlage erhöht und die Übergangstemperatur zu niedrigeren Werten verschoben. Die Werte der Tieflage bleiben weitestgehend unbeeinflusst, so dass sich der Steilabfall mit steigenden Mn-Gehalten immer stärker ausprägt. Aus Bild 11-10 ist weiterhin ersichtlich, dass steigende Kohlenstoffgehalte die Übergangstemperatur anheben und die Werte der Hochlage senken, der Werkstoff versprödet. Nickelanteile im Stahl senken zwar die Werte in der Hochlage leicht ab, doch kann durch steigende Anteile an Nickel der Abfall der Kerbschlagarbeit verlangsamt werden. Bei austenitischen Stählen, die mit Nickelanteilen über 8 % legiert sind, tritt kein Steilabfall mehr auf, und selbst bei tiefsten Temperaturen zeigt der Stahl ein zähes Bruchverhalten.

Neben der Verbesserung der Zähigkeitseigenschaften durch die Zugabe von Nickel kann die Zähigkeit von Stählen durch ein feinkörniges Gefüge verbessert werden. Dies führte zur Entwicklung der Feinkornbaustähle.

Im Bild 11-11 ist deutlich zu erkennen, dass die niedriglegierten Baustähle wesentlich geringere Kerbschlagwerte für die entsprechenden Temperaturen aufweisen als die Feinkornbaustähle S 355 N, S 690 N und S 460 M. Am Beispiel des S 235 JR / S 355 J2G3 und S 355 N / S 690 N ist ersichtlich, dass eine Steigerung der Festigkeit meist mit einer vermin-

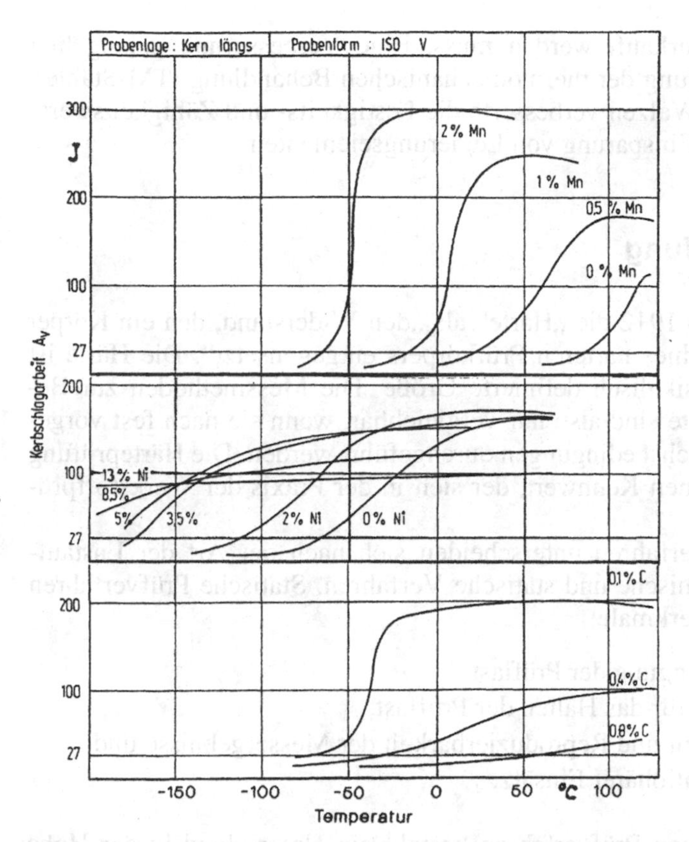

Bild 11-10. Einfluss von Mangan, Nickel und Kohlenstoff auf die A_v-T-Kurve.

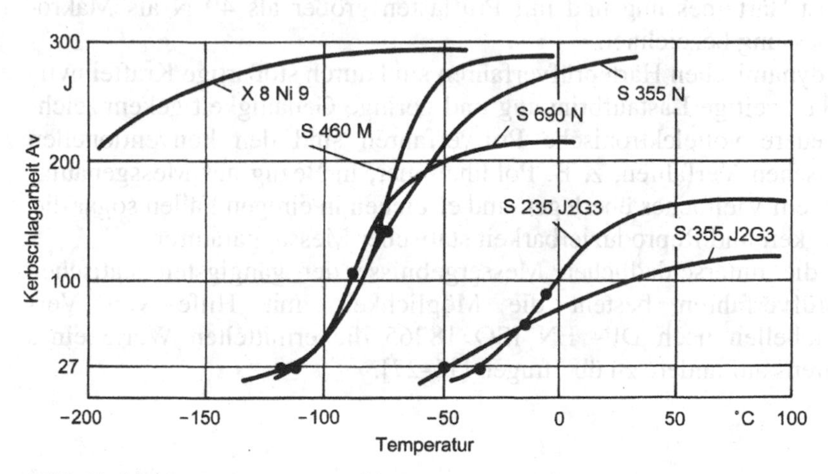

Bild 11-11. A_v-T-Kurven verschiedener Baustähle.

derten Zähigkeit erkauft werden muss. Eine Verbesserung gelang hier durch die Anwendung der thermomechanischen Behandlung (TM-Stähle). Das kontrollierte Walzen verbesserte die Festigkeits- und Zähigkeitswerte bei gleichzeitiger Einsparung von Legierungselementen.

11.5 Härteprüfung

Martens definierte 1912 die „Härte" als „den Widerstand, den ein Körper dem Eindringen eines härteren Prüfkörpers entgegensetzt". Die Härte ist jedoch keine physikalisch definierte Größe. Die Messmethoden zur Bestimmung der Härte sind also nur vergleichbar, wenn sie nach fest vorgeschriebenen Versuchsbedingungen durchgeführt werden. Die Härteprüfung liefert lediglich einen Kennwert, der sich in der Praxis der Werkstoffprüfung bewährt hat.

Die Härteprüfverfahren unterscheiden sich nach der Art der Lastaufbringung in dynamische und statische Verfahren. Statische Prüfverfahren haben folgende Merkmale:

- stoßfreie Aufbringung der Prüflast,
- festgelegte Zeit für das Halten der Prüflast,
- hohe Genauigkeit und Reproduzierbarkeit der Messergebnisse und
- überwiegend stationärer Einsatz.

Bei den statischen Prüfverfahren besteht ein Unterschied in der Höhe der aufgebrachten Prüflast. Messungen mit Prüflasten kleiner als 2 N werden als Mikro-Härtemessung, mit Lasten zwischen 2 N und 49 N als Kleinlast-Härtemessung und mit Prüflasten größer als 49 N als Makro-Härtemessung bezeichnet.

Die dynamischen Härteprüfverfahren sind durch stoßartige Krafteinwirkung, kurzzeitige Lastaufbringung und geringe Genauigkeit gekennzeichnet. Neuere vollelektronische Prüfverfahren sind den konventionellen dynamischen Verfahren, z. B. Poldihammer, in Bezug auf Messgenauigkeit um ein Vielfaches überlegen und erreichen in einigen Fällen sogar die Genauigkeit und Reproduzierbarkeit statischer Messapparaturen.

Für die unterschiedlichen Messergebnisse der gängigsten statischen Härteprüfverfahren besteht die Möglichkeit, mit Hilfe von Vergleichstabellen nach DIN EN ISO 18265 die ermittelten Werte eines Verfahrens auf andere zu übertragen [11-27].

11.5.1 Härteprüfung nach Brinell

Die Bestimmung der Härte nach Brinell ist nach DIN EN ISO 6506-1 genormt und das älteste heute noch angewendete Verfahren [11-28]. Der Eindringkörper ist entweder eine gehärtete Stahlkugel (HBS) oder eine Hartmetallkugel (HBW). Die Kraft ist in einer Zeit von 2 s bis 8 s aufzubringen und sollte für eine Zeitdauer von 10 s bis 15 s auf dem Prüfstück lasten. Der Eindruckdurchmesser wird mit einem Mikroskop gemessen, und die Härte ergibt sich dann aus der Formel

$$\text{HBW oder HBS} = 0{,}102\ F / \pi * D\ (D - \sqrt{D^2 - d^2})$$

wobei D der Kugeldurchmesser, d der Durchmesser des Eindruckes und F die Prüfkraft ist (Bild 11-12 a). Der entstandene Durchmesser des Eindruckes sollte nicht kleiner als 0,2 D (aufgrund eines unschärfer werdenden Randes) sein. Wegen der Gefahr des Wegquetschens des Werkstoffes und der damit verbundenen Verfälschung des Härtewertes liegt die obere Grenze des Abdruckdurchmessers bei 0,6 D.

Für das Brinell-Verfahren können Prüflast, Kugeldurchmesser und Einwirkzeit variiert werden. Für eine normgerechte Härteangabe sind diese drei Parameter anzugeben, falls sie von den Standardwerten abweichen. Üblich sind Kugeldurchmesser von 10 mm, Prüfkräfte von 29420 N und Einwirkzeiten von 10 s bis 15 s. Bei weichen, stark fließenden Stoffen ist die Einwirkzeit auf etwa 30 s zu erhöhen und muss in der Härteangabe entsprechend vermerkt sein. Prüfergebnisse sind nur dann vergleichbar, wenn die Quotienten aus Prüfkraft und Quadrat des Kugeldurchmessers ($0{,}102\ F/D^2$) gleich sind. Dieser Quotient wird auch als Belastungsgrad der Probe bezeichnet und sollte für Stahl den Wert 30 annehmen. Neben den Vorteilen des geringen Aufwandes für eine Probenpräparation und den geringen Kosten für die Ersatzbeschaffung eines neuen Eindringkörpers steht diesem Prüfverfahren der Nachteil einer eingeschränkten Anwendbarkeit gegenüber. So dürfen die Proben eine bestimmte Mindestdicke nicht unterschreiten, und die Härte des Werkstoffes sollte nicht über 450 HB liegen, da bei solchen Härten eine elastische Abplattung der Stahlkugel auftritt, die eine korrekte Bestimmung der Härte nicht zulässt.

11.5.2 Härteprüfung nach Vickers

Das heute am häufigsten eingesetzte Vickers-Verfahren ist in DIN EN ISO 6507-1 genormt und hat eine große Ähnlichkeit mit der Härteprüfung nach Brinell [11-29]. Zur Bestimmung der Härte dient an Stelle der Stahlkugel eine Diamantpyramide mit einem Winkel von 136°. Zur normgerechten

Kennzeichnung der Vickers-Härte werden der Bezeichnung HV die Prüflast und die Einwirkdauer nachgestellt.

Das Vickers-Härteprüfverfahren kann nach der Höhe der aufgebrachten Prüflasten in den Mikrobereich, mit Lasten unter 1,96 N, den Kleinlastbereich, mit Prüfkräften von 1,96 N bis 49 N und in den Makrobereich, mit Kräften von 49 N bis 980 N, eingeteilt werden (Tabelle 11-1).

Tabelle 11-1. Einteilung der Vickers-Härte in den Makro- und Kleinlastbereich und die hierfür eingesetzten Prüfkräfte.

Makrobereich		Kleinlastbereich	
Prüfbedingung	Prüfkraft F N	Prüfbedingung	Prüfkraft F N
HV 0,2	1,961	HV 5	49,03
HV 0,3	2,942	HV 10	98,07
HV 0,5	4,903	HV 20	196,1
HV 1	9,807	HV 30	294,2
HV 2	19,61	HV 50	490,3
HV 3	29,42	HV 100	980,7

Nach Aufbringen einer bestimmten Prüflast und einer Einwirkdauer von 10 s bis 5 s werden die Längen der Diagonalen d_1 und d_2 der eingedrückten quadratischen Grundfläche bestimmt. Bild 11-12b zeigt die Abdrücke der Prüfkörper bei der Härteprüfung nach Brinell und nach Vickers.

Mit Hilfe des Mittelwertes $d = (d_1 + d_2) / 2$ kann die entsprechende Härte HV nach folgender Formel bestimmt werden:

$$HV = 0{,}102\ F / (d^2 / 1{,}854) = 0{,}1891\ F / d^2;$$

F Prüfkraft in N,
d Mittelwert der Diagonalen $(d_1 + d_2) / 2$ in mm.

Die Vickers-Härte ist für große Prüfkräfte bis herab zu etwa 50 N unabhängig von der Prüflast. Für kleinere Prüflasten nimmt die plastische Verformung der Prüfstelle ab, und die elastischen Anteile gewinnen immer größere Bedeutung. Hieraus resultiert ein scheinbarer Härteanstieg für kleinere Prüflasten, da das Verhältnis von plastischer zu elastischer Verformung immer kleiner wird. Bei extrem kleinen Prüflasten, z. B. HV 0,3, nähert sich die Länge des eingedrückten Quadrates den Abmessungen von Gefügekörnern, so dass die Härtewerte letztendlich Einkristallhärtemessungen sind, die von einer Härtemessung zur anderen stark schwanken.

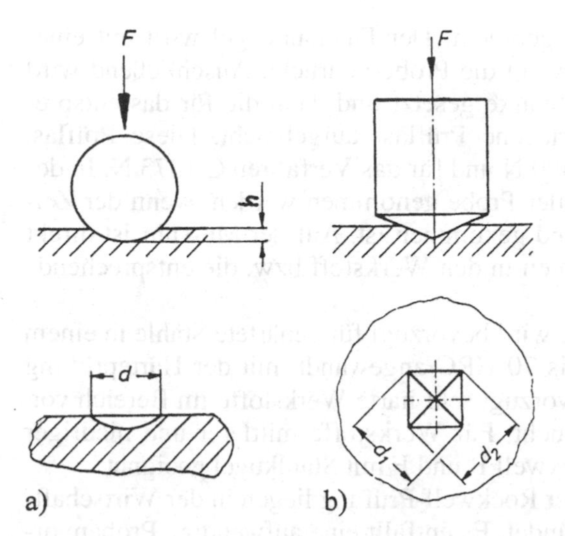

Bild 11-12. Härteprüfung nach Brinell (**a**) und nach Vickers (**b**).

Ein wesentlicher Vorteil des Vickers-Verfahrens ist die gute Vergleichbarkeit der Messwerte mit denen des Brinell-Verfahrens bis zu Härten von 300 HB. Darüber hinaus ist die geforderte Mindestblechdicke für eine Härteprüfung nach Vickers wesentlich geringer als für eine Prüfung nach Brinell. Wegen der kleinen Pyramideneindrücke ist dieses Verfahren für die Messung der Härte an dünnwandigen Bauteilen besonders geeignet.

Das Vickers-Verfahren ist das für die Bestimmung der Härteverläufe in Grundwerkstoff, WEZ und Schweißgut wichtigste Verfahren in der Schweißtechnik. Aufgrund der geringen Prüflasten sind sehr kleine Bereiche in der Schweißnaht auf unzulässige Aufhärtungen oder unzulässige Härteabfälle zu untersuchen. Dabei muss der Abstand zwischen zwei Eindruckstellen so gewählt werden, dass die Zonen plastischer Verformung sich nicht überlagern.

11.5.3 Härteprüfung nach Rockwell

Die Härteprüfung nach Rockwell ist ein Verfahren mit Eindringtiefenmessung des Prüfkörpers nach DIN 50103 und nach DIN EN ISO 6508 [11-31] [11-32]. Es kommen zwei verschiedene Eindringkörper zur Anwendung, ein Diamantkegel mit abgerundeter Spitze (HRA/HRC) oder eine gehärtete Stahlkugel (HRB/ HRF).

Für eine Härtemessung muss eine einwandfreie Probenoberfläche vorliegen, da mit zunehmender Rauhtiefe die Rockwell-Härte abnimmt. Die

Last wird in zwei Stufen aufgebracht. Der Diamantkegel wird mit einer Prüfvorkraft von 98 N stoßfrei in die Probe gedrückt. Anschließend wird das Messsystem auf die Nullmarke gesetzt und dann die für das entsprechende Verfahren vorgeschriebene Prüflast aufgebracht. Diese Prüflast beträgt für das Verfahren A 490 N und für das Verfahren C 1373 N. In der Regel kann die Prüflast von der Probe genommen werden, wenn der Zeiger der Messuhr zum Stillstand gekommen ist. Auf der Messuhr ist direkt die Eindringtiefe des Diamanten in den Werkstoff bzw. die entsprechende Härte abzulesen.

Das Verfahren Rockwell C wird bevorzugt für gehärtete Stähle in einem Härtebereich von 20 HRC bis 70 HRC angewandt, mit der Härteprüfung nach Rockwell A werden bevorzugt sehr harte Werkstoffe im Bereich von 60 HRA bis 88 HRA untersucht. Für Werkstoffe mittlerer und niedriger Härte sind die Verfahren Rockwell B und F mit Stahlkugel geeignet.

Die besonderen Vorteile der Rockwell-Prüfung liegen in der Wirtschaftlichkeit des Verfahrens begründet. Es entfällt eine aufwendige Probenvorbereitung, und für die Härtebestimmung müssen keine Abdrücke ausgemessen werden. Außerdem ist eine Automatisierung im Gegensatz zu Verfahren mit optischer Eindruckmessung besser möglich.

Als nachteilig hat sich die Empfindlichkeit des Diamant-Eindringkörpers herausgestellt. Eine Beschädigung der Diamantspitze ist fast nie mit bloßem Auge zu erkennen und eine hierdurch hervorgerufene Fehlmessung wird leicht übersehen.

11.6 Prüfung von Schweißverbindungen

11.6.1 Prüfung der Schweißeignung

Nach DIN 8528 wird die Schweißbarkeit eines Bauteiles durch die äußeren Faktoren Schweißeignung, Fertigung und Konstruktion bestimmt. Die Eigenschaften des Werkstoffes sind von ausschlaggebender Bedeutung für die Schweißeignung und nur in geringem Maße bei der Fertigung und Konstruktion zu berücksichtigen. Die Eignung eines Werkstoffes zum Schweißen wird durch seine chemische Zusammensetzung sowie die metallurgischen und physikalischen Eigenschaften bestimmt, siehe Abschnitt 1. Neben den „konventionellen“ Verfahren, die zur Werkstoffprüfung häufig an den Grundwerkstoffen durchgeführt werden, wie Zugversuch, Kerbschlagbiegeversuch oder Korrosionstests, wurden in der Schweißtechnik Methoden entwickelt, um die Werkstoffe bezüglich ihrer Rissanfälligkeit zu beurteilen.

11.6.1.1 Kaltrissprüfverfahren

Zur Prüfung der Kaltrissneigung von Schweißverbindungen wurden bislang eine Reihe von Kaltrissprüfverfahren in verschiedenen Ländern entwickelt. Eine einheitliche Normung der Kaltrisstests liegt bis heute noch nicht vor, so dass für ein und denselben Kaltrisstest neben den Probenabmessungen auch die Versuchbedingungen stark variieren können. Eine Vergleichbarkeit der Ergebnisse wird hierdurch in vielen Fällen unmöglich.

Wie bereits im Abschnitt 10.3.2.2 erläutert, ist der Wasserstoffgehalt für die Kaltrissbildung von großer Bedeutung. Bei vielen Kaltrisstests kann der Wasserstoffgehalt im Werkstoff durch verzögerte oder beschleunigte Abkühlung in großem Umfang variiert werden. Dies geschieht häufig durch eine Erhöhung bzw. ein Senken von Streckenenergie und Vorwärmtemperatur. Bei den gegebenen Schweißparametern Streckenenergie, Vorwärmtemperatur und Wasserstoffgehalt kann dann die Kaltrissempfindlichkeit der Schweißverbindung beurteilt werden. Die Kaltrisstests lassen sich in zwei Gruppen einteilen:

- Verfahren mit selbstbeanspruchender Probe und
- Verfahren mit fremdbeanspruchter Probe, d. h., die Probe kann mit einer definierten Kraft belastet werden.

Zu den selbstbeanspruchenden Verfahren gehören der CTS-Test (Control Thermal-Severity), der GBOP-Test (Gapped Bead On Plate), der Tekken- und der Lehigh-Test. Zu den fremdbeanspruchten Kaltrisstests zählen der RRC-Test (Rigid Restraint Cracking), der IRC-Test (Instrumented Restraint Cracking), der TRC-Test (Tensile Restraint Cracking) und der Implant-Test. Die beiden am häufigsten verwendeten Tests, der Tekken- und der Implant-Test, werden im Folgenden beschrieben. Eine ausführliche Darstellung der Kaltrisstests findet sich in [11-4].

11.6.1.1.1 Implant-Test

Diese Prüfmethode wurde Anfang der sechziger Jahre vom Institute de Soudure in Frankreich entwickelt und erfuhr danach weltweite Verbreitung. Der Implant-Test wird in verschiedenen Varianten durchgeführt und ist nicht genormt. Eine Vereinheitlichung des Prüfverfahrens wird angestrebt, es stehen zur Zeit jedoch nur eine IIW-Empfehlung und die DVS-Richtlinie 1001 zur Verfügung [11-15].

Beim Implant-Test wird eine zylinderförmige Implant-Probe in die Bohrung einer Trägerplatte eingesetzt und mit dieser durch eine Auftragraupe verschweißt (Bild 11-13). Die Implant-Probe hat einen Durchmesser von 6 mm oder 8 mm und besitzt am oberen eingeschweißten Ende einen etwa

10 mm langen Wendelkerbe mit fest vorgegebenen Maßen. Der Kerb soll innere Fehler und Anrisse in einer Schweißnaht simulieren und nach der Verschweißung von Probe und Trägerplatte in der Grobkornzone der WEZ liegen. Nach der Schweißung wird die Implant-Probe mit einer statischen Zugbelastung beaufschlagt.

Für die Durchführung und Auswertung des Implant-Testes lassen sich zwei Kriterien unterscheiden:

- Bruchkriterium. Der Implantstab wird bis zum Bruch durch eine statische Last beansprucht. Die kritische Bruchspannung ist ein Maß für die Kaltrissempfindlichkeit des Stahles. Diese Prüfmethode ist mit geringem Aufwand verbunden und hierdurch recht kostengünstig durchzuführen.
- Risskriterium. Zielgröße ist hierbei die kritische Spannung, die der Werkstoff des Implantstabes ohne Anrisse erträgt. Der Versuchaufwand steigt bei dieser Untersuchungsmethode, da neben der Herausarbeitung des Implantstabes auch noch eine metallographische Untersuchung der Probe auf Anrisse erfolgen muss.

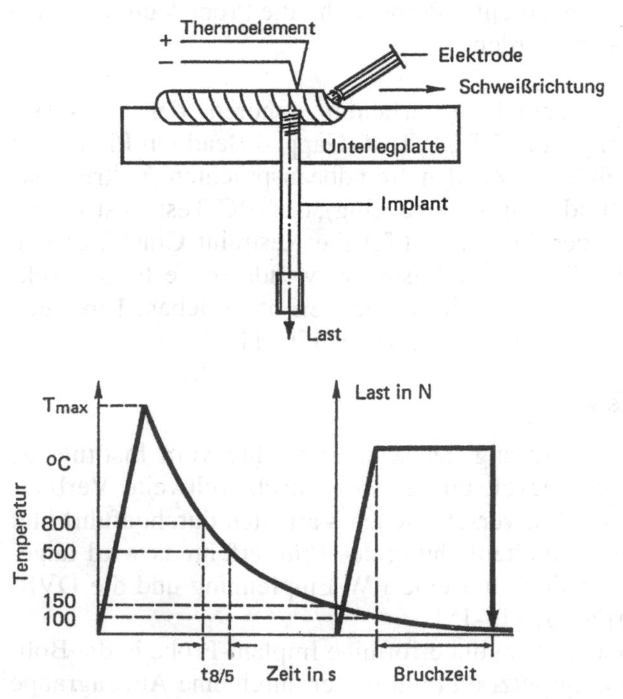

Bild 11-13. Prinzipieller Versuchsaufbau beim Implant-Test und schematische Darstellung des Temperatur- und -Lastverlaufes.

Ein Ausreißen der Schweißnaht oder ein Riss im Schweißgut ist weder für das Bruch- noch für das Risskriterium zulässig. Der Implant-Test erlaubt lediglich Aussagen über das Kaltrissverhalten des Grundwerkstoffes in der WEZ. Wurde die Implant-Probe im Schweißgut der Auftragsraupe gerissen, so ist eine für den Stahl der Implant-Probe entsprechende höherfeste Elektrode auszuwählen.

Für den Implant-Test können folgende Parameter verändert werden:

- Vorwärmtemperatur,
- Nachwärmtemperatur und Dauer der Wärmenachbehandlung,
- angelegte Implant-Spannung,
- Wasserstoffgehalt der verwendeten Elektrode und
- Streckenenergie,

jedoch sollte die Temperatur im Moment der Lastaufbringung gemäß DVS-Richtlinie 1001 immer zwischen 100°C und 150°C liegen.

Geschah 16 h nach der Lastaufbringung kein Anriss oder Bruch der Probe, so gilt der Stahl unter den gegeben Versuchbedingungen nach DVS-Richtlinie 1001 als kaltrissunempfindlich.

11.6.1.1.2 Tekken-Test

Der selbstbeanspruchende Tekken-Test wurde für die Praxis entwickelt und ist mit dem Lehigh-Test zu vergleichen. Lediglich in Japan wurde dieser Test bis jetzt genormt.

Bei diesem Test werden zwei Bleche mit den im Bild 11-14a dargestellten Nahtvorbereitungen in einer Einspannvorrichtung durch sogenannte Ankernähte oder Halteraupen miteinander verbunden (Bild 11-14b). Am häufigsten kommt beim Tekken-Test die Y-Naht zum Einsatz. Die Probenform simuliert die Verhältnisse beim Schweißen einer Wurzelraupe.

Nach einer Vorwärmung des ganzen Teststückes wird die eigentliche Testnaht zwischen die Halteraupen geschweißt. Üblicherweise wird die Testnaht mit Elektroden unter Standardbedingungen, 4 mm Elektrodendurchmesser, I = 170 A, U = 28 V, v_s = 15 cm/min, geschweißt, und lediglich die Vorwärmtemperatur wird variiert. Nach einer Auslagerung von 48 h oder 78 h wird die Testnaht auf Risse untersucht. Die Rissuntersuchung kann an mehreren Querschliffen der Schweißnaht erfolgen. Die entstandenen Risse werden durch eine Auslagerung unter oxidierender Atmosphäre bei 350°C für 2 h bis 3 h an den Anlauffarben im Schliff deutlich erkennbar. Des weiteren ist es möglich, die Testnaht zu brechen und die angelaufenen Rissflächen auf die untersuchte Gesamtbruchfläche zu beziehen.

Ziel dieses Versuches ist es, eine Mindestvorwärmtemperatur zu ermitteln, bei der keine Risse mehr auftreten. Werden bei der Rissauswertung lediglich Risse in der WEZ berücksichtigt, so ist es möglich, Aussagen über die Kaltrissempfindlichkeit des Grundwerkstoffes bei gegebener Vorwärmtemperatur zu treffen.

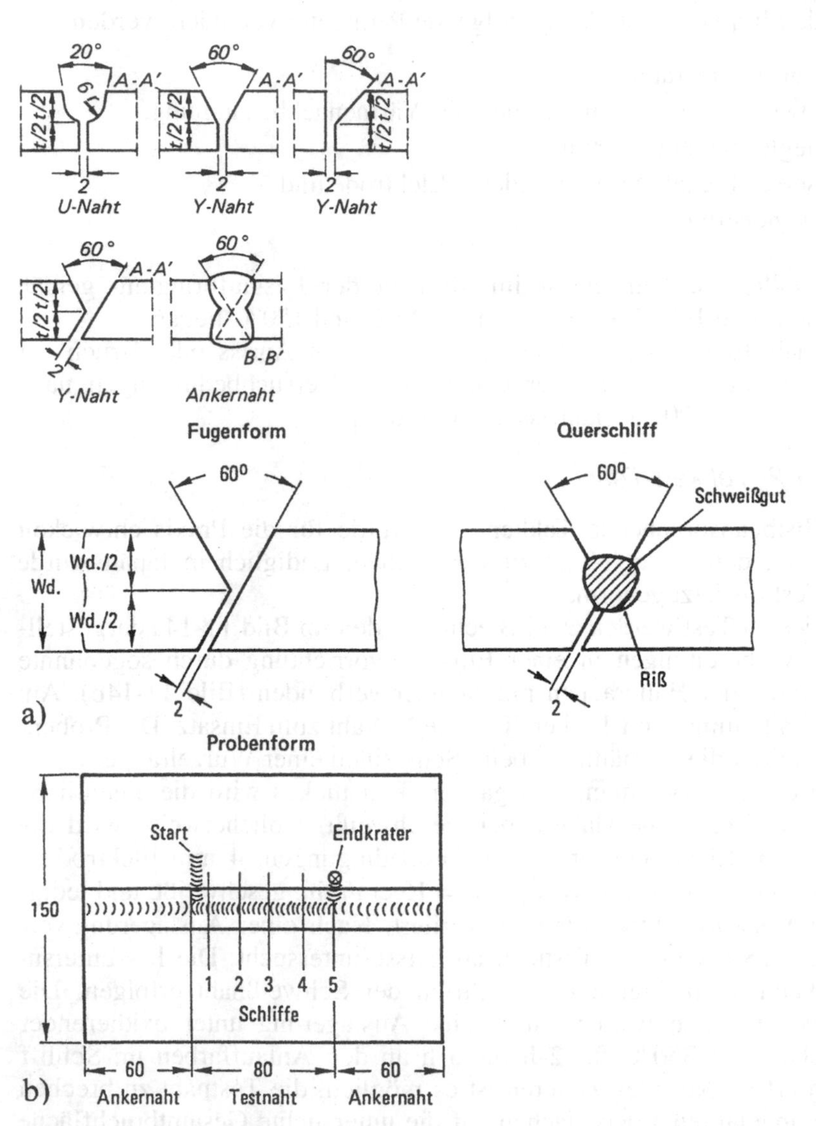

Bild 11-14. Verschiedene Nahtvorbereitungen beim Tekken-Test (**a**) und Lage der Ankernähte und der Testnaht (**b**).

11.6.1.2 Heißrissprüfverfahren

11.6.1.2.1 Heißrissprüfung mit selbstbeanspruchenden Proben

Die Prüfung der Schweißzusatzwerkstoffe auf ihre Rissempfindlichkeit ist nach DIN 50129 genormt [11-16]. Die hierin beschriebenen Prüfungen sind jedoch nur für das Schweißen mit Stabelektroden, das MSG-Verfahren und das WIG-Verfahren bei fest vorgeschriebenen Durchmessern des Schweißstabes bzw. der Elektroden zulässig. In DIN 50129 wird kein Hinweis auf die Entstehung der Risse gegeben. Da jedoch nur das Schweißgut untersucht wird, kann in diesem Fall von einer Prüfung der Heißrissempfindlichkeit des Schweißzusatzwerkstoffes gesprochen werden.

Bei der im Bild 11-15 abgebildeten Doppelkehlnahtprobe wird zunächst Naht 1 vollständig ohne Unterbrechung geschweißt, und nach spätestens 20 s muss mit der Schweißung von Naht 2 in entgegengesetzter Richtung begonnen werden. Das a-Maß von Naht 2 muss mindestens 20 % unter dem von Naht 1 liegen. Nach dem Erkalten wird zunächst Naht 1 auf Risse untersucht. Ist Naht 1 nicht rissfrei, so ist der Versuch ungültig. Im Fall einer fehlerfreien ersten Naht wird Naht 2 mit der Lupe auf Risse untersucht. Anschließend wird Naht 1 abgearbeitet und die zweite Naht durch Umbiegen von der Wurzel her aufgebrochen. Als Prüfergebnis werden Oberflächen- und Wurzelrisse nach Lage, Richtung, Anzahl und Länge festgehalten. Der Schweißzusatzwerkstoff gilt nach DIN als „nicht rissanfällig“, wenn die Schweißnähte in dieser Prüfung rissfrei sind.

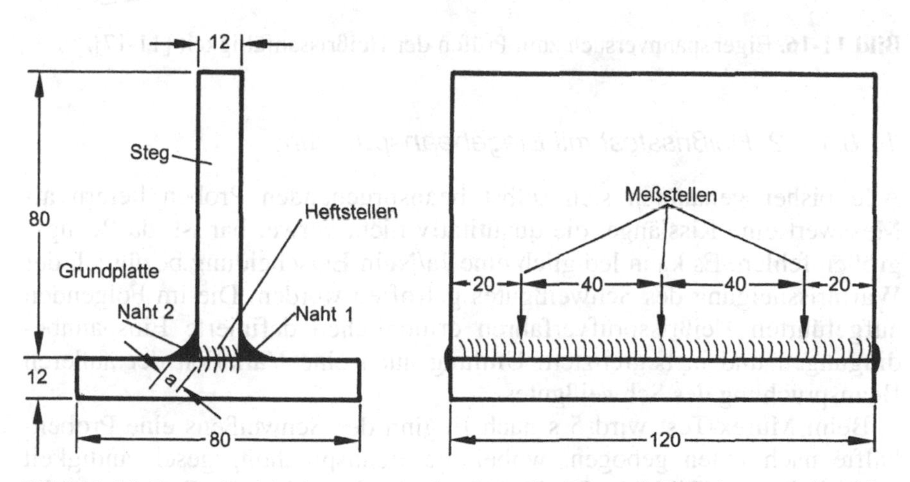

Bild 11-15. Doppelkehlnahtprobe zur Prüfung der Rissanfälligkeit von Schweißzusatzwerkstoffen nach [11-16].

Neben der Doppelkehlnahtprobe sind in DIN 50129 weitere Prüfkörper zur Bestimmung der Rissanfälligkeit von Schweißzusatzwerkstoffen aufgelistet. Hierzu gehören zwei Doppelkehlnahtproben mit unterschiedlicher Blechdicke und Geometrie. Bei erhöhten Anforderungen an den Zusatzwerkstoff kann auf eine in DIN 50129 ebenfalls beschriebene Zylinderprobe zurückgegriffen werden.

Bild 11-16 zeigt eine Versuchanordnung zur Untersuchung der Heißrissneigung von Stumpfnähten. Dieses Verfahren wurde zur Prüfung von dünnen Stahlblechen und Nichteisenmetallen entwickelt [11-17]. Die aus der Schrumpfung der Schweißnaht resultierenden Spannungen werden in einem instrumentierten Einspannversuch aufgezeichnet, und die entstehenden Risse können als Funktion von Temperatur und Gefüge ermittelt werden. Die im Bild 11-16 dargestellten Einspannvorrichtungen und der Einspannversuch sind nicht genormt.

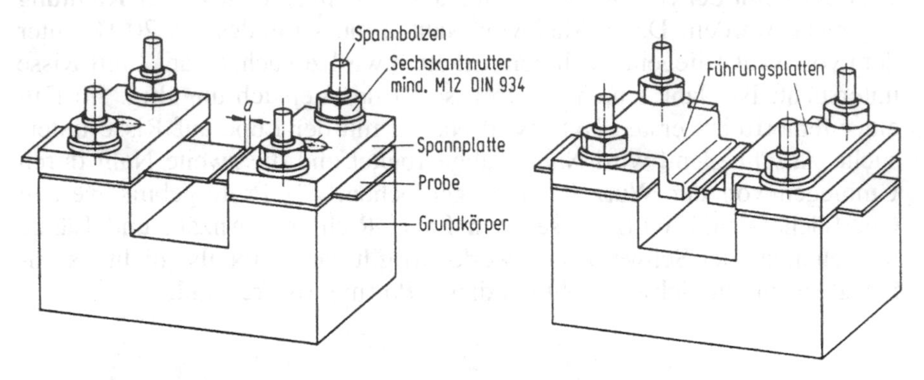

Bild 11-16. Eigenspannversuch zum Prüfen der Heißrissanfälligkeit [11-17].

11.6.1.2.2 Heißrisstest mit Biegebeanspruchung

Alle bisher genannten sich selbst beanspruchenden Proben liefern als Messwert eine Risslänge, die quantitativ nicht verwertbar ist, da Bezugsgrößen fehlen. Es kann lediglich eine Ja/Nein-Entscheidung bezüglich der Warmrissneigung des Schweißgutes getroffen werden. Die im Folgenden aufgeführten Heißrissprüfverfahren ermöglichen definierte Einspannbedingungen und in begrenztem Umfang auch eine Variation der äußeren Beanspruchung des Schweißgutes.

Beim Murex-Test wird 5 s nach Beginn des Schweißens eine Probenhälfte nach unten gebogen, wobei die Beanspruchungsgeschwindigkeit veränderbar ist (Bild 11-17) [11-18]. Nachteilig bei dieser Prüfung ist die Änderung der Nahtgeometrie während des Testes. Der Murex-Test erlaubt

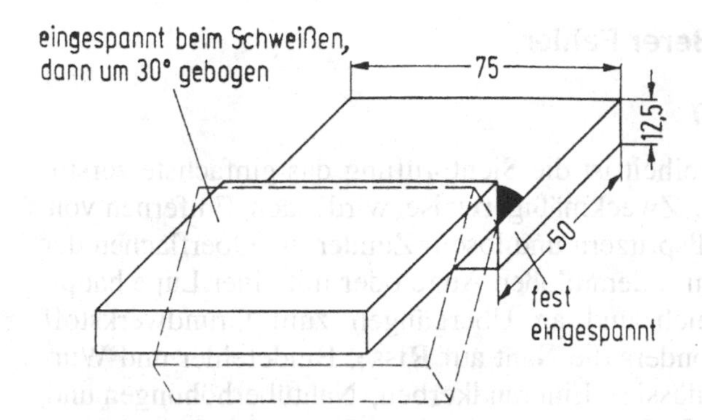

Bild 11-17. Murex-Test [11-18].

ausschließlich eine Aussage über die Rissempfindlichkeit des Schweißgutes.

Der Varestraint-Test ist eine Prüfmethode zur Ermittlung der Querrissempfindlichkeit des Schweißgutes und der WEZ des Grundwerkstoffes. Als Schweißverfahren können sowohl das MSG- als auch das WIG-Verfahren ohne Schweißzusatzwerkstoff eingesetzt werden. Dabei wird eine Raupe auf die Oberseite einer einseitig fest eingespannten Probe geschweißt, die mit ihrem freien Ende mit variierbarer Kraft und Geschwindigkeit über einen Radius so gebogen wird, dass oberflächennah definierte Dehnungen erzeugt werden (Bild 11-18). Bei um 90° versetzter Probenanordnung kann mit der gleichen Prüfeinrichtung die Längsheißrissempfindlichkeit von Werkstoffkombinationen untersucht werden (Transvarestraint-Test). Der Varestraint-Test eignet sich sowohl für die Heißrissprüfung des Schweißgutes (Erstarrungsrisse) als auch die des Grundwerkstoffes (Wiederaufschmelzungsrisse). Ein Kriterium zur Bewertung der Anzahl von Heißrissen wurde allerdings bisher nicht festgelegt.

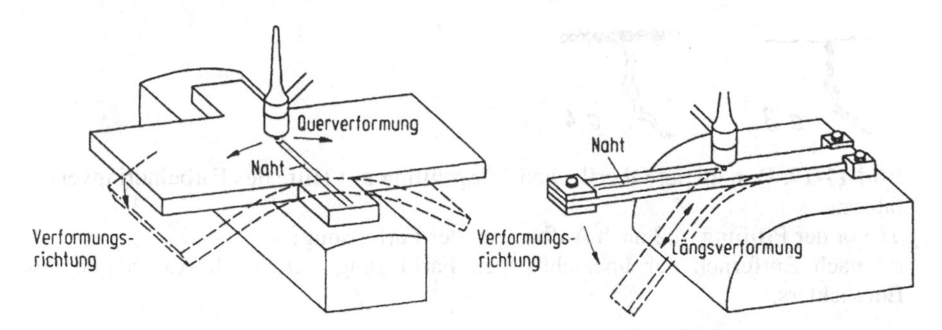

Bild 11-18. Varestraint-Test mit Verformung längs und quer zur Schweißnaht [11-17].

11.6.2 Ermittlung äußerer Fehler

11.6.2.1 Sichtprüfung

Zur Prüfung auf Fehlerfreiheit ist die Sichtprüfung das einfachste zerstörungsfreie Prüfverfahren. Zweckmäßigerweise wird nach Entfernen von Schlackenresten, Schweißspritzern und losem Zunder die Oberflächen der einzelnen Schweißlagen mit dem bloßen Auge oder mit einer Lupe hauptsächlich im Wurzelbereich und an Übergängen zum Grundwerkstoff betrachtet. Dabei ist besonders die Naht auf Risse, Bindefehler und Wurzelfehler sowie auf unzulässige Einbrandkerben, Nahtüberhöhungen und unregelmäßige Nahtoberflächen zu untersuchen. Fehler im Inneren von Rohren und an schwer zugänglichen Stellen können mit Endoskopen oder Videoeinrichtungen betrachtet werden.

Die Grenzen des Verfahrens liegen in der Zugänglichkeit und Erkennbarkeit von Oberflächenfehlern, beeinflusst durch den Oberflächenzustand, die Größe des zu betrachtenden Objektes, Umgebungseinflüsse wie Beleuchtung und Reflexionen, die Größe der oft nur wenige Mikrometer breiten Rissspuren und die subjektive Beurteilung des Beobachters.

11.6.2.2 Farbeindringverfahren

Das Farbeindringverfahren ist ein preisgünstiges und einfaches Prüfverfahren zur Untersuchung von Oberflächenrissen und nach DIN EN 571-1 genormt [11-19]. Das Prinzip ist im Bild 11-19 dargestellt.

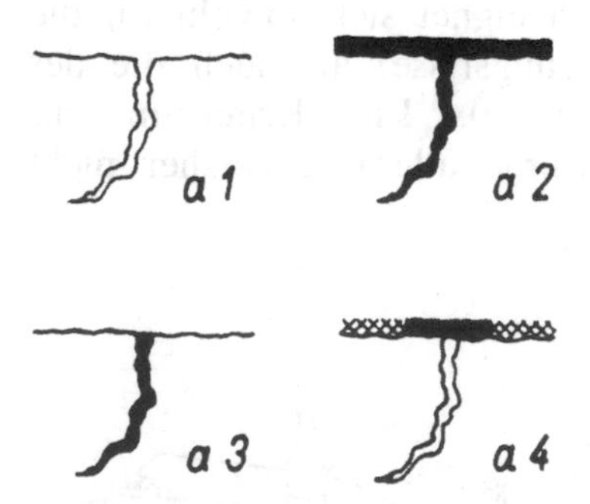

Bild 11-19. Prinzip der Oberflächen-Rissprüfung mit Hilfe des Farbeindringverfahrens.
a1 vor der Prüfung; *a2* nach Aufbringen der Farblösung;
a3 nach Entfernen der überschüssigen Farblösung; *a4* nach Aufbringen des Entwicklers.

Bei der Oberflächenprüfung einer Schweißnaht dringt eine gefärbte Flüssigkeit mit geringer Oberflächenspannung in kleinste Risse. Die treibende Kraft ist hierbei die Kapillarwirkung der schmalen Oberflächenrisse. Nach Entfernen der farbigen Flüssigkeit von der Oberfläche durch Abwischen oder chemische Reinigung wird ein sogenannte Entwickler aufgetragen. Er besteht aus fein gemahlener Kreide oder einem anderen hygroskopischen Stoff, aufgeschäumt in einem leicht verdunstenden Medium. Die flüchtige Komponente des Entwicklers verdunstet und ein weißer Kreideüberzug verbleibt auf der zu untersuchenden Fläche. Dieser dünne Kreidefilm saugt nun die eingedrungene Farbe aus den Rissen heraus. Die intensive Färbung des Eindringmittels hebt sich von dem weißen Untergrund des Entwicklers ab, so dass nach kurzer Zeit Risse deutlich sichtbar sind. Das Verfahren kann an allen festen, nicht porösen Baustoffen und unabhängig von der Bauteilgröße eingesetzt werden. Der Effekt kann u. U. durch eine Erwärmung des Bauteiles nach Aufgabe des Entwicklers noch verstärkt werden. Durch die Wärmedehnung des Werkstoffes schließen sich selbst kleinste Risse, und die Kontrollflüssigkeit wird an die Oberfläche gedrängt.

Die Anwendung des Farbeindringverfahrens in der Schweißtechnik bezieht sich vor allem auf den Nachweis von Oberflächenrissen. Eine Variante ist das Fluoreszenzverfahren. Dabei wird ein fluoreszierender Farbstoff verwendet und die Oberfläche mit dem UV-Licht einer Quarzlampe beleuchtet. Die Oberflächenrisse fluoreszieren dann und geben so ein besonders kontrastreiches Bild.

11.6.3 Ermittlung oberflächennaher Fehler

11.6.3.1 Wirbelstromverfahren

Für den Einsatz eines rissbehafteten Bauteiles und auch zur Schadensermittlung ist die Risstiefe oft von großer Bedeutung. Beim Wirbelstromverfahren wird die Messspule eines Tastspulensystems von einem Wechselstrom durchflossen. Weist die Oberfläche Fehler auf, so wird an fehlerbehafteten Stellen die Wirbelstromverteilung gestört. Aus der Änderung der Wirbelstromverteilung resultiert eine Änderung der Spulenimpedanz, die wiederum ein Maß für die Tiefe des Fehlers ist.

Die nach dem Wirbelstromverfahren arbeitenden Geräte ermöglichen den Nachweis und die Tiefenbestimmung von Rissen, die mit der Prüfoberfläche in Verbindung stehen, gleichgültig, ob die Fehler durch Oberflächenbearbeitung verschmiert oder beispielsweise durch einen dünnen Überzug verdeckt werden. Es können Risstiefen bis 7 mm von der Prüfoberfläche aus gemessen werden. Die Mindestwanddicke liegt für NE-Metalle bei 0,5 mm und für Stahl bei 0,1 mm. Die Fehlerauflösung hängt von der Oberflächenrauheit ab. Unter günstigen Bedingungen können Fehler von 50 µm Tiefe angezeigt werden.

11.6.3.2 Magnetinduktives Verfahren

Bei dem magnetinduktiven Verfahren wird der Prüfkörper in das magnetische Wechselfeld einer stromdurchflossenen Spule gebracht. Dabei werden im Prüfkörper Wirbelströme induziert, deren magnetisches Wechselfeld sich mit dem Primärfeld der Spule überlagert. Vorhandene Risse führen zu Störungen der Wirbelströme, was wiederum Rückwirkungen auf die Ströme in der Spule zur Folge hat. Diese Rückwirkungen werden allerdings auch durch andere Effekte hervorgerufen, z. B. Abstandsänderungen der Spule zum Prüfobjekt, elektrische oder magnetische Änderungen des Werkstoffes oder Oberflächenunebenheiten.

Solche Störeffekte sind teilweise so groß, dass dieses Prüfverfahren nur bedingt zur Fehlersuche in Schweißnähten geeignet ist. Die Justierung der Prüfeinrichtung ist an möglichst gleichartigen Teststücken vorzunehmen, und die Prüfergebnisse werden mittels Vergleichsmessungen an fehlerfreien Prüfkörpern ausgewertet.

Je nach Ausführung der Messeinrichtung lassen sich mit Hilfe dieser Technik Werkstücke auf Risse, Legierungszusammensetzung, Einsatzhärtung, Plattierschichtdicke und Gefügeinhomogenitäten prüfen. Dieses Prüfverfahren wird hauptsächlich zur Prüfung längsnahtgeschweißter Rohre aus Aluminium, Kupfer und Stahl eingesetzt. Neben dem Vorteil der Automatisierbarkeit dieses Messverfahrens bleiben jedoch die Nachteile der Störeffekte durch Abstandsänderungen oder Gefügeinhomogenitäten.

11.6.3.3 Magnetpulverprüfung

Bei der Magnetpulverprüfung werden magnetische Streufelder durch die Verteilung von Metallpulver auf der Werkstückoberfläche sichtbar. Das Aufbringen der Pulver, Eisenspäne oder Fe_3O_4-Pulver, kann sowohl trocken als auch nass geschehen. Beim nassen Verfahren werden Prüföle mit Zusätzen von feinem Eisenpulver verwendet. Dem Öl zugemischte fluoreszierende Zusätze erleichtern die direkte Beobachtung der Risse unter UV-Licht. An den Fehlstellen ändert sich die Dichte des Magnetfeldes. An diesen Stellen sammeln sich die Eisenspäne an. Die Magnetpulverprüfung mit einem Jochmagneten ist im Bild 11-20 dargestellt.

Für die Prüfung von Schweißnähten werden meist tragbare Geräte benutzt, die sowohl mit Joch- als auch mit Durchflussmagnetisierung arbeiten. Das Magnetpulververfahren dient dem Nachweis von Rissen an der Oberfläche oder in oberflächennahen Bereichen bei magnetisierbaren

Stählen. An austenitischen, also paramagnetischen, und auch bei antiferromagnetischen Werkstoffen ist dieses Verfahren nicht einsetzbar. Für die Fehlererkennbarkeit ist es weiterhin wichtig, dass der Fehler senkrecht zu den Feldlinien des Magnetfeldes liegt. Die Eindringtiefe in das zu prüfende Bauteil beträgt maximal 5 mm. Für die Prüfung von Schweißverbindungen bestehen folgende Anwendungsmöglichkeiten:

- Prüfung von Schweißnähten bis 8 mm bei beiderseitiger Prüfung auf Risse und weitere flächige Fehler, wie Binde- und Wurzelfehler;
- Prüfung von Kehlnähten;
- Prüfung von Auftragsschweißungen auf Oberflächenanrisse;
- Prüfung von Pressstumpfverbindungen auf Bindefehler und flächige Einschlüssen.

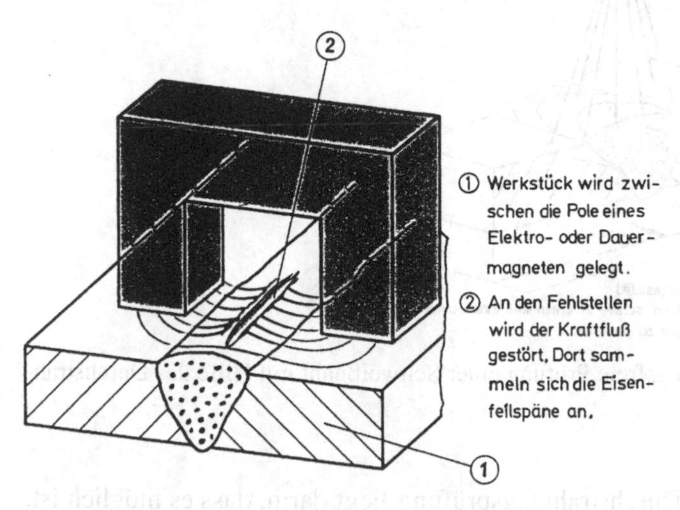

2
① Werkstück wird zwischen die Pole eines Elektro- oder Dauermagneten gelegt.
② An den Fehlstellen wird der Kraftfluß gestört. Dort sammeln sich die Eisenfeilspäne an.
1

Bild 11-20. Magnetpulverprüfung mit Hilfe eines Jochmagneten.

11.6.4 Ermittlung innerer Fehler

11.6.4.1 Durchstrahlungsverfahren mit Röntgen- und Gammastrahlung

Das klassische Verfahren für die Prüfung auf innere Fehler ist das Durchstrahlungsverfahren mit elektromagnetischer Strahlung (Bild 11-21). Die Intensität der Röntgenstrahlung nimmt beim Durchgang durch den Werkstoff ab. Hohlräume, Risse und Schlackeneinschlüsse im Prüfkörper absorbieren die Strahlung in wesentlich geringerem Maße als das Metall, so dass bei einer Durchstrahlung eines Bauteiles die Röntgenstrahlen mit einer unterschiedlichen Intensitätsverteilung auf den hinter der Probe liegenden Film treffen. Hieraus resultiert eine unterschiedliche Schwärzung des Filmes. Der Intensitätsunterschied ist am größten, wenn die Ausbreitungsrichtung des Fehlers parallel zur Durchstrahlungsrichtung liegt, wie im Bild 11-21 abgebildet. Bei einer korrekten Belichtung) des Filmes erscheinen die fehlerfreien Bereiche der Probe hell, während Fehler dunkel dargestellt werden.

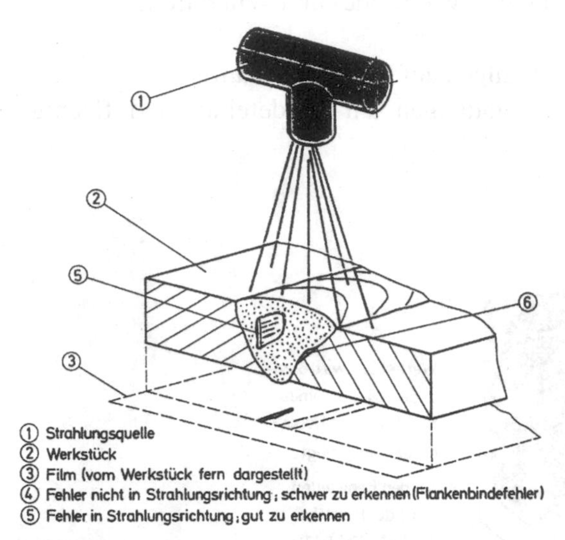

Bild 11-21. Zerstörungsfreie Prüfung einer Schweißnaht mit Hilfe des Durchstrahlungsverfahrens.

Der Vorteil der Durchstrahlungsprüfung liegt darin, dass es möglich ist, die Lage und Ausbreitung des Fehlers durch einen Film zu dokumentieren. Anhand der unterschiedlichen Grauabstufungen von Schlackeeinschlüssen und Poren können die Fehler anhand des belichteten Filmes in Grenzen unterschieden werden. Ein Nachteil dieses Verfahren ist, dass flächige Fehler nur unter günstigen Orientierungen, d. h. mit der Fehlerebene in Strahlrichtung, erkannt werden können und die Anwendung der Durchstrahlungsprüfung hinreichende Maßnahmen zum Strahlenschutz erfordert. Die durchstrahlbare Wanddicke ist begrenzt, und die Erkennbarkeit der Fehler wird mit zunehmender Wanddicke schlechter. Wanddicken bis zu 500 mm lassen sich noch in wirtschaftlicher Weise von den heute zur Verfügung stehenden Linearbeschleunigern durchstrahlen.

Das wichtigste Mittel zur Erkennung von Fehlern bei der Röntgendurchstrahlung ist der fotographische Film. Da die Empfindlichkeit von

Fotoschichten gegenüber Röntgen- und Gammastrahlen gering ist, werden häufig Verstärkerfolien verwendet. Diese haben den Zweck, den Belichtungsprozess zu beschleunigen und bei großen Durchstrahlungsdicken wirtschaftlich vertretbare Belichtungszeiten (bis 3 min) zu erzielen, jedoch nimmt die Konturschärfe beim Einsatz einer Verstärkerfolie ab.

Die Güte eines Röntgenschattenbildes ist durch Zeichenschärfe und Kontrast gekennzeichnet. Die Fehlererkennbarkeit nimmt bei gleicher Filmempfindlichkeit und Körnung mit der Wellenlänge der Röntgenstrahlung, also bei „weicherer" Strahlung, zu. Da das Durchdringungsvermögen der Röntgenstrahlung mit zunehmender Wellenlänge abnimmt und damit die Belichtungszeit einer Durchstrahlungsaufnahme rasch ansteigt, muss immer ein Kompromiss zwischen der Härte der Röntgenstrahlung und der strahlungsbedingten Fehlererkennbarkeit geschlossen werden. Die „härtere", also kurzwelligere Strahlung von Istopen ist daher bei größeren Wanddicken erforderlich, obwohl sie gegenüber einer Röntgenstrahlung schlechtere Bildkontraste liefert.

Eine Kontrastminderung wird auch durch die Streustrahlung hervorgerufen, die innerhalb des untersuchten Werkstückes und in seiner Umgebung entsteht. Diese Streustrahlung führt z. B. bei Stahldicken ab 50 mm zu einer merklichen Verschleierung des Bildes, so dass die feinen Schwärzungsunterschiede in dem von der direkten Röntgenstrahlung erzeugten Schattenbild des Körpers nicht mehr zu erkennen sind. Die Streustrahlung ist um so intensiver, je größer das bestrahlte Volumen ist. Eine Verminderung der Streustrahlenwirkung wird durch möglichst enge Begrenzung des Primärstrahlbündels erreicht.

Bei der Prüfung von Schweißnähten oder Werkstücken, die kontinuierliche Dickenänderungen aufweisen, ergibt sich hieraus eine langsame Ab- oder Zunahme der Strahlungsintensität. Entsprechend der Intensitätsänderung der Strahlung erhöht oder verringert sich die Schwärzung des Filmes, so dass vorhandene Fehler auf dem Film nicht mehr zu erkennen sind. Aus diesem Grund wird ein Dickenausgleich zwischen Film und Werkstück gelegt, der die Intensitätsunterschiede bezüglich der Dicke ausgleicht.

In der internationalen Normung ist dem Begriff „Bildgüte" eine quantitative Fassung gegeben worden. Die Grundlage für eine einheitliche Bestimmung der Bildgüte von Röntgen- und Gammafilmaufnahmen an metallischen Werkstoffen liefert DIN EN 462 [11-34]. Auf die röhrennahe Seite des Prüfkörpers wird ein Drahtsteg gelegt, der in einer Kunststoffhülle mehrere 25 mm bzw. 40 mm lange Drahtstücke mit verschiedenen, genormten Durchmessern sowie die Kennzeichnung enthält (Tabelle 11-2). Die Drahtdicken sind durchnumeriert, und die Bildgütezahl BZ ergibt sich als die Nummer des dünnsten Drahtsteges, dessen Schattenbild auf der Aufnahme gerade noch zu erkennen ist. Mit steigender Bildgütezahl BZ nehmen die Qualität und die Erkennbarkeit von Fehlern zu.

Tabelle 11-2. Bildgüteprüfkörper und Abmessungen der Drähte für verschiedene Werkstoffe nach DIN EN 462.

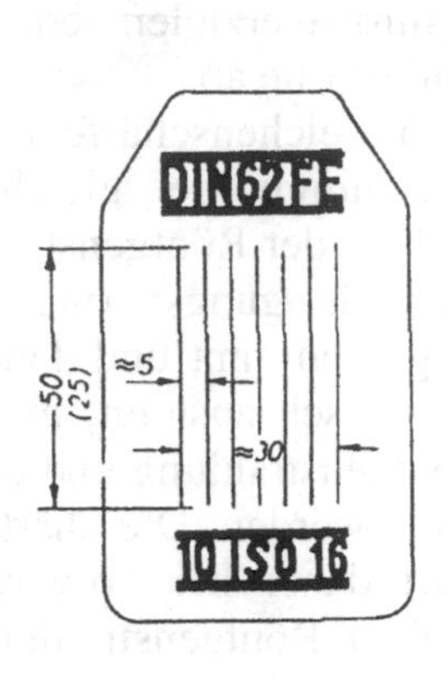

Drahtdurchmesser mm	Zulässige Abweichungen mm	Drahtnummer
3,2 2,5 2	± 0,03	1 2 3
1,6 1,25 1 0,8 0,63	± 0,02	4 5 6 7 8
0,5 0,4 0,32 0,25 0,2 0,16	± 0,01	9 10 11 12 13 14
0,125 0,1	± 0,005	15 16

Kurzbezeichnung	Drahtnummer nach Tabelle 1	Drahtlänge mm	Drahtwerkstoff	zu prüfende Werkstoff-gruppen
FE 1/7 FE 6/12 FE 10/16	1 bis 7 6 bis 12 10 bis 16	50 50 oder 25 50 oder 25	Stahl unlegiert	Eisen-werkstoffe
CU 1/7 CU 6/12 CU 10/16	1 bis 7 6 bis 12 10 bis 16	50 50 50 oder 25	Kupfer	Kupfer, Zink, Zinn und ihre Legierungen
AL 1/7 AL 6/12 AL 10/16	1 bis 7 6 bis 12 10 bis 16	50 50 50 oder 25	Aluminium	Aluminium und seine Legierungen

Die Anforderungen an die Bildgüte hängen von Art und Größe der nachzuweisenden Fehler im Zusammenhang mit dem Einsatzzweck des Prüfstückes ab. Nach DIN EN 462 werden zwei Bildgüteklassen unterschieden:

- Bildgüteklasse 1 mit hoher Detailerkennbarkeit und
- Bildgüteklasse 2 mit normaler Detailerkennbarkeit.

Zur Auswertung und Klassifizierung der Röntgenaufnahmen kann die IIW-Röntgenkartei (IIW - International Institute of Welding) zu Hilfe genommen werden. Diese Kartei enthält Röntgenaufnahmen mit typischen Fehlstellen in Schweißnähten. Die Filme sind entsprechend der Bedeutung der Fehler in fünf Gruppen eingeteilt, die durch unterschiedliche Farben gekennzeichnet sind.

11.6.4.2 Ultraschallverfahren

Zu einem der am häufigsten angewendeten Verfahren der zerstörungsfreien Werkstoffprüfung hat sich in den letzten Jahren die Ultraschallprüfung entwickelt. Zu den Vorteilen dieses Verfahrens gehören die geringen Investitions- und Unterhaltskosten im Vergleich zum Röntgenverfahren, eine leichte Handhabung des Gerätes und eine gute Tiefenortung der Fehlerlage. Nachteilig ist, dass die Fehlerart durch eine indirekte Fehleranzeige nicht erkannt werden kann und dass zwischen Signalhöhe und Fehlergröße nur in günstigen Fällen eine Proportionalität zu erwarten ist. Ferner werden die meisten Prüfungen von Hand durchgeführt und die Ergebnisse von den Prüfern aufgezeichnet, was eine subjektive Beurteilung und Registrierung bedeutet.

Die Prüfung eines Werkstückes auf Fehler kann nach zwei unterschiedlichen Ultraschall-Verfahren durchgeführt werden. Zum einen kann mit einem Sende- und einem Empfangskopf mit Hilfe der Durchschallungsmethode oder zum anderen mit einem Ultraschallprüfkopf mit integriertem Sende- und Empfangskopf, dem sogenannten Impuls-Echo-Verfahren gearbeitet werden. Für die Schweißtechnik ist das Impuls-Echo-Verfahren das am häufigsten angewendete Verfahren. Über ein Ankoppelmedium, meist Öle oder Pasten, wird vom Sender ein Schallimpuls in das Werkstück abgestrahlt. Trifft die Schallwelle auf einen Fehler und ist dieser kleiner als der Schallstrahlquerschnitt, so wird ein Teil des Schalls vom Fehler und der restliche Schallanteil von der Rückwand reflektiert (Bild 11-22).

Die Echowelle des Fehlers wird entsprechend ihrer Laufzeit zum Empfänger angezeigt, nach entsprechend längerer Laufzeit trifft auch das Rückwandecho ein. Die Laufzeit liefert dann bei bekannter Schallgeschwindigkeit den Abstand des Fehlers von der Werkstückoberfläche bzw. die Werkstückdicke (Rückwandecho).

Entsprechend kann eine Skala auf dem Anzeigebildschirm für bestimmte Schallgeschwindigkeiten auf den Fehlerabstand kalibriert werden. Die Echohöhe hängt nur bedingt von der Fehlergröße ab und wird zusätzlich durch die Lage und Form des Fehlers, die Ankopplungsbedingungen des Ultraschallprüfkopfes und die Geräteeigenschaften beeinflusst.

Im Gegensatz zur Röntgendurchstrahlung ist ein Fehlernachweis nur dann möglich, wenn die Fehlerebene senkrecht zur Einschallrichtung verläuft. Liegen Einschallrichtung und Fehlerebene parallel, ist die geringste Schallschwächung bei der Durchschallungsmethode bzw. die geringste Reflexion bei der Impuls-Echo-Methode zu erwarten. Aufgrund der Nachweisbarkeit von Fehlern parallel und senkrecht zur Einstrahlungsrichtung ergänzen sich das Röntgen- und das Ultraschallverfahren in idealer Weise. Häufig wird daher der Nahtbereich zunächst mit Ultraschall auf Fehler abgesucht und nach deren Ortung eine Röntgenaufnahme mit einer Fehleridentifikation nach Form und Größe angefertigt.

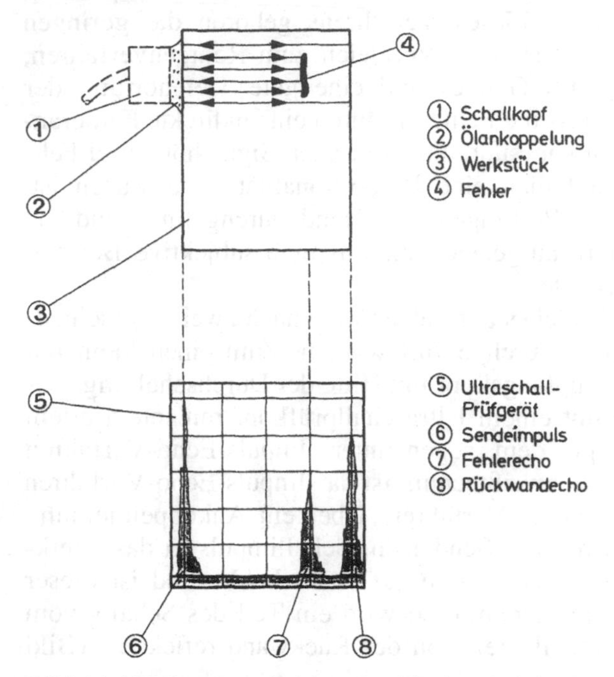

Bild 11-22. Signale auf einem Oszilloskop bei der Detektion eines Fehlers mit dem Impuls-Echo-Verfahren.

Zur Zeit konzentrieren sich die Entwicklungsvorhaben beim Ultraschall auf die gezielte Anregung bestimmter Wellenarten, Auswertung der hochfrequenten Signale zur Erkennung der Fehlerart, Anwendung der Holographie zur besseren Fehlerauflösung, Einsatz fokussierter Strahlenbündel zur Fehlergrößenerkennung und Signalmittelungsverfahren zur Erkennung von Fehlern in stark schallstreuenden Materialien und auf die objektive rechnergesteuerte Auswertung und Darstellung der Ergebnisse.

Einsatz von Ultraschall in der Schweißtechnik

Der Prüfkörper sollte eine möglichst glatte Oberfläche haben, lose haftende Rost- und Zunderschichten sowie Schweißspritzer sind zu entfernen. Als Ankopplungsmittel dient Wasser, Öl oder eine gallertartige Paste. Zur besseren Fehlererkennung soll der Schall senkrecht zur größten Abmessung des Fehlers auftreffen. Folgende Fehler sind nachweisbar: Schlackeneinschlüsse und Poren, Bindefehler, nicht durchgeschweißte Stellen (Wurzelfehler, Rand- oder Einbrandkerben) sowie Risse (längs und quer). In der Hauptsache kommt das Impuls-Echo-Verfahren mit Normalprüfköpfen und Winkelprüfköpfen zur Anwendung. Während bei Normalprüfköpfen die Schalleinbringung senkrecht zur Blechoberfläche erfolgt, kann der Schallimpuls bei Winkelprüfköpfen unter einem Winkel von 35° bis 80° zur Blechoberfläche eingebracht werden. Zur Fehlerortung werden Ortungsstäbe verwendet, mit denen, ausgehend vom Abstand zwischen Sendeimpuls und Fehlerecho auf dem Anzeigegerät, die Lage des Fehlers berechnet werden kann. Für die Kalibrierung der Geräte kann ein Kontrollkörper nach DIN EN 12223 Verwendung finden.

Besondere Probleme bereitet das Prüfen von austenitischen Schweißnähten mit Hilfe des Ultraschallverfahrens. In [11-21] wird angemerkt, dass die Ultraschalldurchlässigkeit und -prüfbarkeit der hochlegierten austenitischen Stähle nicht von der Gitterstruktur, sondern im Wesentlichen von der Ausbildung des Gefüges abhängt. So sind austenitische Grundwerkstoffe sehr gut mit Ultraschall zu prüfen, jedoch austenitische Schweißnähte aufgrund ihres Gussgefüges im Allgemeinen sehr schlecht oder gar nicht. Ebenso negativ auf die Ultraschallprüfbarkeit wirkt sich bei den hochlegierten Stählen eine Verformung aus. Verantwortlich für die schlechte Prüfbarkeit dieser Gefüge sind nach [11-21] Schwächungen des Ultraschalls durch Absorption und Streuung an den Korngrenzen.

Da für die Prüfung von Schweißnähten glatte Oberflächen erforderlich sind, kann mit einem senkrecht einschallenden Prüfkopf eine Schweißnaht im I-Stoß nur nach vorherigem Planen der Decklagen untersucht werden. Bei Kehlnähten ist die Zugänglichkeit zu den Schweißnähten zusätzlich erschwert. Um dies zu vermeiden, gibt es Ultraschallprüfköpfe, die unter verschiedenen Winkeln in das Metall einschallen und über Reflektionen an Rückwänden einen Nachweis von Fehlern ermöglichen (Bild 11-23).

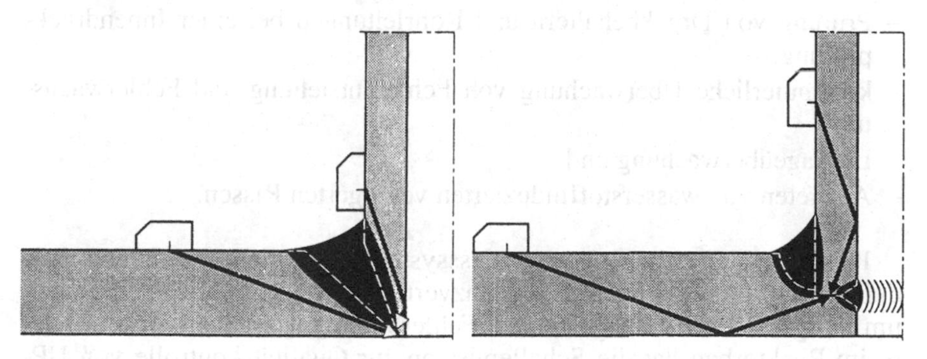

Bild 11-23. Prüfung von Kehlnähten mit Hilfe von Winkelprüfköpfen.

Die manuelle Ultraschallprüfung weist einige Nachteile auf: Subjektivität des Prüfpersonals, Dokumentationsprobleme usw. Deshalb wurden automatisierte Prüfanlagen entwickelt, die Angaben über Fehlertiefe und -länge, Echohöhe und eine Fehlerklassifizierung und -ortung liefern. Eine Auswertung und Dokumentation der Ergebnisse geschieht durch Mikrocomputer und Drucker oder Schreiber.

11.6.4.3 Schallemissionsverfahren

Die Beanspruchung eines Werkstoffes durch äußere oder innere Kräfte ruft mechanische Reaktionen im Werkstoffinnern hervor. Diese Reaktionen äußern sich u. a. durch Körperschall unterschiedlicher Frequenz und Intensität. Der akustisch oder elektronisch nachweisbare Körperschall, der durch die Freisetzung elastischer Energie entsteht, wird als Schallemission bezeichnet. Die Schallemissionsanalyse (SEA) versucht den Empfang und die Deutung von Schallsignalen, die der Prüfkörper aussendet.

Vorteilhaft gegenüber anderen Prüfverfahren ist, dass die Schallemissionsanalyse als integrales Verfahren einen weiten Bereich des Prüfkörpers erfasst, d.h., das Verfahren ist von der Teilgeometrie und der Schweißnahtstruktur weitgehend unabhängig. Fehler können im Augenblick ihrer Entstehung registriert werden. Somit sind eine Korrektur der Schweißparameter und sofortige Ausbesserung der Fehler möglich. Das wesentliche Problem liegt heute noch bei einer über das bloße Auffinden hinausgehenden Bewertung der Anzeigen. Genauere Aussagen über den Ort der Schallquelle, seine Tiefenlage und die Charakteristik des Fehlers sind derzeit noch nicht möglich. Ebenso schwierig ist es, Fehlergeräusche während des Schweißens von Prozessgeräuschen zu trennen. Hier helfen eventuell Frequenzanalysen weiter. Anwendungsgebiete der Schallemissionsanalyse sind:

- Prozesskontrolle während des Schweißens,
- Prüfung von Druckbehältern und Rohrleitungen bei einer Innendruckprüfung,
- kontinuierliche Überwachung von Fehlerentstehung und Fehlerwachstum,
- Leckageüberwachung und
- Auftreten von wasserstoffinduzierten verzögerten Rissen.

In mikrocomputergestützten Messsystemen werden die Unterscheidungsmerkmale Amplitude, Frequenzverteilung und Ereignisrate benutzt, um Störgeräusche von Signalen der Fehlerbildung zu trennen. Insbesondere im Reaktorbau hat die Schallemission zur Qualitätskontrolle von UP-Schweißverbindungen Verbreitung gefunden.

Zur Innendruckprüfung von Druckbehältern stehen heute schnelle Ortungssysteme zur Verfügung, die Signale von mehreren Aufnehmern direkt während der Druckprüfung durch Rechner verarbeiten, so dass fehlerverdächtige Bereiche sofort angezeigt werden.

11.6.5 Prüfung der Gefügeausbildung und Ermittlung von Schweißfehlerursachen

11.6.5.1 Metallographische Verfahren

Die Metallographie ist eine metallkundliche Untersuchungsmethode. Sie umfasst die optische Untersuchung des Gefüges mit dem Ziel einer qualitativen und quantitativen Beschreibung. Weiterhin können anhand von metallographischen Untersuchungsverfahren Aussagen über die Qualität der Schweißverbindung hinsichtlich Einschlüssen metallischer und nichtmetallischer Verbindungen, Seigerungen von Legierungselementen bzw. unerwünschten Beimengungen und der geometrischen Ausbildung der Schweißnaht gemacht werden.

Ebenso können Schweißfehler wie Risse, Poren und Bindefehler erkannt und beurteilt werden; aus der Rissmorphologie kann z. T. auf deren Entstehung geschlossen werden. Kornvergröberungen und Gefügeumwandlungen, hervorgerufen durch die Wärmebeeinflussung beim Schweißen, geben einen Einblick in den Fertigungsprozess und die dadurch eventuell hervorgerufenen Bruchursachen.

Die Herstellung und Bearbeitung der für die metallographische Untersuchung benötigten Proben richtet sich wesentlich nach der Art der Beurteilung, die am Werkstoff vorgenommen werden soll. Es wird zwischen makroskopischen Untersuchungen (bis maximal 30fache Vergrößerung) und mikroskopischen Untersuchungen (50 bis 1 000 000fache Vergrößerung) unterschieden.

11.6.5.2 Makroskopische Untersuchungsverfahren

Zur Untersuchung werden Schliffproben aus dem zu prüfenden Werkstück entnommen. Um die Untersuchungsergebnisse nicht zu verfälschen, ist bei der Probenentnahme darauf zu achten, dass beim Heraustrennen das Gefüge nicht durch die Schnittwärme verändert wird. Die Schnittfläche wird durch Schleifen (Körnung bis maximal 400) geglättet.

Folgende Verfahren werden bei der makroskopischen Untersuchung im Wesentlichen angewendet:

Mechanisches Polieren ohne Ätzung

Hierbei können alle nichtmetallischen Einschlüsse gut erkannt werden, da diese das auffallende Licht nicht oder nur diffus reflektieren, während metallisches Material das Licht ohne Strukturerkennung wie ein Spiegel reflektiert.

Baumann-Abdruck

Der Baumann-Abdruck dient zum Nachweis der Schwefelverteilung im Stahl und lässt stärker mit Schwefel angereicherte Blockseigerungszonen im Stahl erkennen. Ein in wässrige Schwefelsäure getauchtes Bromsilberpapier wird hierbei auf die Probenoberfläche gelegt. Es erfolgt eine Braunfärbung in den schwefelreichen Zonen des Stahles. Das Abdruckbild kann wie eine Fotographie fixiert werden und dient als Dokumentation (Bild 11-24).

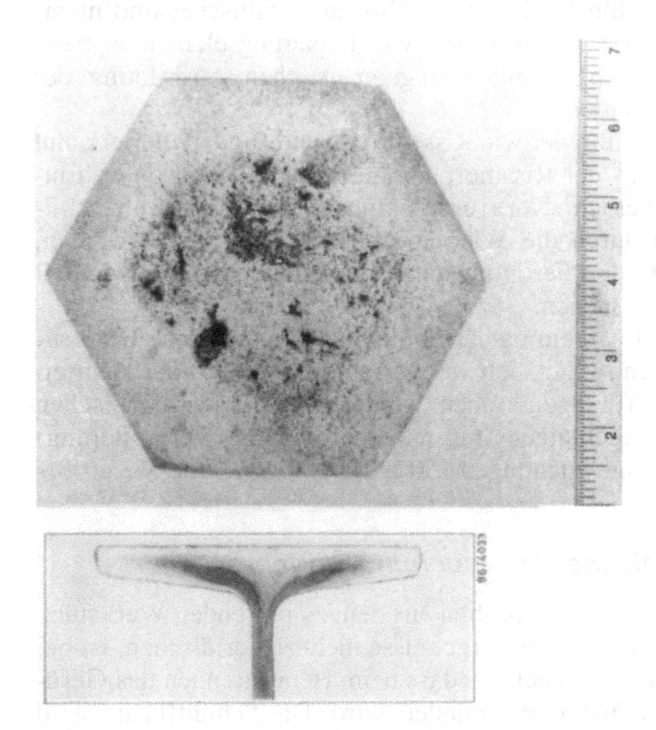

Bild 11-24. Baumann-Abdrücke. Die Zonen hoher Schwefelgehalte sind an der dunklen Verfärbung des Fotomaterials zu erkennen.

Heyn-Verfahren

Das Verfahren dient zum Nachweis von Phosphorseigerungen im Stahl. Diese Seigerungen können zu Heißrissen führen und wirken darüber hinaus außerordentlich versprödend. Beim Heyn-Verfahren wird Kupferammoniumchlorid auf die Probe gegeben. Der sich bildende Kupferniederschlag wird abgewischt, die Phosphorseigerungen treten dann als dunkle Stellen hervor.

Tiefätzung

Hierbei wird die Probe längere Zeit einem Ätzmittel (bei Stahl meistens ein Gemisch aus Salz- und Schwefelsäure) ausgesetzt. Dabei werden Seigerungen stärker angegriffen als das Grundmaterial und dadurch sichtbar. Bei verformten Teilen wird hierbei der Faserverlauf und damit die Art der Verformung deutlich. Ebenso werden feine Risse verbreitert und damit sichtbar gemacht. Einschlüsse im Stahl treten deutlich hervor.

11.6.5.3 Mikroskopische Untersuchungsverfahren

Die mikroskopischen Untersuchungsverfahren dienen zur Untersuchung des Feingefüges, d. h. einzelner Gefügebestandteile, der Kornmorphologie, der Orientierung einzelner Körner sowie der Größe, Art und Verteilung. Mit Lichtmikroskopen werden Untersuchungen bei 5 bis 1000facher Vergrößerung durchgeführt. Wegen der bei dieser hohen Vergrößerung geringen Tiefenschärfe von rund 1 µm muss die Oberflächenvorbereitung der aus dem Werkstück entnommenen Proben wesentlich feiner erfolgen als bei makroskopischen Untersuchungen. Bild 11-25 zeigt den Makroschliff einer Schweißnaht; die einzelnen charakteristischen Bereiche mit Bezeichnung der Gefüge sind Mikroschliffe.

Die meistens in Kunstharz eingebetteten Proben werden geschliffen und dann auf Polierscheiben mit einer geeigneten Paste (meistens Al_2O_3) poliert, so dass alle Schleifriefen entfernt werden. Gefügebestandteile mit unterschiedlicher Färbung sind bereits nach dem Polieren zu erkennen, z. B. Graphit, Schlacke, Oxide und Sulfide sowie Risse, Lunker und Gasblasen.

An das Schleifen und Polieren schließt sich in den meisten Fällen die Gefügeentwicklung durch Ätzen an, um verschiedene Gefügebestandteile und Kornbegrenzungen sichtbar zu machen. Von der Korngrenzenätzung wird gesprochen, wenn das Ätzmittel bevorzugt die von den Kristallen gebildeten Begrenzungsflächen (Korngrenzen) angreift und diese als dunkle Linien sichtbar werden lässt.

Werden Kristalle durch ihre unterschiedliche Ausrichtung ungleichmäßig durch den Ätzangriff abgetragen, so dass die Körnerflächen unterschiedlich hell erscheinen, wird von einer Kornflächenätzung gesprochen.

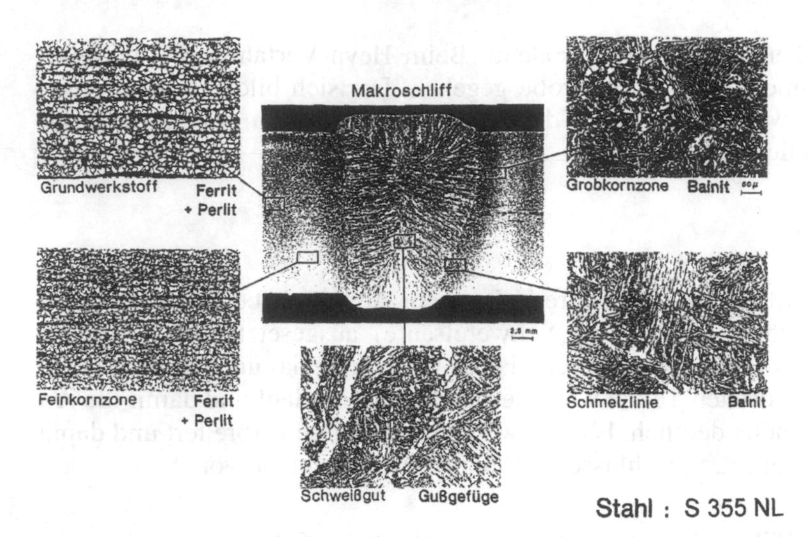

Bild 11-25. Makro- und Mikroschliffe bei der metallographischen Untersuchung einer Schweißnaht.

Elektronenmikroskopie

Die maximale Auflösung von Lichtmikroskopen liegt im Bereich der Wellenlänge der verwendeten Strahlung. Unter der Verwendung des für den Menschen sichtbaren Lichtspektrums mit Wellenlängen zwischen 0,4 µm und 0,7 µm sind Objektstrukturen mit einem Abstand von 0,1 µm bis 0,2 µm gerade noch erkennbar. Die maximal erzielbare (förderliche) Vergrößerung ist aufgrund der Auflösungsgrenze des menschlichen Auges von etwa 0,2 mm auf rund 1500:1 begrenzt.

Durch eine Verringerung der Wellenlänge sind folglich wesentlich höhere Auflösungen zu erzielen, was zur Entwicklung des Elektronenmikroskops führte. Durch die erheblich kürzere Wellenlänge der Elektronen konnte die untere Grenze für die Abbildung von Objektdetails auf etwa 0,1 – 10^{-3} µm gesenkt werden. Die maximalen Vergrößerungen der Elektronenmikroskope liegen heute bei 200000:1.

11.6.5.3.1 Raster- und Transmissionselektronenmikroskopie

Die in der Schweißtechnik gängigen Mess- und Analyseverfahren werden durch die Rasterelektronenmikroskopie (REM) und die Transmissionselektronenmikroskopie (TEM) um zwei Anwendungen ergänzt, deren Stärke in der Sichtbarmachung und Darstellung von Bauteildetails liegt, die aufgrund der physikalischen Grenze der Wellenlänge des sichtbaren Lichtes mit der Lichtmikroskopie nicht mehr aufzulösen sind. Das Auflösungsvermögen eines modernen Lichtmikroskops beträgt bestenfalls 200 nm, das eines REM dagegen ca. 3 nm und das eines TEM sogar bei geeigneter Probenpräparation bis zu 0,1 nm. Somit werden eine Bestimmung der Zusammensetzung in metallurgischen Proben (Schweißproben), die Bruchanalyse, die Untersuchung der Morphologie, der Kristallographie und der Zusammensetzung unterschiedlicher Mikro/Nanostrukturelemente wie Ausscheidungen, Einschlüsse, Körner, ja sogar Versetzungen und Verformungsstrukturen denkbar. Darüber hinaus gestattet die energiedispersive Röntgenanalyse (EDX) mit Hilfe eines speziellen Sensors die Lokalisierung und Anteilsbestimmung von Elementen in einer Probe.

Rasterelektronenmikroskopie (REM)

Beim Auftreffen des auf ca. 5 nm fokussierten Primärelektronenstrahls kommt es zu einer Reihe von Wechselwirkungen. Durch Streuung der auftreffenden Elektronen ergibt sich in der Probe eine typisch birnenförmige Verteilung der Primärelektronen (Bild 11-26).

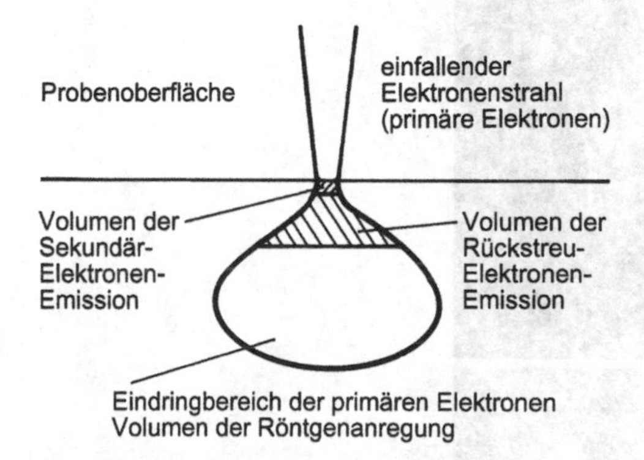

Bild 11-26. Verteilung von einfallenden Elektronen und Bereiche der Entstehung von Sekundär- und Rückstreuelektronen.

An der Auftreffstelle des Strahles werden unter anderem so genannte Sekundärerelektronen emittiert. Diese werden von einem Detektor gesammelt, in eine Spannung umgewandelt und verstärkt. Dieses Signal wird an eine Kathodenstrahlröhre überführt, moduliert und in Form eines Lichtpunktes mit einer für die Anzahl der Sekundärelektronen charakteristischen Intensität auf dem Leuchtschirm dargestellt. Dabei ist die Position des Elektronenstrahls auf der Probe synchronisiert mit der Position des Lichtpunktes auf dem Schirm. Das REM-Bild besteht somit aus einer Vielzahl von Punkten unterschiedlicher Intensität, die der Topographie der Probe entsprechen. Im Bereich der Strahlerzeugung, Strahlführung und der

Probe muss ein Hochvakuum erzeugt werden, um den Elektronenstrahl nicht durch eventuell vorhandene Gasmoleküle abzulenken. Des Weiteren muss die zu untersuchende Probe eine gute elektrische Leitfähigkeit besitzen, um Aufladungserscheinungen zu vermeiden. Bei elektrisch nicht leitenden Werkstoffen werden die Oberflächen meist mit einer Graphit- oder Goldschicht bedampft. In Analogie zur Lichtmikroskopie kann bei der REM von einem Auflichtverfahren gesprochen werden, bei dem hauptsächlich Informationen der Probenoberfläche gewonnen werden, indem der Strahl rasterförmig über die zu untersuchende Probe abgelenkt wird. Bild 11-27 zeigt exemplarisch die REM Aufnahme der Bruchfläche einer Spiralfeder, die infolge einer Dauerbelastung gebrochen ist. Deutlich sind die für diese Versagensform typischen Rasterlinien zu erkennen.

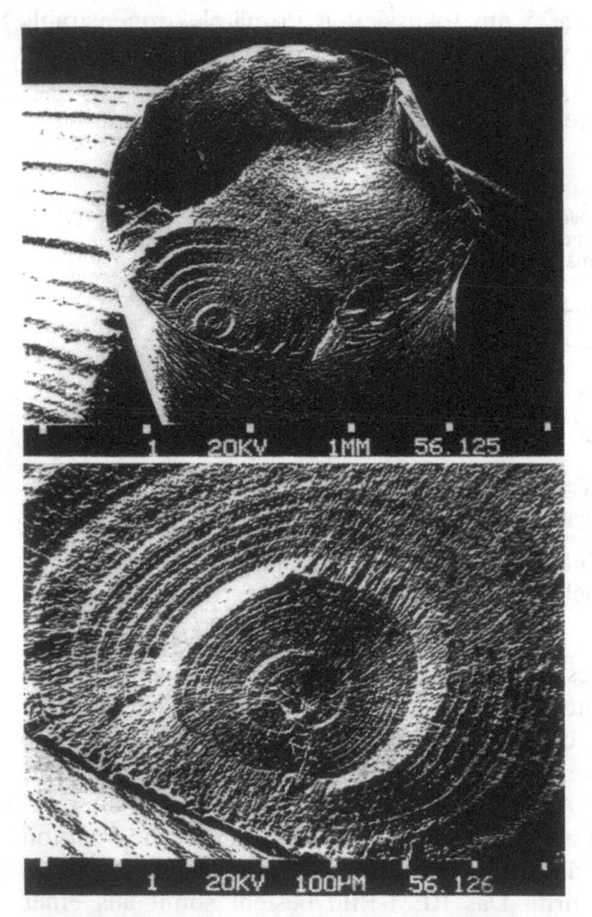

Bild 11-27. Aufnahmen eines Rasterelektronenmikroskops (REM). Energiedispersive Röntgenanalyse (EDX)

Transmissionselektronenmikroskopie (TEM)

Demgegenüber entspricht die TEM dem Durchlichtverfahren und liefert somit Informationen über das Probeninnere. Das Funktionsprinzip beruht hierbei auf den beim Durchgang von Elektronen durch eine sehr dünn präparierte Probe stattfindenden Wechselwirkungen mit Atomen der Probe, die zu Streuungen führen. Die Elektronenstreuung macht es möglich, Abbildungen, Beugung und spektroskopische Informationen vom untersuchten Werkstoff zu erhalten. Während in der REM ein Elektronenstrahl durch das Anlegen einer Beschleunigungsspannung von maximal 40 kV generiert wird, beträgt diese in der TEM bis 1 GV. Eine hohe Beschleunigungsspannung verringert die Elektronenwellenlänge bis hin in den Bereich der Atomgitterabstände und ermöglicht damit das für dieses Verfahren charakteristisch überaus gute Auflösungsvermögen. Bild 11-28 zeigt eine Gitterabbildung einer Quantenstruktur aus Verbindungshalbleitern aus GaAs und AlAs.

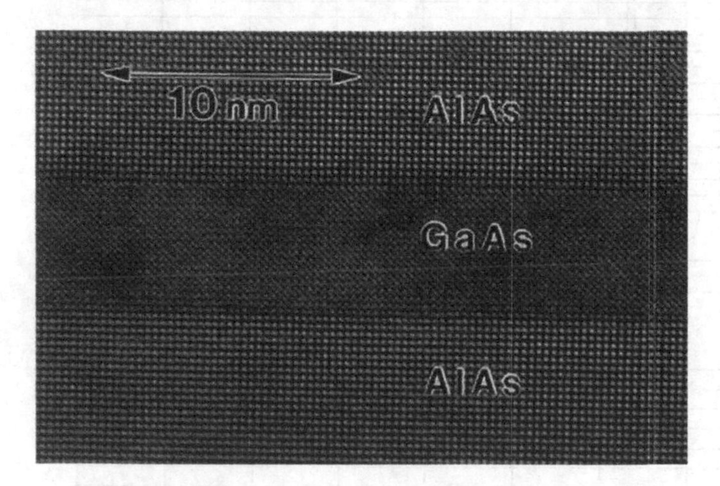

Bild 11-28. TEM-Aufnahme der Gitterabbildung einer Quantenstruktur aus GaAs und AlAs.

Als zusätzliches Analyse-Feature kann sowohl in der REM als auch in der TEM die energiedispersive Röntgenanalyse (EDX) Verwendung finden. Sie wird immer dann eingesetzt, wenn Informationen über die Elementstruktur und -verteilung eines Probenbereiches von Interesse sind. Beispielsweise ist es möglich, die Durchmischung nach Gewichtsprozent der Elemente in der Schmelzzone einer Schweißnaht zu bestimmen. Bei der Wechselwirkung zwischen Strahl und Materie wird unter anderem ein Röntgenstrahlenspektrum frei, das für einzelne Elemente charakteristisch

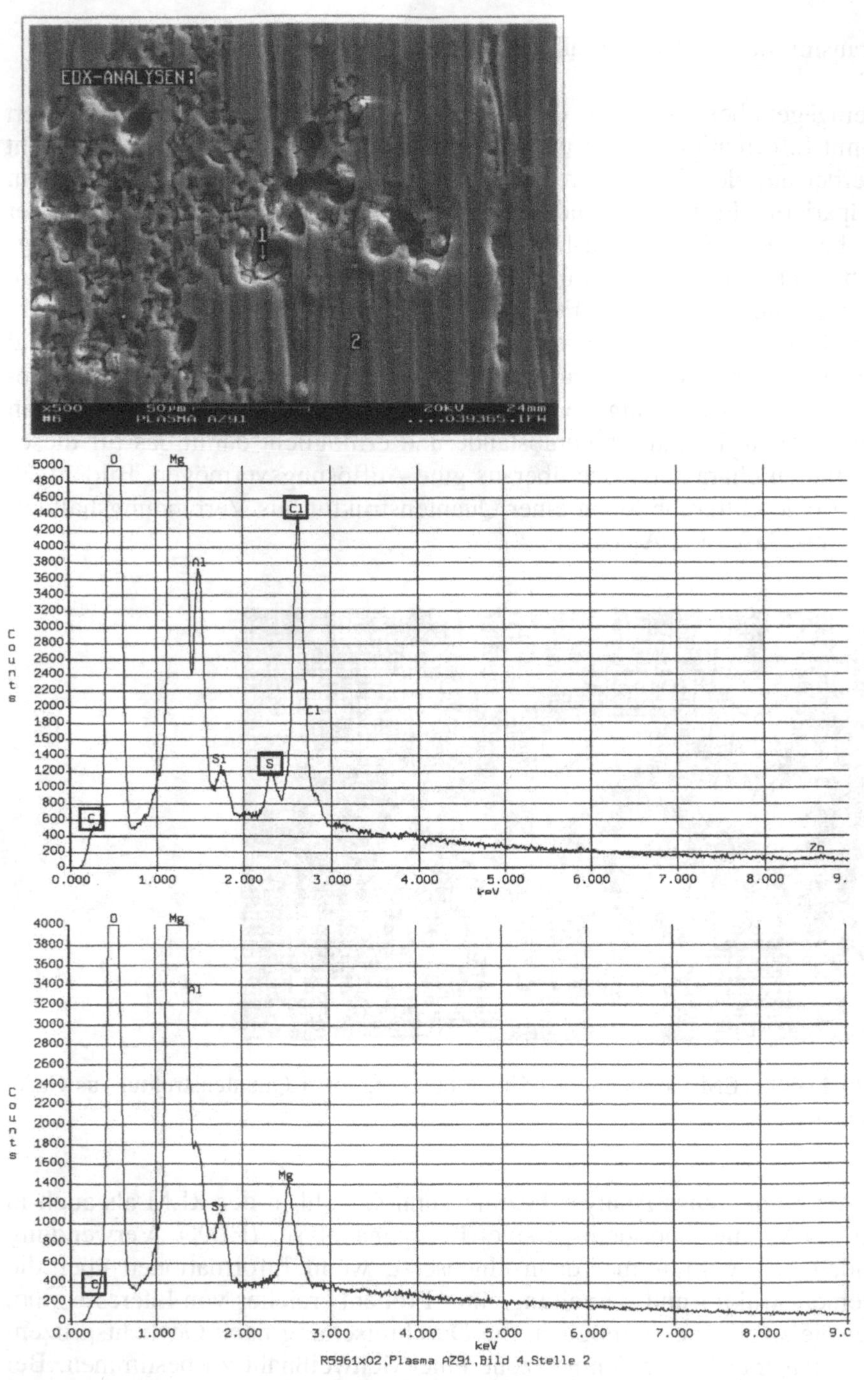

Bild 11-29. EDX-Analysen und Darstellung der Analysestellen aus dem Gefüge einer Magnesium-Schweißprobe

ist. Je nach Lage der Energiepeaks im Energiespektrum kann auf das entsprechende chemische Element rückgeschlossen werden. Bei der Punktanalyse wird der Elektronenstrahl auf eine bestimmte Stelle der Probe gelenkt, z.B. auf eine Ausscheidung. Im Gegensatz hierzu kann mit Hilfe einer Linienanalyse (line scan) das Konzentrationsprofil entlang einer definierten Linie der Probe bestimmt werden. Linienanalysen werden in der Schweißtechnik bevorzugt quer über eine Schweißnaht vorgenommen, um Seigerungen oder Abbrand von Legierungselementen zu ermitteln. Bild 11-29 zeigt zwei Punktanalysen aus dem Schweißnahtbereich einer plasmageschweißten Magnesiumprobe.

Literatur

[1–1] DIN 8528, Teil 1: Schweißbarkeit metallischer Werkstoffe; Begriffe. Ausg. Juni 1973.

[1–2] DIN ISO 857, Teil 1: Schweißen und verwandte Prozesse; Metallschweißprozesse; Begriffe. Ausg. Nov. 2002

Koch, H.: Handbuch der Schweißtechnologie – Lichtbogenschweißen. Fachbuchreihe Schweißtechnik, Bd. 19. Düsseldorf: Deutscher Verlag für Schweißtechnik 1961.

Boese, U.; Werner, D. und H. Wirtz: Das Verhalten der Stähle beim Schweißen, Teil 11: Anwendungen. Fachbuchreihe Schweißtechnik, Bd. 44. Düsseldorf: Deutscher Verlag für Schweißtechnik 1984.

Ruge, J.: Handbuch der Schweißtechnik, Bände 1 bis 3: Werkstoffe – Verfahren Fertigung. Berlin, Heidelberg, New York: Springer-Verlag 1974.

[2–1] *Hansen, J. und F. Beiner:* Heterogene Gleichgewichte Einführung in die Konstitutionslehre der Metallkunde. Berlin: Walter de Gruyter Verlag 1974.

[2–2] *Bargel, H.-J. und G. Schulze:* Werkstoffkunde. Düsseldorf: VDI Verlag 1988.

[2–3] *Horstmann, D.:* Das Zustandsschaubild Eisen-Kohlenstoff und die Grundlagen der Wärmebehandlung der Eisen-Kohlenstoff-Legierungen, 5. Aufl. Bericht Nr. 180 des Werkstoffausschusses des Vereins Deutscher Eisenhüttenleute. Düsseldorf: Verlag Stahleisen 1985.

[2–4] *Schürmann, E. und R. Schmid:* Ein Nahzuordnungsmodell zur Berechnung thermodynamischer Mischungsgrößen und seine Anwendung auf das System Eisen-Kohlenstoff. Archiv für das Eisenhüttenwesen 50 (1979) Nr. 3, S. 101–106.

[2–5] *Hougardy, H. P.:* Umwandlung und Gefüge unlegierter Stähle – Eine Einführung, z. Aufl. Düsseldorf: Verlag Stahleisen 1990.

[2–6] De Ferri Metallographia, Band z. Hohe Behörde der Europäischen Gemeinschaft für Kohle und Stahl. Luxemburg 1966.

[2–7] *Dahl, W:* Materialsammlung zum Praktikum Werkstoffkunde. Aachen: Institut für Eisenhüttenkunde der RWTH, Ausgabe WS 1988.

[2–8] *Kawalla, R.; Lotter U., und Schacht, E.:* Bainitausbildung in unlegierten und niedriglegierten Baustählen und Einfluss auf die Zähigkeitseigenschaften. Sonderband 21 der Praktischen Metallographie. Stuttgart: Dr. Riederer Verlag 1990.

[2–9] *Speich, G.R. and Leslie W.C.:* Metallarg. Trans. 3 (1973), S. 1043/1054.

[2–10] *Rose, A. u.a.:* Atlas zur Wärmebehandlung der Stähle, Teil II. Düsseldorf: Verlag Stahleisen 1958.

[2–11] DIN EN 10083, Teil 1: Vergütungsstähle; Allgemeine technische Lieferbedingungen. Ausg. Aug. 2003.

Domke, W.: Werkstoffkunde und Werkstoffprüfung. Düsseldorf: Girardet Verlag 1986.

Jähniche, W; Dahl, W. u.a.: Verein Deutscher Eisenhüttenleute. Werkstoffkunde Stahl, Bände 1 und 2: Grundlagen-Anwendung. Düsseldorf: Verlag Stahleisen 1984.

Dahl, W. u.a.: Werkstoffkunde der gebräuchlichen Stähle, Teil I und II. Düsseldorf: Verlag Stahleisen 1977.

Seyffarth, P.: Atlas Schweiß-ZTU-Schaubilder, Bände I und II. Rostock: Willhelm-Pieck-Universität 1978.

[3–1] *Boese, U.; Werner, D. und H. Wirtz:* Das Verhalten der Stähle beim Schweißen, Teil I: Grundlagen. Fachbuchreihe Schweißtechnik, Bd. 44. Düsseldorf: Deutscher Verlag für Schweißtechnik 1984.

[3–2] *Dorn, L.* u.a.: Schweißen von Baustählen und hochfesten Feinkornbaustählen. Kontakt & Studium, Bd. 147. Sindelfingen: expert Verlag 1986.

[3–3] *Rykalin, N. N.:* Berechnung der Wärmevorgänge beim Schweißen. Berlin: Verlag Technik 1957.

[3–4] *Savage, W F; Gundin, C. D.* und *A. H. Aronson*: Weld Metal Solidification Mechanics. Welding Journal 44 (1965) No. 4, pp. 175s-181s.

[3–5] *Probst, R.:* Grundlagen der Schweißtechnik – Schweißmetallurgie. Berlin: Verlag Technik 1970.

[3–6] *Winke, K.:* Gesetzmäßigkeiten der Primärrekristallisation beim Schweißen. Schweißtechnik Berlin 16 (1966) Nr. 4, S. 158–164.

[3–7] *Bargel, H. J.* und *G. Schulze*: Werkstoffkunde. Düsseldorf: VDI-Verlag 1988.

[3–8] De Ferri Metallographia IV. Düsseldorf: Verlag Stahleisen 1983.

Haessner; F.: Recrystallization of Metallic Material. Stuttgart: Dr. Riederer Verlag 1978.

Gefüge der Metalle – Entstehung, Beeinflussung, Eigenschaften. Oberursel: Deutsche Gesellschaft für Metallkunde 1981.

Hornbogen E. und H. Warlimont : Metallkunde. Berlin, Heidelberg, New York: Springer-Verlag 1967.

Tiller, W.A.: Solute Segregation during Ignot Solidification. J. Iron Steel institute 192 (1959) pp. 338–350.

[4–1] *Machemu, E.* und *V. Hauck.*: Eigenspannungen. Entstehung – Messung – Bewertung, Bd. 1. Oberursel: Deutsche Gesellschaft für Metallkunde 1983.

[4–2] *Rappe, H.A.*: Betrachtungen zu Schweißeigenspannungen. Schweißen und Schneiden 26 (1974) Nr. 2, S. 45–50.

[4–3] *Malisius, R.*: Schrumpfungen, Spannungen, Risse beim Schweißen. Fachbuchrehe Schweißtechnik, Bd. 10. Düsseldorf: Deutscher Verlag für Schweißtechnik 1969.

[4–4] *Wellinger, K.*: Möglichkeiten des Abbaus von Schweißeigenspannungen. Schweißen und Schneiden 5 (1953) Sonderheft, S.157–162.

[4–5] *Okerblom, N.O.*: Schweißspannungen in Metallkonstruktionen. Halle (Saale): Carl Marhold Verlag 1959.

[4–6] *Allringer, K.*: Eichhorn, F. und *P. Gimmel:* Schweißen. Stuttgart: Alfred KrönerVerlag 1964.

[4–7] *Rädeker, W:* Anwendung einer gezielten Überbelastung zur Verringerung der Sprödbruchgefahr. Schweißen und Schneiden 22 (1970) Nr. 4, S. 178–183.

[4–8] *Schimpke, F.* und *H.A. Horn:* Praktisches Handbuch der gesamten Schweißtechnik, Bd. 2: Elektrische Schweißtechnik; 5. Aufl. Berlin, Göttingen, Heidelberg: Springer-Verlag 1950.

[4–9] *Christian, H.; Eifinger, F X.* und *H. J. Schüller:* Eigenspannungen – ihre Bedeutung in der Praxis. Der Maschinenschaden 60 (1987) 3, S. 2–11.

Ruge, J.: Handbuch der Schweißtechnik, Bände 1 bis 3: Werkstoffe – Verfahren – Fertigung. Berlin, Heidelberg, New York: Springer-Verlag 1974.

Peiter, A.: Eigenspannungen 1. Art – Ermittlung und Bewertung. Düsseldorf: Michael Triltsch Verlag 1966.

Neuntann, A. und *K.-D. Röbenack:* Verformungen und Spannungen beim Schweißen – Untersuchungsergebnisse aus Forschung und Literatur. Fachbuchreihe Schweißtechnik, Bd. 73. Düsseldorf: Deutscher Verlag für Schweißtechnik 1978.

Merkblatt DVS 1002, Teil 1: Schweißeigenspannungen – Einteilung, Benennung, Erklärung. Düsseldorf: Deutscher Verlag für Schweißtechnik 1983.

Merkblatt DVS 1002, Teil 2: Verfahren zur Verringerung von Schweißeigenspannungen. Düsseldorf: Deutscher Verlag für Schweißtechnik 1983.

[5–1] DIN EN 10020: Begriffsbestimmungen für die Einteilung der Stähle. Deutsche Fassung EN 10020. Sept. 1989.

[5–2] DIN 17007, Blatt 1: Werkstoffnummern; Rahmenplan. Ausg. April 1959.

[5–3] DIN 17007, Blatt 2: Werkstoffnummern; Systematik der Hauptgruppe 1: Stahl. Ausg. Sept. 1961.

[5–4] DIN EN 10027, Teil 2: Bezeichnungssysteme für Stähle; Nummernsystem. Deutsche Fassung EN 10027–z. Ausg. Sept. 1992.

[5–5] DIN Nonnenheft 3: Kurznamen und Werkstoffnummern der Eisenwerkstoffe. In: DIN-Nomen und Stahl-Eisen-Werkstoffblättern. Berlin: Beuth-Verlag 1983.

[5–6] Euronorm 27–74: Kurzbenennung von Stählen. Ausg. Sept. 1974.

[5–7] DIN 17155: Blech und Band aus warmbestem Stählen; Technische Lieferbedingungen. Ausg. Okt. 1983

[5–8] DIN 1623, Teil 1: Flacherzeugnisse aus Stahl; Kaltgewalztes Band und Blech; Technische Lieferbedingungen; Weiche unlegierte Stähle zum Kaltumformen. Ausg. Febr. 1983.

[5–9] DIN EN 10027, Teil 1: Bezeichnungssysteme für Stähle; Kurznamen, Hauptsymbole. Deutsche Fassung EN 10027–1. Ausg. Sept. 1992.

[5–10] DIN V 17006, Teil 100: Bezeichnungssysteme für Stähle; Zusatzsymbole für Kurznamen. Ausg. Okt. 1991. Identisch mit ECISS-Mitteilung IC 10 von 1991.

[5–11] *Boese, U.*; *Werner; D.* und *W. Wirtz:* Das Verhalten der Stähle beim Schweißen, Teil II: Anwendung. Fachbuchreihe Schweißtechnik, Bd. 44. Düsseldorf. Deutscher Verlag für Schweißtechnik 1984.

[5–12] *Ruge J.*: Handbuch der Schweißtechnik, Band 1: Werkstoffe; z. Aufl. Berlin, Heidelberg, New York: Springer-Verlag 1980.

[5–13] DIN EN 10025: Warmgewalzte Erzeugnisse aus unlegierten Baustählen; Technische Lieferbedingungen. Deutsche Fassung EN 10 025. Januar 1991.

[5–14] *Kaup, K*, und *W. Mikula*: Entwicklung der Rohrstähle, Bd. 2: Pipeline Technik. Köln: Verlag TÜV Rheinland 1980, s. bes. S. 225.

[5–15] *Dahl, W.* und *H. Rees:* Zur Korngrößenabhängigkeit der unteren Streckgrenze von Baustählen. Archiv für das Eisenhüttenwesen 49 (1978) Nr. 1, S.– 25–29.

[5–16] *Meyer, L.:* Mikrolegierungselemente im Stahl. Thyssen Technische Berichte 16 (1984) Nr. 1, S. 34–44.

[5–17] *Dünen, C.* und *W. Schönherr.*: Verhalten von Metallen beim Schweißen, Teil I: Leitfaden zur Metallurgie des Schweißens und zur Schweißeignung niedriggekohlter, mikrolegierter warmgewalzter Stähle. DVS-Berichte, Bd. 85. Düsseldorf: Deutscher Verlag für Schweißtechnik 1988.

[5–18] Hornbogen, E.: Deutung der Streckgrenze eines mikrolegierten Baustahls. Stahl und Eisen 93 (1973) Nr. 18, S. 822–826.

[5–19] DahI, W u.a.: Praktikum Werkstoffprüfung; B. Aufl. Aachen: Institut für Eisenhüttenkunde der RWTH Aachen 1988.

[5–20] *Lähniche, W.; Dohl. W.* u.a.: Verein deutscher Eisenhüttenleute. Werkstoffkunde Stahl, Bd. 2: Anwendung. Düsseldorf: Verlag Stahleisen 1985–

[5–21] DIN 17702: Schweißgeeignete Feinkornbaustähle normalgeglüht; Technische Lieferbedingungen für Blech, Band, Breitflach-, Form- und Stabszahl. Ausg. Okt. 1983.

[5–22] *Bargel, H.-J.* und G. Schulze: Werkstoffkunde. Düsseldorf: VDI-Verlag 1988.

[5–23] *Gersten, P.:* Kostengünstiges Konstruieren und Fertigen im Autokranbau. DVS-Berichte Bd. 101. Düsseldorf: Deutscher Verlag für Schweißtechnik 1986.

[5–24] *Berkhout, C. F.* und P.H, *van Lent:* Anwendung von Spitzentemperatur-Abkühlzeit (STAZ) Schaubildern. Schweißen und Schneiden 20 (1968) Nr. 6, 5.256–260.

[5–25] *Hougardy, H. P.*: *Pietrzeniuk, H. P.* und *A. Rose:* Tagungsberichte der Informationstagung über dispersionsgehärtete Stähle. Europäische Gemeinschaft für Kohle und Stahl, Luxembourg 1972, S. 53–70.

[5–26] *Kunz, A.:* Verfahren zur Simulation des Grobkorngefüges und der Vorgänge in der Wärmeeinflusszone beim Schweißen von Stahl. Schweißen und Schneiden 26 p974) Nr. 7, S. 261–266.

[5–27] Stahl-Eisen-Werkstoffblatt SEW 088: Schweißgeeignete Feinkornbaustähle – Richtlinien Für die Verarbeitung, besonders für das Schmelzschweißen (April 1987) Düsseldorf: Verlag Stahleisen 1991.

[5–28] *Degenkolbe, J.*; *Hougardy H. P.* und *D. Uwer*: Merkblatt Nr. 381: Schweißen unlegierter und niedrig legierter Baustähle. 4. Aufl. Düsseldorf: Stahl-Informations-Zentrum 1989.

[5–29] *Schmittmann, E.* und *H. Rippel:* Untersuchungen zum Austenitkornwachstum in der Wärmeeinflusszone schweißsimulierter Alnitridhaltiger Feinkornbaustähle. Schweißen und Schneiden 27 (1975) Nr. 7, S. 261–265.

[5–30] *Uwer, D.* und *J. Degenkolbe:* Kennzeichnung von Schweißtemperaturzyklen hinsichtlich ihrer Auswirkung auf die mechanischen Eigenschaften von Schweißverbindungen – Stahl und Eisen 97 (1977) Nr. 24, S. 1201–1207.

[5–31] *Uwer, D.:* Einfluss der Schweißbedingungen auf die mechanischen Eigenschaften der Wärmeeinflusszone. In: Schweißen von Feinkornbaustählen. Düsseldorf: Verlag Stahleisen 1983. S. 85–113.

[5–32] *Rosenthal. D.:* The Theory of Moving Sources of Heat and its Application to Metal Treatments. Transaction of the American Society for Metal (1946) S. 849–866.

[5–33] *Rykalim, N.N.:* Berechnung der Wärmevorgänge beim Schweißen. Berlin: Verlag Technik 1957.

[5–34] *Uwer, D.* und J. *Degenkolbe:* Temperaturzyklen beim Lichtbogenschweißen. Einfloß des Wärmebehandlungszustandes und der chemischen Zusammensetzung von Stählen auf die Abkühlzeit. Schweißen und Schneiden 27 (1975) Nr. 8, S. 303–306.

[5–35] *Kämpgen, K.:* Schrumpfungen und Kräfte beim Lichtbogensehweißen. Dissertation RWTH Aachen 1976.

[5–36] *Degenkolbe, J.*; *Uwer, D.* und *H. Wegmann:* Kennzeichnung von Schweißtemperaturzyklen hinsichtlich ihrer Auswirkung auf die mechanischen Eigenschaften von Schweißverbindungen durch die $t_{8/5}$ Zeit und deren Ermittlung. Thyssen Technische Berichte 17 (1985) Nr. 1, S. 57–73.

[5–37] Merkblatt DVS 0916: Metall-Schutzgasschweißen von Feinkornbaustählen. Düsseldorf: Deutscher Verlag für Schweißtechnik 1984.

[5–38] *Uwer, D.* und *H. Höhne:* Ermittlung angemessener Mindestvorwärmtemperaturen für das kaltrisssichere Schweißen von Stählen. IIW-Dokument IX-1631–91.

[5–39] DIN EN 10025: Warmgewalzte Erzeugnisse aus urlegierten Baustählen; Technische Lieferbedingungen. Deutsche Fassung EN 10025. Januar 1991.

[5–40] *Dürren C.* und *W. Schönherr:* Verhalten von Metallen beim Schweißen, Teil II: Empfehlungen für das Schweißen und die Schweißeignung von kaltzähen Stählen. DVS Berichte, Bd. 85. Düsseldorf: Deutscher Verlag für Schweißtechnik 1988.

[5–41] *Glen, J.* und *R. R. Barr:* Effect of Molybdenum an the High-Temperature Rupture Strength of Carbon Steel. Special Report Iren Steel Institut 1966, No. 97, pp. 225–226.

[5–42] DIN EN 10083, Teil 2: Vergütungsstähle; Technische Lieferbedingungen. Ausg. Aug. 2003. Ausg. Aug, 2003.

[5–43] DIN EN 10025: Warmgewalzte Erzeugnisse aus unlegierten Baustählen. Ausg. März 1994.

[5–44] DIN EN 10028, Teil 7: Flacherzeugnisse aus Druckbehälterstählen; Nichtrostende Stähle. Ausg. Juni 2000.

[5–45] DIN EN 10084: Einsatzstähle; Technische Lieferbedingungen. Ausg. Juni 1998.

[5–46] DIN EN 10028, Teil 1: Flacherzeugnisse aus Druckbehälterstählen; Allgemeine Anforderungen. Ausg. Sept. 2003.

[5–47] DIN EN 10028, Teil 2: Flacherzeugnisse aus Druckbehälterstählen; Unlegierte und legierte Stähle mit festgelegten Eigenschaften bei erhöhten Temperaturen. Ausg. Sept. 2003.

[5–48] DIN EN 10216, Teil 1: Nahtlose Stahlrohre für Druckbeanspruchungen; Technische Lieferbedingungen; Rohre aus unlegierten Stählen mit festgelegten Eigenschaften bei Raumtemperatur. Ausg. Aug. 2002.

[5–49] DIN EN 10113: Warmgewalzte Erzeugnisse aus schweißgeeigneten Feinkornbaustählen, Teil 1: Allgemeine Lieferbedingungen. Ausg. April 1993.

[5–50] DIN EN 10137: Blech und Breitflachstahl aus Baustählen mit höherer Streckgrenze im vergüteten oder im ausscheidungsgehärteten Zustand. Ausg. Nov. 1995.

[6–1] *Thier, H.:* Der Einfluss von Stickstoff auf das Ausscheidungsverhalten des austenitischen Chrom-Nickel-Stahles X 5 CrNiMo 1713. Dissertation RWTH Aachen 1967.

[6–2] *Gerlach, H.* und *E. Schmidtmann:* Einfluss von Kohlenstoff, Stickstoff und Bor auf das Ausscheidungsverhalten eines austenitischen Stahles mit rund 16% Chrom, 2% Molybdän, 16% Nickel und Niob. Archiv für das Eisenhüttenwesen 39 (1968) Nr. 2, S. 139–149.

[6–3] *Wedl, W.* und *H. Kohl:* Interkristalline Korrosion und Festigkeitswerte austenitischer Stähle mit erhöhtem Chromgehalt und Stickstoffzusatz. Berg- und Hüttenmännische Monatshefte 124 (1979) Nr. 11, S. 508–514.

[6–4] Stahl-Eisen-Werkstoffblatt 400: Nichtrostende Walz- und Schmiedestähle; 6. Aufl. Düsseldorf: Verlag Stahleisen 1991.

[6–5] *Boese, H.*; *Werner; D.* und *H. Wirtz:* Das Verhalten der Stähle beim Schweißen, Teil Il: Anwendung. Düsseldorf: Deutscher Verlag für Schweißtechnik 1984.

[6–6] *Schafmeister; P.* und *R. Ergang:* Das Zustandsschaubild Eisen-Chrom-Nickel unter besonderer Berücksichtigung des nach Dauerglühung auftretenden spröden Gefügeanteils. Archiv für das Eisenhüttenwesen 12 (1939) Nr. 9, S. 459–464.

[6–7] *Strauss, B.* und *E. Maurer:* Die hochlegierten Chromnickelstähle als nichtrostende Stähle. Kruppsche Monatshefte 1 (1920) August, S. 129–140.

[6–8] *Scherer; R.*; *Riedrich, G.* und *G. Hoch:* Einfluss eines Gehaltes an Ferrit in austenitischen Chrom-Nickel-Stählen auf den Kornzerfall. Archiv für das Eisenhüttenwesen 13 (1939) Nr. I, S. 53–57.

[6–9] *Kaesche, H.:* Die Korrosion der Metalle – Physikalisch-chemische Prinzipien und aktuelle Probleme; z. Aufl. Berlin, Heidelberg, New York: Springer-Verlag 1979.

[6–10] *Class J.:* Die Beeinflussung der Korrosionsbeständigkeit von nichtrostenden Chrom- und Chrom-Nickel-Stählen durch Variation der Legierungsbestandteile. Chemie Ingenieur Technik 36 (1964) Nr. 2, S. 131–141.

[6–11] *Oppenheim, R.:* Nichtrostende Stähle: Kennzeichnung, Eigenschaften und Verwendung. DEW Technische Berichte 14 (1974) Nr. 1, S. 5–13.

[6–12] *Folkhard, E:* Metallurgie der Schweil3ung nichtrostender Stähle. Wien: Springer-Verlag 1984.

[6–13] *Herbsleb, G.*; *Sehälter; H. J*, und *P. Schwaab:* Ausscheidungs- und Korrosionsverhalten urstabilisierter und stabilisierter 18/10-Chrom-Nickel-Stähle nach kurzzeitigem sensibilisierendem Glühen. Werkstoffe und Korrosion 27 (1976) Nr. 7, S. 560–568.

[6–14] Fontana, M.G, und N.D. Greene: Corrosion Engineering. New York: Mc Graw-Hill Bock Co. 1967.

[6–15] Nichtrostende Stähle; Eigenschaften – Verarbeitung – Anwendung – Normen; 2. Aufl. Düsseldorf: Verlag Stahleisen 1989.

[6–16] *Jähniche. W.*; *Dahl, W.* u.a.: Verein deutscher Eisenhüttenleute. Werkstoffkunde Stahl, Band 1: Grundlagen. Düsseldorf: Verlag Stahleisen 1984.

[6–17] *Bäumel, A.*: Korrosionsverhalten der Schweißnähte an ferritischen Chromstählen. Fachbuchreihe Schweißtechnik, Bd. 36. Düsseldorf: Deutscher Verlag für Schweißtechnik 1964.

[6–18] *Schmidt, W.* und *O. Jarleborg:* Die nichtrostenden ferritischen Stähle mit 17% Chrom. Climax Molybdenum, Düsseldorf 19.

[6–19] *Kubaschewski, O.:* Iron-Binary Phase Diagrams. Düsseldorf: Verlag Stahleisen 1982.

[6–20] *Bäumel, A.:* Vergleichende Untersuchung nichtrostender Chrom- und Chrom-Nickel-Stähle auf interkristalline Korrosion in siedender Salpetersäure und Kupfersulfat-Schwefelsäure-Lösung. Stahl und Eisen 84 (1964) Nr. 13, S. 798–804.

[6–21] *Anik, S.* und *G. Dorn:* Metallphysikalische Vorgänge beim Schweißen hochlegierter, insbesondere rostbeständiger Stähle – Gefügeaufbau. Schweißen und Schneiden 34 (1982) Nr. 10, S. 485–490.

[6–22] *Horn, E. M.* und *A. Kügler.:* Entwicklung, Eigenschaften, Verarbeitung und Einsatz des hochsiliziumhaltigen austenitischen Stahls X 2 CrNiSi 1815, Teil II. Zeitschrift für Werkstoff-Technik 8 (1977) Nr. 12, S. 410–417.

[6–23] *Schüller, H.J.:* Über die Lage des Temperaturbereiches der σ-Phase in ferritischen Chrom-Stählen. Archiv für das Eisenhüttenwesen 36 (1965) Nr. 7, S. 513–516.

[6–24] *Norström, L.A.*; *Petterson, S.* und *S. Nordin:* Sigmaphase Embrittlement in some Ferritic-Austenitic Stainless Steels. Zeitschrift für Werkstoff-Technik 12 (1981) Nr. 7, S. 229–234.

[6–25] *Thier, H.*; *Bäumel, A.* und *E. Schmidtmann:* Einfluss von Stickstoff auf das Ausscheidungsverhalten des Stahles X 5 CrNiMo 1713. Archiv für das Eisenhüttenwesen 40 (1969) Nr. 4, S. 333–339.

[6–26] *Wiegand, H.* und *M. Doruk:* Einfluss von Kohlenstoff und Molybdän auf die Ausscheidungsvorgänge, besonders auf die Bildung intermetallischer Phasen in austenitischen Chrom-Nickel-Stählen. Archiv für das Eisenhüttenwesen 33 (1962) Nr. 8, S. 559–566.

[6–27] *Weiss, B.* and *R. Stickler:* Phase Instabilities during High Temperature Exposure of 316 Austenitic Stainless Steel. Metallurgical Transaction 3 (1972) No. 4, S. 851–866.

[6–28] *Schaeffler, A.L.:* Constitution Diagram for Stainless Steel Weld Metal. Metal Progress 56 (1949) Nr. 11, S. 680 A, B.

[6–29] *Bystram, M.C.T.:* Some Aspects of Stainless Alloy Metallurgy und their Application to Welding Problems. British Welding Journal 3 (1956) No. 2, pp. 41–46.

[6–30] *De Long, W. T:* Ferrite in Austenitic Stainless Steel Weld Metal. Welding Journal 53 (1974), Res. Suppl. pp. 273s–286s.

[6–31] *Kubaschewski, O.:* Diffusion der Elemente in festem und flüssigem Eisen. Düsseldorf: Fachausschussbericht Nr. 0.009 des VDEh 1978.

[6–32] *Dahl, W.* u.a.: Materialsammlung zum Praktikum Werkstoffkunde, Band 2: Stahlkunde; 1. Aufl. Aachen: Institut für Eisenhüttenkunde der RWTH 1992.

[6–33] *Perteneder, E.; Tösch, J.; Schabereirer, H.* und *G. Rabensteiner:* Neuentwickelte Schweißzusatzwerkstoffe zum Schweißen korrosionsbeständiger CrNiMoNb-legierter Duplex-Stähle. Schweißtechnik (Wien) 37 (1983) Nr. 6, S. 102–104.

[6–34] *Geipl, H.:* MAGM-Schweißen von korrosionsbeständigen Duplex-Stählen – 22 Cr 5(9)Ni 3 Mo. Einfluss von Schutzgas- und Verfahrensvarianten. Linde Sonderdruck 146.

[6–35] *Geipl, H.* und *H: U. Pomaska:* MAGM-Schweißen hochlegierter Stähle – Einfluss der Mischgase. Linde Sonderdruck 101, Vortrag gehalten anlässlich der Großen Schweißtechnischen Tagung am 1. Oktober 1982, Berlin.

[6–36] DIN EN ISO 8044: Korrosion von Metallen und Legierungen; Grundbegriffe und Definitionen. Ausg. Nov. 1999.

[6–37] DIN EN ISO 14172: Schweißzusätze; Umhüllte Stabelektroden zum Lichtbogenhandschweißen von Nickel und Nickellegierungen; Einteilung. Ausg. Mai 2004.

[6–38] DIN EN 1599: Schweißzusätze; Umhüllte Stabelektroden zum Lichtbogenhandschweißen von warmfesten Stählen; Einteilung. Ausg. Okt. 1997.

[6–39] DIN EN 22063: Metallische und andere anorganische Schichten; Thermisches Spritzen; Zink, Aluminium und ihre Legierungen. Ausg. Aug. 1994.

[6–40] DIN EN 1412: Kupfer und Kupferlegierungen; Europäisches Werkstoffnummernsystem. Ausg. Dez. 1995.

Ornig, H.: Das Schaeffler-Diagramm; Aufbau-Anwendung-Genauigkeit. Sonderdruck aus Zeitschrift für Schweißtechnik 1968, Nr. 10.

Oerlikon Schweißtechnik, Eisenberg/Pfalz: Schweißen von rost-, säure und hitzebeständigen Stählen mit Oerlikon-Stabelektroden. Sonderdruck 1/1989.

ESAB AB., Göteborg/Schweden: Welding Guide for the Joining of Dissimilar Metals. Sonderdruck. No. Inf. 8901004, 1989.

Hochlegierte Fülldraht-Elektroden im Apparatebau zunehmend gefragt. Messer Griesheim. Trennen + Fügen (1988) Nr. 19, S. 15–18.

Smolin, R. und *H. Wehner:* Schweißtechnik im Chemieanlagenbau – Schweißen von nichtrostenden Stählen. Frankfurt: Sonderdruck der Firma Messer Griesheim, Ausgabe 9050/II-03/90/TK, 1990.

Smolin, R. und *H. Wehner:* Schweißen von artverschiedenen Stählen, Schwarz-Weiß-Verbindungen. Frankfurt: Sonderdruck der Firma Messer Griesheim, Ausgabe 9090/II-50/90/TK, 1990.

Messer Griesheim, Frankfurt: Ausgewählte Schweißzusatzwerkstoffe für Schwarz-Weiß-Verbindungen GRINOX/GRINI. Sonderdruck Ausgabe 8029/V, 1986.

Messer Griesheim, Frankfurt: Schweißzusatzwerkstoffe für nichtrostende Stähle GRINOX/GRILOY Sonderdruck Ausgabe 9020/V 1987.

Thier, H.: Schwarz-Weiß-Verbindungen – Probleme und Lösungen. DVS-Berichte, Bd. 72, S. 8–16. Düsseldorf: Deutscher Verlag für Schweißtechnik 1982.

Thier, H.: Schwarz-Weiß-Verbindungen. DVS – Berichte, Bd. 128, S. 97–106. Düsseldorf: Deutscher Verlag für Schweißtechnik 1990.

Hennemann, K.: Schmelzschweißverbindungen zwischen verschiedenartigen Stählen. Sonderdruck der Firma Messer Griesheim GmbH, Nr. 13/77 aus VDI-Zeitschrift 1977 Nr. 12.

Hennemann, K. und *H. Schütte:* Schmelzschweißverbindungen zwischen unlegierten und hochlegierten Stählen, Teil 1. Der Praktiker 26 (1974) Nr. 7, S. 156–159.

Hennemann, K. und *H. Schütte:* Schmelzschweißverbindungen zwischen unlegierten und hochlegierten Stählen, Teil 2. Der Praktiker 26 (1974) Nr. 8, S. 177–180.

Pahle, C.: Belastbarkeit von Austenit-Ferrit-Mischverbindungen in Chemieanlagen mit Betriebstemperaturen unter 400°C. Schweißtechnik Berlin 39 (1989) Nr. 11, S. 508–511.

Arata, Y.; *Shimizu, S.* und *T. Murakami:* Study on Electron Beam Welding of Dissimilar Materials for Nuclear Plant (Report I) – Effect of Welding Conditions on Weld Defects. Transactions of Japan Welding Research Institute of Osaka University 12 (1983) No. 2, pp. 23–31.

Lundin, C. D.: Dissimilar Metal Welds-Transition Joints Literature Review. Welding Journal, Welding Research Supplement, February 1982, pp.58s–63s.

Pohle, D.: Eigenschaften von Schweißverbindungen an ausgewählten Werkstoffen. DVS-Berichte, Bd. 90, S. 81–90. Düsseldorf: Deutscher Verlag für Schweißtechnik 1984.

Faber; G. und *T. Gooch:* Welded Joints between Stainless und Low Alloy Steels: Current positon. Doc. IIS/IIW-703–82 prepared by Commission IX "Behaviour of metals subjected to welding".

Klueh, R. L. und *J. F. King*: Austenitic Stainless Steel – Ferritic Steel Weld Joint Failures. Welding Journal, Welding Research supplement, September 1982, pp. 302s–311s.

[7–1] *Pahl, E.:* Übersicht derzeit angewendeter Technologien beim Schweißen der Gusseisenwerkstoffe. DVS-Berichte, Bd. 149: Sicherung der Güte von Schweißungen an Gussstücken. Düsseldorf: Deutscher Verlag für Schweißtechnik 1992.

[7–2] DIN-Taschenbuch 53: Metallische Gusswerkstoffe; Normen über Gütevorschriften, Freimaßtoleranzen, Prüfverfahren. Berlin: Beuth Verlag 1974.

[7–3] DIN 77007, Blatt 3: Werkstoffnummern; Systematik der Hauptgruppe 0: Roheisen, Vorlegierungen, Gusseisen. Ausg. Jan. 1971.

[7–4] DIN 1694: Austenitisches Gusseisen. Ausg. Okt. 1966.

[7–5] DIN 17445: Nichtrostender Stahlguss; Gütevorschriften. Ausg. Febr. 1969.

[7–6] Duktiles Gusseisen – Temperguss für alle Industriezwecke. Düsseldorf: Zentrale für Gussverwendung 1983.

[7–7] *Boese, U.*; *Werner, D.* und *H. Wirtz:* Das Verhalten der Stähle beim Schweißen, Teil 1: Grundlagen. Fachbuchreihe Schweißtechnik, Bd. 44. Düsseldorf: Deutscher Verlag für Schweißtechnik 1980.

[7–8] *Koch, H.:* Handbuch der Schweißtechnologie – Lichtbogen schweißen. Fachbuchreihe Schweißtechnik, Bd. 19. Düsseldorf: Deutscher Verlag für Schweißtechnik 1961.

[7–9] *Ambos, E.* und *H. M. Beier:* Nachbehandlung von Gussstücken. Leipzig: Deutscher Verlag für Grundstoffindustrie 1983.

[7–10] *Ruge. J.:* Handbuch der Schweißtechnik, Band 1: Werkstoffe. Berlin, Heidelberg, New York: Springer-Verlag 1980.

[7–11] VDG-Merkblatt N 70: Schweißen von Temperguss; 2. Ausgabe 1979.

[7–12] *Tölke, P.:* Konstruktionsschweißungen mit Gusstücken aus Eisengusswerkstoffen. Gießerei 69 (1982) Nr. 5, S. 119–125.

[7–13] *Kahn, M.A.:* Gusseisen mit Lamellengraphit kalt „steppgeschweißt'. Konstruieren und Gießen 13 (1988) Nr. 3, S. 15–17.

[7–14] *Nickel, O.:* Austenitisches Gusseisen – Eigenschaften und Anwendungen. Konstruieren und Gießen 9 (1984) Nr. 4, S. 24–27.

[7–15] DIN EN 10213, Teil 1: Technische Lieferbedingungen für Stahlguss für Druckbehälter; Allgemeines. Ausg. Jan. 1996.

[7–16] DIN EN 10295: Hitzebeständiger Stahlguss. Ausg. Jan. 2003.

[7–17] DIN EN 10283: Korrosionsbeständiger Stahlguss. Ausg. Dez. 1998.

[7–18] DIN EN 1563: Gießereiwesen; Gusseisen mit Kugelgraphit. Ausg. Febr. 2003.

[7–19] DIN EN 1561: Gießereiwesen; Gusseisen mit Lamellengraphit. Ausg. Aug. 1997.

[7–20] DIN EN 1011, Teil 8: Schweißen; Empfehlungen zum Schweißen metallischer Werkstoffe; Schweißen von Gusseisen. Ausg. April 2002.

[7–21] DIN EN ISO 1071: Schweißzusätze; Umhüllte Stabelektroden, Drähte, Stäbe und Fülldrahtelektroden zum Schmelzschweißen von Gusseisen; Einteilung. Ausg. Okt. 2003.

[7–22] DIN EN 1568, Teil 1: Feuerlöschmittel; Schaummittel; Anforderungen an Schaummittel zur Erzeugung von Mittelschaum zum Aufgeben auf nicht-polare Flüssigkeiten. Ausg. März 2001.

[7–23] DIN EN 1560: Gießereiwesen; Bezeichnungssystem für Gusseisen; Werkstoffkurzzeichen und Werkstoffnummern. Ausg. Aug. 1997.

[7–24] DIN 17182: Stahlgusssorten mit verbesserter Schweißeignung und Zähigkeit für allgemeine Verwendungszwecke; Technische Lieferbedingungen. Ausg. Mai 1992.

[7–25] DIN 17205: Vergütungsstahlguss für allgemeine Verwendungszwecke; Technische Lieferbedingungen. Ausg. April 1992.

[7–26] DIN EN 10213: Stahlguss für Druckbehälter. Ausg. März 2004.

[7–27] DIN EN 1562: Gießereiwesen; Temperguss. Ausg. Aug. 1997.

[7–28] DIN EN 1563: Gießereiwesen; Gusseisen mit Kugelgraphit. Ausg. Febr. 2003.

[7–29] DIN EN 13835: Gießereiwesen – Austenitische Gusseisen. Ausg. Febr. 2003.

[8–1] *Klock, H.* und *H. Schoer.:* Schweißen und Löten von Aluminiumwerkstoffen. Düsseldorf: Deutscher Verlag für Schweißtechnik 1977.

[8–2] Aluminium-Taschenbuch. Düsseldorf: Aluminium-Verlag 1983.

[8–3] *Geridönmez, Ö.:* Schweißen von Aluminium – anders, aber nicht schwieriger. Praktiker 40 (1988) Nr. 8, S. 411–413.

[8–4] *Geridönmez, Ö.:* Fehler beim Schutzgasschweißen von Aluminiumlegierungen und wie sie sich vermeiden lassen. Schweißen und Schneiden 31 (1979) Nr. 4, S. 137–140.

[8–5] *Brenner, P.:* Entwicklung von Aluminiumlegierungen mit hoher Festigkeit im geschweißten Zustand. Aluminium 43 (1967) Nr. 4, S. 225–238.

[8–6] *Zschötge, S.:* Vorwärmtemperaturen beim Schmelzschweißen von Nichteisenmetallen. Schweißen und Schneiden 20 (1968) Nr. 10, S. 634–643.

[8–7] *Geridönmez, Ö.:* Hauptursachen der Porenbildung beim Schutzgasschweißen von Aluminium. Metall 30 (1976) Nr. 12, S. 1137–1150.

[8–8] *Thier, H.*: Ursachen der Porenbildung beim Schutzgasschweißen von Aluminium und Aluminiumlegierungen. Schweißen und Schneiden 25 (1973) Nr. 11, 5.491–494.

Kosteas, D; Steidl, G. und *W. D. Strippelmann:* Geschweißte Aluminiumkonstruktionen. Braunschweig: Friedr. Vieweg & Sohn Verlagsgesellschaft 1978.

Matting, A.: Das Schweißen der Leichtmetalle und seine Randgebiete. Düsseldorf: Deutscher Verlag für Schweißtechnik 1959.

Dorn, L. u.a.: Fügen von Aluminiumwerkstoffen. Grafenau: expert Verlag 1983.

Hatch, J.E.: Properties and Physical Metallurgy. American Society for Metals, Metals Park, Ohio, 1984.

Informationstagung: Schweißen von Aluminium. Düsseldorf: Aluminiumverlag 1973.

[9–1] DIN 17014, Teil I: Wärmebehandlung von Eisenwerkstoffen; Begriffe. Ausg. Aug. 1988.

[9–2] *Rademacher, L.:* Gefügeentstehung durch Wärmebehandlung. In: Grundlagen der Wärmebehandlung von Stahl. Düsseldorf: Verlag Stahleisen 1976.

[9–3] *Macherau, E.:* Praktikum in Werkstoffkunde. Braunschweig: Friedr. Vieweg & Sohn Verlagsgesellschaft 1989.

[9–4] *Boese, U.*; *Werner, D.* und *H. Wirtz:* Das Verhalfen der Stähle beim Schweißen, Teil I: Grundlagen. Fachbuchreihe Schweißtechnik, Bd. 44. Düsseldorf: Deutscher Verlag für Schweißtechnik 1980.

[9–5] DIN EN 10052: Begriffe der Wärmebehandlung von Eisenwerkstoffen, Ausg. Jan. 1994.

Jähniche, W.; *Dahl, W.* u. a.: Verein Deutscher Eisenhüttenleute. Werkstoffkunde Stahl, Band 1: Grundlagen. Düsseldorf: Verlag Stahleisen 1984.

Pitsch, W.: Grundlagen der Wärmebehandlung von Stahl. Düsseldorf: Verlag Stahleisen 1976.

Eckstein, H. J.: Wärmebehandlung von Stahl – Metallkundliche Grundlagen. Leipzig: Deutscher Verlag für Grundstoffindustrie 1971.

[10–1] DIN 8563, Teil 3: Sicherung der Güte von Schweißarbeiten; Schmelzschweißverbindungen an Stahl. Anforderungen – Bewertungsgruppen. Ausg. Jan. 1979.

[10–2] DIN 8524, Teil 3: Fehler an Schweißverbindungen aus metallischen Werkstoffen; Risse – Einteilung – Benennungen – Erklärungen. Ausg. Aug. 1975.

[10–3] *Jähniche, W.; Dahl. W.* u.a.: Verein Deutscher Eisenhüttenleute. Werkstoffkunde Stahl, Bd. I: Grundlagen. Düsseldorf: Verlag Stahleisen 1984.

[10–4] DIN 8572: Bestimmung des diffusiblen Wasserstoffs im Schweißgut unlegierter und niedriglegierter umhüllter Stabelektroden für Verbindungsschweißungen. Ausg. Dez. 1977.

[10–5] DIN 8571: Schweißzusatzwerkstoffe zum Schmelzschweißen; Begriff-Lieferform-Einteilung. Ausg. März 1966.

[10–6] *Coe, F.R.:* Welding Steels without Hydrogen Cracking. Abington: The Welding Institute 1973.

[10–7] *Gnirß J, G.:* Wasserstoff und seine Wirkung beim Schweißen, Teil 1: Grundlagen und Schäden. Technische Überwachung 17 (1976) Nr.11,S.367–377.

[10–8] *Graville, B.* u.a.: Effect of Temperature and Shain Rate on Hydrogen Embrittlement of Steel. British Welding Journal (1967) No. 6, pp. 337–343.

[10–9] *Trojano, A.:* The Rote of Hydrogen and other Interstitials in the Mechanical Behavior of Metals. Transaction of the American Society for Metals 52 (1960) No. 1, pp. 54–80.

[10–10] *Düren. C. F.:* Bedeutung des Implantversuchs für die Beurteilung der Baustellenschweißbarkeit von Großrohren. Schweißen und Schneiden 31 (1979) Nr. 5, S. 201–205.

[10–11] *Uwer D.* und *H. Höhne.:* Ermittlung angemessener Mindestvorwärmtemperaturen für das kaltrisssichere Schweißen von Stählen. II W-Dokument IX-1631–91.

[10–12] Flacherzeugnisse aus Stahl sowie Formstahl und Stabstahl mit profilförmigem Querschnitt und verbesserten Verformungseigenschaften senkrecht zur Erzeugungsoberfläche. Technische Lieferbedingungen; Stahl-Eisen-Lieferbedingungen (SEL) 096. März 1988.

[10–13] *Theis, K.* und *F. Eichhorn:* Auswirkung der durch das Schweißen hervorgerufenen Temperatur- und Spannungszyklen auf die Rissentstehung in der Wärmeeinflusszone eines Druckbehälters. DVS-Berichte, Bd. 32. Düsseldorf: Deutscher Verlag für Schweißtechnik 1974.

[10–14] *Rabe, W.:* Stand der Kenntnis auf dem Gebiet der Versprödung geschweißter niedriglegierter Feinkornbaustähle beim Spannungsarmglühen. Schweißen und Schneiden 26 (1974) Nr. 10, S.386–389.

[10–15] *Faber, G.* und *C.M. Maggi:* Rissbildung in ausscheidungshärtenden Werkstoffen beim Glühen und nach dem Schweißen. Archiv für das Eisenhüttenwesen 36 (1965) Nr. 7, S. 497–500.

[10–16] *Forch, K.:* Untersuchung zur Frage der Rissbildung beim Spannungsarmglühen ferritischer Stähle. Kommission der Europäischen Gemeinschaft, Luxembourg, 1981 (EUR 7294d).

[10–17] *Vougioukas, P.; Forch, K.* und *K. H. Piehl*: Beitrag zur Deutung der Rissempfindlichkeit unterschiedlich legierter Feinkornbaustähle beim Spannungsarmglühen nach dem Schweißen. Stahl und Eisen 94 (1974) Nr. 17, S. 805–813.

[10–18] *Ruge, J.; Kemmann, R.* und *K. Forch:* Einfluss der chemischen Zusammensetzung auf die Relaxationsbehandlung schweißsimulierter warmfester Feinkornbaustähle beim Spannungsarmglühen. Archiv für das Eisenhüttenwesen 51 (1980) Nr. 11, S. 469–476.

[10–19] DVS Richtlinie 0912, Teil 2: Metall-Schutzgasschweißen von Stahl; Richtlinie zur Verfahrensdurchführung – Vermeidung von Poren. Düsseldorf: Deutscher Verlag für Schweißtechnik 1982.

[10–20] *Bäumel, A.*: Einfluss des Deltaferrits auf das Korrosionsverhalten von Schweißungen aus austenitischen Zusatz-Werkstoffen. Schweißen und Schneiden 19 (1967) Nr. 6, S. 264–269.

[10–21] *Thier, H.*: Schweißen austenitischer Stähle. DVS-Berichte, Bd. 76. Düsseldorf: Deutscher Verlag für Schweißtechnik 1983.

[10–22] DIN EN ISO 817: Schweißen; Schmelzschweißverbindungen an Stahl, Nickel, Titan und deren Legierungen (ohne Strahlschweißen); Bewertungsgruppen von Unregelmäßigkeiten. Ausg. Dez. 2003.

[11–1] DIN 50125: Prüfung metallischer Werkstoffe; Zugproben. Ausg. April 1991.

[11–2] DIN 50120, Teil 1: Prüfung von Stahl; Zugversuch an Schweißverbindungen; Schmelzschweißgeeignete Stumpfnähte. Ausg. Sept. 1975.

[11–3] DIN 50120, Teil 2: Prüfung von Stahl; Zugversuch an Schweißverbindungen; Pressgeschweißte Stumpfnähte. Ausg. Aug. 1978.

[11–4] DIN 50123: Prüfung von Nichteisenmetallen; Zugversuch an Schweißverbindungen; Schmelzschweißgeeignete Stumpfnähte. Ausg. April 1979.

[11–5] DIN 50145: Prüfung metallischer Werkstoffe; Zugversuch. Ausg. Mai 1975.

[11–6] DIN 50121: Prüfung metallischer Werkstoffe; Technologischer Biegeversuch an Schweißverbindungen und Schweißplattierungen. Ausg. April 1989.

[11–7] DIN 50115; Prüfung metallischer Werkstoffe; Kerbschlagbiegeversuch. Ausg. Febr. 1975.

[11–8] DIN 50122: Prüfung metallischer Werkstoffe; Kerbschlagbiege versuch an Schweißverbindungen; Probenlage und Kerblage. Ausg. Aug. 1984.

[11–9] DIN 50150: Prüfung von Stahl und Stahlguss; Umwertungstabelle für Vickershärte, Brinellhärte, Rockwellhärte und Zugfestigkeit. Ausg. Dez. 1976.

[11–10] DIN 50351: Prüfung metallischer Werkstoffe; Härteprüfung nach Brinell. Ausg. Febr. 1985.

[11–11] DIN 50 133: Prüfung metallischer Werkstoffe; Härteprüfung nach Vickers, Bereich HV 0,2 bis HV 100. Ausg. Febr. 1985.

[11–12] DIN 50163, Teil 1: Prüfung metallischer Werkstoffe; Härteprüfungen an Schweißungen, Querschliffen und Verbindungsschweißungen. Ausg. April 1982.

[11–13] DIN 50103: Prüfung metallischer Werkstoffe; Härteprüfung nach Rockwell. Ausg. März 1984.

[11–14] *Gnirß. G.:* Wasserstoff und seine Wirkung beim Schweißen, Teil 2: Prüfverfahren, Messergebnisse, Konsequenzen. Technische Oberwachung 17 (1976) Nr. 12, S. 414–423.

[11–15] DVS-Richtlinie 1001: Implanttest. Düsseldorf: Deutscher Verlag für Schweißtechnik 1985.

[11–16] DIN 50 129: Prüfung metallischer Werkstoffe; Prüfung der Rissanfälligkeit von Schweißzusatzwerkstoffen. Ausg. Okt. 1973.

[11–17] *Ruge, J.:* Handbuch der Schweißtechnik, Band I: Werkstoffe; 2. Aufl. Berlin, Heidelberg, New York: Springer-Verlag 1980.

[11–18] *Jones, P. W.:* An Investigation of Hat Cracking in Low Alloy Steel Welds. British Welding Journal 6 (1959) No. 6, pp. 282–290.

[11–19] DIN 54 152: Zerstörungsfreie Prüfung; Eindringverfahren; Durchführung, Prüfung von Prüfmitteln. Ausg. Juli 1989.

[11–20] DIN 54 109: Zerstörungsfreie Prüfung; Bildgüte von Durchstrahlungsaufnahmen; Begriffe, Bildgüteprüfkörper, Ermittlung der Bildgütezahl. Ausg. Okt. 1987.

[11–21] *Krautkrämer, J.* und *H. Krautkrämer:* Werkstoffprüfung mit Ultraschall; 4. Aufl. Berlin, Heidelberg, New York: Springer-Verlag1980.

[11–22] *Engel, L.* und *H. Klingele:* Rasterelektronenmikroskopische Untersuchungen von Metallschäden; 2. Aufl. Hrsg. Gerling Institut für Schadenforschung und Schadenverhütung GmbH, Köln. München: Carl Hanser Verlag 1982.

[11–23] DIN EN 895: Zerstörende Prüfung von Schweißverbindungen an metallischen Werkstoffen; Querzugversuch. Ausg. Mai 1999.

[11–24] DIN EN 10002, Teil 1: Metallische Werkstoffe; Zugversuch; Prüfverfahren bei Raumtemperatur. Ausg. Dez. 2001.

[11–25] DIN EN 910: Zerstörende Prüfung von Schweißnähten an metallischen Werkstoffen; Biegeprüfungen. Ausg. Mai 1996.

[11–26] DIN EN 875: Zerstörende Prüfung von Schweißverbindungen an metallischen Werkstoffen; Kerbschlagbiegeversuch; Probenlage; Kerbrichtung und Beurteilung. Ausg. Okt. 1995.

[11–27] DIN EN ISO 18265: Metallische Werkstoffe, Umwertung von Härtewerten. Ausg. Febr. 2004.

[11–28] DIN EN ISO 6506, Teil 1: Metallische Werkstoffe; Härteprüfung nach Brinell; Prüfverfahren. Ausg. Okt. 1999.

[11–29] DIN EN ISO 6507, Teil 1: Metallische Werkstoffe; Härteprüfung nach Vickers; Prüfverfahren. Ausg. Jan. 1998.

[11–30] DIN EN 1043, Teil 1: Zerstörende Prüfung von Schweißverbindungen an metallischen Werkstoffen; Härteprüfung für Lichtbogenschweißverbindungen. Ausg. Febr. 1996.

[11–31] DIN EN ISO 6508, Teil 1: Metallische Werkstoffe – Härteprüfung nach Rockwell (Skalen A, B, C, D, E, F, G, H, K, N, T); Prüfverfahren. Ausg. Okt. 1999.

[11–32] DIN 50103, Teil 3: Prüfung metallischer Werkstoffe; Härteprüfung nach Rockwell; Modifizierte Rockwell-Verfahren Bm und Fm für Feinblech aus Stahl. Ausg. Jan. 1995.

[11–33] DIN EN 571, Teil 1: Zerstörungsfreie Prüfung; Eindringprüfung; Allgemeine Grundlagen. Ausg. März 1997.

[11–34] DIN EN 462, Teil 1: Zerstörungsfreie Prüfung; Bildgüte von Durchstrahlungsaufnahmen; Bildgüteprüfkörper (Drahtsteg); Ermittlung der Bildgütezahl. Ausg. März 1994.

[11–35] DIN EN 12223: Zerstörungsfreie Prüfung; Ultraschallprüfung; Beschreibung des Kalibrierkörpers Nr. 1. Ausg. Jan. 2000.

Dahl, W.: Materialsammlung zum Praktikum Werkstoffkunde. Aachen: Institut für Eisenhüttenkunde der RWTH, Ausgabe WS 1988.

Picht, J. und *J. Heydenreich:* Einführung in die Elektronenmikroskopie. Berlin: Verlag Technik 1966.

Sachverzeichnis